高等院校信息技术规划教材

C/C++语言程序设计

（第2版）

邱晓红　李渤　主编
杨舒晴　樊中奎　彭莹琼　副主编

清华大学出版社
北京

内容简介

本书针对教学研究型和教学应用型大学的学生综合素质特点，基于CDIO的工程教育理念，结合需要掌握的程序设计知识点，从掌握C语言到C++语言的角度，分析国内外C/C++语言程序设计的最新教材和经典应用实例，针对每一章主要知识点选取应用范例，最后通过五子棋人机对战和ATM自动取款机综合应用实例贯穿C/C++语言主要知识点，并分析比较计算机程序语言与自然语言的相互对应关系，形象化解释程序语言的相关概念，帮助读者更深层次理解程序语言的特性，进一步理解计算机相关领域的应用知识点和程序设计语言间的对应关系。教材内容与后续专业课程知识点相互呼应，并通过形象化范例加以解释，增强了可读性，降低了概念的抽象性，有助于读者掌握计算机程序设计的专业术语和概念，促进C/C++语言程序设计水平的提高。

本书适合作为计算机科学与技术专业、软件工程专业等相关专业的教材，也可作为C/C++程序设计爱好者的参考书。

图书在版编目(CIP)数据

C/C++语言程序设计/邱晓红，李渤主编. —2版. —北京：清华大学出版社，2020.6(2022.9重印)
高等院校信息技术规划教材
ISBN 978-7-302-55320-5

Ⅰ.①C… Ⅱ.①邱… ②李… Ⅲ.①C语言—程序设计—高等学校—教材 Ⅳ.①TP312.8

中国版本图书馆CIP数据核字(2020)第057510号

责任编辑：白立军
封面设计：常雪影
责任校对：白　蕾
责任印制：曹婉颖

出版发行：清华大学出版社
网　　址：http://www.tup.com.cn，http://www.wqbook.com
地　　址：北京清华大学学研大厦A座　　**邮　　编**：100084
社 总 机：010-83470000　　**邮　　购**：010-62786544
投稿与读者服务：010-62776969，c-service@tup.tsinghua.edu.cn
质 量 反 馈：010-62772015，zhiliang@tup.tsinghua.edu.cn
课 件 下 载：http://www.tup.com.cn，010-83470236
印 装 者：三河市铭诚印务有限公司
经　　销：全国新华书店
开　　本：185mm×260mm　　**印　　张**：27.5　　**字　　数**：670千字
版　　次：2012年9月第1版　2020年8月第2版　　**印　　次**：2022年9月第4次印刷
定　　价：69.80元

产品编号：086721-01

前　言

“C/C++ 语言程序设计”是计算机科学与技术、软件工程等相关专业要开设的基本计算机语言课程，是后续课程（如数据结构、操作系统等）的重要先修课程，是学习其他高级语言和应用软件的核心基础。能否学好这门课程直接影响学生对计算机语言的理解、对后续课程的学习兴趣，也影响大学生能否顺利培养出良好的自主学习方法和学习习惯。

因材施教是教学工作者一直传承的理念，促进计算机、软件学院人才培养质量的提升，必须针对所培养人才的特点，更新教学内容和方法。本书针对教学研究型和教学应用型大学的软件工程专业学生的素质特点，基于 CDIO 的工程教育理念，结合软件工程专业未来需要掌握的专业知识点，利用建构主义教学理论挑选和设计综合应用范例，从与计算机交流的角度，首先掌握 C 语言再扩展到 C++，分析应用 C/C++ 语言解决问题的思路和特点，帮助读者深层次多角度理解 C/C++ 语言基本语法、基本概念，降低 C/C++ 语言的学习和应用的抽象性难度，提高学习的兴趣。

本书共有 13 章。

第 1 章　概述 C 语言、C 语言程序结构、Visual C++ 6.0 编译系统的使用及学习 C 语言的方法。

第 2 章　详细介绍 C 语言的数据类型、运算符与表达式。

第 3 章　介绍算法的概念、顺序结构程序设计及 C 语言的基本输入输出函数。

第 4 章　主要介绍选择结构的特点、语法及选择结构程序设计的应用。

第 5 章　详细地介绍循环语句的语法结构、功能特点及循环程序设计的应用。

第 6 章　主要介绍一维数组、多维数组以及字符数组的定义和使用。

第 7 章　介绍函数的定义、调用、变量的作用域及存储类别等。

第 8 章　介绍指针的定义和运算、指针在数组和函数中的应用及指向指针的含义与应用。

第 9 章　主要介绍结构体和共用体的定义及其应用。

第 10 章　介绍 C 文件及其基本操作。

第 11 章　介绍 C 语言的三种预处理命令与应用。

第 12 章　从 C 语言到 C++ 语言角度，分析 C++ 语言的功能和特点。

第 13 章　通过两个实训范例贯穿 C 语言重要知识点。

本书编者多年从事“C 语言程序设计”或“C++ 程序设计”的教学工作，具有丰富的教学经验，编程实例多选自实训教学讲义。

（1）内容编写既考虑经典范例，又吸收了最新应用内容。由浅入深，循序渐进，层次分明；语言讲解通俗易懂、突出重点。

（2）每章节都配有精心设计的应用例题，帮助读者更好地理解和掌握该章节知识点，例题的代码已做了详细的注释。每章都配有精选习题，用以强化 C 语言程序设计知识和技能的训练。

(3) 结合每章的内容，编写了综合应用实例，既可作为各章教学的参考，也可作为该章知识点应用的综合实训项目。

(4) 本书强调案例教学，例题和习题都可在 Visual C++ 6.0 中控制台项目下调试与运行。选用该编译系统，为后续学习 Visual C++ 程序设计语言奠定了基础。

(5) 五子棋人机对战案例加入了简单的人工智能搜索算法，让读者能尽早揭开智能的神秘面纱，适应新工科教学改革的需要。

本书由邱晓红、李渤担任主编。第 1 章、第 12 章、附录 A 和附录 B 由邱晓红编写，第 2～6 章、第 13 章由樊中奎组织编写，第 7～9 章由李渤组织编写，第 11 章由杨舒晴编写，第 10 章由彭莹琼编写。书中部分例题由研究生参与调试与校验，全书由邱晓红统稿并定稿。

在本书的编写过程中，得到了许多老师和同学的大力支持和热情帮助，清华大学出版社对本书的出版给予了大力的支持，在此表示衷心的感谢！同时，编者参阅了大量的“C/C++语言程序设计”方面的书籍和网上资源，在此，对它们的作者和提供者一并表示衷心的感谢。

由于编者水平有限，书中难免疏漏或陈述不妥之处，恳请读者批评指正，以便再版时修改完善。

编　者

2020 年 3 月

目　　录

第 1 章　C 语言及程序设计概述

C 语言是在全世界广泛使用的计算机语言，其功能丰富、表达能力强、使用灵活方便、目标程序效率高，是程序设计人员必须掌握的基础性语言。C 语言程序设计是国内高等院校普遍开设的基础课程之一。

本章主要介绍 C 语言的发展过程、主要特点和程序结构、C 语言的标识符与关键字以及 C 语言编译工具——Visual C++ 6.0 的使用等。

1.1　C 语言简介

1.1.1　C 语言的发展过程

C 语言是一种编译型程序设计语言，它是在 B 语言的基础上发展起来的。C 语言的产生与 UNIX 操作系统的发展有密切的关系。UNIX 操作系统是一个通用的、复杂的计算机操作系统，它的内核最初用汇编语言编写。汇编语言是面向机器的语言，生成的代码质量较高；但其可读性和可移植性差，并且在对问题的描述上远不如高级语言更接近人类的表述习惯。C 语言最初的研制目的就是用于编写操作系统和其他系统程序的，它具有汇编语言的一些特性，同时又具有高级语言的特点，其根源可追溯到 Algol 60。1963 年，英国剑桥大学在 Algol 60 的基础上推出了 CPL(Combined Programming Language)语言，它更接近于硬件，但规模较大，难以实现。1967 年，英国剑桥大学的 Martin Richards 对 CPL 语言进行了简化，开发了 BCPL(Basic Combined Programming Language)语言。1970 年美国贝尔实验室的 Ken Thompson 对 BCPL 语言做了进一步简化，设计出更简单和接近硬件的 B 语言(取 BCPL 的第一个字母)，并用 B 语言编写了 DEC PDP-7 型计算机中的 UNIX 操作系统。1973 年，美国贝尔实验室的 Dennis Ritchie 在 B 语言的基础上设计出了 C 语言(取 BCPL 的第二个字母)，并首次用 C 语言编写了 UNIX 操作系统，在 DEC PDP-11 计算机上得到应用。

20 世纪 70 年代后期，C 语言逐渐成为开发 UNIX 操作系统应用程序的标准语言。随着 UNIX 操作系统的流行，C 语言也得到了迅速推广和应用。后来，C 语言被移植到大型计算机、工作站等机型的操作系统上，逐渐成为编制各种操作系统和复杂系统软件的通用语言。

1978 年，Dennis Ritchie 和 Brain Kernighan 编写了 *The C Programming Language*，并于 1988 年进行了修订，该书作为 C 语言版本的基础，被称为 *K&R* 标准。但是，在 *K&R* 中并没有定义一个完整的标准 C 语言，1983 年美国国家标准化协会(ANSI)根据 C 语言问世以来各种版本对 C 语言的发展和扩充，制定了 ANSI C 标准(1989 年再次做了修订)，成为现行的 C 语言标准。目前流行的 C 语言编译器绝大多数都遵守这一标准。

1.1.2　C 语言的主要特点

1. C 语言是结构化的语言

C 语言是以函数形式提供给用户的，这些函数可方便地调用，并配有结构化的控制语句

(if-else、switch、while、for)，方便程序实现模块化的设计。

2. 语言简洁、紧凑，使用方便、灵活

C语言仅有32个关键字，9种控制语句，程序的书写形式也很自由，主要以小写字母书写语句，并有大小写之分。C语言可用于操作系统、文字处理器、图形、电子表格等项目，甚至可用于编写其他语言的编译器。

3. C语言可以对硬件进行操作

C语言可直接访问内存物理地址和硬件寄存器，直接表达对二进制位(bit)的运算。它把高级语言的基本结构和语句与汇编语言的实用性结合起来，可以像汇编语言一样对位、字节和地址进行操作，而这三者是计算机最基本的工作单元。C语言算不上很高级的语言，它与计算机处理的是同一类型的对象，即字符、数和地址，它与其他高级语言相比显得更像汇编语言。因此，C语言又被称为中级语言；它是与硬件无关的通用程序设计语言，又可以进行许多机器级函数控制而不需借助汇编语言。通过C语言库函数的调用，可实现I/O操作，因而程序简洁，编译程序体积小。

4. 数据类型丰富

C语言具有丰富的数据类型，除基本数据类型——整型(int)、实型(float和double)、字符型(char)外，还设有各种构造类型并引入了指针概念。利用这些数据类型可以实现复杂的数据结构，如堆栈、队列和链表等。

5. 运算符极其丰富

C语言共有34种运算符，括号、赋值、强制类型转换等都以运算符的形式出现，使得C语言的表现能力和处理能力极强，很多算法更容易实现。

6. C语言程序的可移植性好

用C语言编写的程序不必修改或做少量修改就可在各种型号的计算机或各种操作系统上运行。这意味着为一种计算机系统(如IBM PC)编写的C语言，只需要做少量的修改，甚至无须修改就可以在其他系统中编译并运行。例如，在使用Windows操作系统的计算机上编写的C程序，可以不必修改或做少量修改就可成功移植到使用Linux操作系统的计算机上。C语言的ANSI标准(有关编译器的一组规则)进一步提高了可移植性。

7. C语言生成的目标代码质量高，程序执行效率高

代码质量是指C程序经编译后生成的目标程序在运行速度上的快慢和存储空间上的大小。一般而言，运行速度越快，占用的存储空间越少，则代码质量越高。一般的高级语言相对于汇编语言而言其代码质量要低得多，但C语言在代码质量上几乎可以与汇编语言相媲美。

8. C语言的语法灵活、限制不是十分严格

C语言允许程序编写者有较大的自由度，放宽了语法检查。例如，C语言对数组下标越界不做检查，由程序编写者自己保证程序的正确。对变量的使用也比较灵活，如整型量与字符型数据以及逻辑数据可以通用。一般的高级语言语法检查比较严，能检查出几乎所有的语法错误。所以C语言程序员要仔细编写程序，保证其正确，而不要过分依赖C语言编译程序去查错。

1.2 C语言程序的结构

1.2.1 C语言程序的结构及其主要特点

C语言是一种使用非常方便的语言，下面举两个例子来初步认识C语言程序的结构。

【例1.1】 编写程序，将"programming is interesting!"显示在计算机的屏幕上。

参考程序如下：

```
#include<stdio.h>
void main()
{
    printf ("programming is interesting!\n" );
}
```

运行情况：

```
programming is interesting!                 (计算机屏幕上的输出显示)
```

程序说明：这是一个简单的C语言程序。

先看第二行"void main()"，其中，main()是C语言程序中的主函数，标识符void说明该函数的返回值类型为"空"，即执行该函数后不产生函数值。每个C语言程序都必须有且只有一个main函数。**C语言程序从main函数的开始处执行（如同一栋建筑物的大门，是建筑物的入口）**，一直到main函数的结尾处停止。main函数为主函数，而其他函数为子函数，可被main函数调用；**main函数作为程序的入口，只可被系统调用，不能被其他函数调用，并且main函数是唯一的**。

第三行和第五行的"{"和"}"是main函数体的标识符。C语言程序中的函数（无论是标准库函数还是用户自定义的函数）都由函数名和函数体两部分组成，函数体由若干条语句组成，用"{}"括起来，完成一定的函数功能。本例main函数的函数体只有一条语句，即printf语句。

第四行"printf ("programming is interesting!\n");"是C编译系统提供的标准函数库中的输出函数（参见3.3.2节格式输入输出函数）。main函数通过调用库函数printf，实现运行结果的输出显示。在printf的圆括号内用双引号括起来的字符串按原样输出，"\n"是换行符，";"是语句结束符。程序运行之后，可在计算机屏幕上显示：programming is interesting!，并将光标移至下一行的开始处。

最后看第一行"#include<stdio.h>"，#include是文件包含命令。其功能：在此处将stdio.h文件与当前的源程序连成一个程序文件。stdio.h(standard input & output)是C编译系统提供的一个头文件，含有标准输入输出函数的信息，供C编译系统使用。为了显示输出程序的运行结果，在本程序main函数中使用了系统提供的标准输出函数printf。开始学习C语言时，只需要记住在程序中用到系统的标准库函数时，在程序开始处写上：#include <stdio.h>，有关#include命令的更详细的叙述可参看11.2节。

【例 1.2】 求解递归问题。

一般而言,兔子在出生两个月后,就有繁殖能力,一对兔子每个月能生出一对小兔子来。假设开始有一对刚出生的兔子且所有兔子都不死,那么一年以后可以繁殖多少对兔子?

程序分析:利用递归的方法解题。递归分为回推和递推两个阶段。例如,要想知道第12个月兔子的对数,需知道第10、11个月兔子的对数,以此类推,推到第1、2个月兔子的对数,再往回推。

参考程序如下:

```
#include<stdio.h>
/*定义fab函数,函数返回值类型为整型,形参n为整型*/
int fab(int n);                                  /*函数声明*/
void main()                                      /*主函数*/
{
    int n,i;                                     /*变量声明*/
    printf("请输入几个月整数值:");
    scanf("%d",&n);                              /*格式化输入*/
    printf("num=%d ",fab(n));                    /*格式化输出*/
}
int fab(int n)
{
    if(n==1||n==2) return 1;
    else return fab(n-1)+fab(n-2);
}
```

运行情况:

```
请输入几个月整数值:12↙
                    (输入12并回车。加下画线表示从键盘输入,↙代表按Enter键,以下同)
num=144             (输出的结果)
```

程序说明:该程序由2个函数组成,主函数main和被调用函数fab。fab函数的功能是计算某个月兔子的对数。

在主函数main中,scanf是C编译系统的标准输入函数,从键盘上接收输入的数据;scanf圆括号中的%d是格式控制符,表示输入的数据是十进制整数;&n是地址表列,表示从键盘接收的十进制整数存入变量n的内存地址&n中。

主函数main前的int fab(int n)语句是对函数fab的声明,说明fab函数是整型的,形式参数只有一个n,并且也是整型的。

fab函数是用户根据解题的要求自定义的函数,供主函数main调用,计算任意月份兔子的对数。其中,if-else是条件控制语句,设定递推返回的条件,本例(例1.2)中,当n满足等于1或等于2时,递推结束,并开始回推。return是函数值返回语句,负责将回推得到的结果以整数的形式返回到调用的主函数main中,并且用系统提供的标准输出函数printf输出到屏幕上。

从例1.1、例1.2中可以看出C语言程序的结构及其特点如下。

1. 函数是 C 语言程序结构的基本单位

一个 C 语言程序可以由一个或多个函数组成。C 语言中的所有函数都是相互独立的,它们之间仅有调用关系。函数可以是系统提供的标准库函数,如 printf,也可以是用户自行编制的函数,如 fab。C 语言的这个特点,使得程序易于模块化设计。

2. C 语言程序只有一个主函数

C 语言程序必须有且只有一个主函数 main,无论 main 函数是在程序的开头、最后或其他位置,主函数 main 都是程序的入口点,程序总是从 main 开始执行。当主函数执行完毕时,亦即程序执行完毕。习惯上,将主函数 main 放在程序的最前头。main 函数的作用相当于其他高级语言中的主程序;而 C 语言中的其他函数,则相当于其他高级语言中的子程序。

3. C 语言程序的书写格式比较自由

C 语言每条语句必须以";"结束。C 语句的书写风格是比较自由的,一行可以写一条或多条语句,一条语句也可以分写在多行上(在行结尾处加"\"语句连接符)。只有一个";"的语句称为空语句,如";/* 空语句 */",但在实际编写中,应该注意程序的书写格式,要易于阅读,方便理解。

4. C 语言中声明语句的使用

C 语言程序中所用到的各种各样的量(标识符)要先定义后使用,有时还要加上对变量引用说明和函数引用说明。

5. C 语言可带有编译预处理命令

由 # 开头的行称为宏定义或文件包含,是 C 语言中的编译预处理命令,末尾无";"。每个编译命令需要单独占一行。

6. C 语言中注释信息的使用

C 语言的注释信息格式为:/* 注释内容 */(多行注释)或//注释内容(单行注释)。注释只增加程序的可读性,但不被计算机执行。

注释可放在函数的开头,对函数的功能做简要的说明;也可放在某一语句之后,解释该语句的功能。

7. C 语言的标识符区分大小写

系统预留的关键词由小写字母组成。用户定义的变量名、函数名等标识符一般也由小写字母组成,但不可占用系统预留的关键字。

8. C 语言本身没有输入输出语句

输入输出操作是由标准库函数中的 scanf 和 printf 完成的。由于输入输出操作涉及具体的硬件设备,因此将输入输出操作放在函数中处理,可简化 C 语言程序本身,使程序具有可移植性。

1.2.2 标识符与关键字

1. C 语言的标识符

在程序中使用的变量名、函数名、标号等统称为标识符。除库函数的函数名由系统定义外,其余都由用户自定义。C 语言规定,标识符只能是字母(A～Z,a～z)、数字(0～9)和下画线组成的字符串,并且标识符的第一个字符必须是字母或下画线。

以下标识符是合法的。

a、x、_x、BOOK_1、sum5。

以下标识符是非法的。

1s：以数字开头。

S&T：出现非法字符 &。

-6z：以减号开头。

boy-2：出现非法字符-(减号)。

在使用标识符时还必须注意以下几点。

(1) 标准C不限制标识符的长度，但它受各种版本的C语言编译系统限制，同时也受到具体机器的限制。例如在某版本C中规定标识符前八位有效，当两个标识符前八位相同时，则被认为是同一个标识符。

(2) 在标识符中，大小写是有区别的。例如，NEXT 和 next 是两个不同的标识符。

(3) 标识符虽然可由程序员任意定义，但标识符是用于标识某个量的符号，命名应尽量具有相应的意义，方便阅读理解；一般以英文单词进行表示，尽量做到见名知义。

2. C语言的关键字

关键字是C语言规定的具有特定意义的字符串，通常也称为保留字。用户定义的标识符不能与关键字相同。C语言的关键字共有32个，根据关键字的作用，可分为数据类型关键字、控制语句关键字、存储类型关键字和其他关键字四类，如表1-1所示。

表1-1 C语言的关键字

数据类型关键字(12个)	控制语句关键字(12个)	存储类型关键字(4个)	其他类型关键字(4个)
char	break	auto	const
double	case	extern	sizeof
enum	continue	register	typedef
float	default	static	volatile
int	do		
long	else		
short	for		
signed	goto		
struct	if		
union	return		
unsigned	switch		
void	while		

1.3 C 语言编译工具简介

1.3.1 C 语言程序实现的步骤

一个 C 语言程序从编写到运行在计算机上，需要经过 4 个步骤：**编辑、编译、连接和运行**。

(1) 编辑(Edit)。编写 C 语言源程序并在计算机上对其进行编辑，生成一个扩展名为 c 的源程序 *.c，存盘。

(2) 编译(Compile)。使用 C 语言编译器对上一步生成的 *.c 源程序进行编译。编译前一般先要进行预处理，例如进行宏代换、包含其他文件等。编译过程主要进行词法分析和语法分析，如果源文件中出现错误，编译器一般会指出错误的种类和位置，此时要回到编辑(Edit)步骤修改源程序，然后再进行编译。无错的源程序被编译生成扩展名为 obj 的目标程序 *.obj。

(3) 连接。编译生成的目标程序 *.obj，虽然是计算机所能识别的机器指令，但仍属于相对独立的模块，不能被计算机所执行；还需要将目标程序 *.obj 与系统的函数和头文件等引用的库函数进行连接装配，最后生成扩展名为 exe 的可执行程序 *.exe。

(4) 运行。上步生成的 *.exe 程序可被计算机执行，并得到运行的结果，显示输出。

上述 C 语言程序实现的 4 个步骤如图 1-1 所示。

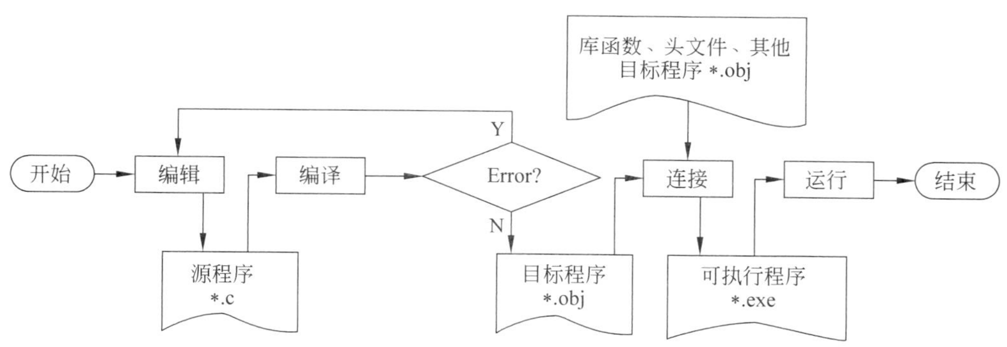

图 1-1　C 语言程序实现的流程图

1.3.2 Turbo C 2.0 编译工具简介

Turbo C 是美国 Borland 公司研发的基于 DOS 平台的 C 语言编译系统。Borland 公司是专门从事软件开发与研制的公司。曾相继推出了 Turbo BASIC、Turbo Pascal 及 Turbo Prolog 系列软件。1987 年首次推出 Turbo C 1.0 版，而后升级到 2.0 版。该系列软件使用了全新的集成化开发环境，以菜单的方式将编辑、编译、连接以及运行等过程综合一体化，大大方便了程序的开发。

Turbo C 2.0 曾是常用的 C 语言编译工具之一，但不支持鼠标操作，所有的操作只能使用键盘，对习惯于鼠标操作的用户会有些不便，本书只对 Turbo C 2.0 做简单介绍。

1. Turbo C 2.0 的安装

Turbo C 2.0 是以压缩的形式存放的。它的安装非常简单，有 DOS 平台安装和 Windows 平台安装两种方式，以下主要讲解在 Windows 平台上的安装。

首先，将 Turbo C 2.0 软件安装(Install)到一个磁盘上(如 D:\)，完成安装后，在 D 盘根目录下创建了以下文件夹。

D:\turbo C2 文件夹，其中含有 MAKE.EXE、TC.EXE、TCC.EXE、TLINK.EXE 等可执行文件。

D:\turbo C2\INCLUDE 子文件夹，其中含有 MALLOC.H、MATH.H、IO.H、STDIO.H、STRING.H 等头文件。

D:\turbo C2\LIB 子文件夹，其中含有 GRAPHICS.LIB、MATHL.LIB、MATHC.LIB、MATHS.LIB 等库函数。

2. Turbo C 2.0 的启动

在 Windows 平台上进入 Turbo C 2.0 的方法如下。

(1) 右击 TC.EXE 文件→创建快捷方式→将创建快捷方式图标拖放到桌面上→双击该图标，启动 Turbo C 2.0。

Turbo C 2.0 启动后的操作界面如图 1-2 所示。

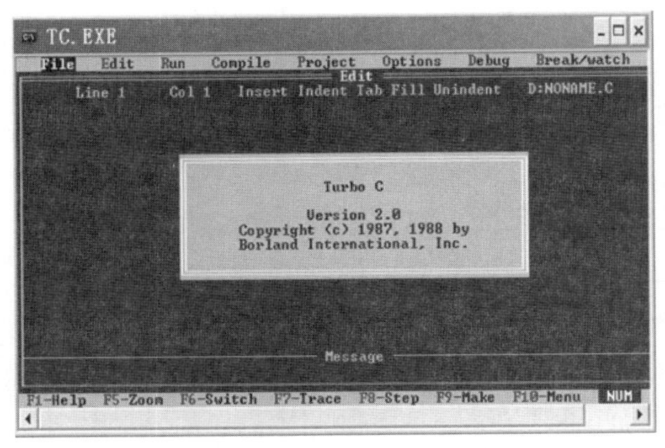

图 1-2　Turbo C 2.0 启动后的操作界面

(2) 右击 TC.EXE 文件→附加到“开始”菜单→单击 TC.EXE 文件，启动 Turbo C 2.0。

3. Turbo C 2.0 的简单操作

双击 Windows 桌面上 Turbo C 2.0 快捷方式图标，打开 Turbo C 2.0 集成操作界面。首次进入时，屏幕正中显示版本信息，如图 1-2 所示。按任意键可去除版本信息的显示，进入 Turbo C 2.0 集成操作界面(主操作窗口)，如图 1-3 所示。

Turbo C 2.0 集成操作界面由菜单栏、编辑状态显示区、源程序编辑区、状态信息区和功能键显示区组成。下面简单介绍 Turbo C 2.0 集成操作界面(见图 1-3)菜单栏上各项子菜单的功能。

1) File(文件)菜单

File 下拉菜单上含有 9 个操作命令，其功能如下。

Load(F3)：打开并装入指定的文件(需给出文件名或给出路径)。

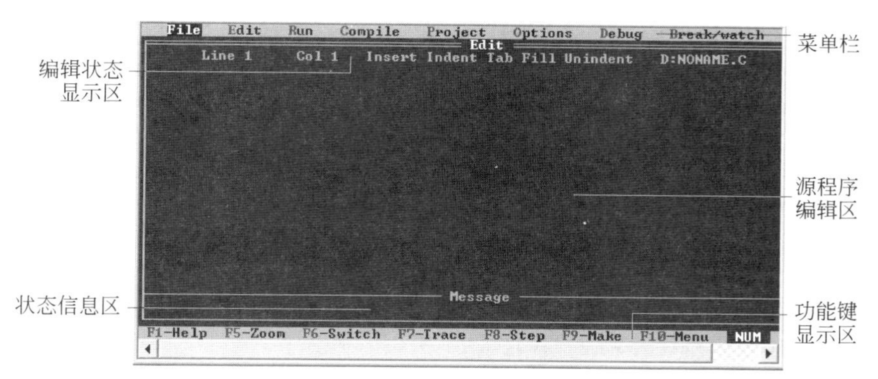

图 1-3 Turbo C 2.0 集成操作界面

Pick(Alt+F3)：将最近装入编辑窗口的 8 个文件列表供用户选择，选择后将该程序装入编辑区，并将光标置在上次修改过的地方。

New：建立新文件，默认文件名为 NONAME.C，存盘时可重新命名。

Save(F2)：将编辑区中的文件存盘，若文件名是 NONAME.C 时，将询问是否更改文件名。

Write to：将编辑区中的文件以"另存为"方式存盘。

Directory：显示当前文件夹的列表。供用户选择文件夹中的文件。

Change dir：显示或修改当前目录。

Os shell：退出 Turbo C 2.0 并转到 DOS 平台上运行，若想返回到 Turbo C 2.0 中，需在 DOS 状态下输入 EXIT。

Quit(Alt+X)：退出 Turbo C 2.0，返回到 Windows 平台。

说明：以上各项可用→、←、↓、↑键移动选择，按 Enter 键执行；也可用每一项命令的第一个大写字母直接选择。若要退到主菜单或从它的下一级菜单退回，需使用 Esc 键。Turbo C 2.0 所有菜单均采用这种方法进行操作，以下不再另行说明。

2）Edit(编辑)菜单

Edit(Alt+E)：不含操作子命令。用户使用此功能可对 C 语言源程序进行文本编辑。

3）Run(运行)菜单

下拉菜单上含有 6 个操作命令，其功能如下。

Run(Ctrl+F9)：运行当前程序。可对当前编辑区的文件直接进行编译、连接、运行。

Program reset(Ctrl+F2)：程序复位。中止当前的调试，释放分给该程序的空间。

Go to cursor(F4)：程序运行到当前光标处。调试程序时使用，选择该项可使程序运行到当前光标所在行。光标所在行必须为一条可执行语句，否则提示错误。

Trace into(F7)：跟踪执行。可使程序按步执行，如果遇到函数调用，可进入函数内部跟踪。

Step over(F8)：单步执行。可使程序单个语句执行，但不会跟踪进入函数内部。

User screen(Alt+F5)：显示用户屏幕，观看用户输出结果。

4）Compile(编译)菜单

下拉菜单上含有 6 个操作命令，其功能如下。

Compile to OBJ D：NONAME.OBJ：编译指定的源文件，生成.OBJ 目标文件。

Make EXE file D：NONAME.EXE：检查日期，对源程序进行编译和连接，生成可执行文件.EXE。

Link EXE file：把当前.OBJ 文件和库文件进行连接，生成.EXE 文件。

Build all：不检查日期，重新编译、连接 Project 中的全部程序，生成.EXE 文件。

Primary C file：主 C 文件。指定文件作为编译对象，以替代编辑窗口中的文件。

Get info：在弹出的显示窗口中，显示有关当前文件的信息。

5）Project（项目）菜单

下拉菜单上含有 5 个操作命令，其功能如下。

Project name：指定扩展名为 PRJ 的工程文件名。该工程文件中含有将要编译、连接的多个 C 语言源文件的文件名。

Break make on Errors：设置出错时中止 Make 编译的方式。

Auto dependencies off：当开关置为 on，编译时将检查源文件和对应的.OBJ 文件的日期和时间；当开关置为 off，进行检查。

Clear project：清除当前的工程文件名。

Remove messages：把错误信息从信息窗口中清除。

6）Options（选择菜单）

下拉菜单含有 7 个操作命令，其功能如下。

Compiler：编译器的设置。

Linker：连接器的设置。

Environment：工作环境的设置。

Directories：系统文件路径的设置。

Arguments：允许用户使用命令行参数。

Save options：保存系统参数设置。

Retrieve options：恢复系统参数设置。

7）Debug（调试）菜单

该菜单主要用于查错，含有 6 个操作命令，其功能如下。

Evaluate（Ctrl+F4）：计算变量或表达式的值，显示结果。

Call stack （Ctrl+F3）：用于检查堆栈情况。

Find function：查找函数。在编辑窗口显示被查找函数的源程序。

Refresh display：刷新屏幕，恢复当前屏幕内容。

Display swapping smart：使显示窗口在用户窗口和编辑窗口之间改变。

Source debugging：设置源程序级调试时的选项。

8）Break/watch（断点及监视表达式）

下拉菜单含有 7 个操作命令，其功能如下。

Add watch （Ctrl+F7）：增加监视表达式。

Delete watch：从数据观察窗口中删除当前的监视表达式。

Edit watch：编辑监视表达式。

Remove all watches：从数据观察窗口中删除所有的监视表达式。

Toggle breakpoint(Ctrl+F8)：设置/取消程序调试时的中断点。

Clear all breakpoints：清除程序中的所有断点。

View next breakpoint：将光标定位在下一个中断点。

1.3.3 Visual C++ 6.0 编译工具简介

Visual C++ 6.0 是 Microsoft 公司开发的基于 Windows 的 C/C++ 语言的开发工具。它是 Microsoft Visual Studio 套装软件的一部分。从 Microsoft Visual Studio 套装软件中运行安装程序(SETUP.EXE)，安装完成后，在桌面上创建 Visual C++ 6.0 快捷方式图标，双击该图标，进入 Visual C++ 6.0 的集成开发主窗口，如图 1-4 所示。

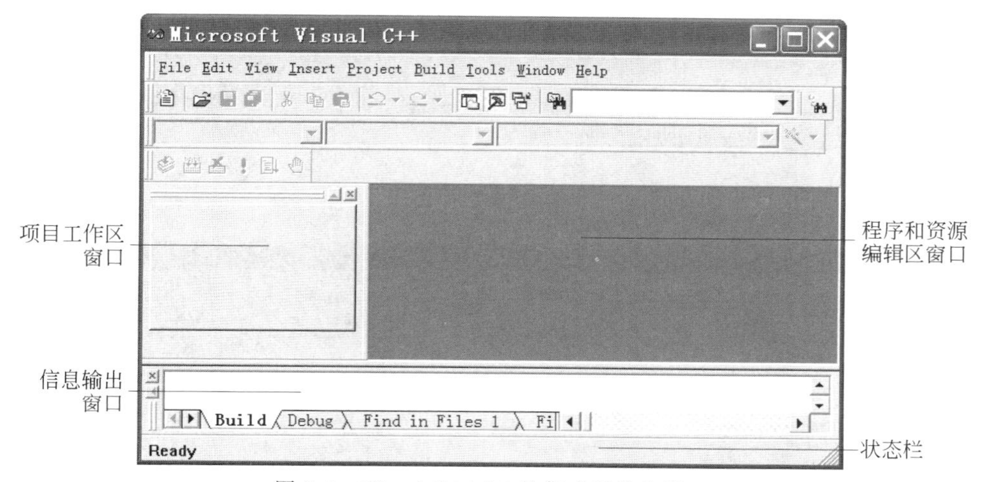

图 1-4 Visual C++ 6.0 的集成开发主窗口

由于 C++ 是从 C 语言发展而来的，C++ 语言和 C 语言在很多方面是兼容的。因此，可以用 C++ 的编译系统对 C 程序进行编译。目前学习 C++ 的用户大多使用 Visual C++ 6.0 的集成开发环境；在学习 C 语言时，使用 Visual C++ 6.0 的集成开发环境编制程序，有利于以后 C++ 语言的学习。本书各章节的所有例题均是基于 Visual C++ 6.0 的平台调试和运行的。下面简单介绍 Visual C++ 6.0 集成开发环境的使用。

1. Visual C++ 6.0 集成开发主窗口

如图 1-4 所示，Visual C++ 6.0 主窗口自上而下分别是标题栏、菜单栏、工具栏、项目工作区窗口(左)、程序和资源编辑区窗口(右)、信息输出窗口、状态栏。

菜单栏包含 9 个菜单项：File(文件)、Edit(编辑)、View(查看)、Insert(插入)、Project(项目)、Build(构建/编译)、Tools(工具)、Window(窗口)、Help(帮助)。单击每个菜单项，弹出下拉菜单。

2. 输入和编译源程序

1) 编辑 C 语言源程序并存储

单击 File 菜单项→选择 New 命令，如图 1-5 所示。弹出 New 对话框，单击 Files 选项卡，选择 C++ Source File 项，在 File 栏内输入 C 语言源程序文件名：hello.c，在 Location 栏内输入 C 语言源程序存放的路径及文件夹——D:\vc，如图 1-6 所示。

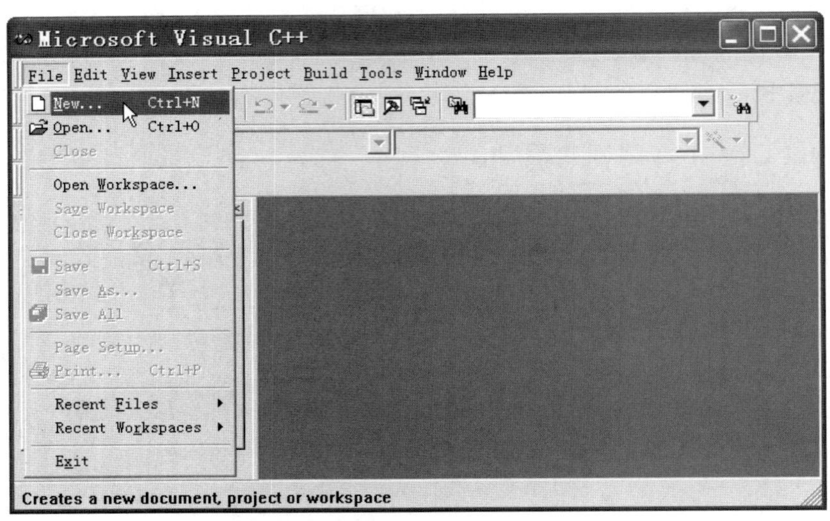

图 1-5　File 菜单的 New 命令

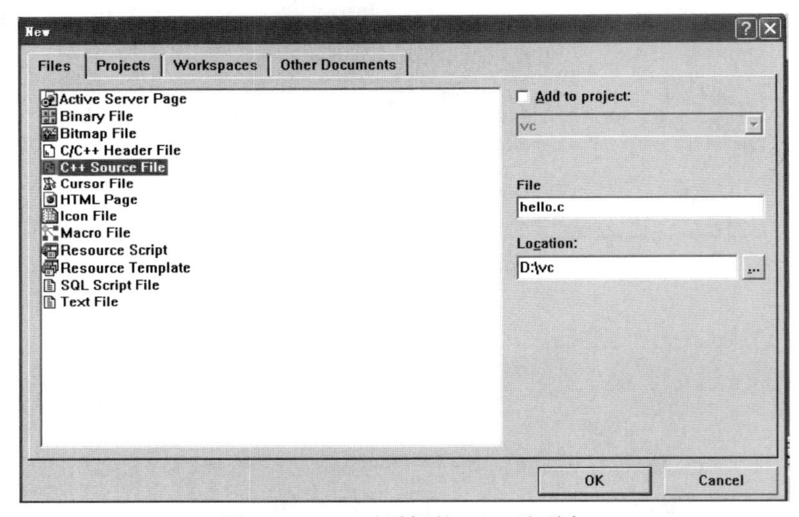

图 1-6　New 对话框的 Files 选项卡

这样，即将要输入和编辑的 C 语言源程序以文件名 hello.c 存放在 D：\vc 文件夹内，单击 OK 按钮，返回 Visual C++ 6.0 主窗口。

在主窗口内输入或用 Edit 菜单上的命令项进行编辑，如图 1-7 所示。经检查无误后，保存源程序。方法：单击 File 菜单→Save，保存编辑好的 C 语言源程序 D:\vc\hello.c。

2）编译、连接源程序

单击 Build 菜单项→Compile 命令，对源程序进行编译。在单击 Compile 命令后，弹出一个对话框，显示"This build command requires an active project workspace，Would you like to create a default project workspace? "（此编译命令要求一个有效的项目工作区，你是否同意建立一个默认的项目工作区）如图 1-8 所示。单击"是"按钮，开始编译。

在编译过程中，如果有错，则停止编译，在信息输出窗口中显示出错信息，用户可对错误

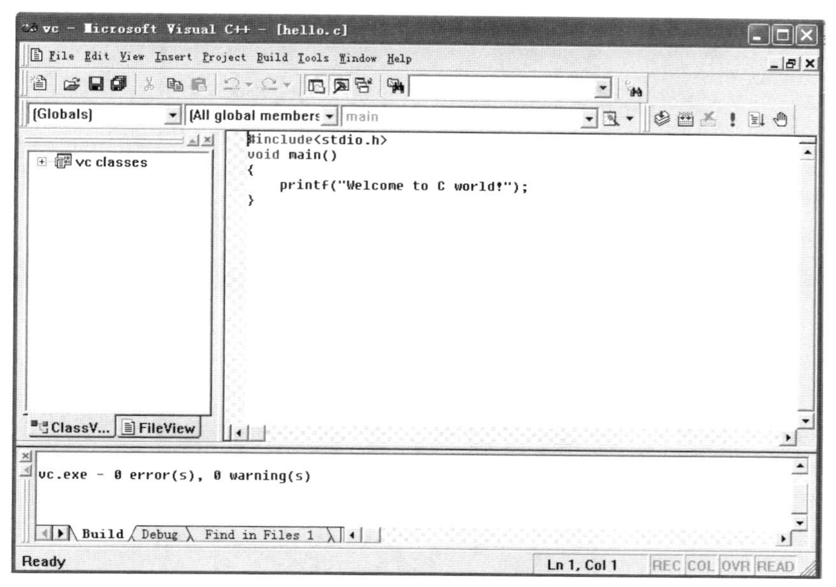

图 1-7　输入和编辑 C 语言源程序

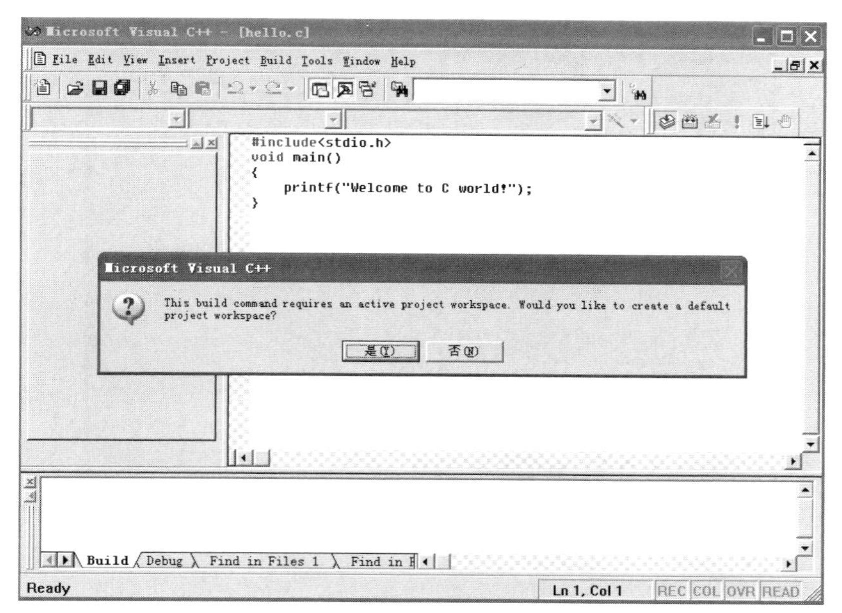

图 1-8　询问项目工作区的对话框

进行修改，再重新编译，直到无错误信息为止。编译完成后，系统将生成目标文件 hello.obj，如图 1-9 所示。

生成的目标程序 hello.obj 还需要与系统资源文件（如库函数、头文件等）进行连接操作，单击 Build 菜单项→Build hello.exe 命令。如果在连接过程中发现有错误，则停止连接操作，并在信息输出窗口显示出错信息，用户可对错误进行修改，再重新连接操作，直到没有错误为止；系统自动生成一个可执行文件 hello.exe，如图 1-10 所示。

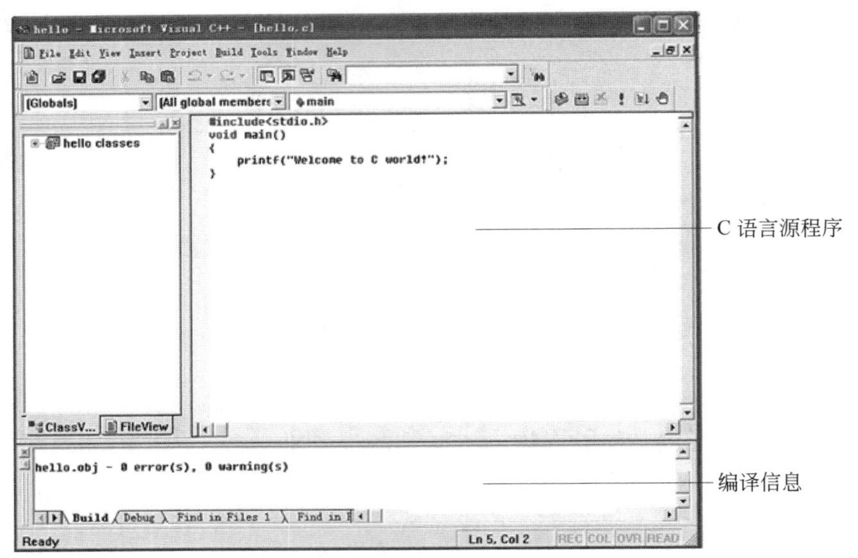

图 1-9　C 语言源程序的编译

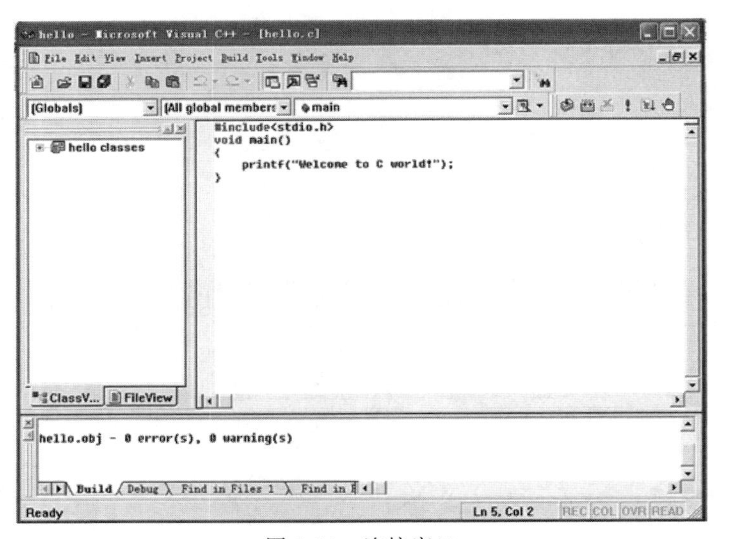

图 1-10　连接窗口

3）运行程序

单击 Build 菜单项→!Execute hello.exe 命令，运行 hello.exe 程序，如图 1-11 所示。

程序被执行后，弹出输出结果的窗口，如图 1-12 所示。

图 1-12 中，输出结果的窗口的第一行是程序的输出：

```
Welcome to C world!
```

接着是提示信息：Press any key to continue，按任意键后，可从输出结果的窗口返回 Visual C++ 6.0 集成开发主窗口。

以上是一个 C 语言源程序的编译过程，如果一个程序是由多个源程序组成，其编译源

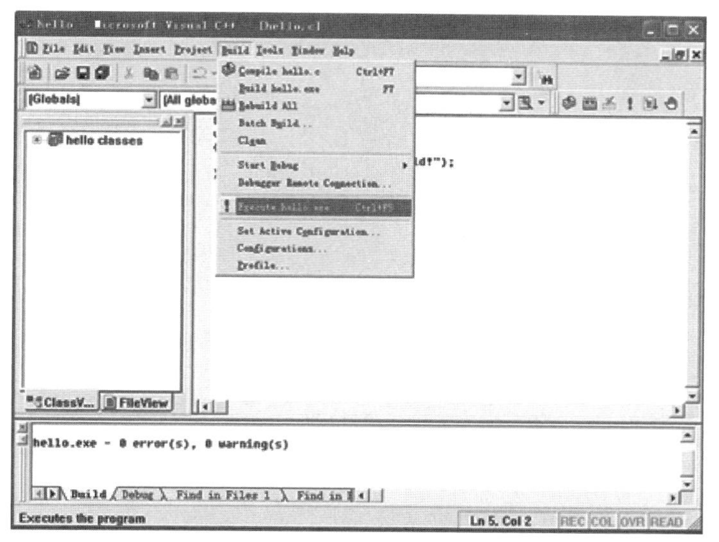

图 1-11　运行命令菜单项窗口

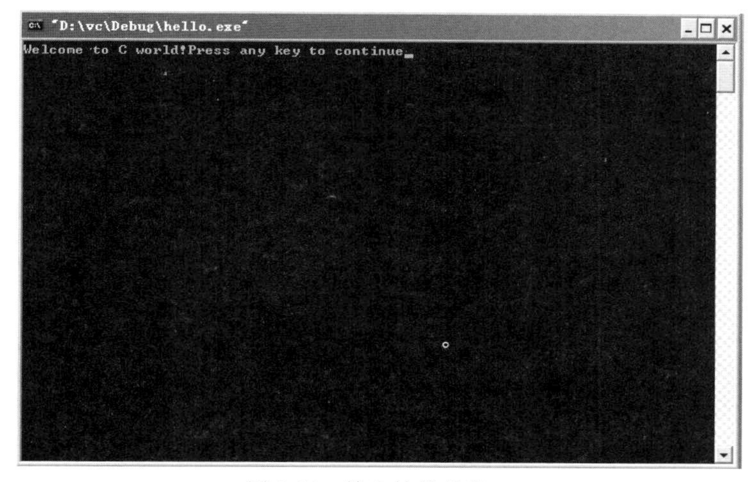

图 1-12　输出结果的窗口

程序的方法也类似，仅需将源文件加入到工程文件即可。

1.4　如何学习 C 语言

1.4.1　学习 C 语言的理由

前面已经介绍了 C 语言的起源和特点，这些特点决定了选择学习 C 语言的理由。

C 语言是编写操作系统最常使用的编程语言。UNIX 是用 C 语言编写的第一个操作系统。后来 Microsoft Windows、Mac OS X，还有 GNU/Linux 也都是用 C 语言编写的。C 语言不仅是编写操作系统的语言，也是今天很多流行的高级语言的核心基础。实际上，Perl、PHP、Python 和 Ruby 都是用 C 语言编写出来的。如同拉丁语是西班牙语、意大利语、法语或者葡萄牙语等语言的基础。学习和了解 C 语言，就能有效理解和欣赏建构在传统 C 语言之上的整个编程语言家族。懂得 C 语言，就如同掌握了进入各种编程语言的自由王国大门的钥匙。

C 语言的特性是介于高级语言和汇编语言之间。选择学习 C 语言，而不是选择汇编语言，主要是汇编语言仅提供了速度和最大的编程可控性，而 C 语言除此之外还提供了优良的可移植性。因为不同的处理器必须采用不同的汇编语言来编程，而 C 语言面对众多的计算机架构，具有通用性和可移植性。例如，C 语言程序可以编译运行在如 HP 50g 计算器（ARM 处理器）、TI-89 计算器（68000 处理器）、Palm OS Cobalt 智能手机（ARM 处理器）、最早的 iMac（PowerPC）、Arduino（Atmel AVR）和 Intel iMac（Intel Core 2 Duo）等设备上。而这些设备每个都有自己特有的汇编语言，并与其他设备完全不兼容。汇编语言虽然功能很强大，但很难去编写大型应用程序，编写的程序难于阅读和理解，可读性很差。而 C 语言虽是一种编译语言，但可以编译生成快速有效的可执行文件，是一个小型“所见即所得”语言，即一条 C 语句最多对应着几条汇编语句。

选择学习 C 语言，作为学习计算机语言的起步，还在于 C 语言语法结构简洁精妙，写出的程序非常高效，很适宜描述算法，大多数的程序员愿意使用它去描述算法。所以很多大学将其作为最基本的计算机语言课程来开设。C 语言的最主要的特性就是用于编写可移植代码，同时保持性能最优化。Java 语言有一个口号：“一次编写，处处运行”，具有跨平台优势。实际上 C 语言从出现开始就几乎达到了“一次编写，处处编译”，1989 年 ANSI 统一 C 语言标准以后（称之为 C89），只要特定平台上的编译器完整实现了 C89 标准，并且编写代码时没有使用某些特殊的扩展（GCC 以及微软都有自己的编译器特定扩展），那么代码一定可以编译通过。通过进一步实现操作系统相关的函数库后，C 语言程序的移植就变得非常简单了。

目前 C 语言已经是一种既稳定又成熟的语言，其优良的特性至今没有其他语言可替代，已移植到越来越多的平台上。不像其他高级计算机语言，C 语言允许程序员直接访问内存。C 语言的结构体、指针和数组等机制就是用一种高效且与机器无关的方式去构建和操作内存，形成了其特有的数据结构对应内存层上的控制方法。此外，程序员可以掌控动态内存分配，这虽然可能成为程序员的一种负担，然而，在某些时候，尤其是处理低层代码时，例如操作系统管理和访问一个设备，C 语言就提供了一个统一清晰的接口。而 Java 和 Perl 之类的语言虽然不再要求程序员管理内存分配和应用指针，语言功能强大，能支持许多 C 通常不支持的特性，但这些语言所体现的特别功能并不能用自己来编程实现。而恰恰是依赖 C 语言（或者另一种高性能编程语言）写成，而且在使用之前必须先要进行跨平台移植。

C 语言是一种应用领域极为广泛的语言，尤其用于编写性能要求高的程序，如操作系统、服务器端软件、GUI 程序，典型产品有 Apache、Linux、GTK 等。在 Web 开发领域，C 语言的应用相对较少，但这也是一种取舍的结果，Web 开发需要使用 PHP、Ruby、Python 这样的动态语言，可以在线快速修改，最大限度地满足用户不断变化的需求。如果把程序语言的应用领域从硬件驱动到管理软件、Web 程序做一个很粗略从下到上的排列，C 语言适合的领域是靠近硬件的部分，而新兴语言比较偏重于高层管理或者相对贴近最终用户的领域。现在比较流行的混合开发模式就是使用 C 语言编写底层高性能要求部分的代码或后台服务器的代码，而使用动态语言如 Python 做前端开发，充分发挥它们各自的优势。

C 语言如同一个中间层或者胶水。如果想把不同编程语言实现的功能模块混合使用，

C语言作为桥梁实现相互的接口和调用应该是最佳选择。另外在编程过程有意识地使用C语言的思考方式,掌握C语言简洁明快清晰的设计方法,是学习C语言的最终目的。

1.4.2 学好C语言的步骤

学习C语言,如同学习自然语言一样。因为C语言是程序员与计算机对话的工具,自然语言是人与人交流的工具,两者之间存在着很多共性。总地来说学习C语言要分为两个层次:第一个层次是应用C语言学会基本编程;第二个层次是如何进一步提高编程水平,应用C语言编写程序解决工程和科研项目中的实际问题。要达到第二层次,已不是简单学会C语言的问题,而是涉及算法、数据结构、操作系统等课程知识。如同要写好一部小说,仅掌握了词汇、语法等知识是不够的,还需要丰富的生活阅历,阅读了大量与小说内容相关的文献资料。

由于计算机在设计时就要求其指令是确定的,每一条指令的结果都是可以预知的,所以作为与计算机通信的C语言与自然语言相比,应该简单得多,可以在较短的时间精通它。一般学习步骤如下。

(1) 花1~2个月时间,精读C语言教材。首先要掌握基本语法,常量、变量、类型,以及顺序结构、分支结构和循环结构的意义及用法。进一步学习构造类型如指针、结构、链表、函数的意义和用法。

(2) 花1~2月时间,重点把C语言的语法规则、输入输出格式、运算规则、变量的类型等搞清楚,掌握好程序的三种基本结构,精通数组、函数调用及指针的用法。

(3) 进一步通过实例掌握C语言提供的标准函数,以便减轻程序设计和编写工作量。

(4) 学习C语言,如同学习自然语言一样,强调多实践练习。学习C语言要经常上机练习。多上机,多记程序,记得多了,自然而然就会了,这就如同自然语言的词汇、短语、句型练习多了,就自然而然可以与人交流了。对编程练习题,最好逐一上机调试、完成,编程水平的提高是建立在编程实践积累的基础上的,必须一个程序接一个程序地调试练习完成。学习自然语言也是要多背课文、学习范文、练习不同体裁的作文,这些道理是相通的。

(5) 在此基础上,进一步提高C语言编程水平并不难,只要多做例题、习题、多上机、多分析别人编好的程序、在别人程序的基础上来修改程序、增加一些其他的功能,再自己动手编写程序,然后将程序进行编译、调试,找出错误的地方,加以修改。通过独立编程、独立思考,在脑海里留下深刻印象,逐步提高编程水平。

(6) 学习完C语言课程,并不意味着C语言学习的结束,还需要在后续课程中加以实践才能得到进一步提高。一般情况下,仍需花1~2年时间,才能进一步提高编程水平,应用C语言编写程序解决工程和科研项目中的实际问题。跨越这一步已经不是简单的语言问题,而是涉及其他相关知识和方法论等问题。首先要学好计算机算法、数值分析、数据结构、汇编语言等课程知识,要具备扎实的数学基础知识和分析问题能力,还要具备计算机软件工程思想,这样才可以为解决科研项目问题而进行较大的程序设计了。在设计时,可能还需要再学习一些与实际项目相关的其他学科的专业基础知识和专业技术。

(7) 进而花2~3年时间,通过几个大型的C语言的实际应用项目实践,实现计算机语言的融会贯通。C语言已经不再是C语言,而是一种设计思想和方法,其他计算机语言也不再是一门全新的语言,完全可以在一个月之内甚至一周之内将它精通。

在C语言程序设计课程的学习阶段，一般只能进行到第5步；大学4年的课程学习，在后续课程中应用好C语言可以达到第6步；如果参与教师的科研项目和参加一些软件项目比赛，可以达到第7步。表1-2总结了学习C语言与自然语言的相通点，供读者参考。

表1-2　学习C语言和自然语言特点对照表

学习语言步骤	C语言	自然语言(如英语)
1. 明确学习目的	C语言特性和未来应用前景	英语特性和应用场合
2. 选择教材和资源	C语言经典教材(2本就足够)	自然语言经典教材，分低、中、高级
3. 掌握基本词汇和语法	掌握基本语法，常量、变量、类型、文件及顺序结构、分支结构和循环结构的意义及用法	常用句型 单词和短语 口语练习
4. 学习高级词汇和语法	学习构造类型如指针、结构、链表、函数的意义和用法	重点句型、难点词汇 习惯用语
5. 基本对话	基本范例，编程练习题 三种基本结构应用编程	基本场景对话，经典范文 看图作文
6. 高级训练	分析别人编好的程序，在别人程序的基础上来修改程序，增加一些其他的功能，再自己动手编写程序，然后将程序进行编译、调试，找出错误的地方，加以修改。 编写调试小的应用程序	精读课本了解更多句型、词汇等应用技巧； 泛读课本吸收更多词汇，语言应用技巧。 命题作文
7. 语言应用实战	项目实训 大型项目的功能模块	短篇小说
8. 融会贯通	高级话题 真实项目，大型程序 应用软件程序作品	小说作品

1.5 编程实践

任务1：输出金字塔图案

【问题描述】

打印一些简单的图形图案，如使用C语言简单的输出语句打印一个简单的金字塔图案。

【问题分析与算法设计】

在输出语句中通过调整输出图标的位置，排列成金字塔的形状。

【代码实现】

```
#include<stdio.h>
int main(){
  printf("           *           ");
  printf("          ***          ");
  printf("         *****         ");
  printf("        *******        ");
```

```
  printf("        *********        ");
  printf("       ***********       ");
  return 0;
}
```

任务2：打印输出华氏和摄氏的温度对照表

【问题描述】

打印输出华氏和摄氏的温度对照表。

```
  0   -17
 20    -6
 40     4
 60    15
 80    26
100    37
120    48
140    60
160    71
180    82
200    93
220   104
240   115
260   126
280   137
300   148
```

【问题分析与算法设计】

利用华氏和摄氏的温度转换公式 C＝5×(F－32)/9，设置温度间隔步长20，通过循环语句打印输出华氏和摄氏的温度转换表。

【代码实现】

```
#include<stdio.h>
void main()
{
  int fahr,celsius;               /*定义华氏温度值、摄氏温度值存储变量*/
  int lower,upper,step;           /*定义华氏温度值转换下限值、上限值和温度间隔变量*/
  lower=0;                                        /*温度下限*/
  upper=300;                                      /*温度上限*/
  step=20;                                        /*温度间隔*/
  printf ("\t==华氏和摄氏的温度对照表==\n");        /*输出表格标题*/
  printf ("\n\n华氏温度:          摄氏温度:\n-------------------------\n");
  fahr=lower;                                     /*设置起始华氏温度*/
```

```
  while ( fahr <=upper) {
                        /* 循环语言 判断当前华氏温度值是否小于上限值,如是,进入循环 */
     celsius=5 * (fahr-32) /9;                    /* 利用公式进行温度值转换 */
     printf ("%d\t%d\n",fahr,celsius );           /* 打印输出华氏温度和对应的摄氏温度 */
     fahr=fahr+step;                              /* 计算下一个要转换的华氏温度值 */
  }
}
```

习　　题

1. 单选题

(1) C 语言中,函数的开始和结束的标记是________。

A. 一对花括号　　B. 一对圆括号

C. 一对方括号　　D. 一对双引号

(2) 一个 C 语言程序的执行是从________。

A. main 函数开始,到程序的最后一个函数结束

B. main 函数开始,到 main 函数结束

C. 第一个函数开始,到程序的最后一个函数结束

D. 第一个函数开始,到 main 函数结束

(2007 年 4 月计算机等级考试二级 C 语言试题 15 题)

(3) 下列叙述中,正确的叙述是________。

A. C 语言以函数为程序的基本单位,便于实现程序的模块化

B. C 程序的执行总是从程序的第一句开始

C. C 程序中可以不使用函数

D. C 语言提供了一个输入语句 scanf 和一个输出语句 printf

(4) 在一个 C 语言程序中,main 函数________。

A. 必须出现在所有函数之前　　B. 可以在任何地方出现

C. 必须出现在所有函数之后　　D. 必须出现在固定位置

(2003 年 4 月计算机等级考试二级 C 语言试题 13 题)

(5) 编制 C 语言程序的步骤是________。

A. 编译、连接、编辑、运行　　B. 编辑、连接、编译、运行

C. 编辑、编译、连接、运行　　D. 编译、编辑、连接、运行

2. 填空题

(1) C 语言中界定注释的符号分别是________和________。

(2) C 语言中,输入操作是由标准库函数________来实现的。

(3) C 语言中,输出操作是由标准库函数________来实现的。

3. 判断题

(1) 一个 C 语言源程序必须有一个 main 函数。

(2) C 程序的基本组成单位是语句。

(3) 在C程序中,注释必须单独占一行,不能放在语句的后面。

(4) C语言程序是由一个或者多个函数组成的。

4. 简答题

(1) 概述C语言和C语言程序的主要特点。

(2) 请编程,在计算机屏幕上显示:“您好,欢迎进入C语言世界!”

第 2 章　数据类型、运算符与表达式

程序的主要功能是处理数据，数据是计算机程序的重要组成部分，是程序处理的对象。在 C 语言中，任何数据都属于某一种数据类型。C 语言提供了丰富的数据类型，数据类型明确地规定了该类型数据的取值范围和基于该类型数据基本运算。运算符用来表示各种运算，它们构成了 C 语言表达式的基本元素。

本章将重点介绍 C 语言的常量、变量、基本数据类型和数据类型间的转换、运算符和表达式。

2.1　常量和变量

2.1.1　常量

在程序运行过程中，其值不能被改变的量称为常量。在 C 语言中有五种类型的常量，分别是整型常量、实型常量、字符常量、字符串常量和符号常量，不同类型的常量其数据长度及取值范围有所不同。

1. 整型常量

整型常量用来表示整数，整型数据可以以十进制、八进制和十六进制整数形式来表示，不同的进位制有其不同的表示方式。

1）十进制整型常量

十进制整数由正、负号和阿拉伯数字 0～9 组成，但首位数字不能是 0。例如，－36、0、678 都是十进制整型常量。

2）八进制整型常量

八进制整数由正、负号和阿拉伯数字 0～7 组成，首位数字必须是 0。例如，036、－012、047 都是八进制整型常量。

3）十六进制整型常量

十六进制整数由正、负号、阿拉伯数字 0～9 和英文字符 A～F(a～f)组成，首位数字前必须加前缀 0X(0x)。例如，0x38、0x4E、－0x12 都是十六进制整型常量。

三种进制形式表示的数据要注意区分，不能混淆。例如，36 表示十进制正整数，067 表示八进制正整数，0X2F 表示十六进制正整数，以上表示都是正确的整型常量；但对于以下常量 096、0X4H、3A 就是不正确的，因为 096 作为八进制整数含有非法数字 9，作为十进制整数又不能以数字 0 开头，0X4H 作为十六进制整数含有非法字符 H，3A 作为十六进制整数又没有以 0X 开头。

整型常量可以采用以上三种进制形式来表示，但无论采用哪一种数制表示都不影响它的数值。例如，对于十进制数 30，可以采用十进制 30、八进制 036 和十六进制 0X1E 表示。

在C语言中,整数可以进一步划分为short、int、long等类型,整型常量也采用类似的表示方法。当一个整型常量的取值在十进制范围$-32768\sim32767$时,则被视作一个short int型整数;若要表示长整型整数,则在数的最后加后缀修饰符,用字母L或l表示,由于l和数字1非常相像,所以,在表示长整型数据时,建议用大写字母L来表示;表示无符号整型整数,在数的最后加后缀U或u。例如36L表示十进制长整型常量,36U表示无符号整型常量,需要注意的是,虽然整型常量36和36L的数值一样,但在不同的编译环境下占用空间不同,在Turbo C 2.0环境下36占用2字节,36L占用4字节,而在Visual C++ 6.0环境下都占用4字节的存储空间。

2. 实型常量

实型常量即常说的实数,实型常量只采用十进制,有十进制浮点表示法和科学记数法两种表示形式。

1) 浮点表示法

它由正负号、数字和小数点组成,必须有小数点,实数的浮点表示法又称实数的小数形式。例如,1.58、-12.34、0.1234等都是正确的十进制浮点表示法。

2) 科学记数法

它由正负号、数字和阶码标志E或e组成,在e之前要有数据,之后只能是整数,其一般形式为$aE\pm n$(a为十进制实数,n为十进制整数),当幂指数为正数时,正号可以省略。实数的科学记数法又称为实数的指数形式。例如,1.23e+2、-6.8e-9、12e3都是合法的指数形式,而.e3、e 1.2、2e2.3都是不合法的指数形式。

注意:实型常量不分float型和double型,一个实型常量可以赋给一个float型或double型变量,系统根据变量类型截取常量中相应长度的有效位数字。

3. 字符型常量

字符常量是单引号(即撇号)括起来的一个字符。如'b'、'%'、'9'、'C'等都是字符常量。使用字符常量时需要注意以下几点。

(1) 字符常量中的单撇号只起定界作用并不表示字符本身,当输出一个字符常量时不输出此撇号。

(2) 单撇号中的字符不能是单撇号(')和反斜杠(\)。

(3) 单撇号中必须恰好有一个字符,不能空缺(空格也是一个字符)。

(4) 不能用双撇号代替撇号,如"A"不是字符常量。

(5) 空格也是字符,表示为' '。

在C语言中,字符是按其所对应的ASCII码值来存储的,一个字符占一字节,C语言中的字符具有数值特征,可以像整数一样参加运算,相当于对字符对应的ASCII码进行运算。

例如,字符'a'的ASCII码值是97,'a'+1=98,对应字符'b';表达式'8'-8的值不是0而是48,这是因为'8'和8是不一样的,'8'代表一个字符,它的ASCII码值是56,而8是一个数字,是一个整型常量,所以执行结果应该是56-8=48而不是8-8=0。

在C语言中有一类特殊的字符常量,被称为转义字符。它们用来表示特殊符号或键盘上的控制代码,如回车符、退格符等控制符号,它们无法在屏幕上显示,也无法从键盘输入,只能用转义字符来表示。转义字符是用反斜杠(\)后面跟一个字符或一个八进制或十六进制数表示。常用的转义字符如表2-1所示。

表 2-1 常用的转义字符表

转义字符	意　义	转义字符	意　义
\a	响铃	\\	反斜杠
\b	左退一格	\"	双引号
\f	走纸换页	\'	单引号
\n	回车换行符	\?	问号
\r	回车符	\0	空字符
\t	水平制表符	\ddd	1～3 位八进制数 ddd 所对应的字符
\v	垂直制表符	\xhh	1～2 位十六进制数 hh 所对应的字符

在 C 程序中使用转义字符\ddd 或者\xhh 可以方便灵活地表示一个字符。例如,\144 表示八进制数 144,对应十进制数 100,即字符'd';\x64 表示十六进制数 64,对应十进制数 100,即字符'd'。

4. 字符串常量

字符串常量是用双引号(双撇号)括起来的若干字符。例如,"Hello World"、"1234"、"string"、"a"等。

字符串中所含的字符个数称为字符串的长度。双引号中一个字符都没有的称为空串,空串的长度为 0。字符串常量在内存中存储时,系统自动在字符串的末尾加一个"串结束标志",即 ASCII 码值为 0 的字符 NULL,用转义字符"\0"表示。因此在程序中,长度为 n 个字符的字符串常量,在内存中占有 n+1 字节的存储空间。

例如,字符串"program"含有 7 个字符,作为字符串常量存储于内存中时,共占用 8 字节,系统自动在最后加一个字符"\0",但在输出时不输出"\0",在内存中存储形式为

p	r	o	g	r	a	m	\0

对于含有转义字符的字符串,应将转义字符计算为 1 个字符。例如"AB\n"的长度为 3 而不是 4,若反斜杠后的转义字符与表 2-1 中的不匹配,则被忽略,不参与长度计算。例如,字符串"AB\C"的长度为 3。

要特别注意字符常量与字符串常量的区别,除了表示形式不同外,其存储性质也不相同,字符常量'S'只占 1 字节,而字符串常量"S"占 2 字节。

5. 符号常量

符号常量是在一个程序中所指定的以符号代表的常量,若在程序中某个常量多次被使用,则可以使用符号常量来代替该常量。例如,对于圆周率常数 π,为了提高程序效率可以使用一个符号常量如 PI 来替代,这样做不仅在程序书写上比较方便,而且当需要修改其值时,只需修改一处即可,既方便又不易出错,而且有效地改进了程序的可读性和可维护性。

在 C 语言中使用宏定义命令＃define 定义符号常量,语法格式如下:

```
#define 符号常量名标识符 常量
```

＃define 是宏命令,一个＃define 命令只能定义一个符号常量,符号常量左右至少要有

一个空格将三部分分开。

例如：

```
#define  PI  3.1415
#define  NULL  0
```

【例 2.1】 编写程序求球体的表面积和体积。

参考程序如下：

```
#include<stdio.h>
#define PI 3.14                                  /*定义 PI 为符号常量,值为 3.14*/
void main()
{
    float r,s,v;
    printf("请输入半径 r:\n");
    scanf("%f",&r);                              /*输入半径 r*/
    s=4*PI*r*r;                                  /*计算球体表面积*/
    v=4.0/3*PI*r*r*r;                            /*计算球体体积*/
    printf("s=%f,v=%f\n",s,v);
}
```

运行情况：

```
请输入半径 r 值:
2↙                                      (输入 2 并回车)
s=50.240002,v=33.493333                 (输出的结果)
```

程序说明：在程序中定义了一个符号常量 PI 并赋值 3.14，在程序中 PI 的值都由该值替代。需要注意的是，符号常量不是变量，一旦定义则在整个作用域内不能改变，也就是不能使用赋值语句对其重新赋值。

注意：符号常量通常用大写字母表示，定义符号常量不需在末尾加“;”。

2.1.2 变量

在程序运行过程中，其值可以改变的量称为变量。在 C 语言中，所有变量必须预先定义才能使用，定义变量时需确定变量的名字和数据类型。变量通过名字来引用，而数据类型则决定了变量的存储方式和在内存中占据存储单元的大小。

1. 变量的命名

一个变量必须有一个名字，即变量名，变量名必须是合法的 C 语言标识符。

变量名中的英文字母习惯用小写字母，而常量名中的英文字母习惯用大写字母。

2. 变量的定义

在 C 语言中，所有变量在使用前必须定义，也就是说，首先需要声明一个变量的存在，然后才能够使用它。变量定义的基本语法格式为

数据类型符　变量表列;

数据类型符必须是有效的C语言数据类型，基本数据类型包括字符型、整数类型和实型，变量表列可以有一个或多个变量名，当有多个变量名时由逗号作为分隔符。变量名实际上是一个符号地址，在对程序编译、连接时，由系统给每一个变量分配一个内存地址，在该地址的存储单元中存放变量的值。例如：

```
int i,j,k;                          /* 三个整型变量,用逗号分隔 */
float sum,score,average;            /* 三个单精度实型变量 */
char ch;                            /* 定义 ch 为字符型变量 */
```

可以看出，在变量定义中可以声明多个变量，多个变量定义可以写在同一行。变量存储单元的大小由变量的类型决定，不同数据类型的变量在计算机内存中所占字节数是不同的，存放形式也不同。例如，字符型变量用来存放字符，在内存中分配1字节的存储单元，而整型变量则需要分配4字节的存储单元（在Visual C++ 6.0中）。

3. 变量的初始化

变量的初始化就是为变量赋初值。一个变量定义后，系统只是按定义的数据类型分配其相应的存储单元，并不对其单元初始化，如果在赋初值之前直接使用该变量，则是一个不确定值，没有实际意义。通常来说，变量在使用前一定要为其赋初值。

变量赋初值的方法很简单，变量在定义后，只要在变量后加一个等号和初值即可，与常量不同，变量可以反复赋值，变量定义常常放在函数体的最前面部分。

在为变量初始化时，可以采用以下几种方式。

1）定义时直接赋值

例如：

```
int i=1,j=2;
float math=88.7,chinese=76.5;
char c='A';
```

变量在定义直接赋值时不允许连续赋值，例如，若要对三个变量i、j、k赋同一个初值，不能写成如下形式：

```
int i=j=k=1;
```

2）变量定义后，使用赋值语句初始化

例如：

```
int a,b,c
a=1;b=2;c=3;                        /* 注意分隔符为分号 */
```

当变量定义后，可以使用赋值语句为初值为同一值的变量赋值。例如：

```
int a,b,c
a=b=c=1;
```

3）调用输入函数为变量赋值

例如：

```
int a,b,c;
```

```
scanf("%d%d%d",&a,&b,&c);
```

总之，对于变量的初始化，无论采用哪一种形式，一定要遵循“先定义、后使用”的原则。

2.2 基本数据类型

C语言具有丰富的数据类型，程序中所使用的每个数据都属于某一种类型，其中最基本的数据类型有整型、字符型和浮点型，其中浮点型又可分为单精度浮点型和双精度浮点型。不同类型的数据取值的范围、所适应的运算不同，在内存中所占的存储单元数目也不同。

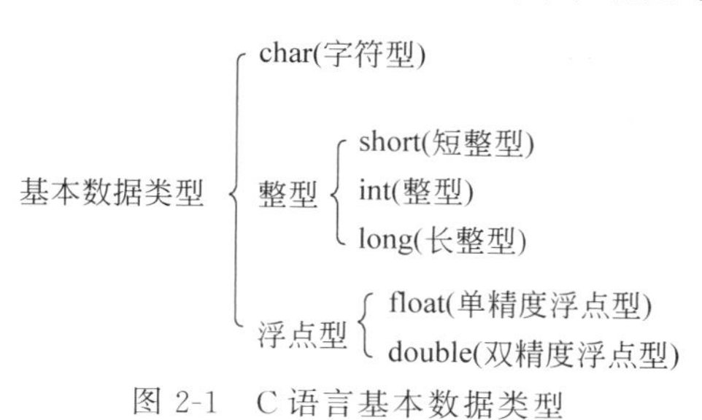

图 2-1 C语言基本数据类型

基本数据类型可以使用 signed（有符号类型）、unsigned（无符号类型）、short（短整型）、long（长整型）来对四种类型标识符进行说明，从而形成更多的数据类型。C语言的基本数据类型如图 2-1 所示，基本数据类型属性如表 2-2 所示。

表 2-2 C语言的基本数据类型属性

类　别	数据类型	类　型　符	数据长度/B	取值范围
字符型	字符型	char	1	0～255
整型	基本整型	int	4	−2 147 483 648～2 147 483 647
	短整型	short[int]	2	−32 768～32 767
	长整型	long[int]	4	−2 147 483 648～2 147 483 647
无符号整型	无符号基本整型	unsigned[int]	4	0～4 294 967 295
	无符号短整型	unsigned short[int]	2	0～65 535
	无符号长整型	unsigned long[int]	4	0～4 294 967 295
实型（浮点型）	单精度实型	float	4	约$\pm(10^{-38}\sim10^{38})$
	双精度实型	double	8	约$\pm(10^{-308}\sim10^{308})$
	长双精度实型	long double	10	约$\pm(10^{-4932}\sim10^{4932})$

2.2.1 整数类型

整数类型的值只能是整数，不存在小数部分，C语言提供了多种的整数类型，包括基本整型、长整型、短整型、无符号整型、有符号整型等共 11 种类型，最基本的是基本整型 int，其余 10 种整数类型是由类型修饰符与 int 组合而成。例如：

```
short int        短整型
long int         长整型
unsigned int     无符号整型
signed int       有符号整型
```

其中，使用类型修饰符来修饰整数类型时，基本整型标识 int 可以省略。例如：

```
short int           等价于    short
long int            等价于    long
unsigned int        等价于    unsigned
signed short int    等价于    signed short
```

注意：在 C 语言中，对于各类整型数据长度而言，short 型不长于 int 型，long 型不小于 int 型，**本书以 Visual C++ 6.0 编译系统为操作环境**，详见表 2-2。

【例 2.2】 整数类型数据的定义、赋值与输出。

参考程序如下：

```
#include<stdio.h>
void main()
{
    int a=30000;                               /*基本整型*/
    short int b=20000;                         /*短整型*/
    long int c=123456780;                      /*长整型*/
    unsigned int d=25;                         /*无符号整型*/
    printf("%d\t%d\t%d\t%u\n",a,b,c,d);        /*整型数据输出,%u为无符号类型*/
}
```

运行情况：

```
30000   20000   123456780 25      (输出的结果)
```

程序说明：程序中的数据变量类型全部为整型，通过类型修饰符进行修饰，包括基本整型、短整型、长整型和无符号整型，要注意这些数据类型的取值范围，赋值不当就可能出现越界错误。例如，将第 5 行语句修改为

```
short int b=50000;
```

在程序编译时就会出现警告提示："warning C4305: 'initializing' : truncation from 'const int' to 'short'"，这是因为短整型数据的最大取值为 32 767，50 000 超出了最大取值，从而产生越界警告，虽然程序依旧能够运行，但程序的运行结果已经不是理论上的输出结果了。

2.2.2 字符型

C 语言的字符型数据在内存中占用一字节，用于存储它的 ASCII 值，字符类型的标识符是 char。由于字符是以 ASCII 码形式存储的，而 ASCII 码形式上就是 0～255 的整数，所以 C 语言的字符型数据和整型数据可以通用。例如：

```
char c;
c='A'与 c=65 等价
```

这是因为字符'A'的 ASCII 值用十进制表示就是 65，字符'A'和整数 65 在计算机中的存储为

字符'A'的 ASCII 码：0100 0001

整数 65 的 ASCII 码：0000 0000 0100 0001

和整型数据一样，字符型数据可以进行算术运算与混合运算，可以与整型变量相互赋值与运算，即可以以字符型数据格式输出，也可以以整型数据格式输出。

【例 2.3】 字符型数据的定义、赋值与输出。

参考程序如下：

```
#include<stdio.h>
void main()
{
    char c1='A',c2='a';                    /*字符型变量定义并赋值*/
    int x=89,y=56;
    printf("%c\t%c\n",c1,c2);              /*以字符形式输出字符型变量值*/
    printf("%d\t%d\n",c1,c2);              /*以整型形式输出字符型变量值*/
    printf("%d\t%d\n",x,y);                /*以整型形式输出整型变量值*/
    printf("%c\t%c\n",x,y);                /*以字符形式输出整型变量值*/
}
```

运行情况：

```
A    a                 (输出的结果)
65   97                (输出的结果)
89   56                (输出的结果)
Y    8                 (输出的结果)
```

程序说明：本例的数据类型包括字符型和整型，都是在变量定义同时进行赋值，程序第 7 行是以整型形式输出字符型变量的值，第 9 行是以字符形式输出整型变量的值，从输出结果看，数据输出值与理论值一致，说明字符型数据与整型数据是可以通用的。

2.2.3 实数类型

实数又称为浮点数，浮点数可以表示带小数的数，浮点型数据包括单精度型、双精度型和长双精度型三种，分别用标识符 float、double 和 long double 表示，三种精度的长度和表示范围详见表 2-2。

浮点数在计算机中是以指数形式存储的，其存储单元被分成小数部分和指数部分：小数部分所占的字节数决定了数值的精确程度，小数部分的位数愈多，数的精确程度愈高；指数部分所占的字节数决定了数的绝对值范围，指数部分的位数愈多，数的表示范围就愈大。通常，单精度实数提供 7 位有效数字，双精度实数提供 15～16 位有效数字，实际取值范围与计算机系统和 C 语言的编译系统有关。

在编写程序过程中，如果单精度实数无法满足取值范围需求，可以使用双精度实数，需要注意的是，双精度实型数据会占用更多存储空间，程序的运行速度也会相应变慢。

单精度实数可以与双精度实数进行混合运算，也可以相互赋值，但由双精度向单精度赋值时，会使实数的精度下降。实数常量都是双精度浮点型。

【**例 2.4**】 实型数据的定义、赋值与输出。

参考程序如下：

```
#include<stdio.h>
void main()
{
    float x=256.012341678,m;                         /* 单精度实型变量 */
    double y=123456780.1256789,n;                    /* 双精度实型变量 */
    m=x+y;
    n=x+y;
    printf("x=%f\n",x);                              /* 有误差产生 */
    printf("y=%f\n",y);
    printf("m=%f\n",m);                              /* 有误差产生 */
    printf("n=%f\n",n);
}
```

运行情况：

```
x=256.012329             (输出的结果)
y=123456780.125679       (输出的结果)
m=123457040.000000       (输出的结果)
n=123457036.138008       (输出的结果)
```

程序说明：程序定义了两个单精度实型变量和两个双精度实型变量并赋初值，程序在编译时会出在第 4 行和第 6 行出现警告："warning C4305: 'initializing' : truncation from 'const double' to 'float'"和"warning C4244: '=' : conversion from 'double' to 'float', possible loss of data"，这些信息实际上都是在警告可能会出现数据丢失，从运行结果看，与理论计算值相比较，确实有数据丢失，即有误差产生。

注意：实数在计算机中只能近似表示，在程序运算过程中会产生误差。

总之，对于基本数据类型的选择，应根据处理数据的不同，选择不同的数据类型，不同类型的整型数据在存储空间和数值表示范围有所不同。例如，在程序中处理的数据是一些整数，可以选择整型，再根据数据的取值范围选择整型中的哪一种类型，如统计一个班级的人数可以使用短整型，表示一个城市的人口数可以使用整型或长整型数据。

对于整型数据和浮点型数据，一定要注意数据的取值范围，数据类型选择不当就可能产生溢出错误。例如，当某个计算值可能超过 32 767 时，就不能选择短整型数据类型，可以考虑长整型变量或实型变量来表示。

不同的编译系统数据长度可能不同，例如，在 Visual C++ 编译系统中 int 型数据长度为 32 位，而在 Turbo C 2.0 编译系统中只有 16 位。

2.3 数据类型的转换

在 C 语言中，允许整型、实型和字符型数据进行混合运算，但要求参加运算的不同类型的数据要转换成同一类型，然后再进行运算。因此，在计算过程中常常需要对变量或常量的数据类型进行转换,数据类型的转换包括自动转换和强制转换。自动转换时由低类型向高类型转换,由C语言编译系统自动完成,强制转换也可以将高类型转换为低类型,但可能造成信息丢失,强制转换通过特定的运算完成。

2.3.1 自动类型转换

1. 非赋值运算的类型转换

不同类型的数据参加运算,编译程序按照一定规则自动将它们转换为同一类型,然后再进行运算,转换规则如图2-2所示。

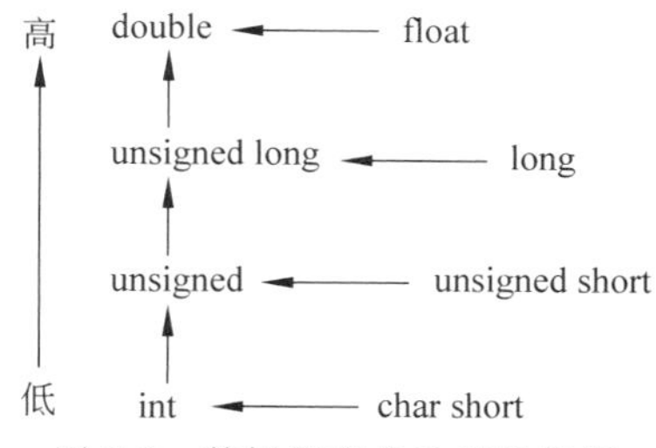

图2-2 数据类型自动转换规则

在图2-2中,水平方向的转换为float型自动转换成double型,long型自动转换成unsigned long型,unsigned short型自动转换成unsigned型,char和short型自动转换成int型。

垂直方向的转换表示当运算对象为不同类型时转换的方向。若int型与double型数据进行运算,先将int型的数据转换成double型,然后进行数据计算,结果为double型。**需要注意的是,垂直方向的箭头只表示数据类型级别的高低,由低向高转换,转换是一步到位的**,int型与double型数据转换是直接将int型转换成double型,而不是先将int型转换为unsigned型,再转换成unsigned long型,最后才转换成double型。

【例2.5】 数据类型的转换。

参考程序如下:

```
#include<stdio.h>
void main()
{
    double l;
    int e=5;
    float h=6.24;
    double f=69.5;
    char d='D';
    l=(8-d)+e*h+f/e;
    printf("%f\n",l);
}
```

运行情况:

```
-14.900001                    (输出的结果)
```

程序说明:运算次序:首先计算8-d,先将d转换成int型数据进行运算,结果为int型;然后计算e*h,先将e与h都转换成double型,运算结果为double型;再计算f/e,将e转换成double型,运算结果为double型;也就是最后是一个int型数据和两个double型数据相加,结果为double型。

2. 赋值运算的类型转换

赋值运算的类型转换是指通过赋值运算符"="实现变量类型的转换，赋值符号右边的表达式的值的类型自动转换为其左边变量的类型。赋值转换具有强制性，一般要求赋值运算符左右两边的数据类型要一致，如果赋值运算符左右两边的数据类型不同，系统自动将赋值运算符右边的类型转换成左边的类型，数据类型可能被提升，也有可能被降低。

【例 2.6】 利用赋值运算符实现类型转换。

参考程序如下：

```
#include<stdio.h>
void main()
{
    short int t;
    char b;
    long h;
    float f;
    double d;
    int e;
    t=65;
    b='A';
    f=12.64;
    e=100;
    d=e;                    /*将 int 型变量转换为 double 型*/
    e=f;                    /*将 float 型变量转换为 int 型*/
    h=t+b;                  /*t+b 为 int 型,将 int 型转换为 long 型*/
    f=b;                    /*将 char 型变量转换为 float 型*/
    b=t;
    printf("%f\t%d\t%ld\t%f\t%c\n",d,e,h,f,b);
}
```

运行情况：

```
100.000000  12  130  65.000000  A                (输出的结果)
```

程序说明：

(1) 将整型数据赋值给实型变量时，数值不变，但以实型数据形式存储表示。e 为 int 型变量并赋初值 100，d 为 double 型变量，赋值表达式 d=e;将 e 转换成 double 数据再赋值给变量 d，结果为 100.000000，变量类型为 double 型。

(2) 将实型数据(包括单精度和双精度)赋值给整型变量时，将舍弃实型数据的小数部分，不进行四舍五入。本例 f 为 float 型变量并赋初值 12.64，e 为 int 型变量，赋值表达式 e=f;将 f 转换成 int 型数据再赋值给变量 e，结果为 12，变量类型为 int 型。

(3) 将字符型数据赋值给实型变量时，将字符型数据转换为整型数据进行计算，然后转换为实型数据形式存储表示。本例 b 为 char 型变量并赋初值 A，f 为 float 型变量，赋值表达式f=b;将 b 转换成 int 型数据，再将 int 型转换成 float 型赋值给变量 f，结果为 65.000000，变量类型为 float 型。

（4）将短整型数据赋值给字符型变量时，将短整型数据转换为整型数据进行计算，然后转换为字符型数据形式存储表示。本例 t 为 short int 型变量并赋初值 65，b 为 char 型变量，赋值表达式 b=t；将 t 转换成 int 型数据赋值给变量 b，结果为 A，变量类型为 char 型。

2.3.2 强制类型转换

强制类型转换是通过强制类型转换运算符将一种类型的变量强制转换为另外一种类型，而不是由系统自动完成的，其基本语法格式如下：

(类型标识符)　表达式

类型标识符的圆括号不能省略，例如，若 a 为实型变量，则(int)a 将 a 的结果转换为整型，(int)4.8 的结果为 4。表达式若是多个变量也需加括号，例如，(int)(a+b)将(a+b)的结果转换为整型，若写成(int)a+b 则是将 a 转换成整型，然后再与 b 进行相加。

强制转换只是为了运算需要而对变量类型进行临时性转换，不会改变变量在定义时所声明的变量类型。例如：若 x 在定义时为整型变量，并赋值为 3，则(double)x 的数据类型为实型，结果为 3.000000，但 x 本身的数据类型没有发生改变，仍为整型变量，其值仍为 3。

【例 2.7】 数据类型的强制转换。

参考程序如下：

```
#include<stdio.h>
void main()
{
    int a,b,c,d;
    float x=6.46,y=8.57,z=7.68;
    a=(int)x;
    b=(int)x+(int)y+(int)z;
    c=(int)(x+y+z);
    d=(int)x+y+z;
    printf("%d\t%d\t%d\t%d\n",a,b,c,d);
    printf("%f\t%f\t%f\n",x,y,z);
}
```

运行情况：

```
6     21     22     22                              (输出的结果)
6.460000     8.570000     7.680000                  (输出的结果)
```

程序说明：程序定义了四个整型变量和三个实型变量，并给实型变量赋初值。整型变量 a 的值是将实型变量 x 强制转换为整型后的值；整型变量 b 的值是实型变量 x、y 和 z 分别转换为整型后的和；整型变量 c 的值是将实型变量 x、y 和 z 的和转换为整型后的值；整型变量 d 的值是将实型变量 x 转换为整型后，再与实型变量 y 和 z 相加的值，结果为 double 型，程序在编译时会出现警告提示：“warning C4244：'='：conversion from 'double' to 'int', possible loss of data”，该值转换为 int 型后的输出结果。

2.4 运算符和表达式

用来表示各种运算的符号称为运算符，运算符用来处理数据。C语言提供了丰富的运算符，按照运算符的类型来分，包括算术运算符、关系运算符、逻辑运算符、赋值运算符、位运算符、条件运算符、逗号运算符、求字节数运算符、指针运算符和特殊运算符；按照运算符所带的操作数的数量来分，包括单目运算符、双目运算符和三目运算符，只带一个操作数的运算符是单目运算符，带两个操作数的运算符是双目运算符，带三个操作数的运算符是三目运算符。

每个运算符都代表对运算对象的某种运算，都有自己特定的运算规则，每种运算符有着不同的功能、运算次序和优先级。

表达式就是用运算符将运算对象连接而成的符合C语言规则的算式。C语言提供了丰富的多种类型的表达式，按照运算符在表达式中的作用来分，包括算术表达式、关系表达式、逻辑表达式、赋值表达式、条件表达式等；按照运算符与运算对象的关系来分，可分为单目表达式、双目表达式和三目表达式。

2.4.1 算术运算符和算术表达式

1. 算术运算符

C语言中的算术运算符与普通数学中算术运算符的符号有所不同，但基本功能相似，都是对数据进行算术运算。算术运算符包括一元运算符(单目运算符)和二元运算符(双目运算符)两种，一元运算符主要有：++(自增)、--(自减)、+(正号)、-(负号)，二元运算符主要有：+(加)、-(减)、*(乘)、/(除)和%(求余)。C语言中提供的基本算术运算符如表2-3所示。

表 2-3 算术运算符

类型	运算符	名称	功能
单目运算符	+	正	取原值
	-	负	取负值
	++	自增1	变量值加1
	--	自减1	变量值减1
双目运算符	+	加	两个数相加
	-	减	两个数相减
	*	乘	两个数相乘
	/	除	两个数相除
	%	模(求余)	求整除后的余数

参加运算的对象的个数称为运算符的目，单目(也称一元)运算符是指参加运算的对象只有一个，例如+12，-34，i++等，双目(也称二元)运算符是指参加运算的对象有两个，例

如 a＋b，x＊y，7/3 等。

1）正号运算符＋和负号运算符－

正、负号运算符包括＋（正号）和－（符号），都属于一元运算符。例如－x＊y，等价于（－x）＊y，因为正、负号的优先级高于＊（乘号）。

【例 2.8】 正、负号运算符。

参考程序如下：

```
#include<stdio.h>
void main()
{
    int a=+7;                          /*"+"号可以省略，不是加法符号而是正数符号*/
    int b=-9;                          /*"-"号不能省略，不是减法符号而是负数符号*/
    printf("%d\t%d\t%d\n",a,b,-a*b);
}
```

运行情况：

```
7  -9  63                          (输出的结果)
```

2）自增运算符＋＋和自减运算符－－

自增运算符＋＋对操作数执行加 1 操作，而自减运算符－－则对操作数执行减 1 操作，操作对象都是操作数自身。大部分编译器使用自增、自减运算符生成的代码比使用等效的加、减 1 后赋值的代码效率要高，速度要快，在可能的情况下应尽量使用自增、自减运算符。

自增、自减运算符有两种形式：一种形式是放在变量的左边，称为前缀运算符，变量在使用前自动加 1 或减 1；另一种形式是放在变量的右边，称为后缀运算符，变量在使用后自动加 1 或减 1。设变量 m 为基本类型数据变量，则运算规则如下。

m＋＋：先取 m 的值参与运算，再执行 m＝m＋1。

＋＋m：先执行 m＝m＋1，然后再取 m 的值参与运算。

m－－：先取 m 的值参与运算，再执行 m＝m－1。

－－m：先执行 m＝m－1，然后再取 m 的值参与运算。

例如，x 和 y 为 int 型变量且 x 的初值为 5，则执行语句“y＝x＋＋；”后，y 的值为 5，而执行语句“y＝＋＋x；”后，y 的值为 6。

使用自增、自减运算符时有以下几点需要注意。

（1）自增运算符＋＋和自减运算符－－，只能用于变量不能用于常量或表达式，这是因为自增、自减运算是对变量进行操作后再赋值，而常量或表达式都不能进行赋值操作。例如，y＝（x＋z）＋＋和 6－－等都是不合法的。

（2）＋＋和－－的结合性都是自右向左的，该部分内容详见 2.5 节。

（3）＋＋和－－运算的变量只能是整型、字符型和指针型变量。

【例 2.9】 自增、自减运算符的使用。

参考程序如下：

```
#include<stdio.h>
void main()
```

```
{
    int a=6,b=7;
    int i,j;
    i=a++;
    j=++b;
    printf("%d\t%d\n",-i++,-(++j));
    printf("%d\t%d\t%d\t%d\n",a,b,i,j);
}
```

运行情况：

```
-6      -9                          (输出的结果)
7       8     7     9               (输出的结果)
```

程序说明：程序第 6 行语句为“i=a++;”，a 的初值为 6，a 先将自身的值赋给 i，然后进行自增运算，运算后 i 的值为 6，a 的值为 7；第 7 行语句为“j=++b;”，b 的值先自增 1，结果为 8，再将 b 的值赋给 j，j 的值为 8；第 8 行输出语句中，-i++先取出 i 的值 6，输出-i 的值-6，然后再使 i 自增为 7，-(++j)先计算++j 的值，j 的值自增为 9，然后输出-9；第 9 行输出语句输出变量 a、b、i 和 j 的值，a 和 b 的值在运行第 6 行和第 7 行已经确定，在运行第 8 行语句后 i 和 j 的值确定，输出结果为

```
7     8     7     9
```

【例 2.10】 自增、自减运算符基本运算。

参考程序如下：

```
#include<stdio.h>
void main()
{
    int a=5;
    int f,h,g;
    f=18-a++;
    printf("f=%d ",f);
    printf("a=%d\n",a);
    h=++a+6;
    printf("h=%d ",h);
    printf("a=%d\n",a);
    g=++a+a++;
    printf("g=%d\n",g);
}
```

运行情况：

```
f=13     a=6          (输出的结果)
h=13     a=7          (输出的结果)
g=16                  (输出的结果)
```

程序说明：本例中第 6 行语句为“f=18-a++;”，a 的初值为 5，由于 a++是后缀运

算，先计算表达式的值，然后再使 a 值增 1，即 f＝18－5＝13；第 9 行语句为“h＝＋＋a＋6；”，由于＋＋a 运算是前缀运算，先使 a 的值增 1，然后再计算表达式的值，即 h＝7＋6＝13；第 12 行语句为“z＝＋＋a＋a＋＋；”，a 的当前值为 7，＋＋a 是前缀运算，a 的值自增 1 为 8，a＋＋是后缀运算，计算后 a 的值再加 1，所以表达式的值为 z＝8＋8＝16，计算后变量 a 的值为 9。

注意：虽然＋＋和－－操作可以优化代码执行效率，并且简化了表达式，但在使用时一定要小心谨慎，尤其是连用时需要更加小心，使用不当可能会得到意想不到的结果。

【例 2.11】 自增、自减运算符的副作用。

参考程序如下：

```
#include<stdio.h>
void main()
{
    int a=6,b=5,x,y;
    x=(a++)+(a++)+(a++);
    y=(++b)+(++b)+(++b);
    printf("%d\t%d\n",x,y);
}
```

在 Turbo C 2.0 环境下调试运行情况为

```
18  24          (输出的结果)
```

在 Visual C++ 6.0 环境下调试运行情况为

```
18  22          (输出的结果)
```

程序说明：在 Turbo C 2.0 环境下，第 5 行“x＝(a＋＋)＋(a＋＋)＋(a＋＋)；”语句，是三个后缀＋＋的和，a 先参与计算，然后再自增，得 x＝6＋6＋6＝18；第 6 行“y＝(＋＋b)＋(＋＋b)＋(＋＋b)；”语句，是三个前缀＋＋的和，b 的值先自增，然后再参与计算，得 y＝8＋8＋8＝24。

但是，在 Visual C++ 6.0 环境不遵循 Turbo C 2.0 的上述求值顺序，读者可以试着将第 6 行语句修改为“y＝(＋＋b)＋(＋＋b)＋(＋＋b)＋(＋＋b)；”或者“y＝(＋＋b)＋(＋＋b)；”，找寻前缀＋＋的运算规律，但考虑到程序的可读性，建议读者尽量不要这样使用。

3）加法运算符(＋)

加法运算符用来实现两个数的相加，属于双目运算符，例如，3＋6。

4）减法运算符(－)

减法运算符用来实现两个数的相减，属于双目运算符，例如，6－3。

5）乘法运算符(*)

乘法运算符用来实现两个数的相乘，属于双目运算符，例如，6*3。

6）除法运算符(/)

除法运算符用来实现两个数的相除，属于双目运算符，例如，6/3。在使用时要注意参加运算的数据类型，若两个整数或字符相除，结果为整型，当不能整除时，只保留结果的整数部分，小数部分全部舍去，而不是四舍五入。例如，6/3 的结果为 2，8/3 的结果也为 2；但当除数或被除数中有一个是浮点数，则进行浮点数除法，结果也为浮点数，例如，8.0/3＝2.666 667。

7）求余运算符（%）

求余运算符也称为取模运算符，取整数除法产生的余数，要求参与运算的数据必须为整数，所以%不能用于 float 和 double 类型数据的运算。例如，6%3 的结果为 0，8.0%3 为错误表达式，7%3 的结果为 1，7%－3 的结果是 1，－7%3 的结果是－1，－7%－3 的结果是－1，**余数的符号与被除数的符号相同**。

【例 2.12】 常用算术运算符的使用。

参考程序如下：

```
#include<stdio.h>
void main()
{
    int i=15,j=3,e=2,f=-4;
    char ch='A';
    printf("%d\t%d\t%d\t%d\t%d\n",j+j,i-j,j*e,i/j,i%e);
    printf("%d\t%d\n",f%j,i%f);
    printf("%d\t%d\t%d\n",ch/3,ch-3,ch%3);
}
```

运行情况：

```
 6   12   6   5   1          (输出的结果)
-1    3                      (输出的结果)
21   62   2                  (输出的结果)
```

程序说明： 程序第 6 行输出语句中，i/j 为整除取整，即 15/3＝5，i%e 为求余运算，即 15%2＝1；第 7 行带符号的整数取模运算，可以验证，余数的符号与被除数的符号相同；第 8 行为字符型数据参与算术运算，字符型数据可以与整型数据通用，本例字符变量 ch＝'A'，相当于 ch 的值为整型值 65，因为'A'的 ASCII 值就是 65。

2. 算术表达式

在 C 语言中，由算术运算符、常数、变量、函数和圆括号组成的，符合 C 语法规则的式子称为算术表达式。例如，a * b＋c－d/f＋5，－a/(2 * b)－c＋3.5 都是合法的算术表达式。

使用算术表达式应遵循如下原则。

(1) 要区分算术运算符与数学运算符在表达形式上的差异。例如，数学表达式 $\frac{1}{3}x^2+2x+1$，在 C 语言中作为算术表达式就不能这样书写，$\frac{1}{3}$、x^2、2x 在 C 语言中都是无法识别的，应写成 1.0/3 * x * x＋2 * x＋1。**同时要注意数据类型，1/3 的计算结果容易成为 0。**

(2) 要注意各种运算符的优先级别，如果不能确定，最好在表达式中适当的位置添加圆括号，圆括号必须匹配且成对出现，计算时由内层圆括号向外层圆括号逐层计算。

例如，将数学表达式 $\frac{|y|}{2x+4y^x}$ 写成 C 的算术表达式，正确的写法为 z＝fabs(y)/(2 * x＋

4 * pow(y,x)),其中 fabs()、pow()为 C 语言提供的函数,存储在 C 语言的数学库(math.h),需要时直接调用即可,前提是必须把提供这些函数的头文件包含进来。

(3) 双目运算符两侧运算对象的数据类型应保持一致,运算所得结果类型与运算对象的类型一致;若参与运算的数据类型不一致,系统将自动按转换规律对操作对象进行数据类型转换,然后再进行相应的运算。

【例 2.13】 从键盘输入两个实数,计算算术表达式$\frac{|y|}{2x+4y^x}$的值。

参考程序如下:

```
#include<stdio.h>
#include<math.h>
void main()
{
    float x,y,z;
    printf("请输入实型变量 x 和 y 的值,x 不等于 y: \n");
    scanf("%f %f",&x,&y);
    z=fabs(y)/(2 * x+4 * pow(y,x));
    printf("z=%f\n",z);
}
```

运行情况:

```
请输入实型变量 x 和 y 的值,x 不等于 y:
 5  6↙              (输入 56 并回车)
0.000193            (输出的结果)
```

程序说明:本例问题解决的关键在于如何将数学表达式正确表达为 C 语言能够识别的算术表达式,由于数学表达式中含有三角运算和开平方运算,将用到 C 语言提供的数学函数,所以在程序开始部分要将数学函数定义的头文件使用 include 语句加进来。数学表达式对应的算术表达式为本例第 8 行,其中 fabs()、pow()都是数学函数。

2.4.2 关系运算符和关系表达式

1. 关系运算符

关系运算符是表示运算量之间逻辑关系的运算符。关系运算实际上是逻辑比较运算,通过对两个操作数值的比较,判断比较的结果。关系运算的结果为逻辑值,如果符合条件,则结果为真;如果不符合条件,则结果为假。

在 C 语言中,由于没有专门的逻辑型数据,将非 0 视为真,将 0 视为假,所以在表示关系运算符表达式结果时,用 1 表示真,0 表示假。为了使关系运算符在表示方式上更接近于人的逻辑思维,通常采用宏定义的方式来定义逻辑值:

```
#define    TRUE    1
#define    FALSE   0
```

也就是说,在 C 语言中表达关系运算的结果时,用 TRUE 表示真,用 FALSE 表示假。

关系运算符都是双目运算符，在C语言中有6种关系运算符，如表2-4所示。

表2-4　关系运算符

运算符	名　称	示　例	结　果	运算符	名　称	示　例	结　果
<	小于	1<2	1	>=	大于或等于	'b'>='a'	1
<=	小于或等于	2<=1	0	==	等于	'A'=='a'	0
>	大于	'a'>'b'	0	!=	不等于	'A'!='a'	1

2. 关系表达式

用关系运算符将两个表达式连接起来的式子称为关系表达式。关系表达式的一般形式为

表达式　　关系运算符　　表达式

关系运算符指明了对表达式所实施的操作，表达式为运算的对象，表达式可以是算术表达式、关系表达式、逻辑表达式、赋值表达式和字符表达式。关系表达式的值是一个逻辑值，用1表示真，0表示假。

例如，x>=y，a+b<c+d，a>(b<c)!=d等都是合法的关系表达式，可以看出关系表达式是可以嵌套使用的。进行关系运算时，先计算表达式的值，然后再进行关系比较运算。

【例2.14】 关系运算示例。

参考程序如下：

```
#include<stdio.h>
void main()
{
    int x,y,i,j;
    x=6;y=7;i=8;j=9;
    printf("%d ",x+y>i+j);                  /*表达式为算术表达式*/
    printf("%d ",(x=6)!=(i=8));             /*表达式为赋值表达式*/
    printf("%d ",(x==6)!=(i==8));           /*表达式为关系表达式*/
    printf("%d ",(x<=y)==(i<=j));           /*表达式为关系表达式*/
    printf("%d ",'A'>'a');                  /*表达式为字符表达式*/
}
```

运行情况：

```
0   1   0   1   0                  (输出的结果)
```

程序说明： 程序中整型变量x、y、i、j赋初值分别为6、7、8、9，第一个输出语句的关系表达式为x+y>i+j，先计算表达式的值，然后再进行关系比较运算，即13>17，关系表达式值为假，输出0。第二个输出语句的关系表达式为(x=6)!=(i=8)，即6!=8。第三个输出语句的表达式为(x==6)!=(i==8)，先计算圆括号内的，x==6为关系表达式，值为1，同样i==8的值也为1，即计算1!=1，关系表达式值为假，输出0。第四个关系表达式为(x<=y)==(i<=j)，与第三个表达式类似，即计算1==1，关系表达式值为真，输出1。最后一个关系表达式为'A'>'a'，即计算65>97，关系表达式值为假，输出0。

使用关系运算符和关系表达式应注意以下几点。

(1) 关系表达式的值是整数 0 或 1,真用 1 表示,假用 0 表示;表达式的值非 0 结果即为真,表达式的值为 0 结果即为假。

(2) 字符型数据按其 ASCII 值进行比较。

(3) 在连续使用关系表达式时,要注意其正确表达含义。例如,对于数学表达式 $a \leqslant x \leqslant b$,在 C 语言中不能写成 a<=x<=b,这是因为数学表达式 $a \leqslant x \leqslant b$ 为一个取值空间,而 a<=x<=b 为一个关系表达式,结果是一个整数值,若要表示该数学表达式为一存储空间,应写成 a<=x&&x<=b。

【例 2.15】 关系运算的基本操作。

参考程序如下:

```
#include<stdio.h>
void main()
{
    int a,b;
    double i,j;
    printf("请输入整型变量 a、b 的值: \n");
    scanf("%d %d",&a,&b);
    printf("请输入实型变量 i、j 的值: \n");
    scanf("%f %f",&i,&j);
    printf("%d\t",a>b);
    printf("%d\t",'g'>'X');
    printf("%d\t",b/a * a==b);                  /* 可能有误差产生 */
    printf("%d\t",j/i * i==j);                  /* 可能有误差产生 */
    printf("%d\n",0<a<100);                     /* 结果为逻辑值而非取值空间 */
}
```

运行情况:

```
请输入整型变量 a、b 的值:
3    4↙                        (输入 3    4 并回车)
请输入实型变量 i、j 的值:
5.1  6.2↙                      (输入 5.1    6.2 并回车)
0    1    0    1    1          (输出的结果)
请输入整型变量 a、b 的值:
3    7↙                        (输入 3    7 并回车)
请输入实型变量 i、j 的值:
1.6  9.2↙                      (输入 1.6    9.2 并回车)
0    1    0    0    1          (输出的结果)
```

程序说明:从程序的两次运行结果可以看出,不同的输入值可能会有不同的运行结果,程序第 12 行中对于表达式 b/a * a=b,看似一个等价的表达式,实际上在 C 程序中并非如此,第一次输入表达式为 4/3 * 3==4,关系表达式结果为假,输出值 0;第二次输入表达式为 7/3 * 3==7,表达式结果为假,这是因为 7/3 * 3=2 * 3=6,输出值为 0。

程序第 13 行表达式 j/i * i==j,与第 12 行类似,只不过 j 和 k 都为浮点型数据,在计算时可能会有误差产生，对于第二次输入表达式为 9.2/1.6 * 1.6==9.2，在数学上显然是一个恒等式，但在 C 程序中由于 9.2/1.6 所得值的有效位数有限，再与 1.6 相乘后得到的结果与原值 9.2 会有误差产生，因此关系表达式的结果为假，输出值 0。

2.4.3 逻辑运算符和逻辑表达式

1. 逻辑运算符

逻辑运算符是对逻辑量进行操作的运算符，逻辑运算的结果也是一个逻辑值。与关系运算一样，逻辑运算值也只有 2 个，用整数 1 表示真，用整数 0 表示假。C 语言提供了 3 种逻辑运算符，如表 2-5 所示。

表 2-5 逻辑运算符

类　型	运　算　符	名　称	示　例	结　果
单目运算符	!	逻辑非	! 1	0
双目运算符	&&	逻辑与	0&&1	0
	||	逻辑或	0 || 1	1

逻辑非是单目运算符，参加运算的操作数只有一个，功能为逻辑取反，操作数为假时，结果为真；操作数为真时，结果为假。

逻辑与是双目运算符，参加运算的操作数为两个，当参与运算的两个操作数均为真时，结果才为真，只要有一个操作数不为真，结果为假。

逻辑或是双目运算符，参加运算的操作数为两个，当参与运算的两个操作数均为假时，结果才为假，只要有一个操作数不为假，结果为真。

三种逻辑运算符的运算规则可以用一张逻辑运算真值表来表示，如表 2-6 所示。

表 2-6 逻辑运算真值表

a	b	! a	! b	a&&b	a || b	a	b	! a	! b	a&&b	a || b
非 0	非 0	0	0	1	1	0	非 0	1	0	0	1
非 0	0	0	1	0	1	0	0	1	1	0	0

2. 逻辑表达式

用逻辑运算符将两个表达式连接起来的式子称为逻辑表达式。逻辑表达式的一般形式为

表达式　　逻辑运算符　表达式

其中，表达式可以是关系表达式，也可以是逻辑表达式，也就是说逻辑表达式可以嵌套使用。逻辑表达式的值反映了逻辑运算的结果，其运行结果是一个逻辑量，用 1 表示真，0 表示假。

例如，x>=1 && x<=10，x>100 || x<0 等都是合法的逻辑表达式。

注意：编译器在对逻辑表达式求解过程中，并不是所有的逻辑运算都被执行，只有在需要进一步计算才能够确定表达式的值时，才进行下一步的逻辑运算，若当前表达式的值在确

定情况下，其后的表达式将不被计算。例如，逻辑表达式 x‖y，在 x 的值确定为真时，将不再计算 y，因为整个表达式的结果已经确定为真；同样，对于逻辑表达式 x&&y，只要 x 为假，就不再判别 y，因为已经没有必要计算 y 的值，结果已经是确定的。

【例 2.16】 逻辑运算示例。

参考程序如下：

```
#include<stdio.h>
void main()
{
    int s,r,t;
    float x;
    s=0;r=4;t=0;
    x=6.5;
    printf("%d\t",s&&r&&t);
    printf("%d\t", s||r||t);
    printf("%d\t", !s);
    printf("%d\t", r>s&&('s'||'r'));
    printf("%d\t", !(x>3)&&(r<=x));
}
```

运行情况：

```
0    1    1    1    0                        (输出的结果)
```

程序说明：程序定义了三个 int 变量和一个 float 型变量并赋初值，在第一条输出语句中，逻辑表达式为 s&&r&&t，先计算 s&&r，结果为假，其值为 0，不必再计算 0&&t，因为已经没有必要再进行计算，对于逻辑与操作来说，只要有一个表达式的值为假，则逻辑表达式值为假，输出 0。同样道理，第二条输出语句中，逻辑表达式为 s‖r‖t，先计算 s‖r，结果为真，其值为 1，不必再计算 0‖t，因为已经没有必要再进行计算，对于逻辑或操作来说，只要有一个表达式的值为真，则逻辑表达式的值为真，输出 1。第三条输出语句中，逻辑表达式为!s，s 的值为 0，即假，所以结果为真，输出 1。第四条输出语句中，逻辑表达式为 r>s&&('s'‖'r')，r>s 的值为真，即 1，由于是逻辑与操作，所以仍需计算's'‖'r'，值为真，即为计算逻辑表达式 1&&1 的值，输出 1。最后一条输出语句中，逻辑表达式为!(x>3)&&(r<=x)，!(x>3)的值为假，即 0，所以整个逻辑表达式的值为假，输出 0。

使用逻辑运算符和逻辑表达式应注意以下几点。

(1) 逻辑运算符两侧的操作数，除可以是 0 或非 0 的整数外，也可以是其他任何类型的数据。

(2) 在计算逻辑表达式的值时，只有在必须计算下一个表达式才能求解的情况下，才进行下一个表达式的求解运算。

2.4.4 赋值运算符和赋值表达式

1. 赋值运算符

赋值运算符实现将一个表达式的值赋给一个变量，赋值运算符是“=”，是一个双目运算符，赋值运算在C语言中是最基本、最常用的运算。例如，d＝a＋b－c，x＝y，i＝6等都是合法的赋值表达式。

2. 赋值表达式

用赋值运算符将一个变量和一个表达式连接起来的式子称为赋值表达式，它的功能是将赋值号右边表达式的结果放到左边的变量中保存。赋值表达式的一般形式为

变量=表达式;

可以利用常量对变量赋值，也可以利用变量对变量赋值，还可以利用任何表达式对变量赋值。赋值表达式的计算过程：计算右边表达式的值，将计算结果赋值给左边的变量。赋值表达式的值就是赋值运算符左边变量的值。

例如，x＝2.5，a＝b＋c，x＝y等都是合法的赋值表达式。

使用赋值运算符和赋值表达式应注意以下几点。

(1) 赋值运算符是“＝”，含义是将“＝”右边的值赋给左边的变量，它与符号“＝＝”不同，“＝＝”是等于符号，用来判断左右两侧的值是否相等的，返回值为逻辑值。

(2) 赋值运算符左侧必须是变量或者是对应某特定内存单元的表达式。例如，(a＋b)＝20，x＝y－3＝8都是非法的赋值表达式。

(3) 赋值表达式可以连续赋值，例如，a＝b＝c＝2，但在变量定义时不允许连续赋值，例如，“int a＝b＝c＝2;”是错误的。

3. 复合赋值运算符和复合赋值表达式

在赋值运算符“＝”之前加上其他运算符，可以构成复合赋值运算符，用于完成赋值组合运算操作。二目运算符都可以与赋值符一起组合成复合赋值运算符，C语言中有10种复合赋值运算符，分别是＋＝、－＝、*＝、/＝、%＝、<<＝、>>＝、&＝、∧＝和|＝，复合赋值运算表达式与等价的赋值表达式之间的对应关系如表2-7所示。

表2-7　复合赋值表达式与等价的赋值表达式之间的对应关系

复合赋值运算符	名　称	复合赋值表达式	等价的赋值表达式	示　例	结果
＋＝	加赋值	a＋＝b	a＝a＋b	a＝2，b＝4	6
－＝	减赋值	a－＝b	a＝a－b	a＝2，b＝4	－2
*＝	乘赋值	a*＝b	a＝a*b	a＝2，b＝4	8
/＝	除赋值	a/＝b	a＝a/b	a＝9，b＝2	4
%＝	求余赋值	a%＝b	a＝a%b	a＝9，b＝2	1
&＝	按位与赋值	a&＝b	a＝a&b	a＝13，b＝11	9
|＝	按位或赋值	a|＝b	a＝a|b	a＝13，b＝11	15
^＝	按位异或赋值	a^＝b	a＝a^b	a＝13，b＝11	6
<<＝	左移位赋值	a<<＝b	a＝a<<b	a＝13，b＝2	52
>>＝	右移位赋值	a>>＝b	a＝a>>b	a＝13，b＝2	3

由复合赋值运算符将一个变量和一个表达式连接起来的式子称为复合赋值表达式。构成复合赋值表达式的一般形式为

变量　　复合赋值运算符　表达式;

复合赋值表达式计算过程：先将变量和表达式进行组合赋值运算符所规定的运算，然后将运算结果赋值给复合赋值运算符左侧的变量，实际上，复合赋值表达式的运算等价于：

变量=变量 运算符 表达式;

例如：

```
a+=2        等价于      a=a+2
a-=2        等价于      a=a-2
a+=b*c      等价于      a=a+b*c
a*=b-2      等价于      a=a*(b-2)          /*不是 a=a*b-2*/
```

【例 2.17】 复合赋值运算示例。

参考程序如下：

```
#include<stdio.h>
void main()
{
    int x,y,z,i,j;
    x=3;y=5;z=7,i=j=9;
    y+=3;
    z%=x;
    i*=x+6;
    x-=j/4;
    printf("%d\t%d\t%d\t%d\t ",x,y,z,i);
}
```

运行情况：

```
1   8   1   81                  (输出的结果)
```

在 C 语言中引入复合赋值运算符，不仅简化了程序的书写，使程序变得简练，也能够提高编译效率。

使用复合赋值运算符和复合赋值表达式应注意以下两点。

(1) 复合赋值运算符的两个运算符之间不能有空格。

(2) 复合赋值运算符左侧必须是变量。

2.4.5 位运算符与位运算

1. 位运算符

C 语言提供了 6 种基本位运算符，如表 2-8 所示。

位运算符的操作对象只能是整型或字符型数据，不能为实型数据；位运算是对每个二进制位分别进行操作；操作数的移位运算不改变原操作数的值。

表 2-8 位运算符

类型	运算符	名称	示例	结果
单目运算符	～	按位取反	～1010	0101
双目运算符	&	按位与	0110&1010	0010
	|	按位或	0110|1010	1110
	^	按位异或	0110^1010	1100
	<<	按位左移	01101010<<2	10101000
	>>	按位右移	01101010>>2	00011010

2. 位运算

位运算是指对二进制位进行的运算。与其他高级语言相比，位运算是 C 语言的特点之一。位运算不允许只操作其中的某一位，而是对整个数据的二进制位进行运算。

1）按位取反运算(～)

按位取反运算符是单目运算符，运算规则是将操作对象中所有二进制位按位取反，即将 0 变为 1，将 1 变为 0，一般形式为

～操作数

例如，求～1010 0110

```
  ～   1010 0110
---------------
       0101 1001
```

注意：取反运算不是取负运算，例如，～10 的值不是－10。

2）按位与运算(&)

按位与运算是对两个操作数相应的位进行逻辑与运算，运算规则是只有当两个操作数对应的位都为 1，该位的结果为 1，当两个操作数对应的位中有一个为 0，该位的结果为 0，一般形式为

操作数 & 操作数

例如，求 1100 0011& 1010 0110

```
     1100 0011
  &  1010 0110
--------------
     1000 0010
```

3）按位或运算(|)

按位或运算是对两个操作数相应的位进行逻辑或运算，运算规则是只有当两个操作数对应的位都为 0，该位的结果为 0，当两个操作数对应的位中有一个为 1，该位的结果为 1，一般形式为

操作数|操作数

例如，求 1100 0011 | 1010 0110

```
        1100 0011
    |   1010 0110
-----------------
        1110 0111
```

4）按位异或运算(^)

按位异或运算是对两个操作数相应的位进行异或运算。运算规则是只有当两个操作数对应的位相同时，该位的结果为0；当两个操作数对应的位不相同时，该位的结果为1。一般形式为

操作数^操作数

例如，求 1100 0011 ' 1010 0110

```
        1100 0011
    ^   1010 0110
-----------------
        0110 0101
```

5）按位左移运算(<<)

按位左移运算的规则是将操作数向左移动指定的位数，并且将移去的高位舍弃，在低位补0，一般形式为

操作数<<移位数

例如，求 1010 0110<<2

向左移2位，高位舍弃，低位补0，结果为1001 1000。

一个数左移1位相当于该数乘以2，左移2位相当于该数乘以2^2，左移n位相当于该数乘以2^n，前提是该数在舍弃的高位中不包含1的情况。

6）按位右移运算(>>)

按位右移运算的规则是将操作数向右移动指定的位数，并且将移去的低位舍弃，对于高位部分，若操作数为无符号数，则左边高位补0；若操作数为有符号数，若为正数则补0，若为负数则补1，一般形式为

操作数>>移位数

例如，求整型变量a=89=0101 1001，将a右移2位的值，即求a>>2的值。a为正数，则在右移后，高位补0，0101 1001>>2的值为00→0101 1001，结果为0001 0110。

【例 2.18】 位运算基本操作。

参考程序如下：

```
#include<stdio.h>
void main()
{
    int x=22,y=93;
    printf("%d\t",x&y);
    printf("%d\t",x|y);
    printf("%d\t",x^y);
    printf("%d\t",~x);
}
```

运行情况：

```
20    95    75    -23                    (输出的结果)
```

程序说明：本例中整型变量 x＝22，y＝93，它们对应的二进制数分别为 0001 0110 和 0101 1101(这里以 8 位二进制数表示)，位运算操作实际上就是对这两组二进制数进行操作，其中～x(按位取反)的结果为－23，这是因为对 x 进行按位取反的二进制数为 1110 1001，从符号上判断该数是一个负数，而负数的原值为各位取反再加 1，即为二进制数－0001 0111，结果为－23。

【例 2.19】 移位运算示例。

参考程序如下：

```
#include<stdio.h>
void main()
{
    int x=45;                               /*二进制数为 0011 1010*/
    printf("%d ",x);
    printf("%d ",x>>2);
    printf("%d ",x<<2);
}
```

运行情况：

```
45 11 180                (输出的结果)
```

程序说明：位运算符也可以和赋值运算符组成复合移位赋值运算符，包括<<=、>>=、&=、∧=和|=。操作数的移位运算并不改变原操作数的值，例如，在上例中经过移位运算 x>>2 和 x<<2 后，x 的值不变，但通过复合移位赋值运算后，操作数的值发生改变。

【例 2.20】 复合移位赋值运算示例。

参考程序如下：

```
/*输入一个无符号整数,输出该数从右端开始的第 4~7 位组成的数*/
#include<stdio.h>
void main()
{
    unsigned int x,y,z;
    scanf("%d",&x);                     /*从键盘输入一个整数*/
    x>>=3;                              /*右移 3 位,想一想为什么*/
    y=15;                               /*构造一个低 4 位为 1,其余各位为 0 的整数*/
    z=x&y;                              /*得到新数的第 4～7 位*/
    printf("result=%d",z);
}
```

运行情况：

```
93 ↙            (输入 93 并回车)
11              (输出的结果)
```

使用位运算符进行运算应注意以下两点。

(1) 位运算操作对象的数据类型只能是整型或字符型。

(2) 位运算必须对操作数的所有二进制位进行运算,不允许对其中的某一位进行操作。

2.4.6 条件运算符与条件表达式

1. 条件运算符

条件运算符是C语言中唯一的三目运算符,它有3个参与运算的量,条件运算符的符号是"?"和":",且必须成对出现。

2. 条件表达式

由条件运算符组成的表达式称为条件表达式。条件表达式的一般形式为

表达式1?表达式2:表达式3

条件表达式的运算规则:先计算表达式1的值,如果它的值为非0(真),则计算表达式2的值,并以表达式2的值作为整个表达式的值;若表达式1的值为0(假),则计算表达式3的值,并以表达式3的值作为整个表达式的值。其基本执行流程如图2-3所示。

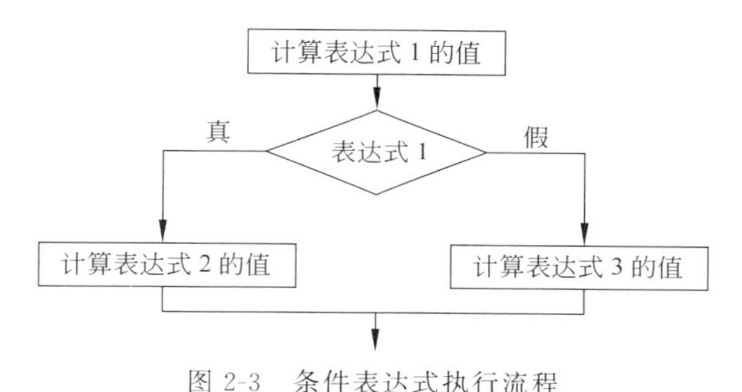

图2-3 条件表达式执行流程

例如,9>7? 6:10的值为6;9<7?6:10的值为10。

条件表达式可以使程序更加简明。例如,求两个整数的最大值问题,如果用if语句实现为

```
if(a>b)
    c=a;
else
    c=b;
```

可以用条件表达式写为

```
c=(a>b)?a:b;
```

条件表达式可以嵌套使用。

例如,a>b?a:c>d?c:d等价于表达式a>b?a:(c>d?c:d)。

【例2.21】 条件运算示例。

参考程序如下:

```
/*从键盘输入两个整数,求其最小值*/
#include<stdio.h>
void main()
{
```

```
    int x,y,min;
    printf("请输入两个整数: ");
    scanf("%d%d",&x,&y);
    min=(x<y)?x:y;
    printf("两个数最小的是%d",min);
}
```

运行情况：

```
请输入两个整数:-7  8↙          (输入-7  8并回车)
两个数最小的是-7               (输出的结果)
```

使用条件运算符进行运算应注意以下两点。

(1) 条件运算符“?”和“:”必须成对出现。

(2) 条件表达式中表达式2和表达式3的数据类型如果不同,则表达式的结果类型将是两者中较高的类型。例如,2＜6? 17:14.5的值为17.000000,且在输出时不能够以整型输出,若输出语句为“printf("%d",2＜6? 17:14.5);”,则结果为0,若输出语句为“printf("%f",2＜6? 17:14.5);”,则结果为17.000000。

2.4.7 逗号运算符与逗号表达式

1. 逗号运算符

逗号运算符使用的是运算符“,”,其作用是将多个表达式连接起来。

2. 逗号表达式

使用逗号运算符将多个表达式连接在一起,就组成了逗号表达式。逗号表达式的一般形式为

表达式1, 表达式2,…,表达式n

逗号表达式的求解过程:先计算表达式1的值,然后计算表达式2的值,以此类推,最后计算表达式n的值,并将表达式n的值作为逗号表达式的值。例如,表达式a＝2,a*2,a＋2就是合法的逗号表达式,表达式的值为最后一个表达式的值2＋2＝4,又如逗号表达式a＝4,b＝a＋2,b＋＋的值为6,计算后变量a的值不变,其值仍为4。

【例2.22】 逗号运算示例。

参考程序如下:

```
#include<stdio.h>
void main()
{
    int x,y,i,j,exp1,exp2;
    x=4,y=6,i=8,j=16;
    exp1=(x+6,x-6,x/6,x*6);                /*变量x的值不变*/
    printf("%d\t%d\n",x,exp1);
    exp2=((x=x+2),y+i,x+j);                /*变量x的值发生变化*/
    printf("%d\t%d",x,exp2);
}
```

运行情况：

```
4    24          (输出的结果)
6    22          (输出的结果)
```

程序说明：本例中，表达式“exp1=(x+6,x-6,x/6,x*6);”为逗号表达式，表达式的值为最后一个表达式的值，即 x*6 的值，结果为 24，此时 x 的值没有发生变化，仍然是初始值 4。表达式“exp2=((x=x+2),y+i,x+j);”也为逗号表达式，表达式的值为最后一个表达式的值，即 x+j，但结果不是 4+16=20 而是 6+16=22，这是因为在该表达式中，第一个表达式为 x=x+2，x 被重新赋值，即 x=4+2=6，所以整个逗号表达式的值为 x+j，即 6+16=22。

在 C 语言中，逗号除了用作运算符外，在变量定义时用逗号作为分隔符将多个变量分开；在定义函数和调用函数时，用逗号将函数多个参数分隔开。例如：

```
float x,y,z;                                   /*变量定义分隔*/
printf("%d\t%d",a,b);                          /*函数参数分隔*/
void circle(float r,float h);                  /*函数参数分隔*/
```

使用逗号运算符进行运算应注意以下两点。

(1) 所有运算符当中逗号运算符优先级最低，并且结合性为自左向右。

(2) 程序中使用逗号表达式，通常是要计算每个表达式的值，但并不一定要求整个逗号表达式的值；而求整个表达式的值，也不一定需要计算每个表达式的值。例如，求整个逗号表达式(x=3,x+5,x++,8)，不用计算每个表达式的值。

2.4.8 求字节数运算符

求字节数运算符又称为长度运算符，是一个单目运算符，用于返回其操作数所对应数据类型的字节数，操作数可以是变量或数据类型，其一般形式为 sizeof(opr)。其中，opr 表示所要运算的对象，sizeof 为运算符。返回的字节数与编译系统对数据类型长度的设定有关。例如，sizeof(char)为求字符型数据在内存中所占用的字节数，在 Turbo C 2.0 和 Visual C++ 6.0 编译环境下，输出结果均为 1；sizeof(int) 为求整型数据在内存中所占用的字节数，在 Turbo C 2.0 编译环境下输出结果为 2，而在 Visual C++ 6.0 编译环境下输出结果为 4。

【例 2.23】 求字节数运算示例。

参考程序如下：

```
#include<stdio.h>
void main()
{
    printf("sizeof(char): %d\n",sizeof(char));
    printf("sizeof(short int): %d\n",sizeof(short int));
    printf("sizeof(int): %d\n",sizeof(int));
    printf("sizeof(unsigned int): %d\n",sizeof(unsigned int));
    printf("sizeof(long int): %d\n",sizeof(long int));
    printf("sizeof(float): %d\n",sizeof(float));
    printf("sizeof(double): %d\n",sizeof(double));
```

```
    printf("sizeof(long double): %d\n",sizeof(long double));
}
```

运行情况：

```
sizeof(char): 1                     (输出的结果)
sizeof(short int: 2                 (输出的结果)
sizeof(int): 4                      (输出的结果)
sizeof(unsigned int): 4             (输出的结果)
sizeof(long int): 4                 (输出的结果)
sizeof(float): 4                    (输出的结果)
sizeof(double): 8                   (输出的结果)
sizeof(long double): 8              (输出的结果)
```

使用求字节数运算符进行运算应注意以下两点。

(1) sizeof 必须连写，中间不能有空格。

(2) 不同系统或者不同编译器得到的结果可能不同。

2.4.9 特殊运算符

1. ()和[]运算符

在C语言中，()运算符常用于表达式中，作用主要是用来改变表达式的运算次序，也可以用于函数的参数表列；[]运算符用于数组的说明及数组元素的下标表示，有关内容详见本书第6章。

2. .和－＞运算符

.和－＞运算符，主要作用是引用结构体(struct)和共用体(union)数据类型的成员，例如 stu.name、stu.age 等，有关内容详见本书第9章。

3. * 和& 运算符

* 是指针运算符，指针运算符为单目运算符，需要一个指针变量作为运算量，用来访问指针所指向的内容。例如 * p，表示指针变量 p 所指向的内容。& 为取地址运算符，也是单目运算符，用来取指定变量的内存地址。例如 &p，表示取变量 p 的内存地址。有关内容详见本书第8章。

2.5 运算符的优先级和结合性

2.5.1 运算符的优先级

在C语言中，运算符的优先级是指当一个表达式中如果有多个运算符时，则计算是有先后次序的，这种计算的先后次序称为相应运算符的优先级。运算符的优先级共分15级，1级最高，15级最低。在表达式中，优先级较高的运算符先于优先级较低的进行计算，若优先级相同，则按照运算符所规定的结合方向进行处理。

例如，有表达式 a－(b－3) * c＋!0＋d/e－4，其中有圆括号、算术运算符和逻辑运算符，级别最高的是圆括号和逻辑非，首先计算圆括号内 b－3 的值，然后计算! 0 的值，算术运算符的级别较低最后计算，包括＋、－、* 和/，虽然它们都是算术运算符，但优先级也有所不同，先乘除后加减，即先计算(b－3) * c 和 d/e 的值，最后再进行加减运算。

【例 2.24】 运算符的优先级示例。

参考程序如下：

```
#include<stdio.h>
void main()
{
    int a,b,c;
    printf("请输入整型变量 a、b 的值：\n");
    scanf("%d %d",&a,&b);
    c=sizeof(a)+(a-3)*b+a/2-4;
    printf("%d\n",c);
}
```

运行情况：

```
请输入整型变量 a、b 的值：
2 7↙              (输入 2 7 并回车)
-6                (输出的结果)
```

程序说明：本例第 7 行为"c=sizeof(a)+(a−3)*b+a/2−4;"，表达式中运算符优先级最高的是圆括号，即首先计算 a−3 的值，优先级次高的是求字节运算符，即计算 sizeof(a)的值，优先级再次之的是乘除运算符，最低的是加减运算符，也就是先做()内运算，接着做求字节数运算，然后做乘除运算，最后再做加减运算，这与数学表达式的计算过程也是相一致的。

2.5.2 运算符的结合性

C 语言的运算符不仅有优先级，而且还有结合性，各运算符的优先级与结合性如表 2-9 所示。

表 2-9 运算符的优先级和结合性

优先级	运算符	含义	类型	结合方向
1	() [] -> .	圆括号 下标运算符 成员运算符 结构体成员运算符	初等运算符	从左到右
2	! ~ + - (类型) ++ -- * & sizeof	逻辑非 按位取反 正号 负号 强制类型转换 自增 自减 取内容 取地址 求字节数	单目运算符	从右到左

续表

<table>
<tr><th>优先级</th><th>运算符</th><th>含义</th><th>类型</th><th>结合方向</th></tr>
<tr><td>3</td><td>*
/
%</td><td>乘法
除法
取余数</td><td rowspan="2">算术运算符</td><td rowspan="2">从左到右</td></tr>
<tr><td>4</td><td>+
-</td><td>加法
减法</td></tr>
<tr><td>5</td><td><<
>></td><td>按位左移
按位右移</td><td>位运算符</td><td>从左到右</td></tr>
<tr><td>6</td><td>>
>=
<
<=</td><td>大于
大于或等于
小于
小于或等于</td><td rowspan="2">关系运算符</td><td rowspan="2">从左到右</td></tr>
<tr><td>7</td><td>==
!=</td><td>等于
不等于</td></tr>
<tr><td>8</td><td>&</td><td>按位与</td><td rowspan="3">位运算符</td><td rowspan="3">从左到右</td></tr>
<tr><td>9</td><td>^</td><td>按位异或</td></tr>
<tr><td>10</td><td>|</td><td>按位或</td></tr>
<tr><td>11</td><td>&&</td><td>逻辑与</td><td rowspan="2">逻辑运算</td><td rowspan="2">从左到右</td></tr>
<tr><td>12</td><td>||</td><td>逻辑或</td></tr>
<tr><td>13</td><td>?:</td><td>条件运算</td><td>三目运算符</td><td>从右到左</td></tr>
<tr><td>14</td><td>= += -= *=
/= %= &= ^=
|= <<= >>=</td><td>赋值运算</td><td>双目运算符</td><td>从右到左</td></tr>
<tr><td>15</td><td>,</td><td>逗号运算</td><td></td><td>从左到右</td></tr>
</table>

运算符的结合性是指当一个运算对象两侧的运算符的优先级别相同时，进行运算的结合方向。在C语言中运算符的结合性分为两类，即左结合性和右结合性。左结合性是指运算符的结合方向是从左到右，右结合性是指运算符的结合方向是从右到左。

例如，有表达式 a+b-c，其中+和-都是算术运算符并且级别相同，算术运算符的结合性是左结合，因此，首先计算 a+b 的值，然后再计算-c 的值。

结合性的概念在其他一些高级语言中是没有的，它可以使表达式的运算更加灵活，但同时也增加了复杂性。

【例 2.25】 运算符的优先级与结合性示例。

参考程序如下：

```
#include<stdio.h>
void main()
{
    int s=8,r=3,t=12;
    int res;
```

```
    double i=4.5, j=3.6,f;
    f=(t<<2)-s%r+(s+=r*=t)+(!t&&i+2)-j;
    res=t<<2;
    printf("%d\n",res);
    printf("%f",f);
}
```

运行情况：

```
48
86.400000                    (输出的结果)
```

程序说明：本例第7行表达式，运算符优先级由高到低是圆括号()、逻辑非!、取模%、加减+(-)、左移<<、逻辑与&&、复合赋值运算符*=和+=。其中，复合赋值运算符的结合性为从右到左，所以s+=r*=t等价于s=s+(r*t)，结果为s=8+3*12=44，对于表达式!t&&i+2，由于运算符的优先级，等价于(!t)&&(i+2)，结果为0，t<<2的值为48，s%r的值为2，所以，整个表达式的值即为86.400000。

2.6 编程实践

任务：分析MD5散列算法的基本运算

【问题描述】

MD5为计算机安全领域广泛使用的一种散列函数，用于提供消息的完整性保护。算法中大量应用位运算，由此学会基本的位运算方法。

【问题分析与算法设计】

按照MD5的算法标准完成函数F、G、H、I，在此基础之上完成FF、GG、HH、II函数的实现。

【代码实现】

```
#include<stdio.h>
/*F, G and H are basic MD5 functions: selection, majority, parity*/
#define F(x, y, z) (((x) & (y))|((~x) & (z)))
#define G(x, y, z) (((x) & (z))|((y) & (~z)))
#define H(x, y, z) ((x)^(y)^(z))
#define I(x, y, z) ((y)^((x)|(~z)))
/*ROTATE_LEFT rotates x left n bits*/
#define ROTATE_LEFT(x, n) (((x) <<(n))|((x) >>(32-(n))))
/*FF, GG, HH, and II transformations for rounds 1, 2, 3, and 4*/
/*Rotation is separate from addition to prevent recomputation*/
#define FF(a, b, c, d, x, s, ac) \
  { (a)+=F ((b), (c), (d))+(x)+(UINT4)(ac); \
    (a)=ROTATE_LEFT ((a), (s)); \
    (a)+=(b); \
  }
#define GG(a, b, c, d, x, s, ac) \
```

```
  { (a)+=G ((b), (c), (d))+(x)+(UINT4)(ac); \
    (a)=ROTATE_LEFT ((a), (s)); \
    (a)+=(b); \
  }
#define HH(a, b, c, d, x, s, ac) \
  { (a)+=H ((b), (c), (d))+(x)+(UINT4)(ac); \
    (a)=ROTATE_LEFT ((a), (s)); \
    (a)+=(b); \
  }
#define II(a, b, c, d, x, s, ac) \
  { (a)+=I ((b), (c), (d))+(x)+(UINT4)(ac); \
    (a)=ROTATE_LEFT ((a), (s)); \
    (a)+=(b); \
  }
int main(){
  UINT4      buf[4]={(UINT4)0x67452301,(UINT4)0xefcdab89,(UINT4)0x98badcfe,
  (UINT4)0x10325476 };
  FF(buf[0],buf[1],buf[2],buf[3],'a',7, 4294588738);
  GG(buf[0],buf[1],buf[2],buf[3],'a',7, 4294588738);
  HH(buf[0],buf[1],buf[2],buf[3],'a',7, 4294588738);
  II(buf[0],buf[1],buf[2],buf[3],'a',7, 4294588738);
  return 0;
}
```

习　　题

1. 选择题

(1) 下列选项中,不合法的常量是________。

A. "A"　　B. －0x12　　C. 'abc'　　D. 010

(2) 设变量 a 和 b 均为整型变量,表达式"a=3,b=5,a++,a+b"的值是________。

A. 4　　B. 5　　C. 8　　D. 9

(3) 以下叙述中,不正确的是________。

A. 在 C 语言中,逗号运算符的优先级最低

B. 在 C 语言中,sum 和 SUM 是两个不同的变量

C. 在程序运行过程中,变量的值不可以改变

D. 整型常量可以以十进制、八进制和十六进制整数形式来表示

(4) 数学表达式 $\frac{-b+\sqrt{b^2-4ac}}{2a}$ 在 C 语言中对应________表达式。

A. (－b＋sqrt(b²－4ac))/2a

B. (－b＋sqrt(b * b－4 * a * c))/(2 * a)

C. －b＋sqrt(b * b－4 * a * c)/2 * a

D. (－b＋sqrt(b * b－4 * a * c))/2a

(5) 下列选项中,正确的字符串常量是________。

A. 'hello'　　B. abc　　C. "xyz"　　D. ''

(6) 下列选项中,正确的赋值表达式为________。

A. a=b=c=9　　B. a=b+9=c-9

C. a=b,a++,b=9　　D. a=9-b=c+9

(7) 已知字符变量 c,则表达式 c='A'+3 的值为________。

A. 100　　B. 'D'　　C. 'd'　　D. 随机数

(8) 在 Visual C++ 编译环境下,int 型数据在内存中所占用的字节数为________。

A. 1 字节　　B. 2 字节　　C. 3 字节　　D. 4 字节

(9) 设 i 为整型变量,f 为双精度实型变量,则表达式 2 * i-'d'+f 的数据类型为________。

A. double　　B. int　　C. char　　D. float

(10) 以下叙述中,不正确的是________。

A. x*=2.5　　B. x%=2.5　　C. x+=2.5　　D. x-=2.5

(11) 下列选项中,正确的标识符是________。

A. void　　B. 2nd　　C. a_3　　D. int

(12) 下列选项中,合法的字符常量是________。

A. '\184'　　B. 'ab'　　C. '\x37'　　D. "ab"

(13) 设 int 型变量 a 的值为 4,则执行语句"a+=a-=a*4;"后,a 的值为________。

A. -8　　B. -12　　C. 4　　D. -24

(14) 设实型变量 a 的值为 12.5,实型变量 b 的值为 13.7,则(int)x+(int)y 的值为________。

A. 25　　B. 26　　C. 27　　D. 28

(15) 设 x 为一个四位数的 int 型变量,能够实现取出该数的百位(第二位)数字的表达式是________。

A. x%1000　　B. x%1000/100

C. x/1000　　D. x/1000%100

(16) 设 int 型变量 a、b 的值分别为 8 和 4,则表达式(a>b)? a++:b++的值为________。

A. 4　　B. 5　　C. 8　　D. 9

(17) 设 a、b、c、d 均为 int 型变量,且初始值都为 2,则执行语句 a=(b,c+2,d=6)后,变量 c 的值为________。

A. 2　　B. 3　　C. 4　　D. 5

(18) 设 int 型变量 a、b 的值分别为 14 和 6,则表达式 a%=b+1 的值为________。

A. 0　　B. 1　　C. 2　　D. 3

(19) 下列选项中,和表达式 a*=b-2 等价的是________。

A. a=a*b-2　　B. a=a*(b-2)

C. a=a+b*2　　D. a=b-2*a

(20) 表达式 sizeof(float)是________表达式。

A. 字符型　　B. 浮点型　　C. 整型　　D. 双精度型

(21) 设 int 型变量 a、b 的值分别为 4 和 2,则表达式 a=a−−−b 的值为________。

A. 0　　B. 1　　C. 2　　D. 3

(22) 下列选项中,不正确的转义字符是________。

A. \x12　　B. \n　　C. \\　　D. \98

(23) 下列程序的输出结果是________。

```
#include<stdio.h>
void main()
{
    int x=24;
    printf("%d",--x)
}
```

A. 19　　B. 20　　C. 23　　D. 24

(24) 表达式!'A'&&(5>3)的值是________。

A. 0　　B. 1　　C. 'A'　　D. 'B'

(25) 下列运算符中,要求运算对象必须是整型的运算符是________。

A. !　　B. !=　　C. /　　D. %

(26) 设有 int 型变量 a、b、c,a=9,b=4,则表达式 c=a/b+1.25 的值为________。

A. 2　　B. 3　　C. 3.5　　D. 4

(27) 设 x 为 int 型变量,下列选项中能够判定 x 值为偶数的表达式是________。

A. x%2=0　　B. x/2=0　　C. x%2==0　　D. x/2==0

(28) 设有 int 型变量 a、b 且初值为−5 和 3,则表达式 a/b 的值为________。

A. −2　　B. −1　　C. 0　　D. 1

(29) 设 int 型变量 a、b、c 且初值分别 1、2、3,则表达式 c>b!=a 的值为________。

A. −1　　B. 0　　C. T　　D. F

(30) 下列运算符中,运算符优先级的顺序为从高到低的是________。

A. ++、*、>>、&&　　B. ^、+=、!=、||

C. /=、^、<<、/　　D. ~、<=、&&、/

2. 填空题

(1) 数学表达式$\sqrt{y^x+\log_{10}y}$对应的 C 语言表达式为________。

(2) 设 a 为 int 型变量,则表达式(a=2*3,a*4),a+30 的值为________。

(3) 设 i 为 int 型变量且初值为 2,则表达式 k=(i++)+(i++)+(i++)的值为________。

(4) 设 i 为 int 型变量且初值为 3,则语句"printf("%d %d",i,i++);"的输出结果是________。

(5) 设 x 和 a 为 int 型变量,则执行 x=a=6,4*a 之后,变量 x 的值为________。

(6) 设 a 为 int 型变量且赋初值为 6,则表达式 a*=2+4 的值为________。

(7) 定义整型变量 x、y 并赋初值为 8 的语句是________。

(8) 设 i 为 int 型变量且初值为 1,则表达式 i=2,i++,i+5,i||i−9 的值为________。

(9) 以下程序的输出结果是________。

```
#include<stdio.h>
void main()
{
    char c='A';
    printf("%c",c+4);
}
```

(10) 以下程序的输出结果是________。

```
#include<stdio.h>
void main()
{
    int a,b,x,y;
    a=6;b=8;
    x=a++;y=b++;
    printf("%d %d %d %d",a,b,x,y);
}
```

(11) 以下程序的输出结果是________。

```
#include<stdio.h>
void main()
{
    int x=0x12,y=12;
    printf("%d",x-y);
}
```

(12) 以下程序的输出结果是________。

```
#include<stdio.h>
void main()
{
    char c1,c2;
    c1='A';c2='a';
    printf("%d %d",++c1,--c2);
}
```

(13) 以下程序的输出结果是________。

```
#include<stdio.h>
void main()
{
    char c='0';
    int i=5;
    printf("%d",c*i);
}
```

(14) 以下程序的输出结果是________。

```
#include<stdio.h>
```

```
void main()
{
    int a,b,c,d;
    a=9;b=-9;c=4;d=-4;
    printf("%d %d %d %d ",a%c,a%d,b%c,b%d);
}
```

(15) 设有 int 型变量 i、j、k，则运算表达式 k=(i=1，++i，j=5，j++)的值为________，变量 i 的值为________，变量 j 的值为________。

(16) 表达式'a'&&'b'>0 || 3>5 的值为________。

(17) 设 int 型变量 a 的值为 65，则语句"printf("%c",a-32);"的值为________。

(18) 设有 int 型变量 a、b 且初值分别为 7、3，则表达式 a>b? a/b: a%b 的值为________。

(19) 设有 int 型变量 a，判断其值在 100 以内的且能够被 3 或 7 整除的正整数的表达式为________。

(20) 设有 int 型变量 x，"x=("HELLO"<"hello")+'A';"，则表达式"printf("%c ",x);"的值为________。

3. 程序分析题

(1) 分析下面程序的运行结果。

```
#include<stdio.h>
void main()
{
    int x,y;
    x=2;y=7;
    printf("%d %d\n",x,y);
    printf("%d %d\n",x++,y++);
    printf("%d %d\n",++x,++y);
    printf("%d %d\n",y---x,--y-x);
    printf("%d %d\n",x+++y,++x+y);
}
```

(2) 分析下面程序的运行结果。

```
#include<stdio.h>
void main()
{
    int x,y,z;
    x=2;y=7;z=8;
    printf("%d\t%d\t%d\t%d\n",y/x,y%x,z/x,z%x);
    printf("%d\n",x+y-z,z-x * y);
    printf("%d\n",++x * ++x);
}
```

(3) 分析下面程序的运行结果。

```
#include<stdio.h>
void main()
```

```
{
    int x,y;
    char ch1='d',ch2='D';
    x=ch1-3;
    y=ch1-'3';
    printf("%d\t%c\t%d\t%c\n",ch1,ch1,ch2,ch2);
    printf("%d\t%c\t%d\t%c\n",x,x,y,y);
}
```

（4）分析下面程序的运行结果。

```
#include<stdio.h>
void main()
{
    int a,b,c;
    a=2;b=5;c=8;
    printf("%d\t",a>b);
    printf("%d\t",c-a>=b);
    printf("%d\t",a!=c-b-1);
    printf("%d\n",'0'>0);
}
```

（5）分析下面程序的运行结果。

```
#include<stdio.h>
void main()
{
    double x=2.58,y=4.66;
    int a=2,b=9;
    printf("%d\t%d\t%d\t%d\n",(int)x,(int)y,(int)x+(int)y,(int)(x+y));
    printf("%f\t%f\n",a-x,(float)(b-a));
    printf("%d\n",a+b*(int)x%4);
    printf("%f\n",y-x+(float)b/2);
    printf("%f\n",(float)(b+a)/2+(int)y/(int)x);
}
```

（6）分析下面程序的运行结果。

```
#include<stdio.h>
void main()
{
    int x=3,y=11;
    int a=4,b=9;
    printf("%d\t",y/=x);
    printf("%d\t%d\n",--x+=y%=x--,y/=x);
    printf("%d\t%d\n",x,y);
    printf("%d\t%d\t%d\n",a^b,a|b,a&b);
    printf("%d\n",a*=b/=a);
```

```
    printf("%d\t%d\n",b,b<<4);
}
```

(7) 分析下面程序的运行结果。

```
#include<stdio.h>
void main()
{
    int x,y,z;
    x=(2*4,9-4,2*3);
    printf("%d\n",x);
    y=((x=3*6,x+12,x-20),x*2-6);
    printf("%d\t%d\n",x,y);
    z=(x>y)?x/y:x%y;
    printf("%d\n",z);
    printf("%d\n",(1,3,5)==(2,4,5));
}
```

(8) 分析下面程序的运行结果。

```
#include<stdio.h>
void main()
{
    int x=1,y=5,z=8;
    printf("%d\t",x&&y&&z);
    printf("%d\t",!x==!y);
    printf("%d\t",!x||y&&!z);
    printf("%d\n",--x&&--y||z=='8');
}
```

4. 改错题

(1) 指出下列程序段的错误。

①

```
int x;
printf("%d",x);
```

②

```
double x=1.35;
printf("%d",x);
```

③

```
int x=2
printf("%d",x);
```

④

```
char c="hello";
```

```
printf("%c",c);
```

⑤

```
int a=b=c=3;
printf("%d\t%d\t%d\n",a,b,c);
```

⑥

```
int 3c;
float a+b;
```

（2）指出下列程序中的错误。

```
#include<stdio.h>
#define PI 3.14
void main()
{
    double x=3.64,y=7.82;
    short i=38000;
    int a=2,b=4,c=6,d=8;
    PI=3.1416;
    printf("%d",x%y);
    printf("%d",i);
    a *=(b+c)/=d;
    printf("%d",a);
}
```

5. 编程题

（1）汽车在有里程标志的公路上行驶，从键盘输入开始和结束的里程及时间（以时、分、秒输入），计算并输出其平均速度（km/h）。

（2）从键盘输入圆锥体的底半径 r=2.5m、高 h=5m 等值，编写程序计算其体积。

第3章　算法概念与顺序结构程序设计

一个程序的主要功能是实现对数据的处理,程序设计就是考虑如何描述数据并对数据操作的步骤,即算法。所以算法是程序的灵魂。从程序流程来看,程序可分为三种基本结构,即顺序结构、选择结构和循环结构。通过这三种基本结构的嵌套和组合可以实现各种复杂的程序。

本章主要介绍算法概念及顺序结构程序设计思想。

3.1　算法简介

在程序设计中,需要考虑两方面的内容:一方面是对数据的描述,另一方面是对数据操作的描述。其中,对数据的描述是指"对程序中要用到的数据进行类型的定义和存储形式的说明",即数据结构(Data Structure);对操作的描述是指"操作的具体步骤",即算法(Algorithm)。在这里,数据是操作的对象,操作的目的是对数据进行加工处理,以得到预期的结果。

3.1.1　算法的概念

瑞士著名的计算机科学家、PASCAL语言的发明者沃思(Niklaus Wirth)提出了程序定义的著名公式:

程序 = 算法 + 数据结构

这个公式说明了算法与程序的关系。

通常认为,算法是在有限步骤内求解某一问题所使用的一组定义明确的规则。通俗地说,就是计算机解题的过程。在这个过程中,无论是形成解题思路还是编写程序,都是在实施某种算法。前者是推理实现的算法,后者是操作实现的算法。

在日常生活中做任何一件事情,都是按照一定规则,一步一步进行,例如在工厂中生产一部机器,先把零件按一道道工序进行加工,然后,又把各种零件按一定规则组装成一部完整机器。在农村中种庄稼有耕地、播种、育苗、施肥、中耕、收割等各个环节。这些步骤都是按一定的顺序进行的,缺一不可,次序错了也不行。编写程序也如此,程序中的一个算法如果有缺陷,执行这个算法就不能解决问题。

计算机解决问题的方法和步骤,称为计算机算法。计算机算法分为两大类:数值运算算法和非数值运算算法。数值运算的目的就是得到一个数值解,如科学计算中的数值积分、解线性方程等的计算方法,就是数值计算的算法。非数值运算的面非常广,一般多应于事务管理领域、文字处理、图像图形等的排序、分类、查找,就是非数值计算的算法。

算法并不给出问题的精确解,只是说明怎样才能得到解。每一个算法都是由一系列的操作指令组成的。这些操作包括加、减、乘、除、判断等,按顺序、选择、循环等结构组成。所以研究算法的目的就是研究怎样把各种类型的问题的求解过程分解成一些基本的操作。

算法设计好之后,要检查其正确性和完整性,再根据它编写出用某种高级语言表示的程序。程序设计的关键就在于设计出一个好的算法。所以,算法是程序设计的核心。

一个算法还应具备以下 5 个重要特性。

(1) 有穷性:一个算法必须保证执行有穷步之后结束,不能无休止地执行下去。

(2) 确定性:算法的每一个步骤必须具有确切的含义,执行何种动作不能有二义性,目的明确。

(3) 可行性:算法中的每一步操作都必须是可执行的,也就是说算法中的每一步都能通过手工或机器在有限时间内完成,这称为有效性。不切合实际的算法是不允许的。

(4) 输入:一个算法中有零个或多个输入。这些输入数据应在算法操作前提供。

(5) 输出:一个算法中有一个或多个输出。算法的目的是用来解决一个给定的问题,因此,它应该给出计算产生的结果,否则,就没有意义了。

实际上,编写一个完整的程序还需要采用结构化的程序设计方法以及选择适当的语言工具和环境。

3.1.2 算法的常用描述方法

从上面的分析可知,算法是解决问题的一系列有序指令。设计一个算法或描述一个算法的最终目的是要通过程序设计语言来实现。如何将算法转化为程序设计语言是程序员要解决的关键问题。

对算法而言,它是对某一问题求解步骤的考虑,是解决问题的一个框架流程,而程序设计则是要根据这一求解的框架流程进行语言细化,实现这一问题求解的具体过程。因此,从算法到程序设计是一个由粗到细的过程。

描述算法有多种不同的方法,采用不同的算法描述方法对算法的质量有很大影响。常用的描述方法有自然语言、流程图、N-S 图和伪代码等。

1. 自然语言

自然语言就是人们日常使用的语言,如汉语、英语等。就像写文章所列的提纲一样,有序地用简洁的语言加数学符号来描述。用自然语言描述算法的优点是简捷易懂,便于用户之间进行交流;缺点是文字冗长,容易产生歧义。例如有这样一句话:“小王对小李说他要去学校。”请问是小王要去学校呢,还是小李要去学校呢?没有特定的语言环境就很难判断出来。另外,将自然语言描述的算法直接拿到计算机上进行处理,目前还存在一定的困难。因此,除了特别简单问题,一般情况下不使用自然语言来描述算法。

【例 3.1】 用自然语言描述 a=50 与 b=20 的和。

(1) 定义两个整型变量 a 和 b。

(2) 给 a 赋值为 50,给 b 赋值为 20。

(3) 定义一个变量 sum 并初始化为 0。

(4) 计算 a+b,并将计算的结果赋给 sum。

(5) 输出计算结果 sum。

(6) 结束。

2. 流程图

流程图是于 20 世纪 50~60 年代兴起的一种算法描述方法,它的特点是用一些图框来表示各种类型的操作,用流线表示这些操作的执行顺序。这种方式直观形象,容易转化成相应的程序语言。目前所采用的是美国国家标准协会(American National Standard Institute,ANSI)规定的一些常用的流程图符号,如图 3-1 所示。

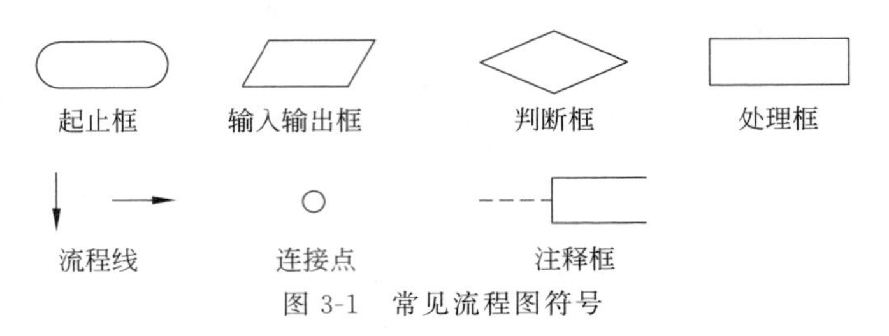

图 3-1 常见流程图符号

说明:

(1) 起止框:用圆角矩形表示算法的开始和结束;一个算法只能有一个开始处,但可以有多个结束处。

(2) 输入输出框:用平行四边形表示数据的输入或计算结果的输出。

(3) 判断框:用菱形表示判断,其中可注明判断的条件。

(4) 处理框:用矩形表示各种处理功能,框中指定要处理的内容,该框有一个入口和一个出口。

(5) 流程线:用箭头来表示流程的执行方向。

(6) 连接点:用于连接因画不下而断开的流程线。

(7) 注释框:用来对流程图中的某些操作做必要的补充说明,以帮助阅读流程图的程序员更好地理解流程图中某些操作的作用。

【例 3.2】 用流程图的形式描述出 1~100 能被 3 整除的数(见图 3-2)。

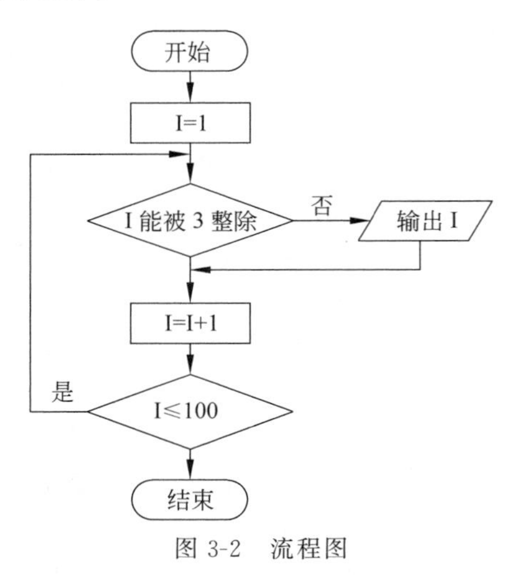

图 3-2 流程图

3. N-S 图

虽然流程图可以通过具有特定意义的图形、流程线以及简要的文字说明来表示程序的运行过程,但是在使用过程中,人们却发现由于流程图对流程线的使用没有任何限制,流程可以随意地转向,使得流程图变得毫无规律,给阅读者带来很大困难,也难以修改。为此,1973 年美国学者 I.Nassi 和 B.Shneiderman 提出了一种新的流程图形式。在这种流程图中,完全去掉了带箭头的流程线。它把整个算法写在一个矩形框内,在该框内还可以包含其他的从属于它的框,整个算法的结构由上而下顺序排列,这种流程图称为 N-S 结构化流程图,简称 N-S 图。N-S 图适用于结构化程序设计,因此备受欢迎。

N-S 图用以下的流程图符号。

(1) 顺序结构:如图 3-3 所示,A、B、C 三个框组成一个顺序结构。

(2) 选择结构:如图 3-4 所示,当条件成立时执行 A 操作,不成立则执行 B 操作。请注意图 3-4 是一个整体,代表一个基本结构。

(3) 循环结构:如图 3-5 为当型循环结构,表示当条件 P1 成立时反复执行 A 操作,直到条件不成立为止。图 3-6 所示为直到型循环结构。

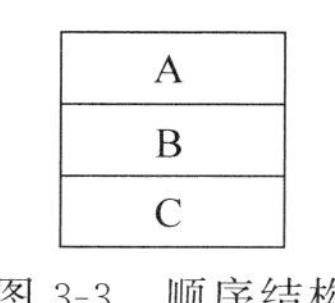

图 3-3　顺序结构

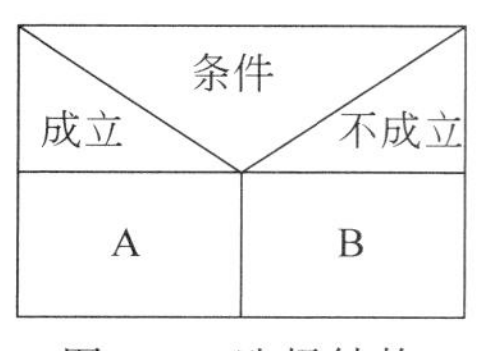

图 3-4　选择结构

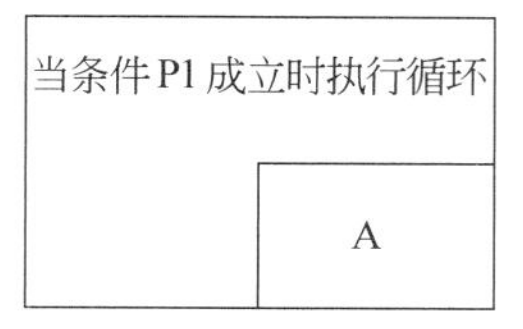

图 3-5　当型循环结构

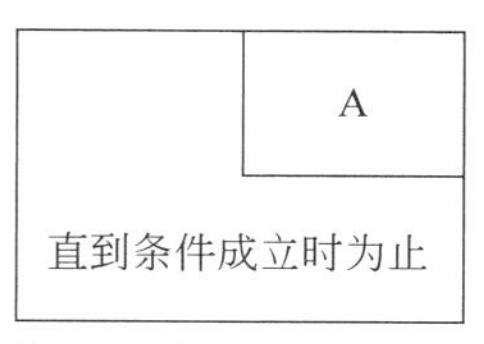

图 3-6　直到型循环结构

【例 3.3】　用 N-S 图的形式描述出求 1～100 的和(见图 3-7)。

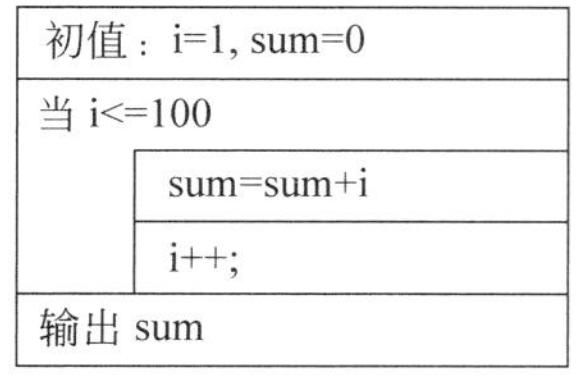

(a) 当型的 N-S 图

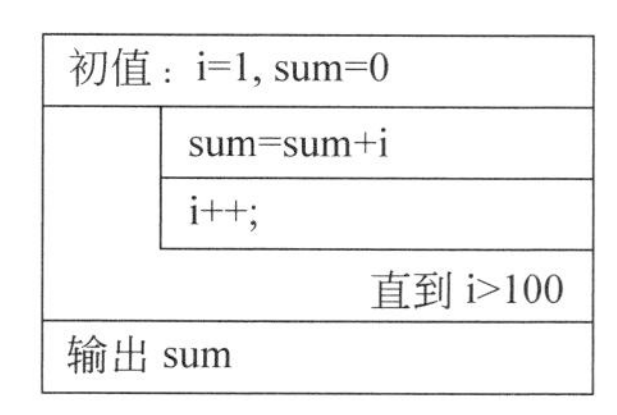

(b) 直到型的 N-S 图

图 3-7　当型和直到型的 N-S 图

4. 伪代码

伪代码(Pseudocode)也是一种算法描述语言,但不是一种现实存在的编程语言。使用伪代码的目的是为了使被描述的算法更容易地以任何一种编程语言(Pascal、C、Java 等)实现。它既综合使用了多种编程语言中的语法和保留字,也使用了自然语言。因此,伪代码是用介于自然语言和计算机语言之间的文字和符号来描述算法的。使用伪代码表示的算法结构清晰,代码简单,可读性好,在计算机教学中通常使用。

【例 3.4】　用伪代码描述出 50 以内能被 7 整除的所有正整数。

```
i=1
当(i≤50)
{
    if (i %7=0)
    输出 i;
    i=i+1;
}
```

注意: 伪代码书写格式比较自由,可以按照人们的想法随手书写,但伪代码也像流程图一样用在程序设计的初期,帮助写出程序流程。简单的程序一般都不用写流程、写思路。但是对于结构复杂的程序,最好还是把流程写下来,总体上考虑整个功能如何实现。写好的流程不仅可以用来与他人进行交流,还可以作为将来测试、维护的基础。

3.2　C 语句概述

C 程序对数据的处理是通过语句的执行来实现的,语句是用来向计算机系统发出操作指令。一条语句经编译后产生若干条机器指令。C 语句是 C 源程序的重要组成部分,是用来完成一定操作任务的。从第 1 章的简单 C 程序介绍中已经了解到一个函数包括声明和实现两个部分，其中声明部分的内容不产生机器操作，仅对变量进行定义，因此不能称为语句，如“int a;”不是 C 语句。而执行部分则是由 C 语句组成的，如 sum＝a＋b;。

C 语句可以分为如下五大类。

1. 表达式语句

由表达式组成的语句称为表达式语句。C 语言的任意一个表达式加上分号就构成了一个表达式语句，其语句格式为

```
表达式;
```

功能：计算表达式的值或改变变量的值。

表达式语句可分为赋值语句和运算符表达式语句两种。

1）赋值语句

赋值语句是由赋值表达式后跟一个分号组成。例如：

```
x=2;                              /*给 x 赋值为 2*/
x=y+z;                            /*计算 y+z 的和并赋值给变量 x*/
```

2）运算符表达式语句

运算符表达式语句是由运算符表达式后跟一个分号组成。例如：

```
i++;                              /*语句的功能是使变量 i 的值自增 1*/
a+b;                              /*算术表达式语句，计算 a 与 b 的和*/
a=3,b=a+2,c=a+1;                  /*由三个赋值语句组成的逗号表达式语句*/
```

注意：

（1）C 语言将赋值语句和赋值表达式区分开来，不仅增加了表达式的应用，而且使其具备了其他语言中难以实现的功能。

（2）分号是 C 语言语句结束的标志。

2. 控制语句

控制语句是用于控制程序的流程，以实现程序的各种结构。它们由特定的语句定义符组成，C 语言有 9 种控制语句。

（1）if 语句（条件语句）。

（2）switch 语句（多分支选择语句）。

（3）while 语句（循环语句）。

（4）do-while 语句（循环语句）。

（5）for 语句（循环语句）。

（6）break 语句（中止执行 switch 或循环语句）。

（7）goto 语句（无条件转向语句，此语句尽量少用，因为这不利结构化程序设计，使程序流程无规律、可读性差）。

（8）continue 语句（结束本次循环语句）。

（9）return 语句（从函数中返回语句）。

3. 函数调用语句

由一次函数调用加一个分号构成，其一般形式为

```
函数名(实际参数表);
```

功能：执行函数语句就是调用函数体并把实际参数赋予函数定义中的形式参数，然后执行被调函数体中的语句，求出函数值。例如：

```
printf("This is a C program");
```

程序说明：这条语句用于在屏幕上显示字符串"This is a C program"。

注意：*在C语言中无输入输出语句，其输入输出功能是由C库函数所提供，其中printf为标准输出函数。*

4. 空语句

空语句用一个分号表示，其一般形式为

```
;
```

功能：在程序中空语句常用于空循环体或被转向点。它在语法上占有一个简单语句的位置，实际上执行该语句不执行任何操作。

5. 复合语句

用{}把多个语句括起来组成的一个语句称为复合语句。在程序中应把复合语句看成是单条语句，而不是多条语句。例如：

```
{
    x=y+z;
    a=b+c;
    printf("%d,%d",x,a);
}
```

这是一个整体，应该把它看作一条复合语句。

注意：

(1) 复合语句内的各条语句都必须以“;”结尾；此外，在“}”外不能加分号。

(2) 在复合语句内定义的变量是局部变量，仅在复合语句中有效。

最后还需说明：C语言对语句的书写格式无固定要求，允许一行书写多条语句，也允许一条语句分行书写。

3.3 C语言的基本输入与输出

C语言本身不提供输入输出语句，其输入输出功能是由C语言的库函数提供。C语言具有很丰富的库函数。本节主要介绍C语言库函数中的字符输入输出库函数、格式化输入输出库函数。它们对应的头文件为stdio.h。

3.3.1 字符输入输出函数

1. 字符输出函数 putchar

putchar 函数是向标准输出设备输出一个字符，其一般形式为

```
putchar(ch)
```

其中,ch 为一个字符变量或常量。

【例 3.5】 输出单个字符。

```
#include<stdio.h>
void main()
{
    char m,n;                              /* 定义字符变量 */
    m='a';
    n='b';                                 /* 给字符变量赋值 */
    (m>=n)?putchar(m):putchar(n);          /* 输出字符 */
}
```

运行情况:

```
b
```

也可以输出控制字符,如用 putchar('\n')来输出一个换行符,使显示器光标移到下一行的行首,即将输出的当前位置移到下一行的开头。例如:

```
putchar('O');    putchar('\n')    putchar('K');
```

则运行结果为

```
O
K
```

也可以输出其他转义字符,例如:

```
putchar('\141')                            /* 输出字符 a */
putchar('\\')                              /* 输出反斜杠"\" */
```

2. 字符输入函数 getchar

getchar 函数是从键盘上读入一个字符,其一般形式为

getchar()

函数的值就是从输入设备得到的字符。

【例 3.6】 输入字符举例。

```
#include<stdio.h>
void main()
{
    char ch;
    ch=getchar();                          /* 从键盘读入一个字符 */
    putchar(ch);                           /* 显示输入的字符 */
}
```

运行情况:

```
c↙       (输入字符 c 并回车)
c        (输出的结果)
```

注意：

（1）getchar 函数只能接受单个字符，该字符可以赋给一个字符变量或整型变量，也可以不赋给任何变量，作为表达式的一个运算对象参加表达式的运算处理。

（2）如果在一个函数中要调用 putchar 或 getchar 函数，则应该在函数的前面（或本文件开头）用包含命令＃include＜stdio.h＞。

3.3.2 格式输入输出函数

1. 格式输出函数 printf

printf 函数是格式化输出函数，它的作用是向标准输出设备按规定格式输出信息。它的函数原型在头文件 stdio.h 中。但作为一个特例，不要求在使用 printf 函数之前必须包含 stdio.h 文件。其一般形式为

printf("<格式控制>", <输出表列>)

功能：将输出表列的值按指定格式输出到标准输出终端上。例如：

```
printf("%d,%c\n", i,c);
```

圆括号内包括两部分。

（1）“格式控制”是用双引号括起来的字符串，也称“格式控制字符串”，它包括三种信息。

① 格式说明，由％和格式字符组成，用来确定输出内容格式，如％d、％c 等，它总是由％字符开始的。

② 普通字符，这些字符在输出是按原样输出，主要用于输出提示信息。如上面 printf 函数中双引号内的逗号、空格等。

③ 转义字符，转义字符指明特定的操作，如\n 表示换行，\r 表示回车。

（2）“输出表列”列出要输出的数据或表达式，它可以是零个或多个，每个输出项之间用逗号分隔，输出的数据可以是任何类型。但需注意输出数据的个数必须与前面格式化字符串说明的输出个数一致，顺序也一一对应，否则将会出现意想不到的错误。

【例 3.7】 格式输出。

```
#include<stdio.h>
void main()
{
    int x=97,y=98;
    printf ("%d %d\n ",x, y);
    printf ("%4d, %-4d\n" ,x, y);
    printf ("%c, %c\n" ,x, y);
    printf ("x=%d, y=%d", x, y);
}
```

运行情况：

```
97 98
    97, 98
```

```
a, b
x=97,y=98
```

程序说明：在本例中四次输出了 x 和 y 的值，但由于格式控制串不同，输出的结果也不相同。第四行的输出语句格式控制串中，两个格式串%d 之间加了一个空格，它是非格式字符，所以输出的 a 和 b 值之间有一个空格。

第五行的输出语句格式控制串中，加入了域宽控制符和对齐控制。如%4d，是以四个域宽输出的，所以前面会有两个空格，包括数字占四个位置。而%－4d，与%4d 大致相同，但－4 表示左对齐。

第六行的输出语句格式控制是要求按%c 格式输出，因此输出的是字符 a 和 b。

第七行的输出语句格式控制为了提示输出结果又增加了非格式字符串"x＝"和"y＝"，故而输出的结果为 x＝97 和 y＝98。

2. printf 函数中的格式说明

printf 函数格式说明的一般形式为

```
%[标志][输出最小宽度][.精度][长度][类型]
```

其中方括号[]中的项为可选项。各项的意义介绍如下。

1）标志

标志为可选择的标志字符，常用标志字符有－、＋、＃、空格四种，标志字符及其含义如表 3-1 所示。

表 3-1 标志字符及其含义

标志格式字符	标志格式意义
－	结果左对齐，右边填空格(默认为右对齐输出)
＋	正数输出加号(＋)，负数输出减号(－)
＃	在八进制和十六进制数前显示前导 0、0x
空格	正数输出空格代替加号(＋)，负数输出减号(－)

2）输出最小宽度

用十进制正整数来表示输出值的最少字符个数。若实际位数多于定义的宽度，则按实际位数输出，若实际位数少于定义的宽度则补以空格。例如：

```
printf("%5d\n",789);
printf("%-5d\n",789);
printf("%+5d\n",789);
```

输出结果为：

```
__789
789__
_+789
```

3）精度

精度格式符以小数点"."开头，后跟十进制整数来表示。其意义：如果输出整数，则表示至少要输出的数字个数，不足补数字 0，多则原样输出；如果输出的是实数，则表示小数点后至多输出的数字个数，不足补数字 0，多则做舍入处理；如果输出的是字符串，则表示输出的字符个数，不足补空格，多则截去超过的部分。例如：

```
printf("%8.4f\n",1.2312345);
printf("%8.7f\n",1.23123);
printf("%7.5s\n","chinese");          /* 表示输出 7 位域宽,5 位字符 */
printf("%7.2s\n","chinese");          /* 表示输出 7 位域宽,2 位字符 */
```

输出结果为

```
__1.2312
1.2312300
__chine
_____ch
```

4）长度

长度格式符有 h 和 l 两种，h 表示按短整型数据输出，l 表示按长整型或双精度型数据输出（实际上，数据类型在内存中占据的字节数随编译器的位数决定）。例如：

```
long n=123456;
printf("%ld",n);
```

输出结果为

```
123456
```

将第二行

```
printf("%ld",n);
```

改为

```
printf("%hd",n);
```

输出结果为

```
-7616
```

5）类型

类型字符用于表示输出数据的类型，其格式符和意义如表 3-2 所示。

表 3-2　printf 格式字符

格 式 字 符	格式字符的意义
d(或 i)	以十进制形式输出带符号整数（正数不输出正号）
o	以八进制形式输出无符号整数（不输出前缀 0）
x(或 X)	以十六进制形式输出无符号整数（不输出前缀 0x）
u	以十进制形式输出无符号整数
f	以小数形式输出单、双精度实数，隐含输出 6 位小数
e(或 E)	以指数形式输出单、双精度实数，尾数部分小数位数为 6 位
g(或 G)	以%f 或%e 中较短的输出宽度输出单、双精度实数

续表

格式字符	格式字符的意义
c	输出单个字符
s	输出字符串
%	输出百分号(%)

3. 输入输出的格式控制字符举例说明

现就常见的格式控制字符的使用举例说明如下。

1) d 格式符

d 格式符的含义是按十进制整型数据格式输出,有%d、%md 和%ld 三种用法。其中,%d 是按整型数据的实际长度输出;%md 中的 m 为指定输出字段的宽度,如果数据的位数小于 m,则左端补以空格,若大于 m,则按实际位数输出;%ld 是输出长整型数据。

例如:

```
long a=65432;
printf("%d\n",100);
printf("%4d,%4d\n",123,12345);
printf("%8ld\n",a);
```

其输出结果为

```
100
_123,12345
___65432
```

2) o 格式符

o 格式符的含义是以八进制数形式输出整数,即内存单元中的各二进制位的值按八进制形式输出。例如:

```
int n=-1;
printf("%d,%o",n,n);
```

在 Visual C++ 6.0 中的输出结果为

```
-1,37777777777
```

这是由于−1 在内存中是以补码的形式存放的。

注意:八进制形式输出的整数是不考虑符号的,即将符号位也一起作为八进制数的一部分输出,不会输出带负号的八进制整数。对长整型数可以用%lo 格式输出,同样也可以指定其字段宽度。

3) x 格式符

x 格式符的含义是以十六进制数形式输出整数,即内存单元中的各二进制位的值按十六进制形式输出,有小写和大写两种形式。例如:

```
int n=-1;
printf("%d,%x,%X",n,n,n);
```

输出结果为

```
-1,ffffffff,FFFFFFFF
```

同样，十六进制形式输出的整数也是不考虑符号的。长整型数也可以用%lx格式输出，也可以指定其字段宽度。

4）u格式符

u格式符的含义是以十进制形式输出unsigned型数据。一个有符号整数可以用%u格式输出；反之，一个unsigned型数据也可以用%d格式输出。在输出时按它们之间相互赋值的规则进行处理。例如：

```
int n=-1;
printf("%d,%u",n,n);
```

在Visual C++ 6.0中的输出结果为

```
-1,4294967295
```

5）f格式符

f格式符的含义是按小数形式输出十进制实数（包括单、双精度），有%f、%m.nf和%-m.nf三种形式。其中，%f格式不指定字段宽度，由系统自动指定，使实数的整数部分全部输出，并输出6位小数。应当注意，并非全部数字都是有效数字。单精度实数的有效位数一般为7位，双精度实数的有效位数一般为16位。例如：

```
float x,y;
double a,b;
x=111111.111; y=222222.222;
a=1111111111111.111111111;
b=2222222222222.222222222;
printf("%f,%f",x+y,a+b);
```

输出结果为

```
333333.328125,3333333333333.333000
```

可以看到：对于x+y的和只有前7位数字是有效的数字；对于a+b的最后3位小数是无意义的（超过16位）。

%m.nf指定输出的数据共占m列，其中有n位小数。如果m的值大于数值长度，则左端补空格。

%-m.nf和%m.nf基本相同，只是使输出的数值向左端靠齐，右端补空格。例如：

```
float n=101.632;
printf("%8.2f,%-8.2f", n,n);
```

输出结果为

```
__101.63,101.63__
```

6）e 格式符

e 格式符的含义是以指数形式输出实数，有%e、%m.ne 和%－m.ne 三种形式。其中，%e 是以指数按标准宽度输出十进制实数。标准输出宽度共占 13 位，分别为：尾数的整数部分为非零数字占 1 位，小数点 1 位，小数占 6 位，e 占 1 位，指数正（负）号占 1 位，指数占 3 位。例如：

```
float n=1230.4567890;
printf("%e",n);
```

输出结果为

```
1.230457e+003
```

%m.ne 指输出实数至少占 m 位，n 为尾数部分的小数位数。不足则在左端补空格，多出则按实际输出。

%－m.ne 和%m.ne 基本相同，只是使输出的数值向左端靠齐，右端补空格。例如：

```
float n=123.456;
printf("%10.2e,%10e,%-10.2e",n,n,n);
```

输出结果为

```
_1.23e+002,1.234560e+002,1.23e+002_
```

7）g 格式符

g 格式符的含义是根据数值的大小，自动选 f 格式或 e 格式（选择输出时占宽度较小的一种）输出一个实数，且不输出无意义的零。例如：

```
float n=123.456;
printf("%f,%e,%g",n,n,n);
```

输出结果为

```
123.456001,1.234560e+002,123.456
```

8）c 格式符

c 格式符的含义是输出一个字符。由于在内存中字符是以它的 ASCII 码来存放的，因此，对于一个整数，只要它的值在 0～255，就可以用字符形式输出。当然，对于 c 格式符，也可以指定输出的宽度。例如：

```
int i=97;
char c='a';
printf("%d,%c,%c,%d,%3c",i,i,c,c,c);
```

输出结果为

```
97,a,a,97,_ _a
```

9）s 格式符

s 格式符的含义是输出一个字符串，有%s、%ms、%－ms、%m.ns 和%－m.ns 五种形式。其中，%s 控制输出一个字符串。例如：

```
printf("%s","program");
```

输出结果为

```
program
```

%ms 表示当字符串长度大于指定的输出宽度 m 时,按字符串的实际长度输出;当字符串长度小于指定的输出宽度 m 时,则在左端补空格。同样,%-ms 和%ms 基本相同,当字符串长度大于指定的输出宽度 m 时,按字符串的实际长度输出;而当字符串长度小于指定的输出宽度 m 时,在右端补空格。例如:

```
printf("%5s,%10s,%-10s","program","program","program");
```

输出结果为

```
program,___program,program___
```

%m.ns 表示输出占 m 列,但只取字符串中左端 n 个字符。这 n 个字符输出在 m 列的右侧,左补空格。

同样,%-m.ns 和%m.ns 中的 m 和 n 的含义相同,只是 n 个字符输出在 m 列的左侧,右补空格。若 n>m,则 m 自动取 n 值,即保证 n 个字符正常输出。例如:

```
printf("%5.3s, %-5.3s,%2.3s","china", "china", "china");
```

输出结果为

```
__chi,chi__,chi
```

4. 格式输入函数 scanf

scanf 函数是格式化输入函数,是从标准输入设备(键盘)读取输入的信息。其一般形式为

```
scanf("<格式控制>", <地址表列>)
```

功能:按规定格式从键盘输入若干任意类型的数据给地址所指的单元,可以是变量的地址,也可以是字符串的首地址。

地址表列表示为 & 变量(或字符串)。

【例 3.8】 格式输入。

```
#include<stdio.h>
void main()
{
    int a,b,c,sum;
    scanf("%d,%d,%d",&a,&b,&c);
    if(b>c)
        sum=a+b;
    else
        sum=a+c;
    printf("%d",sum);
}
```

运行情况：

```
3,5,7↙        (输入 3,5,7 并回车)
10            (输出的结果)
```

在此，&a、&b 和 &c 中的 & 是“取地址运算符”，&a 表示 a 在内存中的地址。上面例子中的 scanf 函数的作用是分别按照变量 a、b、c 在内存中的地址将 a、b 和 c 的值存进去。

注意：用 scanf 函数输入数据时，各数据之间要用分隔符，其分隔符可以是一个或多个空格分隔，也可以用回车键或跳格键 tab 来分隔，也可以如上例那样自定义输入的格式。

5. scanf 函数中的格式说明

表 3-3 所示列出了在 scanf 函数可能用到的格式字符。表 3-4 列出了 scanf 函数中的附加格式说明字符。

表 3-3　scanf 函数可能用到的格式字符

格 式 字 符	格式字符意义
d(或 i)	以十进制形式输入带符号整数(正数不输出正号(+))
o	以八进制形式输入无符号整数
x(或 X)	以十六进制形式输入无符号整数
u	以十进制形式输入无符号整数
f	以小数形式输入实数，可以用小数形式或指数形式输入
e(或 E)	与 f 作用相同
g(或 G)	与 f 作用相同
c	输入单个字符
s	输入字符串，将字符串送到一个字符数组中，在输入时以非空白字符开始，以第一个空白字符结束。字符串以串结束标志“\0”作为其最后一个字符

表 3-4　scnanf 函数中的附加格式说明字符

字　　符	说　　明
l	用于输入长整型数据以及 double 型数据
h	用于输入短整型数据
M	指定输入数据所占宽度，域宽应为正整数
*	表示本输入项在读入后不赋给相应的变量

6. scanf 函数的使用要点

(1) 格式符的个数必须与输入项的个数相等，数据类型必须从左至右一一对应。例如：

```
scanf("%d,%c",&a,&c);
printf("%d,%c",a,c);
```

输入时用以下形式：

```
5,c↙          (输入 5,c 并回车)
```

```
5,c          (输出的结果)
```

(2) 用户可以指定输入数据的域宽,系统将自动按此域宽截取所读入的数据。例如:

```
scanf("%3d%3d",&a,&b);
```

运行时若按以下形式输入:

```
123456↙      (输入 123456 并回车)
```

系统自动将 123 赋值给 a,将 456 赋值给 b。

(3) 输入实型数据时,用户不能规定小数点后的位数。例如:

```
scanf("%7.2f",&a);
```

是错误的。

(4) 输入实型数据时,可以不带小数点,即按整型数方式输入。例如:

```
scanf("%f",&a);
```

可以用如下输入方式:

```
123↙      (输入 123 并回车)
```

(5) 从终端输入数值数据时,遇下述情况系统将认为该项数据结束。

① 遇到空格、回车符或制表符(Tab),故可用它们作为数值数据间的分隔符。

② 遇到宽度结束,如%4d 表示只取输入数据的前 4 列。

③ 遇到非法输入,例如,假设 a 为整型变量,ch 为字符型变量,对于

```
scanf("%d%c",&a,&ch);
若有 246d↙          (输入 246d 并回车)
```

则系统将认为

```
a=246,ch=d
```

(6) 在使用%c 格式符时,输入的数据之间不需要分隔符标志;空格、回车符都将作为有效字符读入。例如:

```
scanf("%c%c%c",&a,&b,&c);
若有 b_o_y↙          (输入 b_o_y 并回车)
```

则系统将 b 的赋值给 a,_ 赋值给 b,o 赋值给了 c。

(7) 如果格式控制字符串中除了格式说明之外,还包含其他字符,则输入数据时,这些普通字符要原样输入。例如:

```
scanf("%d_%d",&a ,&b);
122_23↙              (输入 122_23 并回车)
scanf("%d,%d",&a,&b);
122,23↙              (输入 122,23 并回车)
scanf("a=%d,b=%d",&a, &b);
a=123,b=23↙          (输入 a=123,b=23 并回车)
```

(8) 格式说明%*表示跳过对应的输入数据项不予读入。例如：

```
scanf("%2d %*2d %2d",&a,&b);
```

若有如下输入：

```
12_345_67↙        (输入 12 345 67 并回车)
```

则表示将 12 赋给 a,67 赋给 b,而 345 不赋给任何数据。

(9) 在标准输入中不使用%u 格式符,对 unsigned 型数据以%d、%x、%o 格式输入。

3.4 顺序结构程序设计

3.4.1 顺序结构程序设计思想

程序基本结构包括顺序结构、选择结构和循环结构,任何一个结构化程序都是由这三种基本结构构成的。顺序结构的设计思想：首先执行 A 操作,接着执行 B 操作,最后执行 C 操作。它们之间是顺序执行的关系。前面已经介绍过它的 N-S 图(见图 3-3)。

在顺序结构程序中,一般包括两部分内容。

1. 编译预处理命令

在编写程序的过程中,如果要使用 C 语言标准库函数中的函数,应该使用编译预处理命令,将相应的头文件包含进来。

2. 函数

在函数体中,包括顺序执行的各条语句、函数中用到的变量的说明部分(包括类型的说明)、数据的输入部分、数据运算部分以及数据的输出部分。

3.4.2 顺序结构程序设计举例

【例 3.9】 从键盘输入一个小写字母,要求改用大写字母输出。

程序分析：

(1) 定义两个字符变量。

(2) 调用输入函数,输入一个小写字母。

(3) 通过运算将小写字母转化成大写字母(小写－32＝大写)。

(4) 调用输出函数,输出大写字母。

据此编写程序如下：

```
#include<stdio.h>
void main()
{   char c1,c2;
    c1=getchar();
    c2=c1-32;
    putchar(c2);
}
```

运行情况：

a↙ (输入字符 a 并回车)
A (输出的结果)

【例 3.10】 输入直角梯形的上底、下底、高,计算该梯形的周长和面积。

程序分析:

(1) 定义梯形的上底、下底、高、周长及面积的变量分别为 a、b、c、l、s。

(2) 调用输入函数,输入梯形的上底、下底、高。

(3) 通过计算得到梯形的周长和面积。

(4) 调用输出函数,输出梯形的周长和面积。

据此编写程序如下:

```
#include<stdio.h>
#include<math.h>
void main()
{
    float a,b,c,l,s;
    float t;
    scanf("%f,%f,%f",&a,&b,&c);
    if(a!=b)
    {
        if(a<b)
        {
            t=a;
            a=b;
            b=t;
        }
        s=(a+b)*c/2.0f;
        t=(float)sqrt((a-b)*(a-b)+c*c);
        l=a+b+t+c;
        printf("%lf,%lf",l,s);
    }
}
```

运行情况:

1.0 ,4.0,4.0↙ (输入 1.0,4.0,4.0 并回车)
14.000000,10.000000 (输出的结果)

【例 3.11】 求方程 $ax^2+bx+c=0$ 的根。

程序分析:

(1) 输入实型数 a、b、c,要求满足 $a\neq0$ 且 $b^2-4ac>0$。

(2) 求判别式。

(3) 调用求平方根函数,求方程的根。

(4) 输出。

据此编写程序如下:

```
#include<stdio.h>
#include<math.h>
void main()
{   float a,b,c,disc,x1,x2,p,q;
    scanf("a=%f,b=%f,c=%f",&a,&b,&c);
    if(a==0){
        printf("参数 a 不能为零\n");
        return;
    }
    disc=b*b-4*a*c;
    if(disc<0){
        printf("此一元二次方程无解\n");
        return;
    }
    p=-b/(2.0f*a);
    q=(float)sqrt(disc)/(2.0f*a);
    x1=p+q;
    x2=p-q;
    printf("x1=%6.2f\nx2=%6.2f\n",x1,x2);
}
```

运行情况：

```
a=1,b=-3,c=2↙          (输入 a=1,b=-3,c=2 并回车)
x1=2.00
x2=1.00                (输出的结果)
```

注意：由于程序中用到数学函数 sqrt，因此需用预处理命令中的#include<math.h>。

3.5 编程实践

任务：计算正弦函数的面积

【问题描述】

用梯形法计算正弦函数的面积。

【问题分析与算法设计】

把正弦函数分为 10 个高相等的梯形，计算出 10 个梯形的面积并相加。

【代码实现】

```
#include<stdio.h>
#include<math.h>
#define PI 3.14159
int main(){
    double a0=(PI/10)*sin(PI/10)/2;
    double a1=(sin(PI/10)+sin(PI/5))*(PI/10)/2;
```

```
    double a2=(sin(PI/5)+sin(3*PI/10))*(PI/10)/2;
    double a3=(sin(PI*3/10)+sin(PI*2/5))*(PI/10)/2;
    double a4=(sin(PI*2/5)+sin(PI/2))*(PI/10)/2;
    double a5=(sin(PI/2)+sin(PI*3/5))*(PI/10)/2;
    double a6=(sin(PI*3/5)+sin(PI*7/10))*(PI/10)/2;
    double a7=(sin(PI*7/10)+sin(PI*4/5))*(PI/10)/2;
    double a8=(sin(PI*4/5)+sin(PI*9/10))*(PI/10)/2;
    double a9=(sin(PI*9/10)+sin(PI))*(PI/10)/2;
    double a=a0+a1+a2+a3+a4+a5+a6+a7+a8+a9;
    printf("正弦函数的面积约为：%10.4f",a);
    return 0;
}
```

习　　题

1. 选择题

(1) 设有如下定义："int x=10,y=3,z;",则语句"printf("%d\n",z=(x%y,x/y));"的输出结果是________。

A. 1　　B. 0　　C. 4　　D. 3

(2) 以下合法的C语言赋值语句是________。

A. a=b=58　　B. k=int(a+b);　　C. a=58,b=58　　D. i=i+1;

(3) 若变量已正确说明为int类型,要给a、b、c输入数据,以下正确的输入语句是________。

A. read(a,b,c);

B. scanf("%d%d%d",a,b,c);

C. scanf("%D%D%D",%a,%b,%c);

D. scanf("%d %d %d",&a,&b,&c);

(4) 若有以下定义:

```
#include<stdio.h>
void main()
{  char c1='b',c2='e';
   printf("%d,%c\n",c2-c1,c2-32");
}
```

则输出结果是________。

A. 2,M　　B. 3,E

C. 2,e　　D. 输出结果不确定

(5) 以下程序段的输出是________。

```
#include<stdio.h>
void main()
{  float a=68.666;
```

```
    printf("%10.2f\n",a);
}
```

A. _ _ _ _ _68.66_　　　　B. _68.66_

C. _ _ _ _ _68.67　　　　D. _68.67_

（6）以下程序段的输出结果是________。

```
#include<stdio.h>
void main()
{   unsigned int i=65535;
    printf("%d\n",i);
}
```

A. 65535　　　　B. 0

C. 有语法错误,无输出结果　　　　D. −1

（7）

```
main()
{
int n;
(   n=6 * 4,n+6),n * 2;
    printf("n=%d\n",n);
}
```

此程序的输出结果是________。

A. 30　　B. 24　　C. 60　　D. 48

（8）若有以下程序段

```
#include<stdio.h>
void main()
{   int m=0xabc,n=0xabc;
    m-=n;
    printf("%X\n",m);
}
```

执行后输出结果是________。

A. 0X0　　B. 0x0　　C. 0　　D. 0XABC

（9）下面正确的输入语句为________。

A. scanf("a=b=%d",&a,&b);　　　　B. scanf("%d,%d",&a,&b);

C. scanf("%c",c);　　　　D. scanf("%f\n",&f);

（10）以下程序的输出结果是________。

```
#include<stdio.h>
void main()
{   int a=2,c=5;
    printf("a=%%d,b=%%d\n",a,c);
}
```

A. a=%2,b=%5　　B. a=2,b=5

C. a=%%d,b=%%d　　D. a=%d,b=%d

2. 填空题

(1) 复合语句在语法上被认为是________,空语句的形式是________。

(2) %-ms 表示如果串长________ m,在 m 列范围内,字符串向________靠,________补空格。

(3) 如果想输出字符%,则应该在“格式控制”字符串中用________表示。

(4) printf 函数的“格式控制”包括________和________两部分。

(5) 符号 & 是________运算符,&a 是指________。

(6) getchar 函数的作用是________。

(7) 复合语句是由一对 ________括起来的若干语句组成的。

(8)

```
main()
{
    float c,f;
    c=30.0;
    f=(6* c)/5+32;
printf("f=%f",f);?
}
```

该程序的运行结果是________。

(9) 有以下语句段

```
intn1=100,n2=200;
printf("_______",n1,n2);
```

要求按以下格式输出 n1 和 n2 的值,每个输出行从第一列开始,请填空。

```
n1=100
n2=200
```

(10) 若想通过以下输入语句使 a=7.000000,b=5,c=3,则输入数据的形式应该是________

```
int b,c;
float a;
scanf("%f,%d,c=%d",&a,&b,&c);
```

3. 程序分析题

(1) 分析以下程序,当输入 100a1.234 时,程序的输出结果是什么?

```
#include<stdio.h>
void main()
{  int i;
   float f;
   char c;
```

```
    scanf("%d%c%f",&i,&c,&f);
    printf("i=%d,c=%c,f=%f\n",i,c,f);
}
```

若将输入改为 1.23456,输出结果是什么?

(2) 分析以下程序的执行结果。

```
#include<stdio.h>
void main()
{   int i,j,n;
    n=65535;
    i=n++;
    j=n--;
    printf("i=%d,j=%d\n",i,j);
}
```

(3) 分析以下程序的执行结果。

```
#include<stdio.h>
void main()
{   int a=1234;
    float b=123.456;
    double c=12345.54321;
    printf("%2d,%2.1f,%2.1f",a,b,c);
}
```

4. 编程题

(1) 编写一个程序,交换两个数的值。

(2) 输入任意一个 4 位数整数,将该数反序输出(例如,输入 1354,输出 4531)。

(3) 从键盘输入能够构成三角形的三条边长,编程计算该三角形的面积。

(4) 编写程序,用 getchar 函数读入两个字符给 c1 和 c2,然后分别用 putchar 函数和 printf 函数输出这两个字符。在程序实现时考虑:

① 变量 c1 和 c2 应定义为字符型还是整型? 还是两者皆可?

② 要求输出 c1 和 c2 的 ASCII 码,应如何处理?

③ 整型变量与字符变量是否在任何情况下都可以互相代替?

第4章　选择结构程序设计

选择结构是程序的三种基本结构之一。在程序设计中经常遇到这类问题，它需要根据不同的情况采用不同的处理方法。例如，一元二次方程的求根问题，要根据判别式小于0或大于或等于0的情况，采用不同的数学表达式进行计算。要解决这类问题，必须借助选择结构。在C语言中，通常使用if语句或switch语句来实现选择结构程序设计。

本章主要介绍选择结构的特点、语法以及选择结构在程序设计中的应用。

4.1　if语句

C语言提供了三种格式的if语句。它们分别是单分支if语句、双分支if语句和多分支if语句。

4.1.1　单分支if语句

单分支if语句的基本格式为

```
if (表达式) 语句;
```

说明：

(1)"表达式"一般为关系表达式或逻辑表达式，但也可以是其他表达式，如赋值表达式等，甚至也可以是一个变量。例如，"if(a=8)语句;""if(b)语句;"都是允许的，只要表达式的值为非0，即为真。通常把关系表达式或逻辑表达式的值为真时，称为条件满足。

(2) 语句是"条件"满足时，处理方法的描述，可以是若干条语句。

功能：首先判断表达式的值是否为真，若表达式的值为真(非0)，则执行其后的语句；否则不执行该语句。单分支if语句执行流程如图4-1所示。

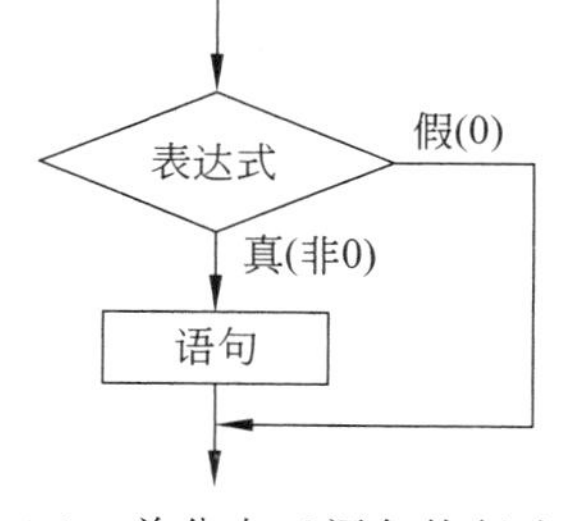

图4-1　单分支if语句执行流程

【例4.1】　输入两个整数a和b，如果a小于b，则把整数a打印出来。

参考程序如下：

```
#include<stdio.h>
void main()
{
    int a,b;
    printf("请输入整数 a 和 b 的值: \n");
    scanf("%d,%d",&a,&b);
    if(a<b)
```

```
        printf("%d\n",a);
}
```

运行情况：

```
请输入整数 a 和 b 的值:
15,20↙        (输入 15,20 并回车)
15            (输出的结果)
```

【例 4.2】 文字大小写转换。输入一个字符，判别它的大小写状态，如果是小写，则将它转换成大写字母，然后输出转换后的字符。

参考程序如下：

```
#include<stdio.h>
void main()
{
    char ch;
    printf("请输入一个字母: ");
    scanf("%c",&ch);
    if(ch>='a'&&ch<='z')
    {
        ch=ch-32;
        printf("转换后的大写字母为: %c。\n",ch);
    }
}
```

运行情况：

```
请输入一个小写字母: d↙       (输入 d 并回车)
转换后的大写字母为: D。      (输出的结果)
```

注意：单分支 if 语句在程序的执行过程中，只对满足条件的情况进行处理，对于不满足条件的情况不做任何处理。

4.1.2 双分支 if 语句

双分支 if 语句为 if-else 形式，基本格式为

```
if (表达式)
    语句块 1;
else
    语句块 2;
```

说明：

(1) “表达式”一般为关系表达式或逻辑表达式。通常把关系表达式或逻辑表达式的值为真时，称为条件满足；值为假时，称为条件不满足。反之亦然。

(2) 语句块 1、语句块 2 分别是“条件”满足或不满足时，处理方法的描述，可以是若干条语句。

功能：双分支 if 语句在程序的执行过程中，首先判断“条件”，其值为真(非 0)时，执行语句块 1；为假(0)时执行语句块 2。执行完语句块 1 或语句块 2 之后，再执行 if 后面的语句。语句的控制流程如图 4-2 所示。

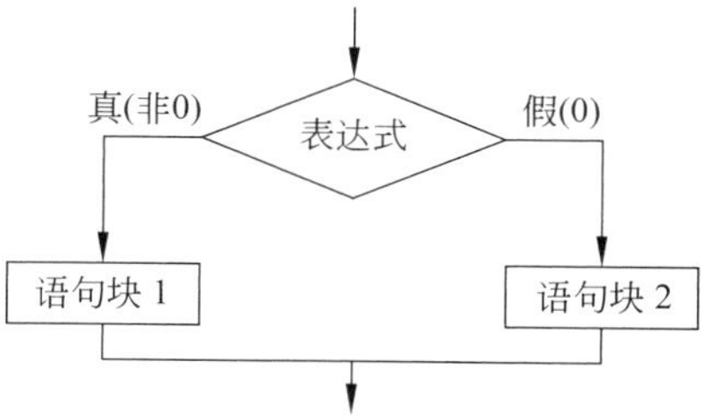

图 4-2　双分支 if 语句执行流程

【例 4.3】 从键盘输入一个整数，判断这个数是否大于 0。

参考程序如下：

```
#include<stdio.h>
void main()
{
    int a;
    printf("请输入一个整数：");
    scanf("%d",&a);
    if(a>0)
        printf("%d 大于 0\n",a);
    else
        printf("%d 小于或等于 0\n",a);
}
```

运行情况：

```
请输入一个整数：8↙        (输入 8 并回车)
8 大于 0                  (输出的结果)
```

注意：双分支 if 语句在程序的执行过程中，对于满足或者不满足条件的情况进行处理，则至少要执行一条语句(语句块 1 或者语句块 2 构成的复合语句)。

4.1.3　多分支 if 语句

多分支 if 语句的基本格式为

```
if(表达式 1) 语句块 1;
else if (表达式 2) 语句块 2;
⋮
else if (表达式 n) 语句块 n;
else 语句块 n+1;
```

说明：

(1) 多分支 if 语句依次判断表达式的值，当某个表达式的值为真(非 0)时，则执行其下面的语句，然后跳到整个 if 语句之外继续执行程序。

(2) 如果所有表达式的值均为假，则执行语句 n+1；如果所列出的条件都不满足，又没有 else 子句，则跳到整个 if 语句之外继续执行程序，不执行任何多分支 if 语句内的语句。

功能：多分支 if 语句在程序执行过程中，首先判断条件“表达式 1”，其值为真(非 0)时，执行语句块 1；为假(0)时进一判断条件“表达式 2”，其值为真执行语句块 2，以此类推，到达判断条件“表达式 n”,其值为真时,执行语句块 n,为假时,执行语句块 n+1。接下来执行 if 后面的语句。多分支 if 语句执行流程如图 4-3 所示。

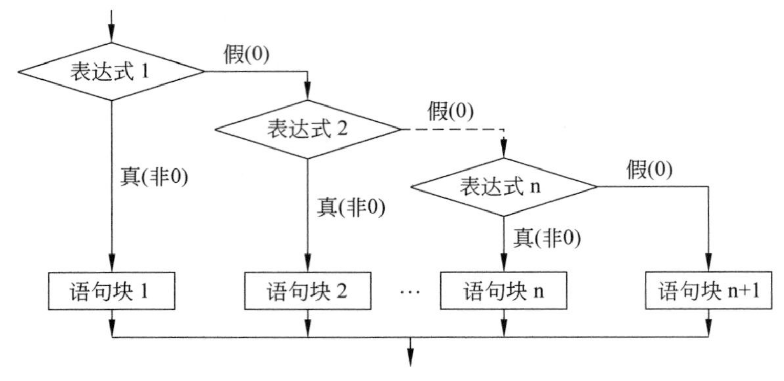

图 4-3　多分支 if 语句执行流程

【例 4.4】　输入两个正整数 a 和 b,其中 a 不大于 31,b 最大不超过三位数。使 a 在左 b 在右,拼成一个新的数 c。例如:a=23,b=30,则 c 为 2330。

程序设计分析:

根据以上问题,可以从中抽象分析出以下数学模型,决定 c 的值的计算公式如下。

当 b 为一位数时,$c=a\times10+b$。

当 b 为两位数时,$c=a\times100+b$。

当 b 为三位数时,$c=a\times1000+b$。

参考程序如下:

```
#include<stdio.h>
void main()
{
    int a,b,c,k;
    printf("请输入两个正数: ");
    scanf("%d,%d",&a,&b);
    if(a<0||b<0||a>31||b>999)
    {
        c=-1;                                  //出错标记
        printf("输入数据有误");
    }
    else
    {
        if(b<10)k=10;
        else if(b<100)k=100;
        else if(b<1000)k=1000;
        c=a*k+b;
    }
    printf("\na=%2d,b=%3d,c=%5d",a,b,c);
}
```

运行情况：

```
请输入两个正数：10,20↙        (输入 10,20 并回车)
a=10,b=20,c=1020              (输出的结果)
```

对于分段条件的程序设计，如果把程序设置为单条件判断结构，则要注意条件的分类方法以及书写的先后顺序，否则会出现逻辑错误。

注意：多分支 if 语句在程序的执行过程中，只执行第一次满足条件的情况，要注意它与多行的单分支 if 语句的区别。

4.1.4 if 语句的嵌套

当 if 语句中的语句又是 if 语句时，这种情况称为 if 语句的嵌套。if 语句的嵌套的基本格式为

```
if (表达式)
    if (表达式) 语句块 1;
    else 语句块 2;
else
    if (表达式) 语句块 3;
    else 语句块 4;
```

说明：

如果嵌套的 if 语句是 if-else 形式，将会出现多个 if 和 else 的情况，要特别注意 if 和 else 的配对问题。例如：

```
if (表达式)
    if (表达式) 语句块 1;
else
    if (表达式) 语句块 2;
    else 语句块 3;
```

在这段程序中，有三个 if 和两个 else，其中每个 else 和 if 的配对关系是什么？从程序的书写格式来看，是希望第一个出现的 else 能和第一个出现的 if 配对，但实际上这个 else 是与第二个 if 配对的。**C 语言规定：else 总是与它前面最近的一个没有配对的 if 配对**。因此，本例中的第一个 else 与第二个 if 配对。如何才能实现第一个 else 和第一个 if 配对呢？可以利用加花括号{}的方法来改变原来的配对关系。例如：

```
if (表达式)
    {if (表达式) 语句块 1;}
else
    if (表达式) 语句块 2;
    else 语句块 3;
```

这样，{}就限定了内嵌 if 语句的范围，就实现了第一个出现的 else 和第一个出现的if 配对。

【例 4.5】 写出下面程序的运行结果。

参考程序如下：

```
#include<stdio.h>
void main()
{
    int a,b,c;
    a=5;b=3;c=0;
    if(c)
    if(a>b)
        printf("\n max=%d",a);
    else
        printf("\n max=%d",b);
    else
        prinft("\n c=%d",c);
}
```

运行情况：

```
c=0  (输出的结果)
```

程序说明：本例使用了 if 语句的嵌套结构，实际上有三种选择，即 A＞B、A＜B 或 A＝B。

【例 4.6】 输入三个整数 x、y、z，输出其中最大的数。

参考程序如下：

```
#include<stdio.h>
void main()
{
    int x, y,z;
    printf("请输入三个整数: ");
    scanf("%d,%d,%d",&x,&y,&z);
    if(x>y)
        if(x>z)
            printf("最大的数为%d\n",x);
        else
            printf("最大的数为%d\n",z);
    else
        if(y>z)
            printf("最大的数为%d\n",y);
        else
            printf("最大的数为%d\n",z);
}
```

运行情况：

```
请输入三个整数: 15,18,17↙        (输入 15,18,17 并回车)
最大的数为 18                    (输出的结果)
```

注意：在 if 语句的嵌套中，else 总是与它上面的最近的没有与 else 配对的 if 配对。

4.1.5 条件运算符和条件表达式

1. 条件运算符

条件运算符是 C 语言中一个特殊的运算符，由“?”和“:”组合而成。条件运算符是三目运算符，要求有 3 个操作对象，并且三个操作对象都是表达式。

在条件语句中，若只执行单个赋值语句，常使用用条件运算来表示。这样既会使程序简洁，又可以提高运行效率。例如：

```
if (x>y) max=x;
else max=y;
```

用条件运算可以表示为

```
max=(x>y)?x:y;
```

执行时，先计算 x>y 的值为真还是假，若为真，则表达式取值为 x；否则取值为 y。

2. 条件表达式

其一般形式为

表达式 1? 表达式 2: 表达式 3

条件运算的求值规则：计算表达式 1 的值，若表达式 1 的值为真，则以表达式 2 的值作为整个条件表达式的值，否则以表达式 3 的值作为整个条件表达式的值。例如：

```
max=(x>y)?x:y;
```

（1）优先级。条件运算符的运算优先级低于关系运算符和算术运算符，高于赋值符。因此，表达式 max=(x>y)?x:y 可以去掉圆括号，写为 max=x>y?x:y，执行时意义是相同的。

（2）结合性。条件运算符的结合方向是自右至左。例如：

```
x>y?m:z>m?z:d      等价于      x>y?m:(z>m?z:d)
```

（3）条件表达式中，表达式 1 通常为关系或逻辑表达式，表达式 2、3 的类型可以是数值表达式、赋值表达式、函数表达式或条件表达式。

4.2 switch 语句

当对一个表达式的不同取值情况作不同处理时，用多分支 if 语句的程序结构显得较为杂乱，而用 switch 语句将使程序的结构更清晰，C 语言提供了专门用于解决多分支选择问题的 switch 语句，用来实现多种情况选择的程序设计。

4.2.1 switch 语句

switch 语句的基本格式为

```
switch(表达式)
{
    case 常量表达式 1: 语句块 1;
    case 常量表达式 2: 语句块 2;
    ⋮
    case 常量表达式 n: 语句块 n;
    default : 语句块 n+1;
}
```

说明：

(1)“表达式”一般为整型变量或者字符型变量，case 后面的只能是常量表达式。

(2) switch 语句的执行过程：先求“表达式”的值，并逐个与其后的常量表达式值相比较。当表达式的值与某个常量表达式的值相等时，即执行其后的语句，然后不再进行判断，继续执行后面所有 case 后的语句块，在 case 后，允许有多个语句，可以不用{}括起来。如表达式的值与所有 case 后的常量表达式均不相同时，则执行 default 后的语句。在 switch 语句中，“case 常量表达式”只起语句标号的作用，并不在这里进行条件判断，这与前面介绍的 if 语句完全不同的，它一般与间断语句(break 语句)配合使用。

(3) case 与其后面的常量表达式合称为 case 语句标号，每个 case 后的各常量表达式的值必须互不相同，否则会导致错误(对表达式的同一个值存在两种或者多种执行方案，这是编译器所不允许的)，各个 case 和 default 的出现次序不影响执行结果。

(4) 在关键字 case 和常量表达式之间一定要有空格，switch 后面的圆括号不能省略。

(5) 多个 case 可以共用一组执行语句。

```
case 'A':
case 'B':
case 'C':printf(">60\n");break;
```

功能：switch 语句的控制流程与多分支 if 语句的控制流程基本相同，因此就不再讲述。

【例 4.7】 生肖程序设计，用户输入出生年份，根据输入的年份来确定用户的属相，把结果打印出来。

参考程序如下：

```
#include<stdio.h>
void main()
{
    int n;
    printf("请输入您的出生年份: ");
    scanf("%d",&n);
    n=n%12;
    switch(n)
    {
        case 0:printf("您的属相为: 猴\n");break;
        case 1:printf("您的属相为: 鸡\n");break;
        case 2:printf("您的属相为: 狗\n");break;
```

```
        case 3:printf("您的属相为：猪\n");break;
        case 4:printf("您的属相为：鼠\n");break;
        case 5:printf("您的属相为：牛\n");break;
        case 6:printf("您的属相为：虎\n");break;
        case 7:printf("您的属相为：兔\n");break;
        case 8:printf("您的属相为：龙\n");break;
        case 9:printf("您的属相为：蛇\n");break;
        case 10:printf("您的属相为：马\n");break;
        case 11:printf("您的属相为：羊\n");break;
        default:printf("您输入的年份有误!\n");
    }
}
```

运行情况：

```
请输入您的出生年份：1990↙        (输入 1990 并回车)
您的属相为：马                  (输出的结果)
```

程序说明：该程序是根据出生年份点来选择的，要注意在设计时对表达式列表值的确定，根据一个确定年份的值来确定属于哪个属相，其余的类推。

【例 4.8】 设计程序，实现季节判断，用户输入 1、2、3 月是春季，4、5、6 月是夏季，7、8、9 月是秋季，10、11、12 是冬季(要求使用 switch 语句)。

参考程序如下：

```
#include<stdio.h>
void main()
{
    int n;
    printf("请输入月份：");
    scanf("%d",&n);
    switch((int)((n-1)/3))
    {
        case 0:printf("%d 月份是春季!\n",n);break;
        case 1:printf("%d 月份是夏季!\n",n);break;
        case 2:printf("%d 月份是秋季!\n",n);break;
        case 3:printf("%d 月份是冬季!\n",n);break;
        default:printf("您输入的月份有误!\n");
    }
}
```

运行情况：

```
请输入月份：8↙      (输入 8 并回车)
8 月份是秋季!       (输出的结果)
```

【例 4.9】 输入平年的一个月份，输出这个月的天数(如 2007 年为平年)。

程序设计分析：根据输入的月份数判断，当月份为 1、3、5、7、8、10、12 时，天数为 31，当月份为4、6、9、11时，天数为30，当月份为2时，天数为28。

参考程序如下：

```
#include<stdio.h>
void main()
{
    int m,d;
    printf("请输入平年的月份:");
    scanf("%d",&m);
    switch(m)
    {
        case 1:
        case 3:
        case 5:
        case 7:
        case 8:
        case 10:
        case 12:d=31;break;
        case 4:
        case 6:
        case 9:
        case 11:d=30;break;
        case 2:d=28;break;
        default:d=-1;
    }
    if(d==-1)
        printf("输入月份错误!");
    else
        printf("平年%d月份有%d天!\n",m,d);
}
```

运行情况：

```
请输入平年的月份: 8↙        (输入8并回车)
平年8月份有31天!           (输出的结果)
```

4.2.2 switch语句的嵌套

switch语句也可以嵌套，但一般较少使用。在switch语句中，"case常量表达式"只起语句标号的作用，并不进行条件判断。当执行switch语句后，程序会根据case后面表达式的值找到匹配的入口标号，并从此处开始执行，不再进行判断。为了避免这种情况，C语言提供了break语句，专门用于跳出switch语句，break语句只有关键字break，没有参数。break语句不但可以用在switch语句中终止switch语句的执行，也可以用在循环中终止循环，要格外注意break在这里的作用。

4.3　选择结构程序设计举例

【例 4.10】 设计C语言程序，由键盘输入任意3个数，计算以这3个数为边长的三角形的面积。

算法分析如下。

（1）查看输入的3个数能否组成三角形。

组成三角形的条件：任意两条边之和大于第三边。设3个数为a、b、c，则可以组成三角形的条件是：

```
a+b>c&&b+c>a&&c+a>b
```

（2）计算三角形的面积。

按照公式

```
s=(a+b+c)*0.5
area=sqrt(s*(s-a)*(s-b)*(s-c))(面积公式)
```

参考程序如下：

```
#include<stdio.h>
#include<math.h>
int main(void)
{
    double a, b, c, s;
    printf ("请输入三个数: ");
    scanf ("%lf,%lf,%lf", &a, &b, &c);
    if((a+b)>c&&(a+c)>b&&(b+c)>a)
    {
        S=(a+b+c)*0.5;
        printf("\n三角形的面积是\n%lfo",sqrt(s*(s-a)*(s-b)*(s-c)));
    }
    else
        printf("它不是三角形!\n");
}
```

运行情况：

```
请输入三个数: 4,5,6↙          (输入 4, 5, 6 并回车)
三角形的面积是: 9.921567。     (输出的结果)
```

【例 4.11】 求一元二次方程 $ax^2+bx+c=0$ 的根。

参考程序如下：

```
#include<stdio.h>
#include<math.h>
void main()
```

```
{
    float a,b,c,pbs,x1,x2,p,q;
    printf("请依次输入二次方程的系数: \n");
    scanf("%f,%f,%f",&a,&b,&c);
    pbs=b*b-4*a*c;
    if(pbs>0)
    {
        x1=(-b+sqrt(pbs))/(2*a);
        x2=(-b-sqrt(pbs))/(2*a);
        printf("两个不相等的实根为:x1=%5.4f,x2=%5.4f\n",x1,x2);
    }
    else if(pbs==0)
    {
        x1=-b/(2*a);
        printf("两个相等的实根为:x1=x2=%5.4f\n",x1);
    }
    else
    {
        p=-b/(2*a);
        q=sqrt(-pbs)/(2*a);
        printf("两个不相等的虚根为:x1=%5.4f+%5.4fi,x2=%5.4f-%5.4fi\n",p,q,p,q);
    }
}
```

运行情况：

```
请依次输入二次方程的系数: 1,-5,6↙              (输入 1, -5, 6 并回车)
两个不相等的虚根为:x1=3.0000,x2=2.0000          (输出的结果)
```

【例 4.12】 某市规定如下用水收费标准：每户一月用水不超过 $6m^3$ 时，水费按“基准费”收，每立方米 2.4 元；超过 $6m^3$ 时，未超过部分按“基准费”收，超过部分按“调水价”收，每立方米 6 元。根据用户用水量，求用户的水费。

参考程序如下：

```
#include<stdio.h>
void main()
{
    float n;
    printf("请输入用水量(立方米): ");
    scanf("%f",&n);
    if(n<=6)
        printf("水费为: %5.2f 元。\n",2.4*n);
    else if(n>6)
        printf("水费为: %5.2f 元。\n",14.4+(6*(n-6)));
}
```

运行情况：

```
请输入用水量(立方米): 9↙        (输入并回车)
水费为: 32.40 元。              (输出的结果)
```

【例 4.13】 一个数如果恰好等于除它本身外的因子之和,那么这个数就称为“完数”,编写程序,求 1000 之内的完数。

参考程序如下:

```
#include<stdio.h>
void main()
{
    int i,j;
    for(i=2;i<=1000;i++)
    {
        int sum=0;
        for(j=1;j<i;j++)
        {
            if(i%j==0)
            sum+=j;
        }
        if(sum==i)
        printf("%d 是完数\n",i);
    }
}
```

运行情况:

```
6 是完数
28 是完数
496 是完数
```

4.4 编程实践

任务:计算个人所得税

【问题描述】

输入个人工资并计算个人所得税。根据个人所得税计算规则,起征点提高到 c=3500 元,收入扣除 3500 元后:

不超过 1500 元的部分,征收 3%;

1501~4500 元部分,征收 10%;

4501~9000 元部分,征收 20%;

9001~35 000 元部分,征收 25%;

35 001~55 000 元部分,征收 30%;

55 001~80 000 元部分,征收 35%;

80 001 元以上的,征收 45%。

【问题分析与算法设计】

现在执行的个人所得税制按七级超额累进税率进行计算。

【代码实现】

```
#include<stdio.h>
void main(){
    double y;
    scanf("%lf",&y);
    double x,c;
    c=3500;
    if(y<=c)
    x=0;
    else if(y<c+1500)
    x=(y-c)*0.03;
    else if(y<=c+4500)
        x=1500*0.03+(y-c-1500)*0.10;
    else if(y<=c+9000)
        x=1500*0.03+3000*0.10+(y-c-4500)*0.20;
    else if(y<=c+35000)
        x=1500*0.03+3000*0.10+4500*0.20+(y-c-9000)*0.25;
    else if(y<=c+55000)
        x=1500*0.03+3000*0.10+4500*0.20+26000*0.25+(y-c-35000)*0.30;
    else if(y<=c+80000)
        x=1500*0.03+3000*0.10+4500*0.20+26000*0.25+20000*0.30+(y-c-55000)*0.35;
    else
        x=1500*0.03+3000*0.10+4500*0.20+26000*0.25+20000*0.30+25000*0.35+
            (y-c-80000)*0.45;
    printf("您的工资为: %9.2f 应缴纳个人所得税为: %9.2f",y,x);
}
```

习　　题

1. 选择题

(1) 下面程序的输出结果为________。

```
#include<stdio.h>
void main()
{
    int a=2,b=-1,c=2;
    if (a<b)
        if(b<0) c=0;
        else c+=1;
            printf("%d\n",c);
}
```

A. 0　　B. 1　　C. 2　　D. 3

(2) 阅读下面程序：

```
#include<stdio.h>
void main()
{
    float a,b,t;
    scanf("%f,%f",&a,&b);
    if (a>b)
    {
        t=a;
        a=b;
        b=t;
    }
    printf("%5.2f,%5.2f",a,b);
}
```

运行后输入－3.5,4.8,正确的输出结果是________。

A. －4.80 ，－3.50　　B. －3.50 ，4.80

C. 4.8，－3.5　　D. 4.80，－3.50

(3) 下面关于switch语句和break语句的结论中,正确的是________。

A. break语句是switch语句的一部分

B. 在switch语句中,可以根据需要确定使用或不使用break语句

C. 在switch语句中,必须使用break语句

D. break语句只能用在switch语句中

(4) 为了避免在嵌套的条件语句if-else中产生二义性,else字句总是与________配对。

A. 缩排位置相同的if　　B. 其之前最近的一个没有配对的if

C. 其之后最近的if　　D. 同一行上的if

(5) 有以下程序：

```
#include<stdio.h>
void main()
{
    int    i=1,j=2,k=3;
    if(i++==1&&(++j==3||k++==3))
    printf("%d  %d  %d\n",i,j,k);
}
```

程序运行后的输出结果是________。

A. 1 2 3　　B. 2 3 4　　C. 2 2 3　　D. 2 3 3

(6) 下列条件语句中,功能与其他语句不同的是________。

A. if(a) printf("%d\n",x); else printf("%d\n",y);

B. if(a==0) printf("%d\n",y); else printf("%d\n",x);

C. if (a!=0) printf("%d\n",x); else printf("%d\n",y);

D. if(a==0) printf("%d\n",x); else printf("%d\n",y);

(7) 以下 4 个选项中，不能看作一条语句的是________。

A. {;}

B. a=0,b=0,c=0;

C. if(a>0);

D. if(b==0) m=1;n=2;

(8) 以下程序段中与语句"k=a>b? (b>c? 1:0):0;"功能等价的是________。

A. if((a>b) &&(b>c))k=1;
   else k=0;

B. if((a>b) ||(b>c))k=1
   else k=0;

C. if(a<=b) k=0;
   else if(b>c) k=1;

D. if(a>b) k=1;
   else if(b<=c) k=1;
   else k=0;

(9) 有以下程序：

```
#include<stdio.h>
void main()
{
    int a=5,b=4,c=3,d=2;
    if(a>b>c)
        printf("%d\n",d);
    else if((c-1>=d)==1)
        printf("%d\n",d+1);
    else
        printf("%d\n",d+2)
}
```

执行后输出结果是________。

A. 2

B. 3

C. 4

D. 编译时有错，无结果

(10) 有以下程序：

```
#include<stdio.h>
void main()
{
    int a=15,b=21,m=0;
    switch(a%3)
    {
        case 0:m++;break;
        case 1:m++;
        switch(b%2)
        {
            default:m++;
            case 0:m++;break;
        }
    }
    printf("%d\n",m);
```

```
}
```

程序运行后的输出结果是________。

A. 1　　B. 2　　C. 3　　D. 4

(11) 阅读以下程序：

```
#include<stdio.h>
void main()
{
    int  x;
    scanf("%d",&x);
    if(x--<5) printf("%d\n",x);
    else printf("%d\n",x++);
}
```

程序运行后，如果从键盘上输入 5，则输出结果是________。

A. 3　　B. 4　　C. 5　　D. 6

(12) 若执行以下程序时从键盘上输入 9，则输出结果是________。

A. 11　　B. 10　　C. 9　　D. 8

```
#include<stdio.h>
void main()
{
    int n;
    scanf("%d",&n);
    if(n++<10) printf("%d\n",n);
    else printf("%d\n",n--);
}
```

(13) 若 a、b、c1、c2、x、y、均是整型变量，正确的 switch 语句是________。

A. swich(a+b);
```
{case 1:y=a+b; break;
case 0:y=a-b; break;
}
```

B. switch(a * a+b * b)
```
{case 3:
case 1:y=a+b;break;
case 3:y=b-a,break;
}
```

C. switch a
```
{case c1 :y=a-b; break;
case c2: x=a * d; break;
default:x=a+b;
}
```

D. switch(a-b)
```
{default:y=a * b;break;
case 3:case 4:x=a+b;break;
case 10:case 11:y=a-b;break;
}
```

(14) 有如下程序：

```
#include<stdio.h>
void main()
{
    int x=1,a=0,b=0;
```

```
    switch(x)
    {
        case 0: b++;
        case 1: a++;
        case 2: a++;b++;
    }
    printf("a=%d,b=%d\n",a,b);
}
```

该程序的输出结果是________。

A. a=2,b=1　　B. a=1,b=1　　C. a=1,b=0　　D. a=2,b=2

(15) 有如下程序：

```
#include<stdio.h>
void main()
{
    float x=2.0,y;
    if(x<0.0)  y=0.0;
    else
    if(x<10.0) y=1.0/x;
    else y=1.0;
        printf("%f\n",y);
}
```

该程序的输出结果是________。

A. 0.000 000　　B. 0.250 000　　C. 0.500 000　　D. 1.000 000

(16) 与"y=(x>0?1:x<0?-1:0);"的功能相同的 if 语句是________。

A.
```
if(x>0) y=1;
else if(x<0)y=-1;
else y=0;
```

B.
```
if(x)
if(x>0) y=1;
else
    if(x<0) y=-1;
    else y=0;
```

C.
```
y=-1
if(x)
    if(x>0) y=1;
    else if(x==0)y=0;
    else y=-1;
```

D.
```
y=0;
if(x>=0)
if(x>0) y=1;
else y=-1;
```

(17) 以下程序的输出结果是________。

```
#include<stdio.h>
void main()
{
    int a=-1,b=1;
    if((++a<0)&&!(b--<=0))
        printf("%d   %d\n",a,b);
```

```
    else
        printf("%d    %d\n",b,a);
}
```

A. −1 1　　B. 0 1　　C. 1 0　　D. 0 0

(18) 若有以下定义:

```
float x;int a,b;
```

则正确的 switch 语句是________。

A. switch(x)
{case1.0:printf(" * \n");
case2.0:printf(" * * \n");
}

B. switch(x)
{case1,2:printf(" * \n");
case3:printf(" * * \n");
}

C. switch (a+b)
{case 1:printf("\n");
case 1+2:printf(" * * \n");
}

D. switch (a+b);
{case 1:printf(." * \n");
case 2:printf(" * * \n");
}

(19) 下列程序运行后 x 的值是________。

```
#include<stdio.h>
void main()
{
    int a=0,b=0,c=0,x=35;
    if(! a)x--;
    else if(b);
        if(c)x=3;
    else x=4;
        printf("%d\n",x);
}
```

A. 34　　B. 4　　C. 35　　D. 3

(20) 对下面的程序,说法正确的是________。

```
#include<stdio.h>
void main()
{
    int x=3,y=0,z=0;
    if(x=y+z)printf("****\n");
    else printf("####\n");
}
```

A. 有语法错误不能通过编译

B. 输出****

C. 可以通过编译,但是不能通过连接,因而不能运行

D. 输出####

(21) 下面程序的输出是________。

```
#include<stdio.h>
void main()
{
    int x=100, a=10, b=20, ok1=5, ok2=0;
    if(a)
    if(b! =15)
        if(! ok1)
        x=1;
    else
        if(ok2)x=10;
        x=-1;
    printf("%d\n",x);
}
```

A. −1　　B. 0　　C. 1　　D. 不确定的值

(22) 阅读程序：

```
#include<stdio.h>
void main()
{
    float x,y;
    scanf("%f",&x);
    if(x<0.0) y=0.0;
    else if((x<5.0)&&(x! =2.0))
        y=1.0/(x+2.0);
    else if(x<10.0) y=1.0/x;
    else y=10.0;
        printf("%f\n",y);
}
```

若运行时从键盘上输入 2.0 并回车，则程序的输出结果是________。

A. 0.000000　　B. 0.250000　　C. 0.500000　　D. 1.000000

(23) 请读程序：

```
#include<stdio.h>
void main()
{
    int x=1, y=0, a=0, b=0;
    switch(x)
    {
        case 1:
        switch(y)
    {
        case 0: a++;break;
        case 1: b++;break;
```

```
        }
        case 2:         a++; b++; break;
        }
        printf("a=%d, b=%d\n",a,b);
    }
```

上面程序的输出结果是________。

A. a=2，b=1　　B. a=1，b=1　　C. a=1，b=0　　D. a=2，b=2

（24）阅读下面的程序：

```
#include<stdio.h>
void main()
{
    int k=-3;
    if(k<=0) printf("####");
    else printf("&&&&");
}
```

上面程序片段的输出结果是________。

A. ####　　B. &&&&

C. ####&&&&　　D. 有语法错误，无输出结果

2. 填空题

（1）以下程序的运行结果是________。

```
#include<stdio.h>
void main()
{
    int a=200;
    if (a>100)
        printf("%d\n",a>100);
    else
        printf("%d\n",a<=100);
}
```

（2）当 x=2，y=8，z=5 时，执行下面的 if 语句后，x、y、z 的值分别为________、________、________。

```
#include<stdio.h>
void main()
{
    int x=2,y=8,z=5;
    if (x>z)
        y=x;x=z;z=y;
    printf("%d,%d,%d\n",x,y,z);
}
```

（3）以下程序运行后的输出结果是________。

```
#include<stdio.h>
void main()
{
    int    a=3,b=4,c=5,t=99;
    if(b)    if(a) printf("%d%d%d\n",b,c,t);
}
```

(4) 以下程序运行后的输出结果是________。

```
#include<stdio.h>
void main()
{
    int  a=1,b=2,c=3;
    if(c==a) printf("%d\n",c);
    else printf("%d\n",b);
}
```

(5) 以下程序运行后的输出结果是________。

```
#include<stdio.h>
void main()
{
    int a,b,c;
    a=10;b=20;c=(a%b<1)||(a/b>1);
    printf("%d %d %d\n",a,b,c);
}
```

(6) 以下程序运行后的输出结果是________。

```
#include<stdio.h>
void main()
{
    int x=1,y=0,a=0,b=0;
    switch(x)
    {
        case 1:
        switch(y)
    {
        case 0:a++; break;
        case 1:b++; break;
    }
        case 2:a++;b++; break;
    }
    printf("%d    %d\n",a,b);
}
```

(7) 有以下程序：

```
#include<stdio.h>
```

```
void main( )
{
    int n=0,m=1,x=2;
    if(! n)  x-=1;
    if(m)  x-=2;
    if(x)  x-=3;
    printf("%d\n",x);
}
```

执行后输出结果是________。

(8) 以下程序运行后的输出结果是________。

```
#include<stdio.h>
void main()
{
    int p=30;
    printf ("%d\n",(p/3>0 ? p/10 : p%3));
}
```

(9) 以下程序运行后的输出结果是________。

```
#include<stdio.h>
void main()
{
    int   a=1, b=3, c=5;
    if (c==a+b) printf("Yes\n");
    else printf("No\n");
}
```

(10) 若运行时输入 15,则以下程序的运行结果是________。

```
#include<stdio.h>
void main()
{
    int x,y;
    scanf("%d",&x);
    y=x>12? x+10:x-12;
    printf("%d\n",y);
}
```

(11) 若从键盘输入 45,则以下程序输出的结果是________。

```
#include<stdio.h>
void main()
{
    int a;
    scanf("%d",&a);
    if(a>50)  printf("%d",a);
    if(a>40)  printf("%d",a);
```

```
    if(a>30)  printf("%d",a);
}
```

(12) 以下程序输出的结果是________。

```
#include<stdio.h>
void main()
{
    int a=5,b=4,c=3,d;
    d=(a>b>c);
    printf("%d\n",d);
}
```

(13) 以下程序的运行结果为 14.00,请填空。

```
#include<stdio.h>
void main()
{
    int a=9,b=2;
    float x=________,y=1.1,z;
    z=a/2+b*x/y+1/2;
    printf("%5.2f\n",z);
}
```

(14) 如果 int x=10,执行下面程序后,变量 x 的结果为________。

```
#include<stdio.h>
void main()
{
    int x=10;
    switch(x)
    {
        case 9:x+=1;
        case 10:x+=1;
        case 11:x+=1;
        default:x+=1;
    }
    printf("%d\n",x);
}
```

(15) 以下程序的输出结果是________。

```
#include<stdio.h>
void main()
{
    int x=-2,y=1,z=2;
    if (x<y)
        if(y<0) z=0;
        else z+=1;
```

```
    printf("%d\n",z);
}
```

3. 程序设计题

(1) 编写程序,从键盘输入一个整数,判断它是否能被 7 整除,若能被 7 整除,打印 Yes;若不能,打印 No。

(2) 从键盘输入三角形的 3 条边 a、b、c,判断它们是否能构成三角形,如果能,则计算出面积;如果不能,则提示信息。

(3) 分别运行如下 2 段程序,输入 90,看看结果有何不同,试分析不同的原因。

程序 1:

```
#include<stdio.h>
void main()
{
    int x;
    printf("请输入成绩:");
    scanf("%d",&x);
    if(x>=90) printf("优秀");
    else if(x>=80) printf("良好");
    else if(x>=70) printf("中等");
    else if(x>=60) printf("及格");
    else if(x<60) printf("不及格");
}
```

程序 2:

```
#include<stdio.h>
void main()
{
    int x;
    printf("请输入成绩:");
    scanf("%d",&x);
    if(x>=90) printf("优秀");
    if(x>=80) printf("良好");
    if(x>=70) printf("中等");
    if(x>=60) printf("及格");
    if(x<60) printf("不及格");
    printf("\n");
}
```

(4) 输入一个十进制数,根据输入的数输出所对应的英文星期单词,若所输入的数小于 1 或大于 7,则输出 Error。

(5) 当 m 为整数时,请将下面的语句改为 switch 语句:

```
#include<stdio.h>
void main()
{
```

```
    int m,n;
    scanf("%d",&m);
    if (m<30)n=1;
    else if (m<40)n=2;
    else if (m<50)n=3;
    else if (m<60)n=4;
    else n=5;
    printf("%d\n",n);
}
```

(6) 有一个分段函数

$$y=\begin{cases}x & x<0\\ x-10 & 0\leqslant x<10\\ x+10 & x\geqslant 10\end{cases}$$

编写程序,要求输入 x 的值,打印出 y 的值,分别用:

① 不嵌套的 if 语句;

② 嵌套的 if 语句;

③ 多分支 if 语句。

(7) 编写程序,根据输入的学生成绩,给出相应的等级,90~100 为 A,80~89 为 B,70~79 为 C,60~69 为 D,60 以下为 E,要求:

① 使用多分支 if 语句编写;

② 使用 switch 语句编写。

(8) 假设有以下每周工作安排。

周一、周三:高等数学。

周二、周四:程序设计。

周五:外语。

周六:政治。

编写程序,对以上工作日程进行检索,程序运行后,要求输入一周中的某一天,程序将输出这一天的工作安排,0~6 分别代表星期日到星期六,如果输入 0~6 以外的数,则提示输入错误。

第 5 章　循环结构程序设计

在解决实际问题时，常常会遇到需要有规律地重复某些操作的情况。对于计算机程序，循环结构就是用来处理这类问题的，它也是程序中一种很重要的结构。C 语言提供了多种循环语句，如 while 语句、do-while 语句和 for 语句，它们可以组成各种不同形式的循环结构。

本章重点介绍这些循环语句的语法结构、功能特点，以及它们在循环程序设计中的具体应用。

5.1　while 和 do-while 循环结构

5.1.1　while 语句的一般形式

while 语句用来实现"当型"循环结构。其一般形式如下：

```
while(表达式)
    循环体语句
```

功能：先计算表达式的值，若表达式的值为真(值非 0)时，重复执行语句，即执行循环体语句；否则当表达式的值为假(结果为 0)时，循环结束，转而执行 while 语句之后的语句。while 语句的执行流程如图 5-1 所示。

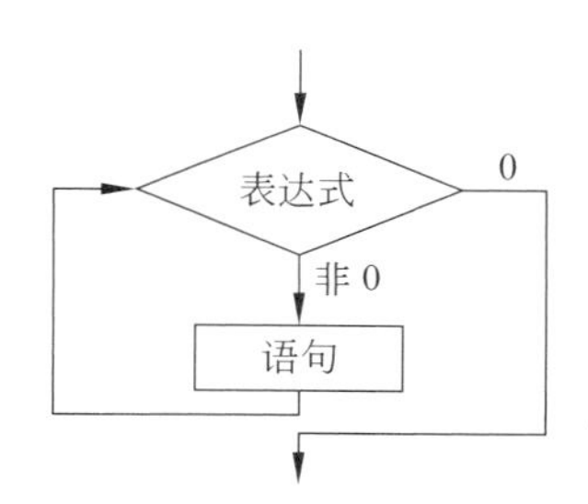

图 5-1　while 语句的执行流程

while 语句格式中的表达式通常是一个关系表达式或逻辑表达式，也可以是任意类型的一种表达式，该表达式称为循环继续条件(也称为循环条件)，它控制循环的执行与否。语句是任意的 C 语言语句，称为循环体。

注意：如果循环体包含 2 条或 2 条以上的语句，则必须用一对花括号将语句括起来，即循环体是一个复合语句。不加花括号就表示循环体只包含一条语句。

如下面的程序段：

```
while(表达式 )
    语句 1;
    语句 2;
```

当循环条件成立时，只有语句 1 是循环体语句，会被重复执行；语句 2 不属于 while 语句范围，只有 while 循环语句结束后才被执行。

【例 5.1】　编写一个程序，计算 1+2+3+4+…+100，求这个值是多少。

参考程序如下：

```
#include<stdio.h>
void main()
```

```
{
    int i=1;
    int sum=0;
    while(i<=100)
    {
        sum+=i;
        i++;
    }
    printf("sum=%d\n", sum);                          /* 显示结果 */
}
```

运行情况：

```
s=5050                    (输出的结果)
```

程序说明：在程序中有一个特别的变量i，它用于记录已执行循环的次数，初始值为1；每累加数据一次，变量i的值就增加1，当i>n时，也就是说当累加数据操作执行了n次之后，就不要再累加数据，即应该终止循环；所以循环的条件是i<=n。变量i称为循环控制变量，在每次执行循环后，通过检测这种变量的值来控制循环是否继续执行。

变量x是用来计算每个要累加的数据项的，每次循环中都先计算x的值然后累加到sum中。变量sum是一个累加变量，初始值设为0，随着循环的执行，不断有新输入的数累加到sum上，最后得到累加和。循环结束后，执行循环的后续语句"printf("%d\n",);"，输出结果，最后程序结束。

5.1.2 while语句使用说明

(1) while语句是先判断条件，然后决定是否执行循环体。如果循环继续条件(即表达式)的值一开始就为假(0)，则循环体不会被执行，而是直接执行循环语句的后续语句，while循环又称为入口条件循环。

(2) 为使循环能正常结束，应保证每次执行循环体后，表达式的值会有一种向假变化的趋势，例如在例5.1中，i的值不断变化，逐渐向n的值靠近，直到大于n；使得表达式i<=n的值为假，如果i的值不变化，表达式i<=n的值就永远为真，循环体就不断被执行不能停止，变成了无限循环(死循环)，如以下循环：

```
i=15;
while(i>0)
{   i++;   }
```

由于每次循环体执行后，i的值都不改变，因此循环体不断地被执行，无法正常终止，成为一个死循环。

(3) 在进入循环之前应做好有关变量的初始化赋值操作。如例5.1中，累加变量sum初始化为0，i变量初始化为1。

【例5.2】 编写一个程序，用户从键盘输入20个数，求它们的平均值并输出结果。

程序设计分析：使用循环结构，每次输入一个数x，将它累加到变量sum上，重复执行20次这样的操作，便得到最后的结果。程序如下：

```
#include<stdio.h>
void main()
{  float x,sum=0;float s;              /* 定义并初始化变量 */
   int i=1;                            /* 定义并初始化循环控制变量 */
   printf ("请输入数据:\n");
   while(i<=20)                        /* 循环体是复合语句,必须用花括号括起来 */
   {  scanf("%f", &x);                 /* 输入一个数 */
      sum+=x;                          /* 累加到变量 sum 中 */
      i++;                             /* i 自增 1 */
   }
   s=sum/(i-1);                        /* i=21,求平均值需要 i-1 */
   printf("平均值为: %f\n" ,s );        /* 显示结果 */
}
```

程序说明:在循环体中用 scanf 函数接收用户输入的数并累加到 sum 变量中,然后将循环控制变量 i 值增加 1。变量 i 同时也是一个计数变量,用户每从键盘输入一个数并累加到 sum 变量中之后,i 的值就增加 1,当输入 20 个数之后,i 的值变成累加到了 21,循环条件不再满足,循环终止,sum 中就保存了 20 个数的累加和。

5.1.3 do-while 语句的一般形式

do-while 语句的特点是先执行循环体一次,再判断循环条件是否成立,以决定循环是不是需要继续被执行,相当于执行循环直到循环继续条件不再成立时终止循环。

do-while 语句实现"直到"型循环结构。其一般形式如下:

```
do
循环体语句
while(表达式);
```

功能:先执行循环体语句,然后计算表达式的值。若表达式值为真(值非 0),继续执行循环;否则当表达式的值为假(值为 0)时,循环结束,执行 do-while 语句的后续语句。do-while 的执行流程如图 5-2 所示。

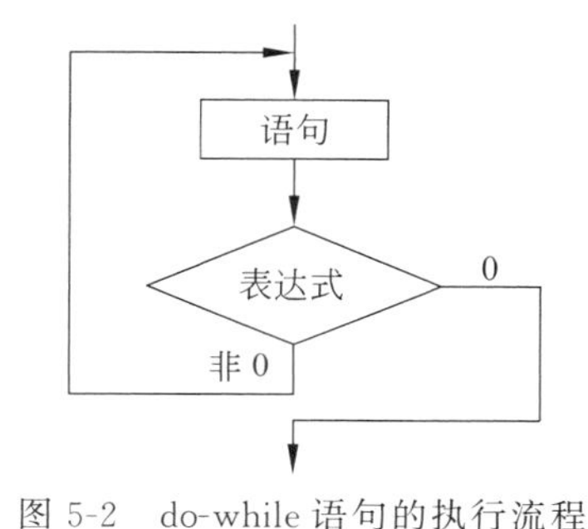

图 5-2　do-while 语句的执行流程

【例 5.3】 用 do-while 语句完成例 5.1 的要求。编写一个程序,计算 1+2+3+4+…+100,求这个值是多少。

```
#include<stdio.h>
void main()
{
    int i=1,sum=0;
    do
    {
        sum+=i;
        i++;
    }
    while(i<=100);
```

```
    printf("总和为: %d\n" ,sum );                     /* 显示结果 */
}
```

运行情况:

```
sum=5050                  (输出的结果)
```

【例 5.4】 用 do-while 语句完成例 5.2 的要求,用户从键盘输入 20 个数,求它们的平均值并输出结果。编程如下:

```
#include<stdio.h>
void main()
{   float x , sum=0;float s;                    /* 定义并初始化变量 */
    int i=0;                                    /* 定义并初始化循环控制变量 */
    printf ( "请输入数据:" );
    do                                          /* do 循环体是复合语句 */
    {   scanf ( "%f", &x );                     /* 输入一个数 */
        sum+=x;                                 /* 累加 */
        i++;                                    /* i 自增 1 */
        } while (i<20 );                        /* 注意分号不能遗漏 */
        s=sum/i;                                /* i=20 */
        printf ("%f\n", s );                    /* 显示结果 */
}
```

5.1.4 do-while 语句使用说明

do-while 语句与 while 语句的使用方法相同,都由循环继续条件来决定循环体语句是否继续被重复执行。但 while 循环语句的执行顺序是先判断循环条件是否成立,根据判断结果决定循环体是否被执行,而 do-while 循环则首先执行一次循环体,然后再判断循环条件并根据判断结果决定循环体是否被执行,do-while 循环又称出口条件循环。也就是说,do-while 语句不论循环条件是否成立,循环体语句至少被执行一次。

请注意例 5.3 程序,如果输入 0 时,输出的结果和例 5.1 程序输入 0 时的输出结果不同,就是因为无论循环继续条件是否成立,do-while 的循环体至少会被执行一次。

与 while 循环一样,为使循环能正常结束,do-while 语句也应保证每次执行循环体后,表达式的值会有一种向假变化的趋势,防止出现无限循环条件。

5.2 for 循环结构和循环的嵌套

从前面的 while 循环和 do-while 的循环例子可以看出,循环是否继续执行与循环控制变量的值密切相关,在上面的程序中可以看到有三个执行步骤。

(1) 执行循环前对循环控制变量进行初始化。

(2) 在循环体中更新循环控制变量的值。

(3) 在循环继续条件中判断循环控制变量是否接近终止值。

在 C 语言中另一种循环结构是 for 循环,从 for 循环结构能更清楚看到这三个步骤。

5.2.1 for 循环语句的一般形式

for 循环是 C 程序使用最灵活的循环结构,其一般形式如下:

```
for(表达式 1;表达式 2;表达式 3)
    循环体语句
```

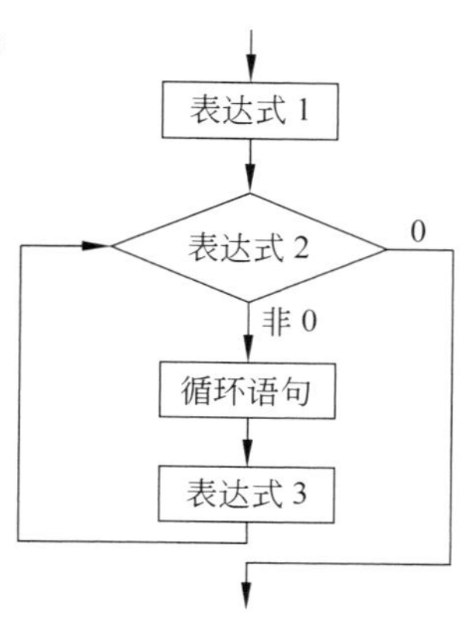

图 5-3 for 语句的执行流程

功能:先执行表达式 1 语句,然后判断表达式 2 的值是否为真(值非 0);如果为真,则执行循环体语句,接着执行表达式 3,再判断表达式 2 的值;如此重复执行,直到表达式 2 的值为假(0)终止循环,跳转到循环体之后的语句执行。for 语句的执行流程如图 5-3 所示。

注意:for 语句中()中的三条表达式语句,其中表达式 1 通常是对循环控制变量进行初始化的语句(也可以是其他合法的 C 语句),表达式 2 是循环继续条件语句,表达式 3 通常是循环控制变量更新的语句(也同样可以是其他合法的 C 语句)。for 循环语句最简单的应用形式也是最容易理解的形式如下:

```
for(循环变量初始化;循环继续条件;循环变量更新)
    循环体语句
```

【例 5.5】 用 for 语句完成例 5.1 的要求,计算 1+2+3+4+…+100,求这个值是多少。

编程如下:

```
#include<stdio.h>
void main()
{
    int sum=0;
    for(int i=1;i<=100;i++)
        sum+=i;
    printf("sum=%d \n",sum);
}
```

程序说明:在本程序中,变量 i 的初始化语句、循环继续条件和变量 i 的更新语句都放在 for 后面的()中,循环体中只有反复计算累加的语句,整个程序的功能和结构比较清晰。

【例 5.6】 使用 for 循环语句实现例 5.2 的要求,用户从键盘输入 20 个数,求它们的平均值并输出结果。程序如下:

```
#include<stdio.h>
void main()
{   float x,sum=0,s;                        /*定义并初始化变量*/
    int i;                                  /*定义并初始化循环控制变量*/
    printf ( "请输入数据:" );
    for( i=0;i<20;i++)
    {   scanf("%f", &x);                    /*输入一个数*/
```

```
        sum+=x;                                 /* 累加到变量 sum 中 */
    }
    s=sum/i;
    printf( "总和为: %f\n", s);                 /* 显示结果 */
}
```

比较一下此程序与例 5.2 和例 5.4 以及例 5.6 中的程序,理解 for 循环、while 循环以及 do-while 循环语句的各自特点和区别。

5.2.2 for 循环语句使用说明

(1) for 语句可以取代 while 语句或 do-while 语句,尤其对于确定循环次数的循环,使用 for 语句让程序结构更加直观和容易理解。

(2) for 语句中()中的三条表达式语句可以省略,即可以将它们写在程序其他地方,但是它们之间的分号不可省略。

【例 5.7】 计算 s＝2＋4＋6＋8＋…＋2n 的程序也可以写成如下形式:

```
#include<stdio.h>
void main ()
{  int i,x,n,s;                                 /* 定义变量 */
   printf ("请输入 n 的值:\n");
   scanf ( "%d",&n );                           /* 输入 n 的值 */
   for( i=1, s=0; i<=n; i++, s+=x )
   {  x=2 * i;    }                             /* 计算要累加的数据项 */
   printf("s=%d\n",s);
}
```

程序说明:上面程序与例 5.5 的程序功能是一样的。在此程序中把变量 i 和 s 的初始化语句写成一个逗号表达式放在 for 循环语句的表达式 1 位置上,对照 for 循环语句的执行流程图可以看到,表达式 1 是在循环语句的第一步执行的,在整个循环中只执行一次,是放置循环的初始化语句的地方,可以把多个变量的初始化步骤作为一个逗号表达式放在这个位置。此程序中还把变量 i 的更新和 s 累加语句写成一个逗号表达式放在 for 循环语句的表达式 3 位置上;在整个循环流程中,表达式 3 是在循环体语句后被执行的,而且每次循环体被执行后都被执行一次,本程序与例 5.5 程序相比,把变量 s 的累加语句从循环体中移到了表达式 3 位置中,其功能也是一样的。

(3) 在 for 循环的()中,表达式 2 也是可以省略的,比如写成下面这样形式:

```
for (    ;    ;    )                        /* 三个表达式都省略 */
    循环体语句
```

由于没有循环继续条件来判断循环在什么时候结束,这就形成了一个无限循环,除非是特别的用法(在循环体内有使循环终止的语句)。

(4) C 语言中的 for 循环是非常灵活的,可以把与循环控制无关的语句写在表达式 1 和表达式 3 中,这样可以使程序更短小简洁,但这样会使得 for 循环语句显得杂乱,可读性差,所以建议初学者最好不要采用后面两种形式(把与循环控制无关的语句写到 for 语句的()中)。

5.2.3 循环嵌套的形式

在一个循环体内又包含另一个完整的循环结构，这样的循环结构称为循环的嵌套，也就是多层循环。其中包含其他循环、处于外部的循环叫外层循环，被包含在内部的循环也叫内层循环。

例如下面是几种 2 重循环嵌套的结构形式：

```
(1) while (…)
    { …
        while (…)
        { …}
    }

(2) while (…)
    { …
        for (…; …; … )
        {…}
    }

(3) for (…; …; … )
    { …
        while (…)
        {…}
    }

(4) for (…; …; … )
    { …
        do
        { …
        }while(…);
    }

(5) for (…; …; … )
    { …
        for (…; …; … )
        { …}
    }

(6) do
    { …
        for ( …; …; … )
        {      …       }
    }while( … );
```

在 C 语言中的三种循环语句(while 循环语句、do-while 循环语句、for 循环语句)可以相互嵌套，甚至还可以多层嵌套。

下面举个循环嵌套应用实例：使用循环嵌套语句编出一个三角形形状。

```
#include<stdio.h>
int main(){
    int n, i, j;
    while (scanf("%d", &n)==1){
        for (i=0; i<n; i++){
            for (j=0; j<n-i; j++)
                putchar(' ');
            for (j=0; j<i*2+1; j++)
                putchar('*');
                putchar('\n');
        }
    }
    return 0;
}
```

5.2.4 嵌套循环的说明

(1) 分析嵌套结构的循环程序时，要注意嵌套循环的执行顺序，由于外层循环的循环体包含了内层循环，所以外层循环体每次被执行时，先执行完内层循环前面的语句再进入到内层循环，内层循环在执行完所有的循环次数后再返回到外层循环，并继续往下执行。

(2) 关于被嵌套的内层循环执行次数，外层循环每执行一次，内层循环就要执行一个完整的循环周期，例如下面2重循环结构：

```
for ( i=0; i<10; i++)
{                                              /* 外层循环体开始 */
    for ( j=0; j<20; j++)
        {  … ; }                               /* 内层循环的循环体 */
}                                              /* 外层循环体结束 */
```

外层循环次数为10，内层循环次数为20，整个2重嵌套循环被执行时，内层循环的循环体要执行10×20=200次。

5.3 流程转向语句

对于循环结构的程序而言，循环体是否继续重复执行是由循环条件决定的，如果程序员想要在某些特定的情况下希望中断循环或改变原来循环结构的执行流程，例如在满足某种条件下，提前从循环中跳出或者不再执行循环中剩下的语句，终止本次循环并重新开始一轮循环，就可以使用流程转向语句，C语言提供了三条流程转向语句：goto语句、break语句和continue语句。

5.3.1 goto 语句

goto语句是无条件转向语句，其语句形式为

goto 语句标号;

goto语句包含两部分：goto关键字和一个语句标号，语句标号也称为语句标签，是写在一条合法C语句前的一个标识符号，这个标识符加上一个"："一起出现在函数内某条语句的前面，例如下面的printf语句前就有一个语句标号part1：

```
part1: printf ( " A label before this sentence!");
```

执行goto语句后，程序将跳转到该语句标号处并执行其后的语句。注意语句标号必须与goto语句同处于一个函数中，但可以不在一个循环层中。通常goto语句与if条件语句连用，当满足某一条件时，程序跳到标号处运行，可以使用goto语句来构成一个循环结构。

【例 5.8】 使用goto语句完成例5.1的要求，计算s=1+2+3+…+100并输出计算结果。

参考程序如下：

```
#include<stdio.h>
void main()
{
```

```
    int i=1,sum=0;
    loop:if(i<=100)
        {
            sum=sum+i;
            i++;
            goto loop;
        }
    printf("%d\n,sum");
}
```

程序说明：这是用 goto 语句构成循环结构的典型例子，goto 语句经常用在一些需要无条件跳转的情况下，例如，当某种意外条件满足时，可以使用 goto 语句跳出多重循环执行过程，例如以下程序段(假设程序中变量 x 的值等于 0 时会导致严重错误)：

```
while(i<1000)
{ for ( j=0; j<N; j++)
  { for ( k=0; k<N; k++)
    { …                                   /* 此处其他语句省略 */
        if ( x==0 )                       /* 判断是否会出现严重错误 */
            goto    bigerror;             /* 跳转到出错处理的地方 */
        }
    }
}
…                                         /* 此处其他语句省略 */
bigerror: printf ( "big error !" );       /* 出现错误，提示 */
…                                         /* 此处其他语句省略 */
```

严谨而有效地使用 goto 语句可以使得整个 C 程序更加灵活，但是过多使用 goto 语句或不恰当地使用 goto 语句会使得程序的流程结构错综复杂，难以理解并且非常容易出错，所以初学者尽量不要使用 goto 语句，而用其他语句来代替 goto 语句的行使语句跳转的功能。

5.3.2 break 语句

break 语句通常用在循环语句和 switch-case 多层分支语句中。当 break 用于 switch-case 语句中时，可使程序跳出 switch-case 语句而执行 switch-case 语句以后的语句；break 在 switch 中的用法已在前面介绍选择结构语句时的例子中碰到，这里不再举例。

break 语句的形式如下：

```
break;
```

break 语句的形式非常简单，只有关键字和一个分号组成，在 do-while、for、while 循环语句中如果有 break 语句，如图 5-4 所示，当 break 语句被执行时，会终止它所在的循环，而去执行所

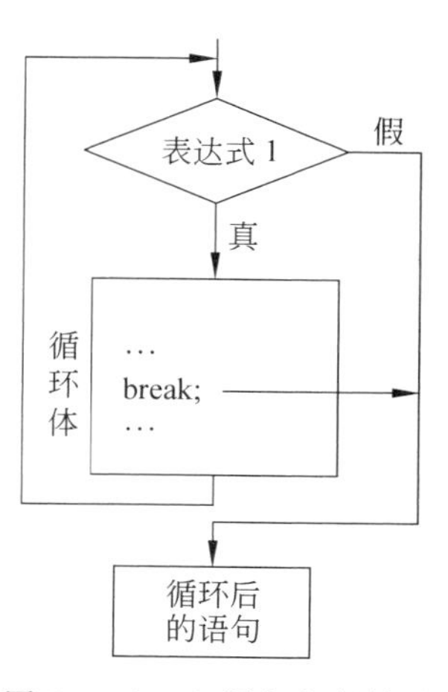

图 5-4　break 语句执行情况

在循环后面的语句。通常 break 语句与 if 语句一起使用，即当某种条件成立的时候便跳出它所在的那层循环。

看下面的循环结构程序：

```
#include<stdio.h>
void main()
{
    int m,n,flag=1;
    printf("请输入测试的整数: ");
    scanf("%d",&n);
    for(m=2;m<=n/2;m++)
    if(n%m==0)
    {
        flag=0;
        break;
    }
    flag?printf("%d是素数\n",n):printf("%d不是素数\n",n);
}
```

在 while 循环体内有一个 break 语句，当 if 条件成立时，它被执行，于是，for 循环被立即终止，跳转到 for 语句之外。

注意：break 语句只能跳出一层循环，如果它位于多层嵌套循环的内层，那么只能终止 break 语句所在的那层循环，也就是说，break 语句只能跳出它所在的那一层循环。看下面的嵌套循环程序段：

```
int i, j,k;
for(int k=0;k<N;k++)
{
    for (i=0; i<N; i++)
    {  for (j=0; j<N; j++)
       {  if (j >100)
          {  break; }                         /*跳出内层循环*/
       }
       if (i >100)
       {  break; }                            /*跳出中层循环*/
    }
}
```

在上面的程序段中，有两个 break 语句，第一个 break 语句位于内层循环体中，当它被执行时会跳出内层循环，回到外层循环；第二个 break 语句位于中层循环中，当它被执行时会跳出中层循环，外层循环还在继续。

5.3.3 continue 语句

continue 语句只用在 for 语句、while 语句、do-while 语句构成的循环结构中，continue 语句的作用是跳过所在循环体在本次循环中剩余的语句，而直接开始执行下一轮循环，如

图 5-5 所示。

continue 语句的形式：

continue;

continue 语句由关键字 continue 和一个分号组成，它常与 if 条件语句一起使用，用来加速循环。

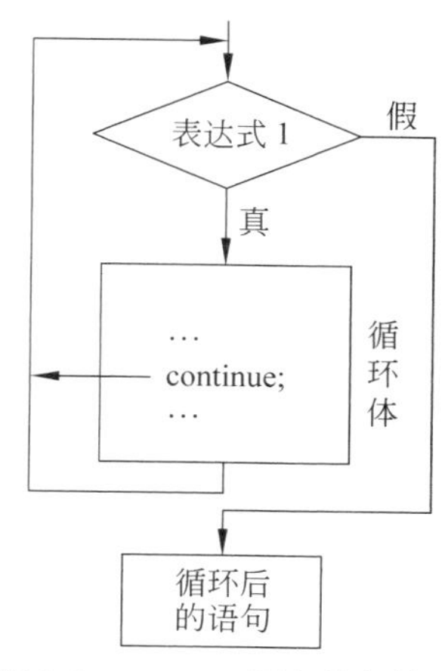

图 5-5 continue 语句执行情况

【例 5.9】 求下面程序执行后，x 的值为多少？

```
main()
{
    int x,y;
    for(x=1,y=1;x<=100;x++)
    {
        if(y>=20)break;
        if(y%3==1){y+=3;continue;}
        y-=5;
    }
    printf("x=%d\n",x);
}
```

程序输出：x=8

注意：continue 语句与 break 语句不同，break 语句是终止本层循环，而 continue 只是提前结束本轮循环。

5.4 循环结构程序设计举例

在具体使用循环结构来解决一个实际任务时，存在如何确定循环体执行次数、哪个循环语句最合适使用、循环体在执行过程中是否需要提前结束循环等问题，下面用一些实例来说明如何解决这些问题。

5.4.1 确定循环次数与不确定循环次数

有一类问题在编写循环程序实现的时候，能够知道循环将要被执行的次数，请看例 5.10。

【例 5.10】 在屏幕上显示九九乘法表。

程序设计分析：九九乘法表是一个 9 行的三角形的表格，每一行规律是从 1 乘以某个数开始，一直乘到此行行号为止，从上向下，每一行的列数是不同的，规律是第 i 行就有 i 列。可以使用 2 重嵌套循环来实现，外层循环每执行一次，显示一行的内容，内层循环每执行一次，显示 2 个数的乘积。

编程如下：

```
#include<stdio.h>
void main ()
{   int i=1, j;
    while(i<=9)                              /*外层循环*/
```

```
    {   for (j=1; j<=i; j++)                            /* 内层循环 */
        { printf ( "%d×%d=%-2d ", j , i, i * j ); }
                                                        /* 显示 2 个数的乘法等式 */
        printf ("\n");                                  /* 插入换行 */
        i++;
    }
}
```

运行情况：

```
1×1=1
1×2=2  2×2=4
1×3=3  2×3=6   3×3=9
1×4=4  2×4=8   3×4=12  4×4=16
1×5=5  2×5=10  3×5=15  4×5=20  5×5=25
1×6=6  2×6=12  3×6=18  4×6=24  5×6=30  6×6=36
1×7=7  2×7=14  3×7=21  4×7=28  5×7=35  6×7=42  7×7=49
1×8=8  2×8=16  3×8=24  4×8=32  5×8=40  6×8=48  7×8=56  8×8=64
1×9=9  2×9=18  3×9=27  4×9=36  5×9=45  6×9=54  7×9=63  8×9=72  9×9=81
Press any key to continue
```

程序说明：九九乘法表共 9 行，所以外层循环次数为 9，循环控制变量 i 从 1 到 9。内层循环使用控制变量 j，变化范围从 1 到 i。在外层循环体的最后有一个 printf 语句，在每一行显示完插入一个换行。

例 5.10 中的两个嵌套循环都可以事先确定循环次数。对于确定循环次数的程序可以使用一个变量来记录循环执行的次数，同时它也作为循环控制变量，当循环执行的次数达到预定的次数后就终止循环，如例 5.10 中的 i 和 j 变量。

然而，对于有些循环程序，事先无法确定其循环次数。

【例 5.11】 编写一个程序，接收用户从键盘输入的字符，当用户输入回车时表示确认输入，统计用户输入了多少个字符(不含回车符)。

程序设计分析：虽然无法预知循环的执行次数，但可以根据题目的要求来确定循环继续条件。使用循环来接收用户的输入，每次接收一个字符都判断其是否是回车符，如果不是，则把计数变量的值增加 1。编程如下：

```
#include<stdio.h>
void main()
{   char c;
    int i=0;                                            /* 计数变量初始化 */
    printf ("请输入字符串(以回车确认): \n");
    c=getchar();                                        /* 接收字符 */
    while (c !='\n')                                    /* 判断是否结尾 */
    {   i++;                                            /* 计数增加 1 */
        c=getchar();                                    /* 继续接收字符 */
    }
    printf("字符串中共%d 个字符!", i );
```

```
}
```

程序说明：getchar 函数是从键盘接收一个字符（实际上是从键盘的缓冲区取一个字符，用户在键盘输入一行字符后按回车确认，此字符串会存在键盘的缓冲区中等待接收），由于用户可能输入的字符数量是事先无法确定的，所以要根据题目的要求即接收到的字符是否是回车符为循环继续条件。

5.4.2 选择循环语句

C 语言中提供了 while 语句、do-while 语句和 for 语句，用来构成循环结构（goto 语句也可构成循环），而且这三种循环可以互换，在处理不同问题时，应该选择哪一种更好呢？首先确定需要入口条件循环还是出口条件循环，如果是出口条件循环可以使用 do-while 循环语句，不过通常认为使用入口条件循环更好一些，因为在循环开始就判断条件使得程序可读性好一点。

假设使用入口条件循环，是使用 for 语句还是 while 语句呢？这是个人的爱好问题，因为 for 循环和 while 可以完全互换，把 for 语句中的表达式 1 和表达式 3 去掉就和 while 语句的功能一样了。例如：

```
for (  ; 循环条件 ; )
    { 循环体;  }
```

与下面 while 循环的写法是等效的：

```
while ( 循环条件 )
    { 循环体;  }
```

一般来说，在涉及有明显的循环控制变量初始化和更新的场合时，使用 for 语句更恰当，例如在例 5.10 中的 2 重嵌套循环使用循环控制变量 i 和 j，使用 for 语句使得程序结构清晰明了。而其他不涉及循环控制变量的时候使用 while 循环更好一些。

如例 5.11 中，使用循环接收用户输入的字符时不需要单独的循环控制变量，使用 while 语句就更自然一些。

下面再举 3 个例子来说明。

【例 5.12】 编写程序完成功能：输入一个大于或等于 0 的整数，计算它是一个几位数（0 算一位整数）。

程序设计分析：先接收用户输入的数，然后对其整除 10 并将位数增加 1，除得的商相当于截去个位的数，若商大于 0 时继续求余运算，直到商等于 0 为止。程序如下：

```
#include<stdio.h>
void main ()
{  int x , n;
   printf ("请输入一个整数: ");
   scanf ("%d",&x );
   n=0;                                          /*位数初始化为0*/
   do
   {  n++;                                       /*位数增加1*/
```

```
    x/=10;                                          /* 截去 x 的个位 */
  }while ( x>0 );
  printf ("位数是: %d\n", n );
}
```

程序说明：利用整除截去某个数的个位是经常采用的方法。该题采用 do-while 语句比较合适，它能保证特例情况(如输入 x 值为 0 时)，输出也是正确的。

请读者思考：本例的程序能否直接改用 while 语句来完成？

【例 5.13】 编程实现输出 n 层用字符 * 构成的金字塔图形，n 是由用户输入的正整数。如下是 5 层 * 金字塔图形：

```
    *
   ***
  *****
 *******
*********
```

程序设计分析：对于这种由一些符号构成的有规律的图形，先分析其规律，本例中 n 等于 5，第一行开始有 4 个空格再加上 1 个 *，第二行开始有 3 个空格再加上 3 个 *，以此类推。因此可以确定：第 i 行应该先输出 n－i 个空格，再输出 2×i－1 个 * 字符。

可以使用 for 循环实现，程序结构如下：

```
for ( i=1; i<=n; i++)
{  输出 n－i 个空格符;
   输出 2×i－1 个"*";
   换行;
}
```

输出空格符和 * 也分别用 for 循环实现，所以整个程序使用嵌套循环实现。

参考程序如下：

```
#include<stdio.h>
void main()
{  int i, j, n;
   printf ("请输入行数: ");
   scanf ("%d",&n );
   for ( i=1; i<=n; i++)
   {  for ( j=0; j<n-i; j++)                       /* 本循环输出前面的空格 */
        {  printf (" "); }
      for (j=0; j<2*i-1; j++)                      /* 本循环输出符号* */
        {  printf ("*"); }
      printf ("\n");
   }
}
```

程序说明：对于类似此例的已知循环次数的问题，通常使用 for 语句使得程序可读性好。读者也可以尝试使用 while 循环来实现本例并与示例程序比较一下。

【例 5.14】 一辆汽车撞人后逃跑,4 个目击者提供如下线索。

甲:牌照三、四位相同。

乙:牌号为 31xxxx。

丙:牌照 5、6 位相同。

丁:3～6 位是一个整数的平方。

请根据这些线索求出牌照号码。

参考程序如下:

```
#include<stdio.h>
#include<math.h>
void main()
{
int dNum;
int num,i,j;
for(i=1;i<=9;i++)
    for(j=0;j<=9;j++)
    {
        dNum=(i*10+i)*100+j*10+j;
        num=(int)sqrt((float)dNum);
        if(num*num==dNum)
            printf("31%d\n",dNum);
    }
}
```

5.4.3 提前结束循环

在有些循环结构程序的执行过程中出现了特殊情况或者已经达到计算目的,需要提前结束循环计算过程的时候,可以在循环体中加入一个分支结构,用来判断是否需要提前结束本次循环或终止循环,通常是用 if 语句和 break 语句或 continue 语句组合在一起。

5.4.4 其他应用举例

【例 5.15】 编程解决百钱买百鸡问题。这是《算经》中的一题:鸡翁一值钱五,鸡母一值钱三,鸡雏三值钱一。百钱买百鸡,问鸡翁、鸡母、鸡雏各几何?

程序设计分析:设鸡翁数、鸡母数和鸡雏数分别为 cocks、hens 和 chicks。根据题意可得两个方程式。

方程式 1:cocks+hens+chicks=100

方程式 2:5*cocks+3*hens+chicks/3 =100

首先确定 cocks、hens 和 chicks 的取值范围:

0≤cocks≤20

0≤hens≤33

0≤chicks≤100 (chicks 是 3 的整数倍)

然后选择一个数(如 cocks)。依次取该范围中的一个值,再在剩下两个数中选择一个数(如 hens),依次取其范围中的一个值,根据此两个数的值组合代入一个方程式中,求得第三个数的值,再将它代入第二个方程式中,看是否符合题意,符合者为解。

参考程序如下:

```
#include<stdio.h>
void main ()
{  int cocks, hens, chicks;
   for (cocks=0; cocks<=20; cocks++)
   {  for (hens=0; hens<=100-5*cocks; hens++)
      {  chicks=100-hens-cocks;                     /*方程式 1*/
         if ( 5*cocks+3*hens+chicks/3.0==100 )       /*验证方程式 2*/
   printf(" cocks=%d,hens=%d,chicks=%d\n",cocks,hens,chicks );
      }
   }
}
```

运行情况:

```
cocks=0,hens=25,chicks=75
cocks=4,hens=18,chicks=78
cocks=8,hens=11,chicks=81
cocks=12,hens=4,chicks=84
```

程序说明:编程解决类似多元方程组的问题,经常使用本例中这种方法来处理。

5.5 编程实践

任务:验证哥德巴赫猜想

【问题描述】

德国数学家哥德巴赫(Goldbach)在 1725 年写给欧拉(Euler)的信中提出了设想:任何大于 2 的偶数都是两个素数之和(俗称为 1+1)。两个世纪过去了,这一猜想即无法证明,也无法推翻。

【问题分析与算法设计】

试设计程序验证指定区间[c,d]这一猜想是否成立。

【代码实现】

```
#include<stdio.h>
#include<math.h>
void main(){
    int c,d,i,j,k,t,x;
    printf("请输入区间上下限: ");
    scanf("%d,%d",&c,&d);
    printf("在区间[%d,%d]中验证哥德巴赫猜想,",c,d);
    if(c%2) c++;
    for(i=c;i<=d;i+=2)
```

```
    {
        j=1;
        while(j<i/2)
        {
            j=j+2;
            k=i-j;
            t=0;
            for(x=3;x<=sqrt(k);x+=2)
                if((j * k)%x==0)
                {
                t=1;break;
                }
            if(t==0)
            {
                printf("%d=%d+%d\n",i,j,k);
                break;
            }
        }
    }
    if(t==1){
        printf("找到反例不能分解");}
    else
        printf("哥德巴赫猜想在区间[%d,%d]中正确,\n",c,d);
}
```

习　　题

1. 选择题

(1) 设有程序段

```
int k=10;
while(k=0)k=k-1;
```

则下面描述正确的是________。

A. while 循环执行了 10 次　　B. 循环式无限循环

C. 循环体语句一次也不执行　　D. 循环体语句执行一次

(2) 下面程序段的运行结果是________。

```
a=1;b=2;c=2;
while(a<b<c){t=a;a=b;b=t;c--;}
printf("%d,%d,%d",a,b,c);
```

A. 1,2,0　　B. 2,1,0　　C. 1,2,1　　D. 2,1,1

(3) 下面程序运行结果是________。

```
x=y=0;
```

```
while(x<15)y++,x+=++y;
printf("%d,%d",y,x);
```

A. 20,7　　B. 6,12　　C. 20,8　　D. 8,20

（4）下面程序段的运行结果是________。

```
int n=0;
while(n++<=2);printf("%d",n);
```

A. 2　　B. 3　　C. 4　　D. 有语法错误

（5）设有程序段：

```
t=0;
while(printf("*"))
{
    t++;
    if(t<3)break;
}
```

A. 其中循环控制语句表达式与 0 等价

B. 其中循环控制语句表达式与'0'等价

C. 其中循环控制表达式是不合法的

D. 以上说法都不对

（6）下面程序的功能是将从键盘输入的一对数，由小到大排序输出。当输入一对数相等时结束循环，请选择填空。

```
#include<stdio.h>
main()
{
    int a,b,t;
    scanf("%d,%d",&a,&b);
    while(____)
    {
        if(a>b)
        {
            t=a;a=b;b=t;
        }
        printf("%d,%d\n",a,b);
        scanf("%d %d",&a,&b);
    }
}
```

A. !a=b　　B. a!=b　　C. a==b　　D. a=b

（7）如下程序，请选择：

```
#include<stdio.h>
main()
{
```

```
    int m=0,n=0;
    char c;
    while((①)!='\n')
    {
        if(c>='A'&&c<='Z')m++;
        if(c>='a'&&c<='z')n++;
    }
    printf("%d\n",m<n?②);
}
```

① A. c=getchar()　　B. getchar　　C. scanf("%c",c)　　D. printf("%c",c)

② A. n:m　　B. m:n　　C. m:m　　D. n:n

(8) 若执行以下程序时，从键盘输入 2473<回车>，则下面程序的运行结果是________。

```
#include<stdio.h>
main()
{
    int c;
    while((c=getchar())!='\n')
    switch(c='2')
    {
        case 0:
        case 1:putchar(c+4);
        case 2: putchar(c+4);break;
        case 3: putchar(c+3);
        default: putchar(c+2);break;
    }
    printf("\n");
}
```

A. 4444　　B. 668966　　C. 66778777　　D. 6688766

(9) 下面程序的功能是在输入的一批正整数中求出最大者，输入 0 时结束，请选择填空________。

```
main
{  int a,max=0;
   scanf("%d",&a);
   while(________){
      if(max<a) max=a;
      scanf("%d",&a);
   }
  printf("%d",max);
}
```

A. a==0　　B. a　　C. ! a==1　　D. ! a

(10) 下面程序的运行结果是________。

```
#include<stdio.h>
```

```
main()
{  int  y=10;
   do  {y--;}while(--y);
   printf("%d\n",--y);}
```

A. −1　　　B. 1　　　C. 8　　　D. −8

(11) 下面程序的运行结果是________。

```
#include<stdio.h>
main()
{  int a=1,b=10;
   do
   {b-=a;a++;}while(b--<0);
   printf("a=%d,b=%d\n",a,b);
}
```

A. a=3,b=11　　　B. a=2,b=8　　　C. a=1,b=−1　　　D. a=4,b=9

(12) 以下 for 循环的语句是________。

```
for(x=0,y=0;(y=123)&&(x<4);x++);
```

A. 无限循环　　　B. 循环次数不定

C. 4 次　　　D. 3 次

(13) 下列程序段不是死循环的是________。

A. `int I=100; while(1){I=I%100+1;if(I>100)break;}`

B. `for(;;)`

C. `int k=0;do{++k;}while(k>=0);`

D. `int s=36; while(s); --s;`

(14) 执行语句"for(I=1;I++<4;);"后,变量 I 的值是________。

A. 3;　　　B. 4　　　C. 5　　　D. 不定

2. 填空题

(1) 求两个正整数的最大公约数

```
#include<stdio.h>
main()
{
    int r,m,n;
    scanf("%d %d",&m,&n);
    if(m<n) __①__;
    r=m%n;
    while(r){ m=n;n=r;r=__②__;}
    printf("%d\n",n);
}
```

(2) 下面程序段中循环体执行的次数是________。

```
a=10;
b=0;
```

```
do{b+=2;a-=2+b;}
while(a>=0)
```

(3) 下面程序段的运行结果是________。

```
i=1;a=0;s=1;
do{a=a+s*i;s=-s;i++;}while(i<=10);
printf("a=%d",a);
```

(4) 下面程序的功能是用 do-while 语句求 1～1000 满足"用 3 除余 2,用 5 除余 3,用 7 除余 2"的数,且一行只打印五个数,请填空。

```
#include<stdio.h>
main()
{
    int i=1,j=0;
    do{
        if(__①__)
        {
            printf("%d",i)
            j=j+1;
            if(__②__)printf("\n");
        }
        i=i+1;
    }while(i<1000);
}
```

(5) 用 0～9 不同的三个数构成一个三位数,下面程序将统计出共有多少种方法。请填空。

```
#include<stdio.h>
main()
{
    int i,j,k,count=0;
    for(i=1;i<=9;i++)
        for(j=0;j<=9;j++)
            if(__①__)continue;
            else for(k=0;k<=9;k++)
                    if(__②__)count++;
            printf("%d",count);
}
```

(6) 下面程序的功能是从 3 个红球、5 个白球、6 个黑球中任意取出 8 个球,且其中必须有白球,输出所有可能的方案。请填空。

```
#include<stdio.h>
main()
{
    int i,j,k;
```

```
    printf("\n 红 白 黑 \n");
    for(i=0;i<=3;i++)
        for( ① ;j<=5;j++)
        {
            k=s-i-j;
            if( ② )printf("%3d %3d %3d \n",i,j,k)
        }
}
```

(7) 下面程序段的运行结果是________。

```
i=1; s=3;
do{
    s+=i++;
    if(s%7==0)continue;
    else++i;
}while(s<15);
printf("%d",i);
```

(8) 下面程序是计算 100～1000 有多少个数其各位数字之和是 5,请填空。

```
#include<stdio.h>
main()
{
    int i,s,k,count=0;
    for(i=100;i<=1000;i++)
    {
        s=0;k=i;
        while( ① ){s=s+k%10;k= ② ;}
        if(s!=5) ③ ;
        else count++;
    }
}
```

3. 编程题

(1) 编程实现对键盘输入的英文句子进行加密。用加密方法为,当内容为英文字母时其在 26 字母中的其后三个字母代替该字母,若为其他字符时不变。

(2) 编程实现将任意的十进制整数转换成 R 进制数(R 在 2～16)。

(3) 从键盘输入一指定金额(以元为单位,如 345.78),然后显示支付该金额的各种面额人民币数量,要求显示 100 元、50 元、10 元、5 元、2 元、1 元、5 角、1 角、5 分、1 分各多少张(输出面额最大值:例如 345.78=100×3+10×4+5×1+0.5×1+0.1×2+0.01×8)。

(4) 随机产生 20 个[10,50]的正整数存放到数组中,并求数组中的所有元素最大值、最小值、平均值及各元素之和。

(5) 试编程判断输入的正整数是否既是 5 又是 7 的整倍数。若是,则输出 yes,否则输出 no。

(6) 编写程序实现功能:用户从键盘输入一行字符,分别统计出其英文字母和数字字符的个数(不记回车符号)。

(7) 编程在一个已知的字符串中查找最长单词,假定字符串中只含字母和空格,空格用来分隔不同单词。

(8) 模拟 n 个人参加选举的过程,并输出选举结果。假设候选人有四人,分别用 A、B、C、D 表示,当选某候选人时直接输入其编号(编号由计算机随机产生),若输入的不是 A、B、C、D 则视为无效票,选举结束后按得票数从高到低输出候选人编号和所得票数。

(9) 任何一个自然数 m 的立方均可写成 m 个连续奇数之和。例如:

```
1^3=1
2^3=3+5
3^3=7+9+11
4^3=13+15+17+19
```

编程实现:输入一自然数 n,求组成 n^3 的 n 个连续奇数。

(10) 分别编写程序,打印以下各图案。

```
(a)                  (b)
a                    1
a b                  234
a b c                56789
…                    0123456
a b … … z            789 012345
                     6789012345
```

第6章　数　　组

在程序设计过程中，经常会遇到对一组类似的数据进行处理的情况。如果采用简单变量存放这批数据，然后再进行处理，会十分烦琐。此时把相同类型的一批数据按有序的形式组织成形如 S[1]、S[2]、S[3]…的形式，通过循环语句访问和处理数据，可以简化编程、提高效率。这些相同类型数据的有序集合称为数组。

本章介绍 C 语言中如何定义和使用一维数组、多维数组以及字符数组。

6.1　一维数组

6.1.1　一维数组的定义

一维数组是指由一个下标来确定数组元素的数组，它的定义方式为

类型说明符 数组名 [常量表达式];

例如：

```
int c[10];
```

表示定义了一个整型数组，数组名为 c，包含 10 个数组元素。

说明：

(1) 类型说明符可以是 int、char 等基本数据类型或构造数据类型，它表示这一批数组元素的数据类型。

(2) 数组名的命名规则与变量名相同。

(3) 常量表达式表示数组元素的个数，即数组长度。例如定义一维数组 int c[10]，表示 c 数组中有 10 个元素，它们是 c[0]、c[1]、c[2]、c[3]、c[4]、c[5]、c[6]、c[7]、c[8]、c[9]。

(4) 常量表达式中可以包括数值常量、字符常量以及符号常量，但不能包含变量，即在 C 语言中不允许定义动态数组，数组的大小(元素个数)在定义时即确定。下面定义数组则是错误的：

```
int n;
scanf("%d",&n);                    /* 运行程序时输入数组的大小 */
int c[n];
```

6.1.2　一维数组元素的引用

定义数组之后，就可以使用该数组的数组元素。数组元素的使用如同基本变量一样，C 语言规定只能逐个引用数组元素而不能一次引用整个数组。

数组元素的表示形式为

数组名[下标]

其中,下标指明该元素在数组中的位置,可以是整型的常量、变量或表达式。例如:

```
int c[10];
c[9]=c[4]+c[n*0];
```

注意:定义数组时的"数组名[常量表达式]"和引用数组元素时的"数组名[下标]"的区别。

```
int c[10];                          /*定义数组的长度为10*/
m=c[5];                             /*数组的第六个元素赋值给变量m*/
```

【例6.1】 有一个整型数组,计算其中的正数和及正数平均值。

程序设计分析:循环判断数组中的每个元素,若为正数则累加并计数,平均值=正数和/正数的个数。

参考程序如下:

```
#include<stdio.h>
void main ()
{
    int a[10]={15,-20,30,70,-60,88,90,17,-10,46};
    int sum,aver,num,i;
    num=0;sum=0;
    for(i=0;i<10;i++)
    if(a[i]>0)
    {
        num++;
        sum+=a[i];
    }
    if (num!=0)
        aver=sum/num;
    else
        aver=0;
    printf("sum=%d,average=%d\n",sum,aver);
}
```

运行情况:

```
sum=356,average=50
```

注意:C语言中并不自动检测元素的下标是否越界,因此在编写程序时由设计者确保元素的正确引用,以免因下标越界而破坏其他存储单元中的数据。

6.1.3 一维数组的初始化

C语言中除了可用赋值语句或输入语句对数组元素赋值外,还可以在定义数组时给数组元素赋初值,其形式有如下几种。

1. 对全部或部分元素赋初值

全部初始化:

```
int c[10]={0,1,2,3,4,5,6,7,8,9};
```

将数组元素的初值依次放在花括号内。上述定义和初始化的结果为

c[0]=0, c[1]=1, c[2]=2, c[3]=3, c[4]=4, c[5]=5, c[6]=6, c[7]=7, c[8]=8, c[9]=9。

部分元素初始化：

```
int c[10]={0,1,2,3,4};
```

仅前 5 个元素赋初值，后 5 个元素未指定初值，自动取 0。

2. 全部元素均初始化为 0

```
int c[10]={0,0,0,0,0,0,0,0,0,0};
```

或：

```
int c[10]={0};
```

而不能写成 FORTRAN 语言的 int c[10] = {0 * 10}形式。

3. 在对全部数组元素赋初值时，可以不指定数组长度

例如：

```
int c[10]={0,1,2,3,4,5,6,7,8,9};
```

可以写成：

```
int c[]={0,1,2,3,4,5,6,7,8,9};
```

系统会将此数组的长度自动定义为 10。

6.1.4 一维数组应用举例

【例 6.2】 用数组求出 Fibonacci 数列前 20 项，并输出。

$$\mathrm{Fib}[1]=\begin{cases}1 & \mathrm{i}=0\\ 1 & \mathrm{i}=1\\ \mathrm{Fib}[\mathrm{i}-1]+\mathrm{Fib}[\mathrm{i}-2] & \mathrm{i}>1\end{cases}$$

程序设计分析：根据 Fibonacci 数列的形成规律，某个元素等于其相邻前两个元素的和，利用一维数组存放和计算比较简单。Fib[i]存放数组的第 i 个元素，Fib[0]=1，Fib[1]=1，之后 Fib[i]=Fib[i-1]+Fib[i-2]，循环变量 i 为 2～20。

参考程序如下：

```
#include<stdio.h>
void main()
{  int i;
   int f[20]={1,1};                          /* f[0]、f[1]已知 */
   for(i=2; i<20; i++)
       f[i]=f[i-1]+f[i-2];
   for(i=0; i<20; i++)
   {  if (i%5==0) printf("\n");               /* 每行输出 5 个项 */
      printf("%12d",f[i]);
   }
}
```

运行情况：

```
 1        1        2        3        5
 8       13       21       34       55
89      144      233      377      610
987     1597     2584     4181     6765
```

【例 6.3】 用选择法对 a 数组的 10 个数组元素从小到大进行排序。

程序设计分析：选择法排序的思想是首先将 a[0]与它后面所有的元素依次比较，使 a[0]最小，比较的过程中若后面的元素小则进行交换；接着将 a[1]与它后面所有的元素依次比较，使 a[1]在 a[1]～a[9]中最小；依次进行，直到最后的 a[8]与它后面的 a[9]比较，使 a[8]在 a[8]～a[9]中最小。这样 10 个数组元素选取 9 个小的数据，即实现了由小到大的排序。

参考程序如下：

```
#include<stdio.h>
void main()
{   int  i,j,m,a[10];
    for (i=0;i<10;i++)
      scanf("%d",&a[i]);                        /* 给数组元素赋值 */
    for(i=0;i<9;i++)                            /* 排序 */
      for(j=i+1;j<10;j++)
          if(a[j]<a[i])
        {  m=a[j];a[j]=a[i];a[i]=m;}            /* 交换 */
    for(i=0;i<10;i++)
      printf("%5d",a[i]);                       /* 输出数组元素 */
}2
```

5 个元素选择法排序的过程如图 6-1 所示。

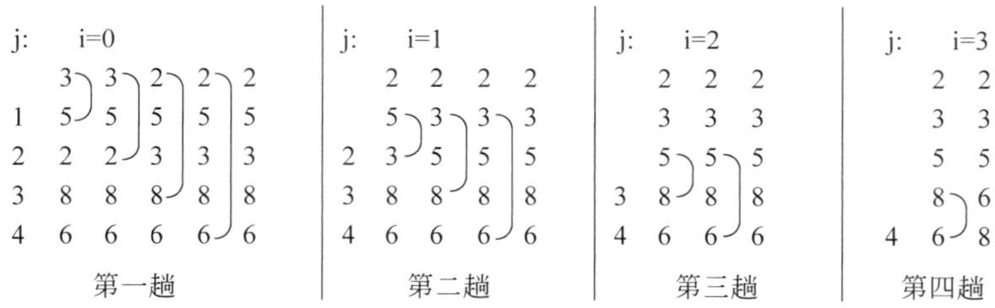

```
j:  i=0              | j:  i=1          | j:  i=2      | j:  i=3
    3  3  2  2  2    |     2  2  2  2   |     2  2  2  |     2  2
1   5  5  5  5  5    |     5  3  3  3   |     3  3  3  |     3  3
2   2  2  3  3  3    | 2   3  5  5  5   |     5  5  5  |     5  5
3   8  8  8  8  8    | 3   8  8  8  8   | 3   8  8  8  |     8  6
4   6  6  6  6  6    | 4   6  6  6  6   | 4   6  6  6  | 4   6  8
      第一趟          |     第二趟        |    第三趟     |   第四趟
```

图 6-1　5 个元素选择法排序过程

【例 6.4】 有 n 个整数，使其前面各数顺序向后移 m 个位置，最后 m 个数变成最前面的 m 个数。

参考程序如下：

```
#include<stdio.h>
void main ()
{
    int number[20],n,m,i;
    printf("the total numbers is:");
```

```
    scanf("%d",&n);
    if (n>20)
        return ;
    printf("back m:");
    scanf("%d",&m);
    if(m>n)
        return;
    for(i=0;i<n;i++)
        scanf("%d",&number[i]);
    int p,array_end;
    for(;m>0;m--)
    {
        array_end=number[n-1];
        for(p=n-1;p>0;p--)
            number[p]=number[p-1];
        number[0]=array_end;
    }
    for(i=0;i<n;i++)
    {
        printf("%d ",number[i]);
    }
}
```

运行情况：

```
The total numbers is 5
Back m:2
1 2 3 4 5
4 5 1 2 3
```

6.2 多维数组

数组的下标可以有多个，即多维数组。下面重点介绍二维数组。

6.2.1 二维数组的定义

二维数组是指带两个下标的数组，在逻辑上可以将二维数组看作一个几行几列的表格或矩阵，它的定义方式为

类型说明符 数组名[常量表达式 1][常量表达式 2];

例如：

```
int b[3][4];
```

表示定义了一个整型二维数组 b，它是一个 3×4(3 行 4 列)的数组，包含 12 个数组元素。

说明：

(1) 两个下标不能在一个方括号中，即不能写成“int b[3,4];”的形式。

（2）C 语言规定，二维数组的元素在内存中按行顺序存放，即在内存中先顺序存放第一行的元素，然后顺序存放第二行的元素，直到最后一行，如图 6-2 所示。

（3）二维数组可以看作一种特殊的一维数组，它的元素又是一个一维数组。如上述的 b 数组，它有 3 个数组元素 b[0]、b[1]、b[2]，每个元素又是包含 4 个数组元素的一维数组，如图 6-3 所示。

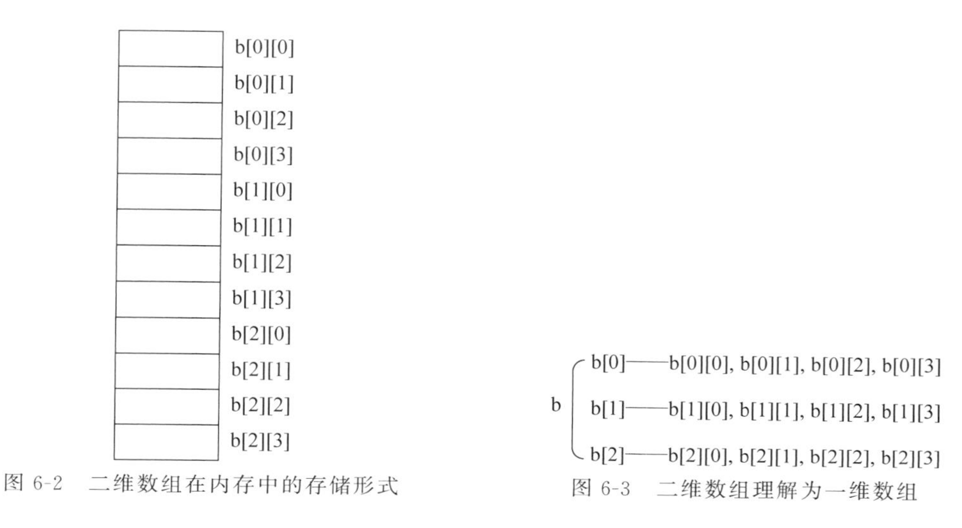

图 6-2　二维数组在内存中的存储形式

图 6-3　二维数组理解为一维数组

多维数组的定义如同二维数组，它带有多个下标。例如，定义三维数组 int b[3][4][5]，它含有 3×4×5=60 个整型数组元素。多维数组的存放仍然按照行优先的顺序存放。

6.2.2　二维数组元素的引用

二维数组元素的引用与一维数组相似，也只能逐个引用，其引用形式为

数组名[下标 1][下标 2]

例如在 6.2.1 节定义的 b 数组中，b[2][3]是该二维数组的最后一个数组元素。下标是整型表达式(整型常量、整型变量)。

二维数组元素和同类型的简单变量一样，可以参与相应的运算。例如：

```
b[2][3]=32767;                          /* 数组元素被赋值 */
b[2][3]=b[2][0]+b[i][j];                /* 数组元素参与运算 */
printf("%5d",b[2][3]);                  /* 输出数组元素的值 */
```

在引用数组元素时注意下标的越界。例如：

```
int b[3][4];                            /* 定义 3 行 4 列的二维数组 b */
```

如果引用数组元素 b[3][4]则越界。因按照以上的定义 b 数组行下标的范围为 0～2，列下标的范围为 0～3。

假设有一个 m×n 的二维数组 a，引用数组元素 a[i][j]实质上是从数组 a 的首地址后移 i×n+j 个元素即可找到。数组元素 a[i][j]前面有 i 行，共 i×n 个元素；a[i][j]所在的行中前面有 j 个元素，因此数组 a 中 a[i][j]前面共有 i×n+j 个元素，那么 a[i][j]就是第

i×n+j+1 个元素了。因为下标从 0 算起，所以 a[i][j]是首地址后移 i×n+j 个元素。

6.2.3 二维数组的初始化

1. 分行赋初值

例如：

```
int b[3][4]={{ 1,2,3,4},{5,6,7,8},{9,10,11,12}};
```

把第一个花括号的数据赋予第一行，第二个花括号的数据赋予第二行，依次进行。如下所示：

$$\begin{bmatrix} 1 & 2 & 3 & 4 \\ 5 & 6 & 7 & 8 \\ 9 & 10 & 11 & 12 \end{bmatrix}$$

2. 全部数组元素赋初值可写在一个花括号内

例如：

```
int b[3][4]={1,2,3,4,5,6,7,8,9,10,11,12};
```

与第一种方法结果一样，但第一种方法直观明了，第二种方法界限不清，容易漏掉数据。

3. 部分元素赋初值

例如：

```
int b[3][4]={{1},{11},{21,22}};
```

仅对 a[0][0]、a[1][0]、a[2][0]、a[2][1]赋值，编译器自动为未赋值的数组元素指定初值 0，如下所示：

$$\begin{bmatrix} 1 & 0 & 0 & 0 \\ 11 & 0 & 0 & 0 \\ 21 & 22 & 0 & 0 \end{bmatrix}$$

4. 如果对全部元素赋初值，则第一维的长度可以不指定，但必须指定第二维的长度

例如：

```
int a[3][4]={1,2,3,4,5,6,7,8,9,10,11,12};
```

与下面定义等价：

```
int a[][4]={1,2,3,4,5,6,7,8,9,10,11,12};
```

这样编译系统会根据数据总个数和第二维的长度自动算出第一维的长度。数组有 12 个元素，第二维的长度为 4，从而可以确定第一维的长度为 3。

6.2.4 二维数组使用举例

【例 6.5】 编程将矩阵 ***a*** 转置后存放到矩阵 ***b*** 中。

程序设计分析：已知矩阵存放到二维数组 a 中，它的转置矩阵存放到二维数组 b 中，a 中的第 i 行转置后成为 b 数组的第 i 列。

参考程序如下：

```
#include<stdio.h>
#define M 2
#define N 3
void main()
{
    int a[M][N]={{1,2,3},{4,5,6}},b[N][M];
    int i,j;
    printf("array a:\n");                                    /* 输出 a 数组 */
    for(i=0;i<M;i++)
    {
        for(j=0;j<N;j++)
        {
            printf("%5d",a[i][j]);
            b[j][i]=a[i][j];                                 /* a 数组转置到 b 数组 */
        }
        printf("\n");
    }
    printf("array b:\n");                                    /* 输出 b 数组 */
    for(i=0;i<N;i++)
        {
            for(j=0;j<M;j++)
            {
                printf("%5d",b[i][j]);
        }
        printf("\n");
    }
}
```

运行情况：

```
array a:
    1    2    3
    4    5    6
array b:
    1    4
    2    5
    3    6
```

【例 6.6】 输出如下所示的杨辉三角形。

```
1
1    1
1    2    1
1    3    3    1
1    4    6    4    1
1    5    10   10   5    1
```

程序设计分析：杨辉三角的特点为，每行首列元素以及对角线元素的值为 1，其余元素的值等于上一行同列元素与上一行前一列元素的和;每行元素递增1。

先定义一个6×6的二维整型数组,用来存放杨辉三角的各个元素,首先对每行首列以及对角线元素赋值为1,行号从0到5;然后对其余元素赋值,行号从2,列号从1起,a[i][j]=a[i−1][j−1]+a[i−1][j]进行赋值;最后输出该数组左下角的元素。

参考程序如下:

```
#include<stdio.h>
#define n 6
void main()
{
    int a[n][n];
    int i,j;
    for(i=0;i<n;i++)
    {
        a[i][0]=1;
        a[i][i]=1;
    }
    for(i=2;i<n;i++)
    for(j=1;j<i;j++)
        a[i][j]=a[i-1][j-1]+a[i-1][j];
    for (i=0;i<n;i++)
    {
        for(j=0;j<=i;j++)
            printf("%5d",a[i][j]);
        printf("\n");
    }
}
```

【例6.7】 求出二维数组的最大行和。

提示:数组中行下标相同的元素之和称为行和,各行中最大值为最大行和。

参考程序如下:

```
#include<stdio.h>
void main()
{
    int a[][4]={23,14,563,657,54,95,-98,0,99,108,777,10};
    int b[3],i,j,rowmax;
    int sum=0;
    for(i=0;i<3;i++)
    {
        rowmax=a[i][0];
        for(j=1;j<4;j++)
            if(a[i][j]>rowmax) rowmax=a[i][j];
            b[i]=rowmax;
    }
```

```
    printf("二维数组 a:\n");
    for(i=0;i<3;i++)
    {
        for(j=0;j<4;j++)
            printf("%5d",a[i][j]);
        printf("\n");
    }
    printf("一维数组 b:\n");
    for (i=0;i<3;i++)
    {
        printf("%5d",b[i]);
        sum+=sum+b[i];
    }
    printf("\nthe sum is:%5d",sum);
    printf("\n");
}
```

运行情况：

```
二维数组 a:
 23     14    563    657
 54     95    -98      0
 99    108    777     10
一维数组 b:
657     95    777
The sum is 3595
```

多维数组的使用较少见,这里不再赘述。

6.3 字符数组

字符数组是用来存放字符型数据的数组。其类型为 char,一个数组元素只能用来存放一个字符。

6.3.1 字符数组的定义

字符数组的定义方法与数值型数组的定义方法相同。例如：

```
Char a[20],b[10];
```

定义了两个一维数组 a 和 b,其中字符数组 a 包含 20 个元素(字符),字符数组 b 含有 10 个元素(字符)。一维字符数组一般用来存放字符串。例如：

```
b[0]='I'; b[1]=' '; b[2]='a'; b[3]='m'; b[4]=' '; b[5]='h'; b[6]='a'; b[7]='p';
b[8]='p'; b[9]='y';
```

通过如上的赋值以后 b 数组的存储形式如图 6-4 所示。

由于在 C 语言中字符型与整型是通用的,因此也可以定义一个整型数组来存放字符数

b[0]	b[1]	b[2]	b[3]	b[4]	b[5]	b[6]	b[7]	b[8]	b[9]
I		a	m		h	a	p	p	y

图 6-4　字符数组在内存中的存储形式

据。例如：

```
int    b[10];
b[0]='a';
```

同样也可以定义二维字符数组。例如：

```
char  string1[10][50];
```

在使用时，二维字符数组可以看成是由一维字符数组组成的数组，即二维字符数组中的每一个元素是一个一维字符数组。在处理字符串数据时，就应用了这样的思想，由于一维字符数组可以用来存放一个字符串，所以二维字符数组可以看成是存放字符串的一维数组。

6.3.2　字符数组的初始化

字符数组的初始化有以下两种方法。

1. 对数组元素逐个赋初值

```
char b[10]={'I',' ','a','m',' ','h','a','p','p','y'};
```

把 10 个字符分别赋予 b[0]～b[9]10 个元素。如果初值个数多于数组长度，按语法错误处理；如果初值个数少于数组长度，未取到初值的数组元素自动为空字符（'\0'），如下例，它的初始化结果如图 6-5 所示。

```
char c[14]={'I',' ','a','m',' ','h','a','p','p','y'};
```

c[0]	c[1]	c[2]	c[03]	c[4]	c[5]	c[6]	c[7]	c[8]	c[9]	c[10]	c[11]	c[12]	c[13]
I		a	m		h	a	p	p	y	\0	\0	\0	\0

图 6-5　字符数组的存储形式

2. 用字符串初始化

字符串在存储时，系统自动在其后加上字符串结束标志'\0'（占 1 字节，其值为二进制），如下例：

```
char c[]={"I am happy"};
```

或

```
char c[]="I am happy";
char c[11]="I am happy";
```

其存储形式如图 6-6 所示。

可见用字符串初始化时，数组的长度可以省略，花括号也可以省略，但存储长度为"字符串中字符个数+1"。字符串结束标志'\0'占一个长度。

c[0]	c[1]	b[2]	c[3]	c[4]	c[5]	c[6]	c[7]	c[8]	c[9]	c[10]
I		a	m		h	a	p	p	y	\0

图 6-6　字符数组 c 的存储形式

6.3.3　字符串与字符串结束标志

C 语言中,字符串常量用双引号括起来,没有字符串变量,而是作为字符数组来处理。例如: char c[14] = "I am happy",字符串中的字符逐个地存放到数组元素中。数组的长度为 14,字符串的长度为 10。为了测定字符串的实际长度,C 语言规定了一个"字符串结束标志",以字符'\0'作为标志。上述 C 数组的 c[0]~c[9]中存放字符串"I am happy",系统自动在字符串常量后加上字符串结束标志'\0'存放在 c[10]中,表示字符串结束;c[11]到 c[13]中未赋初值,自动取空'\0'。

有了字符串结束标志'\0',字符数组的长度就显得不那么重要了。在程序中往往依靠检测字符串结束标志'\0'来判断字符串是否结束,而不再依靠字符数组的长度了。但在定义字符数组时其长度应大于等于字符串的实际长度。

字符串结束标志'\0'的 ASCII 码值为 0,是一个空操作符,什么也不显示。用它作为字符串的结束标志不会产生附加的操作或增加有效字符,只是一个标志。

注意:字符数组并不要求它的最后一个字符为'\0',甚至可以不包含'\0'。例如:

```
char c[]={'C','h','i','n','a'};
```

数组 c 的长度为 5,包含 5 个字符。

```
char c[]="China";
```

数组 c 的长度为 6,包含 5 个字符以及一个字符串结束标志'\0'。

是否需要加入'\0',完全根据需要决定。由于系统对字符串常量自动加了结束的标志,为使处理的方便,必要时在初始化时人为加入一个'\0'。例如:

```
char c[]={'C','h','i','n','a', '\0'};
```

6.3.4　字符数组的引用与输入输出

字符数组的引用即字符数组元素的引用,如同字符型变量的使用,常出现在赋值语句或输入输出语句中。例如:

```
char c[5];
c[0]='C';
c[4]=c[2]+5;
for(i=0;i<5;i++)
    c[i]='a'+i;
for(i=0;i<5;i++)
    printf("c[%d]=%c",i,c[i]);
```

通过 for 循环对字符数组元素逐个赋值或输出,也可以采用%s 将整个字符串输出,输出时遇到'\0'停止输出。例如：

```
char c[]="China";
printf("%s",c);
```

程序说明：

(1) 输出的字符不包含'\0'。

(2) 用%s格式输出字符串时，printf中的输出项只能是数组名，不能是数组元素。数组名代表数组的首地址，输出时从首地址开始输出直到'\0'结束。

(3) 如果一个字符串包含几个'\0'，仍是遇第一个'\0'结束输出。

(4) 可以用scanf函数输入一个字符串。例如：

```
char c[6];
scanf("%s",c);
```

scanf函数的输入项c是一个已经定义的字符数组名，输入的字符串应该短于定义的长度。

```
China↙          (输入China并回车)
```

系统自动加一个'\0'结束符。如果利用scanf函数输入多个字符串时，以空格或回车分开。例如：

```
char a1[4],a2[5],a3[5];
scanf("%s%s%s",a1,a2,a3);
```

执行上面的输入语句时输入："How are you?"，则a1中存放的是How，a2中存放的是are，a3中存放的是"you?"。

如果改为

```
char a1[14];
scanf("%s",a1);
```

运行时输入："How are you?"，则a1中存放的是How，由于遇到空格字符串结束。

注意：scanf函数中的输入项如果是数组名，则不加取地址符号&，因为C语言中数组名代表数组的起始地址。

"scanf("%s",&a1);"是错误的。

(5) 二维数组可当作一维数组来处理，因此，一个二维数组可存储多个字符串。对二维数组输入或输出多个字符串时，可用循环语句来完成。例如：

```
char str[5][10];
for(i=0;i<5;i++)
    scanf("%s",str[i]);
for(i=0;i<5;i++)
    printf("%s",str[i]);
```

6.3.5 字符串处理函数

C语言的函数库中提供了一些用来处理字符串的函数，经常与字符数组结合起来使用。

下面介绍几种常用的函数。

1. gets 函数

其一般形式为

```
gets(字符数组)
```

功能是从终端输入一个字符串到字符数组中,返回该数组的起始地址。例如:

```
char str[20];
gets(str);
```

从键盘输入:

```
Welcome↙            (输入 Welcome 并回车)
```

将字符串"Welcome"送入字符数组 str 中,注意最后一个字符'e'后面的单元将存放字符串结束标志'\0',但它并不是字符串的组成部分。函数值为字符数组 str 的首地址。一般利用 gets 函数的目的是向字符数组输入一个字符串,而并不关心其函数值。

gets 函数输入的字符串可以包含空格,从第一个字符到回车的所有字符存放到该字符数组中。例如:

```
#include<stdio.h>
#include<string.h>
void main()
{   char str1[20],str2[20];
    gets(str1);
    scanf("%s",str2);
    printf("%s\n%s\n",str1,str2);
}
```

运行时从键盘输入:

```
how are you?↙            (输入 how are you?并回车)
do you best?↙            (输入 do you best?并回车)
```

结果情况:

```
how  are  you?
do
```

2. puts 函数

其一般形式为

```
puts(字符串或字符数组)
```

功能是将一个字符串或一个字符数组中存放的字符串(以'\0'结束的字符序列)输出到终端。例如:

```
char str[20];
puts("Input a string: ");
```

```
gets(str);
puts("The string is: ");
puts(str);
```

运行情况：

```
Input a string:
Welcome↙            (输入 Welcome 并回车)
The string is:
Welcome
```

函数 puts 可以输出字符串常量，字符串中可以包含转义字符，也可以输出字符数组中的字符串，输出后换行。

3. strcpy 函数

其一般形式为

strcpy(字符数组 1,字符串 2)

功能是将第二个字符串或字符数组赋值到第一个字符数组中，包括赋值串后的字符串结束符'\0'。例如：

```
char str1[10],str2[10]="China";
strcpy(str1,str2);
```

则 str1 中存放的也是"China"。

strcpy 用于字符串数据之间的复制，因为对一个字符数组赋值不能使用赋值运算符"="。例如：

```
str1="China";
```

或

```
str1=str2;
```

都是错误的赋值形式，如果要用赋值运算符，只能对字符数组的元素逐个赋值。例如：

```
str1[0]='C';    str1[1]='h';    str1[2]='i';
str1[3]='n';    str1[4]='a';    str1[5]='\0'。
```

注意：字符数组 1 的长度要大于或等于字符串 2 的长度，才能容纳下被赋值的字符串。

4. strcat 函数

其一般形式为

strcat(字符数组 1,字符串 2)

作用是将字符串 2 连接到字符数组 1 的字符串后面，返回字符数组 1 的起始地址。字符串 2 可以是字符数组或字符串常量。例如：

```
char str1[20],str2[10];
printf("str1  : ");
```

```
gets(strl);
printf("Sstr2  : ");
gets(str2);
strcat(strl,str2);
printf("strl  : %s",strl);
```

运行情况：

```
strl  : Good↙                    (输入 Good 并回车)
str2  : morning!↙                (输入 morning!并回车)
strl  : Good morning!
```

注意：字符数组1的长度应该足以连接字符串2,否则会发生越界错误。在连接时,将字符数组1中字符串结束符'\0'去掉,将字符串2的各字符依次连接到字符串1的末字符后,在新字符串的末尾再加上字符串结束符'\0'。

5. strcmp 函数

其一般形式为

strcmp(字符串1,字符串2)

作用是将字符串1和字符串2进行大小比较。当两串相同,返回0;当字符串1大于字符串2时,返回一个正整数;当字符串1小于字符串2时,返回一个负整数。

字符串的比较是从各自第一个字符开始一一对应逐字符比较,按字符的ASCII码值大小进行。前面的对应字符相同,则继续往后比较,直到遇上第一对不同的字符,以这对字符的大小作为字符串比较的结果。字符串1和字符串2可以是字符数组或字符串常量。例如：

```
printf("%d,",strcmp("abc","abd"));
printf("%d,",strcmp("abcd","abc"));
printf("%d  ",strcmp("abc","abc"));
```

运行情况：

```
-1, 1, 0
```

"abc"＜"abd",strcmp("abc","abd")返回负整数−1;"abcd"＞"abc",返回正整数;"abc"自己与自己相等,strcmp("abc","abc")返回0。

注意：在程序中,常对strcmp函数的返回值进行判断后确定两个字符串的大小,因此,strcmp函数经常出现在条件判断表达式中。进行字符串的比较不能使用关系运算符,只能使用strcmp函数。

6. strlen 函数

其一般形式为

strlen(字符串)

功能是返回字符串的实际长度,即字符串中包含的字符个数,不包括字符串结束符'\0'。字符串可以是字符数组也可以是字符串常量。例如：

```
char str[20];
gets(str);
printf("Length of \"%s\"is %d\n",str,strlen(str));
printf("Length of \"%s\"is %d","abcdefgh",strlen("abcdefgh"));
```

运行情况：

```
Welcome to China!↙        (输入 welcome to China!并回车)
Length of "Welcome to China!"is 17
Length of "abcdefgh" is 8
```

注意：输出双引号时采用了转义字符的表达方式。

7. strlwr 函数

其一般形式为

strlwr(字符串)

功能是将指定字符串中的大写字母转换成小写字母返回。字符串可以是字符数组或字串常量。例如：

```
char str[20];
gets(str);
printf("%s\n",strlwr(str));
printf("%s",strlwr("ABCD"));
```

运行情况：

```
ASCII↙        (输入 ASCII 并回车)
ascii
abcd
```

8. strupr 函数

其一般形式为

strupr(字符串)

功能是将指定字符串中的小写字母转换成大写字母返回。字符串可以是字符数组或字符串常量。例如：

```
char str[20];
gets(str);
printf("%s\n",strupr(str));
printf("%s\n",strupr("abcd"));
```

运行情况：

```
Ascii↙        (输入 Ascii 并回车)
ASCII
ABCD
```

6.3.6 字符数组使用举例

【例 6.8】 利用字符数组格式的字符串变量将字符串倒序排列。

参考程序如下:

```
#include<stdio.h>
void main()
{
    char ch,str[]=" The c programming language!";
    int i,n;
    n=sizeof(str)-1;
    for(i=0;i<n/2;i++)
{
    ch=str[i];
str[i]=str[n-i-1];
str[n-i-1]=ch;
}
printf("%s\n",str);
    }
```

运行情况:

```
!egaugnal gnimmargorp c ehT
```

程序说明:元素 s[i]和元素 s[n－i－1]是需要互换的一对,因此需要互换的元素对有 len/2 对,如果字符串的长度为奇数,中间的元素 s[len/2]则不需要互换,因此在循环控制语句中循环变量 i 的值从 0 到 len/2－1。

当然也可以将互换循环的控制进行如下修改:

```
for(i=0,j=n-1;i<=j;i++,j--)
{  ch=s[i];
   s[i]=s[j];
   s[j]=ch;
}
```

循环控制变量 j 控制元素下标从最后一个字符开始往前移动,i 从第一个开始往后移动,s[i]与 s[j]互换,直到 i>j 为止。

【例 6.9】 编写程序,实现函数 strcpy 的功能。

参考程序如下:

```
#include<stdio.h>
#include<string.h>
void main()
{
    char s1[20],s2[20];
    int i;
    printf("Input s2:\n");
```

```
    gets(s2);                                        /* 输入字符串 s2 */
    for(i=0;s2[i]!='\0';i++)                         /* 复制 */
    {
        s1[i]=s2[i];
    }
    s1[i]='\0';
    printf("Output s1:\n");
    puts(s1);                                        /* 输出字符串 s1 */
}
```

运行情况：

```
Input s2:
How are you?↙          (输入此字符串并回车)
Output s1:
How are you?
```

【例 6.10】 编写程序，求出 3 个字符串中的最大者。

程序设计分析：3 个字符串存放在二维字符数组 str 中，每一行存放一个字符串，如表 6-1 所示。可以把 str[0]、str[1]、str[2]看作 3 个一维字符数组，由 gets 函数读入 3 个字符串，strcmp 函数两两进行比较，较大的存放到 maxstring 字符数组中。

表 6-1 二维数组存放字符串

str[0]:	C	h	i	n	a	\0	\0	\0	\0	\0	\0	\0	\0	\0	\0	\0	\0	\0
str[1]:	A	m	e	r	i	c	a	n	\0	\0	\0	\0	\0	\0	\0	\0	\0	\0
str[2]:	J	a	p	a	n	\0	\0	\0	\0	\0	\0	\0	\0	\0	\0	\0	\0	\0

参考程序如下：

```
#include<stdio.h>
#include<string.h>
void main()
{
    char str[3][18],maxstring[18];
    int i;
    for(i=0;i<3;i++)
        gets(str[i]);
    if (strcmp(str[0],str[1])>0)
        strcpy(maxstring,str[0]);
    else
        strcpy(maxstring,str[1]);
    if (strcmp(str[2],maxstring)>0)
        strcpy(maxstring,str[2]);
    printf("\n the max string is:%s\n",maxstring);
}
```

运行情况：

```
China↙              (输入 China 并回车)
American↙           (输入 American 并回车)
Japan↙              (输入 Japan 并回车)

The max string is:Japan
```

6.4 数组应用举例

【例 6.11】 任意输入一个正整数,将其转换成字符串输出,例如,输入整数 20080808,输出字符串"20080808",正整数位数不超过 10 位。

参考程序如下:

```
#include<stdio.h>
void main()
{
    long int n;
    int i,count=0;
    char temp,str[11];
    printf("\n Please input a number to convert:\n");
    scanf("%d",&n);
    while(n>0)
    {
        int t=n%10;
        if(t==0)str[count++]='0';
        else if(t==1)
        str[count++]='1';
        else if(t==2)
        str[count++]='2';
        else if(t==3)
        str[count++]='3';
        else if(t==4)
        str[count++]='4';
        else if(t==5)
        str[count++]='5';
        else if(t==6)
        str[count++]='6';
        else if(t==7)
        str[count++]='7';
        else if(t==8)
        str[count++]='8';
        else
        str[count++]='9';
```

```
        n=n/10;
    }
    printf("\n Convert the number to STRING:");
    for(i=0; i<count/2;i++)
    {
        temp=str[i];
        str[i]=str[count-i-1];
        str[count-i-1]=temp;
    }
    str[count]='\0';
    puts(str);
}
```

运行情况：

```
Please input a number to convert:
10010202
Convert the number to STRING:10010202
```

程序说明：首先要定义一个长整型变量 n 接受用户输入的整数，因为基本整型的正整数范围不能超过 32767，所以定义成 long 型。还要定义一个字符数组 str，存放从整数分解出来的每位数字字符，长度为 11，因为最多输入 10 位整数，还能剩余一个元素存储字符串结束符。

接着将整数的每一位数字分解出来对应成字符，存储到字符数组 str 中。分解每位的方法是，n 整除 10 取余的方式，先分解出个位数字，再通过 n＝n/10 将整数的个位数去掉，准备分解十位数字，将变化后的 n 再去整除 10 取余，以此类推，则可以完成每位数字的分解，直到 n＝0 时，停止分解，因此循环控制的条件是 n＞0。

但是把各位数字逐一分解出来之后，如何把数字转换成对应的数字字符并赋值给字符数组的元素呢？可以采用多分支选择语句，根据 n%10 可能出现的 10 种取值，用多分支选择语句分别将各自对应的不同数字字符赋值给数组元素 str[count]，随后 count＋＋，为下一个数字字符写入数组奠定基础。也可以不采用多分支语句，而考虑数值与字符的对应关系，通过 str[count＋＋]＝t＋'0'来实现。

【例 6.12】 求 4×4 的二维数组中值最大的元素，以及它所在的行号与列号，同时求出主、次对角线元素的和。

程序设计分析：定义一个 4×4 的二维单精度数组 a，数组元素逐一比较找出最大数，同时记录其所在的行号与列号；主对角线元素的特点："行号＝列号"，次对角线元素的特点："行号＋列号＝4－1"。

参考程序如下：

```
#include<stdio.h>
void main()
{
    float a[4][4]={{23,653,77.5,-89},{55,99.5,101,565},
```

```
        {140.5,145,123,98},{-78,78.5,665,120.5}};
    int row,col,i,j;
    float max,sum1,sum2;
    row=0;col=0;sum1=0;sum2=0;max=a[0];
    for(i=0;i<4;i++)
        for(j=0;j<4;j++)
        {
            if(a[i][j]>max)                         /* 找最大值及其所在的行号与列号 */
            {
                max=a[i][j];
                row=i;
                col=j;
            }
            if(i==j)sum1+=a[i][j];                  /* 求主对角线元素的和 */
            if((i+j)==4-1)sum2+=a[i][j];            /* 求次对角线元素的和 */
        }
    printf("最大值为: %f(%d,%d)     \n",max,row,col);
    printf("主对角线元素的和: %f \n",sum1);
    printf("次对角线元素的和: %f \n",sum2);
}
```

运行情况：

```
最大值为: 665.000000(3,2)
主对角线元素的和:389.000000
次对角线元素的和:102.000000
```

【例 6.13】 有一个已经排好序的数组，现输入一个数，要求按原来的规律将它插入数组中。

程序设计分析：首先输出原来的数组元素，而后输入要插入的数，从数组的最后比较，要依次后移一个位置，找到插入的位置即可。

参考程序如下：

```
#include<stdio.h>
void main()
{
    int a[11]={1,4,6,9,13,16,19,28,40,100};
    int number,i;
    printf("插入前的顺序: ");
    for(i=0;i<10;i++)
        printf("%5d",a[i]);
    printf("\n");
    printf("插入的数为:");
    scanf("%d",&number);
    printf("\n");
```

```
    for(i=9;i>=0;i--)
        if(number>a[i])
        {  a[i+1]=number;break;}
        else
           a[i+1]=a[i];
    if(number<a[0])a[0]=number;
    printf("插入后的顺序：");
    for(i=0;i<11;i++)
        printf("%5d",a[i]);
    printf("\n");
}
```

运行情况：

```
插入前的顺序：1    4    6    9    13    16    19    28    40    100
插入的数为:-5↙              (输入-5并回车)
插入后的顺序：-5    1    4    6    9    13    16    19    28    40    100
```

6.5 编程实践

任务：多规格打印万年历

【问题描述】

设计程序实现多规格打印万年历，要求按以下打印规格：每一横排打印 x 个月，整数 x 可选取 1、2、3、4、6 五个选项。

【问题分析与算法设计】

设置两个数组：一维数组放月份的天数，如 m(8)＝31，即 8 月份为 31 天；二维 d 数组存放日号，如 d(3,24)＝11，即 3 月份第 2 个星期的星期四为 11 号，其中 24 分解为数字 2 和数字 4，可以用二维数组存放了三维信息。

输入年号 y，m 数组数据通过赋值完成，根据历法规定，平年二月份为 28 天，若年号能被 4整除且不能被 100 整除，或能被 400 整除，该年为闰年，二月份为 29 天，则必须把 m(2)改为 29。

同时，根据历法，设 y 年元旦是星期 w(取值为 0～6，其中 0 为星期日)，整数 w 的计算公式为

$$w=(y+[(y-1)/4]-[(y-1)/100]+[(y-1)/400])\%7$$

其中[]为取整，元旦过后，每增一天 w 就增 1，当 w＝7 时改为 w＝0 即可。

设置三重循环 i、j、k 为 d 数组的 d(i,j * 10＋k)赋值。i:1～12，表示月份号。j:1～6，表示每个月约定最多 6 个星期。k:0～6，表示星期 k。从元旦的 a＝1 开始，每赋一个元素，a 增 1，同时 w＝k＋1。当 w＝7 时，w＝0(为星期日)。当 a＞m(j)时，终止第 i 月的赋值操作。

输入格式参数 x(1,2,3,4,5,6)，设置 4 重循环控制规格打印：

n 循环，n：1～12/x，控制打印 12/x 段(每一段 x 个月)。

j 循环,j：1～6,控制打印每月的 6 个星期(6 行)。

i 循环,i：t～t+x−1,控制打印每行 x 个月(从第 t 个月至 t+x−1 月,t=x(n−1)+1)。

k 循环,k：0～6,控制打印每个星期的 7 天。

【代码实现】

```
#include<stdio.h>
#define W 7
void main()
{
    int a,i,j,n,k,t,w,x,y,z;
    j=0;
    static int d[13][78]={0};
    int m[14]={0,31,28,31,30,31,30,31,31,30,31,30,31};
    char wst[]=" sun mon tue wed thu fri sta     ";
    printf("please entera year");
    scanf("%d",&y);
    if(y%4==0&&y%100!=0||y%400==0)m[2]=29;
    w=(y+(int)((y-1)/4)-(int)((y-1)/100)+(int)((y-1)/400))%7;
    k=w;
    for(i=1;i<=12;i++)
    {
        a=1;
        for(j=1;j<6;j++)
        {
            while(k<W){
            k=k+1;
            d[i][j*10+k]=a;
            a=a+1;
            if(a>m[i])
            break;
        }
        k %=7;
        if(a>m[i])
            break;
    }
}
printf("intput x(1,2,3,4):");
scanf("%d",&x);
for(k=1;k<14*x/2;k++)
    printf("    ");
printf("=========%d========\n",y);
for(n=1;n<12/x;n++)
{
    t=x*(n-1)+1;
    printf("\n ");
```

```
    for(z=1;z<=x;z++)
    {
        printf(" ");
        printf("%2d",t+z-1);
        for(k=1;k<=8;k++)
            printf(" ");
    }
    printf("\n    ");
    for(z=1;z<=x;z++)
        printf(" %s",wst);
    for(j=1;j<=7;j++)
    {
        printf("\n");
        for(i=t;i<=t+x-1;i++)
        {
            for(k=0;k<=7;k++)
                if(d[i][j * 10+k]==0)
                    printf("");
            else
                printf("%4d",d[i][j * 10+k]);
            }
        }
    }
}
```

习　　题

1. 选择题

（1）以下对一维数组 a 正确的说明是________。

A. char a(10);　　B. int a[10];
C. int k=5,a[k];　　D. char a[]={'a 版','b','c'};

（2）以下对二维数组 a 不正确的说明是________。

A. char a[10][5];　　B. int a[2][3];
C. int k=5,a[k][k-2];　　D. int a[3][4]={{1},{5},{9}};

（3）若有说明“int a[10];”,则对 a 数组元素的正确引用是________。

A. a[10]　　B. a[3.5]　　C. a(5)　　D. a[10-10]

（4）执行下面的程序段后,变量 k 的值为________。

```
int k=1,a[2];
a[0]=1;
k=a[k] * a[0];
```

A. 0　　B. 1　　C. 2　　D. 不确定的值

（5）字符串“How are you?”在存储单元中占________字节。

A. 12　　B. 13　　C. 11　　D. 10

(6) 以下程序的输出结果是________。

A. 1 5 9　　B. 1 4 7　　C. 3 5 7　　D. 3 6 9

```
#include<stdio.h>
void main()
{ int i,x[3][3]={1,2,3,4,5,6,7,8,9};
    for(i=0;i<3;i++)
        printf("%4d",x[i][2-i]);
}
```

(7) 有以下定义：

```
char a[10];
```

不能给数组 a 输入字符串的语句是________。

A. gets(a)　　B. gets(a[0])

C. gets(&a[0])　　D. gets(&a[1])

(8) 以下语句的输出结果为________。

```
printf("%d\n",strlen("\t\"\065\xff\n"));
```

A. 5　　B. 14

C. 8　　D. 输出项不合法,不能输出

(9) 下列程序执行后的输出结果是________。

```
#include<stdio.h>
#include<string.h>
void main()
{   char c[2][4];
    strcpy(c,"you");
    strcpy(c[1],"me");
    c[0][3]='&';
    printf("%s\n",c);
}
```

A. you&me　　B. you　　C. me　　D. err

(10) 调用 gets 和 puts 函数时,必须包含的头文件是________。

A. stdio.h　　B. stdlib.h　　C. define　　D. string.h

2. 填空题

(1) C 语言中,二维数组元素在内存中的存放顺序是________。

(2) 若有定义：

```
double    x[10];
```

则 x 数组下标的下限是________,上限是________。

(3) 设有“int x[3][4]={{1},{2},{3}};”,则 a[1][1]的值为________。

(4) 在内存中存储'a'占用________字节,存储"a"占用________字节。

(5) 有定义“char a[]="Ab\123\\%%";”,则执行语句“printf("%d",strlen(a));”的结果为________。

(6) gets 函数与 scanf 函数在输出字符串的区别是________。

(7) 字符串常量不能直接赋值给字符数组,但可以通过________函数来实现。

(8) 以下程序段的功能是通过键盘输入数据,为数组中所有元素赋值,填空将程序补充完整:

```
#define N 10
void main()
{  int a[N],i=0;
   while(i<N)
   scanf("%d",________);
}
```

(9) 下面程序的功能是将一个字符串 str 的内容颠倒过来。

```
#include<string.h>
void main()
{  int i,j,__①__;
   char str[]="123456789";
   for(i=0,j=strlen(str__②__;i<j;i++,j--)
   {  k=str[i];str[i]=str[j];str[j]=k;}
   printf("%s\n",str);
}
```

(10) 以下程序的运行结果是________。

```
#include<stdio.h>
void main()
{  char a[]={'a','b','c','d','e','f','g','h','\0'};
   int i,j;
   i=sizeof(a); j=strlen(a);
   printf("%d,  %d\n",i,j);
}
```

3. 程序分析题

(1) 已知程序如下,其运行结果为________。

```
#include<stdio.h>
void main()
{
    int i,n[]={0,0,0,0,0};
    for(i=1;i<=4;i++)
    {
        n[i]=n[i-1] * 2+1;
        printf("%d ",n[i]);
    }
}
```

(2) 以下程序运行后的输出结果是________。

```
void main()
{  int i,j,a[][3]={1,2,3,4,5,6,7,8,9};
   for(i=0;i<3;i++)
     for(j=i+1;j<3;j++) a[j][i]=0;
       for(i=0;i<3;i++)
       {  for(j=0;j<3;j++) printf("%d ",a[i][j]);
          printf("\n");
       }
}
```

(3) 以下程序运行后的输出结果是________。

```
#include<stdio.h>
#include<ctype.h>
void main()
{  char s[80], d[80]; int i,j;
   gets(s);
   for(i=j=0;s[i]!='\0';i++)
      if(s[i]>='0'&& s[i]<='9') { d[j]=s[i]; j++; }
   d[j]='\0';
   puts(d);
}
```

(4) 阅读程序,根据其功能修改错误。

① 对两个字符串进行比较。

```
#include<stdio.h>
void main()
{  char str1[]={"abcdefg"};
   char str2[]={"abcdefg"};
   if (str1==str2)
   printf("yes");
   else printf("no");
}
```

② 输出字符数组。

```
void main()
{  int i;
   char c1[]={"How are you? "};
   printf("%s",    c1[] );
}
```

③ 有以下程序:

```
#include<studio.h>
void main()
{  int m[][3]={1,4,7,2,5,8,3,6,9};
```

```
    int i,j,k=2;
    for(i=0;i<3;i++)
    {  printf("%d ",m[k][i]); }
}
```

执行后输出结果是 4 5 6

4. 编程题

(1) 编写程序,查找数组中的最大元素和最小元素。

(2) 有 15 个整数按升序排列,现输入一个数,请写程序,用折半查找法判断该数在序列中是否存在,若存在则指出是第几个。

(3) 寻找一个整型二维数组的"鞍点",所谓"鞍点"就是这样一个元素,该元素在所在行中值是最小,在所在列中值是最大。如果存在,则输出"鞍点"所在的行、列及其"鞍点"的值。

第7章　函　　数

设计程序时，总是希望将复杂问题分解成子问题进行求解，即完成特定功能的较大程序由若干个完成子功能的程序模块组成。在C语言中，往往把程序需要实现的一些功能分别编写为若干个函数，然后把它们组合成一个完整的程序。函数是C语言程序的基本单位，一个C语言程序可由一个主函数和若干个其他函数组成。其中，每个函数是一个独立的程序段，可以赋予它完成特定的操作或计算任务。C语言通过函数实现模块化程序设计的功能。

本章介绍函数的定义和调用、参数、返回值、递归函数、变量的作用域及存储类别等。

7.1　函数的定义

7.1.1　函数概述

人们在求解某个复杂问题时，通常采用逐步分解、分而治之的方法，也就是将一个大问题分解成若干个比较容易求解的小问题，然后分别求解。程序员在设计一个复杂的应用程序时，往往也是把整个程序划分成若干个功能较为单一的程序模块，然后分别予以实现，最后再把所有的程序模块像搭积木一样装配起来，这种在程序设计中分而治之的策略，称为模块化程序设计方法。

在C语言中，函数是程序的基本单位，因此可以很方便地用函数作为程序模块来实现C语言程序。利用函数不仅可以实现程序的模块化，使程序设计得简单和直观，提高程序的易读性和可维护性，而且还可以把常用的一些计算或操作编成通用的函数，以供随时调用，这样可以大大减轻程序员编写代码的工作量。在学习C语言时，不仅要掌握函数的定义、调用和使用方法，同时还要通过对函数的学习，掌握模块化程序设计的理念，培养团队协作完成大型应用软件的职业素质。

C语言源程序的函数其实就是一段可以重复调用的、功能相对独立完整的程序段。虽然在前面章节的程序中一般只有一个主函数main，但实用程序往往由多个函数组成。函数是C语言源程序的基本模块，通过对函数的调用实现特定的功能。C语言中的函数相当于其他高级语言的子程序。

C语言不仅提供了极为丰富的标准库函数，还允许用户建立自己定义的函数。用户可把自己的算法用C语言编写成一个个相对独立的函数模块，然后用调用的方法来使用函数。可以说C语言程序的全部工作都是由各式各样的函数完成的，所以也把C语言称为函数式语言。由于采用了函数模块式的结构，C语言易于实现结构化程序设计，使程序的层次结构清晰，便于程序的编写、调试。

7.1.2　函数类型

1. 从函数定义的角度，函数可分为标准函数（库函数）和用户自定义函数

库函数：由C语言系统提供，用户无须定义，可直接使用，是一些常用功能模块的集合。

像 printf、scanf、getchar、putchar、gets、puts 等函数均属此类函数。值得注意的是，不同的 C 语言编译系统提供的库函数的功能和数量不尽相同。

用户自定义函数：由用户按需要编写的函数。因为 C 语言所提供的标准库函数不一定包含用户所需要的所有功能，为了编制完成特定功能的程序，用户必须通过定义自己编写的函数来实现。这是程序员必须重点学会的内容。

下面通过两个程序来看一下函数的作用。

【例 7.1】 函数调用示例。

```
#include<stdio.h>
void main()
{  void printstar();                      /* 对 printstar 函数进行声明 */
   void print_message();                  /* 对 print_message 函数进行声明 */
   printstar();                           /* 调用 printstar 函数 */
   print_message();                       /* 调用 print_message 函数 */
   printstar();                           /* 调用 printstar 函数 */
}
void printstar()                          /* 定义 printstar 函数 */
{
   printf("************** \n");
}
void print_message()                      /* 定义 print_message 函数 */
{  printf("How do you do!\n");
}
```

运行情况：

```
**************
How do you do!
**************
```

程序说明：printstar 和 print_message 都是用户自定义的函数名，分别用来实现输出一排 * 和一行信息。在定义这两个函数时指定函数的类型为 void，意为函数为空类型，即无函数值，也就是执行这两个函数后不会把任何值带回 main 函数。

【例 7.2】 通过输入半径值，计算圆的周长。

参考程序如下：

```
float circumference (float x)             /* 定义 circumference 函数 */
{  float y;
   y=2 * 3.14 * x;
   return(y);
}
main()
{  float r,s;
   printf("请输入半径值:");
   scanf("%f", &r);
   s=circumference (r);                   /* 调用 circumference 函数 */
```

```
    printf("周长是%f\n",s);
}
```

运行情况：

```
请输入半径值：5↙
周长是 31.400000
```

程序说明：circumference 是用户定义的用来计算圆周长的函数。在定义这个函数时指定函数的类型为 float。

2. 从函数的形式角度，函数可分为无参函数和有参函数

无参函数：在函数定义、函数说明及函数调用中均不带参数，主调函数和被调函数之间不进行参数传送。例 7.1 中的 printstar 和 print_message 就是无参函数。无参函数通常用来完成一组指定的功能，可以返回或不返回函数值。

有参函数：也称为带参函数。在函数定义及函数说明时都有参数，称为形式参数（简称为形参）。在函数调用时也必须给出参数，称为实际参数（简称为实参）。进行函数调用时，主调函数将把实参的值传送给形参，供被调函数使用。例 7.2 中的 circumference 就是有参函数。

3. 从函数的返回值角度，函数可分为有返回值函数和无返回值函数

有返回值函数：被调用执行完后向主调函数返回一个执行结果，称为函数返回值。数学函数即属于此类函数。例 7.2 中的 circumference 也是这类函数。C 语言的函数兼有其他语言中的函数和过程两种功能。有返回值函数接近于其他语言中的函数特性。

无返回值函数：用于完成某项特定的任务，执行完成后不向主调函数返回函数值。如例 7.1 中的 printstar 和 print_message 函数。由于函数无返回值，用户在定义此类函数时应当用 void 定义函数为“空类型”或“无类型”。

下面将函数总结如下。

（1）一个 C 语言的程序（称为源文件）是由一个函数或多个函数组成的。

（2）一个 C 语言程序由一个或多个源程序文件组成。对较大的程序，一般不希望全放在一个文件中，而将函数和其他内容（如宏定义）分别放在若干个源文件中，再由若干源文件组成一个 C 程序。这样可以分别编写、分别编译，提高调试效率。一个源文件可以为多个 C 程序公用。C 程序的组成如图 7-1 所示。

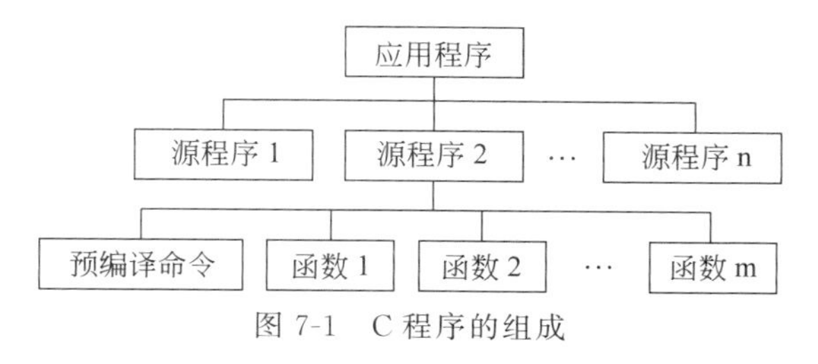

图 7-1　C 程序的组成

（3）一个 C 源程序有且仅有一个主函数 main，而且无论主函数 main 位于程序中的什么位置，程序执行都必须从 main 函数开始执行，在主函数中完成对其他函数的调用；每一个函数也可以调用其他函数，或被其他函数调用（除主函数外，主函数不可以被任何函数调用)；当函数调用结束后，控制总是从被调用的函数返回到原来的调用处，最后在主函数中结束整个程序的运行。

7.1.3 函数定义

函数定义就是编写具有一定功能的程序段，它包含对函数类型、函数名、参数个数、函数体等的定义。

下面先通过一个例子来了解函数的定义和使用。

【例 7.3】 计算 S=1!+2!+3!+…+8!。

程序设计分析：多项式中的每一项是一个阶乘值，C 语言系统并没有提供求阶乘值的库函数，但用户可以自己设计一个函数，专门计算 k!，当 k 取不同的值时就可以得到不同的阶乘值。

参考程序如下：

```
#include<stdio.h>
long jc(int k)                                    /* 自定义求 k 的阶乘值的函数 */
{  long p;
   int i;
   p=1;
   for(i=1; i<=k; i++)
   p=p*i;
   return p;
}
void main()
{  long jc_sum=0;
   int i;
   for(i=1; i<=8; i++)
      jc_sum+=jc(i);                              /* 调用 jc 函数计算 i 的阶乘 */
   printf("%ld",jc_sum);
}
```

运行情况：

```
46233
```

程序说明：该程序由两个函数组成：一个是求阶乘的函数 jc，另一个就是主函数 main。主函数 main 的 for 循环中，先后 8 次调用 jc 函数，分别计算出 1!、2!、3!、…、8!，并累加到变量 jc_sum 中。最后在主函数中输出 jc_sum 的值。

通过以上例子不难看出，函数定义的一般形式为

```
类型标识符 函数名(类型 形式参数, 类型 形式参数,…)
{
    声明部分
    执行部分
}
```

其中，类型标识符用来定义函数类型，即指定函数返回值的类型。函数类型应根据具体函数

的功能确定。如例 7.3 中 jc 函数的功能是计算阶乘值，执行的结果是一个整数值，所以函数类型定义为 long。如果定义函数时，默认类型标识符，则系统指定的函数返回值为 int 类型。花括号{}内是函数体，它包括声明部分和执行部分。声明部分包括对函数中用到的变量进行定义以及对要调用的函数进行声明等内容。

函数值通过 return 语句返回。函数执行时一旦遇到 return 语句，则结束当前函数的执行，返回到主调函数的调用点。

return 语句在函数体中可以有一个或多个，但只有其中一个起作用，即一旦执行到其中某个 return 语句，立即结束函数执行，控制返回到调用点。

如果函数执行后没有返回值，则函数类型标识符用 void，称为“空类型”或“无类型”。

函数名是由用户对函数所取的名字，如例 7.2 中定义的函数名为 circumference，例 7.3 中定义的函数名为 jc。程序中除主函数 main 外，其余函数名都可以任意取名，但必须符合标识符的命名规则，通过函数名能大体知道函数功能，提高程序的可读性。在函数定义时，函数体中不能再出现与函数名同名的其他对象名（如变量名、数组名等）。

函数名后圆括号内的参数称为形式参数（简称形参），形参的值来自函数调用时所提供的参数（称为实参）值。形参也称为形参变量，形参个数及形参的类型由具体的函数功能决定。函数可以有形参，也可以没有形参。一般将需要从函数外部传入到函数内部的数据列为形参，而形参的类型由传入的数据类型决定。如例 7.3 中，jc 函数计算 k 的阶乘值，k（形参）的值来自主函数的 i（实参），i 是 int 型变量，所以对应的形参 k 也为 int 型。

下面再举一个例子来说明函数的定义。

【例 7.4】 求一个整数的立方。

参考程序如下：

```
#include<stdio.h>
long cub(int x)                                /* 函数定义 */
{  long y;                                     /* 函数体中的声明部分 */
   y=x * x * x;                                /* 函数体中的执行部分 */
   return y;
}
main ()
{  int num;
   long cub_num;
   printf("请输入一个整数:\n");
   scanf("%d",&num);
   cub_num=cub(num);                           /* 函数调用 */
   printf(" %d的立方值是%ld", num, cub_num);
}
```

运行情况：

```
请输入一个整数: 2↙
2的立方值是8
```

程序说明：

（1）long cub(int x)开始函数定义，函数定义的首部给出函数的返回值类型、函数名和形参描述。在花括号中的函数体包括变量定义以及函数在被调用时要执行的语句。

（2）语句“cub_num＝cub(num)；”调用 cub 函数并将变量 num 作为参数传递给它。该函数的返回值赋予变量 cub_num。

（3）函数以一个 return 语句终结，return 语句将一个值传回调用程序并结束函数的调用。本例中，返回变量 y 的值。

在程序设计时有时会用到空函数。

空函数的定义格式为

```
类型说明符 函数名() {}
```

例如：

```
void dummy()
{}
```

调用此函数时，什么工作也不做。编程时，需要针对每个模块编写一个函数。但编写程序时在主调函数中先将所有的函数调用写出来后，所有的函数都还没有定义，不能够执行。所以此时将所有的函数先定义成空函数，让程序能够执行，再一步一步地完善各个函数，调试好一个函数，再调试下一个，而不用先将所有的函数都写完全再调试程序。

7.2 函数参数和返回值

7.2.1 形式参数和实际参数

在大多数情况下调用函数时，主调函数和被调用函数之间存在数据传递关系，这就是有参函数。前面已经说明，在定义函数时函数名后面圆括号中变量名称为形式参数，简称形参，在主调函数中调用一个函数时，函数名后面圆括号中的参数称为实际参数，简称实参。

有参函数调用时，需要由实参向形参传递参数。在函数未被调用时，函数的形参并不占有实际的存储单元，也没有实际值。只有当函数被调用时，系统才为形参分配存储单元，并完成实参与形参的数据传递。

函数调用的整个执行过程可分成四步。

（1）创建形参变量，为每个形参变量建立相应的存储空间。

（2）值传递，即将实参的值复制到对应的形参变量中。

（3）执行函数体，执行函数体中的语句。

（4）返回(带回函数值，返回调用点，撤销形参变量)。

其中第(2)步完成把实参的值传给形参。

C 语言中函数的值传递有两种方式：一种是传递数值(即传递基本类型的数据、结构体数据等)，另一种是传递地址(即传递存储单元的地址)。

值传递，即将实参的值传递给形参变量。实参可以是常量、变量或表达式。当函数调用时，为形参分配存储单元，并将实参的值传递给形参。调用结束后形参单元被释放，实参单元仍保留并维持原值。由于形参与实参各自占用不同的存储空间，因此，在函数体执行中，对形参变量的任何改变都不会改变实参的值。

【例 7.5】 分析以下程序的运行结果。

```
#include<stdio.h>
void swap(float x,float y)                    /* 定义交换变量 x、y 值的函数 */
{  float temp;
   temp=x; x=y; y=temp;
   printf("x=%.2f y=%.2f\n",x,y);
}
void main()
{  float x=9.3,y=4.6;
   swap( x,y );                               /* 调用 swap 函数 */
   printf("x=%.2f y=%.2f\n",x,y);
}
```

运行情况：

```
x=4.60 y=9.30
x=9.30 y=4.60
```

程序说明：swap 函数交换的只是两个形参变量的值。函数调用时，当实参传给形参后，函数内部实现了两个形参变量 x、y 值的交换，但由于实参变量与形参变量在内存中占不同的存储单元(尽管名字相同)，因此实参值并没有被交换。图 7-2 所示为 swap 函数调用整个执行过程的四个步骤。

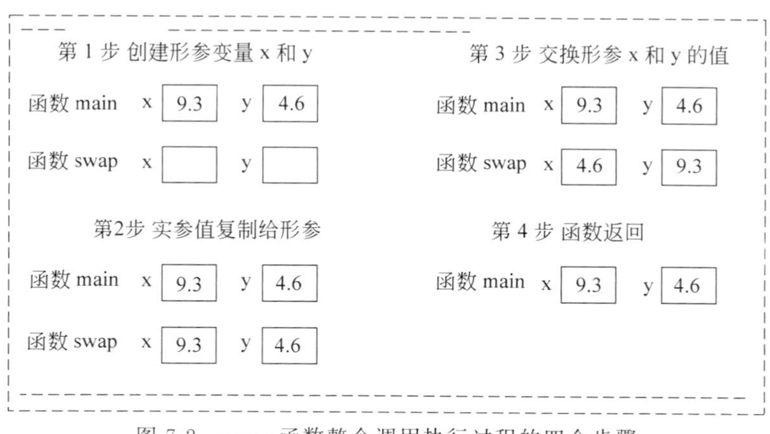

图 7-2 swap 函数整个调用执行过程的四个步骤

地址传递方式是指函数调用时，将实参数据的存储地址作为参数传递给形参。其特点是形参与实参占用同样的内存单元，函数中对形参值的改变也会改变实参的值。因此，函数参数的地址传递方式可实现调用函数与被调函数之间的双向数据传递。

注意：实参和形参必须是地址常量或变量。比较典型的地址传递方式就是用数组名作为函数的参数，在用数组名作函数参数时，不是进行值的传送，即不是把实参数组的每一个元素的值都赋予形参数组的各个元素。因为实际上形参数组并不存在，编译系统不为形参数组分配内存。在数组名作为函数参数时所进行的传送只是地址的传送，也就是说把实参数组的首地址赋予形参数组名。形参数组名取得该首地址之后，也就等于有了实在的数组。实际上是形参数组和实参数组为同一数组，共同拥有同一段内存空间。

【例 7.6】 判别一个整数数组中各元素的值，若大于 0 则输出该值；若小于或等于 0 则输出 0。

参考程序如下：

```
#include<stdio.h>
void nzp(int a[5])
{
    int i;
    printf("\nvalues of array a are:\n");
    for(i=0;i<5;i++)
    {
    if(a[i]<0) a[i]=0;
    printf("%d ",a[i]);
    }
}
main()
{
    int b[5],i;
    printf("\ninput 5 numbers:\n");
    for(i=0;i<5;i++)
        scanf("%d",&b[i]);
    printf("initial values of array b are:\n");
    for(i=0;i<5;i++)
        printf("%d ",b[i]);
    nzp(b);
    printf("\nlast values of array b are:\n");
    for(i=0;i<5;i++)
        printf("%d ",b[i]);
}
```

运行情况：

```
input 5 numbers:
3 -4 7 2 5↙
initial values of array b are:
3 -4 7 2 5
values of array a are:
3 0 7 2 5
last values of array b are:
3 0 7 2 5
```

程序说明：本程序中函数 nzp 的形参为整数组 a，长度为 5。主函数中实参数组 b 也为整型，长度也为 5。在主函数中首先输入数组 b 的值，再输出数组 b 的初始值。然后以数组名 b 为实参调用 nzp 函数。在 nzp 中，按要求把负值单元清 0，并输出形参数组 a 的值。返回主函数之后，再次输出数组 b 的值。从运行结果可以看出，数组 b 的初值和终值是不同的，数组 b 的终值和数组 a 是相同的。这说明实参形参为同一数组，它们的值同时得以改变。

【例 7.7】 数组名作为函数参数实现地址传递方式，实现将任意两个字符串连接成一个字符串。

参考程序如下：

```
#include<stdio.h>
void mergestr (char s1[], char s2[], char s3[])
{  int i,j;
   for(i=0;s1[i]!='\0';i++)
      s3[i]=s1[i];
   for(j=0;s2[j]!='\0';j++)
      s3[i+j]=s2[j];
   s3[i+j]='\0';
}
void main ()
{  char str1[]={"Hello "};
   char str2[]={"China!"};
   char str3[40];
   mergestr (str1, str2, str3);
   printf("%s\n",str3);
}
```

运行情况：

```
Hello China!
```

程序说明：在 main 函数中定义了三个字符数组 str1、str2、str3，通过调用 mergestr 函数将 str1 字符串与 str2 字符串相连接后形成一个新的字符串放入 str3 中。然后输出连接后的字符串。

mergestr 函数有三个形参，分别是数组名 s1、s2 和 s3。main 函数在调用该函数时是将三个字符数组名 str1、str2、str3 赋值给三个形参 s1、s2 和 s3。这样 s1、s2 和 s3 所对应的数组其实就分别是 str1、str2 和 str3 了。在函数中具体实现连接的方法是首先将 s1 字符串(其实就是 str1)逐个字符复制到 s3(其实就是 str3)中，然后再将 s2 字符串(其实就是 str2)逐个字符复制到 s3 的末尾。最后在 s3 的末尾添加字符串结束标志'\0'。

用数组名作为函数参数时要注意以下几点。

(1) 形参数组和实参数组的类型必须一致，否则将引起错误。

(2) 形参数组和实参数组的长度可以不同，因为在函数调用时，只传递数组的首地址而不检查形参数组的长度。

(3) 多维数组也可以作为函数的参数，在函数定义时对形参数组可以指定每一维的长度，也可省去第一维的长度。

7.2.2 函数的返回值

通常,希望通过函数调用使主调函数能得到一个函数计算值,这就是函数的返回值。函数的返回值是通过函数中的 return 语句获得的。return 语句将被调用函数中的一个确定值带回主调函数中去。如果需要从被调用函数带回一个函数值供主调函数使用,被调用函数中必须包含 return 语句。如果不需要从被调用函数带回函数值就可以不要 return 语句。

return 语句的一般形式:

return;

return 表达式; 或 return (表达式);

return 语句的作用是结束函数的执行,使控制返回到主调函数的调用点。如果是带表达式的 return 语句,则同时将表达式的值带回到主调函数的调用点。

函数的返回值应当属于某一个确定的类型,应在定义函数时指定函数返回值的类型。

例如,下面是 3 个函数的首行:

```
int max(float a,float b)                    /*函数值为整型*/
char letter(char c1,char c2)                /*函数值为字符型*/
double min(int x,int y)                     /*函数值为双精度型*/
```

建议在定义时对所有函数都指定函数类型。

在定义函数时指定的函数类型一般应该和 return 语句中的表达式类型一致。如果函数值的类型和 return 语句中表达式的值不一致,则以函数类型为准。对数值型数据,可以自动进行类型转换,即函数类型决定返回值的类型。

【例 7.8】 调用函数返回两个数中的较大者。

```
#include<stdio.h>
int max(float x,float y)
{  float z;
   z=x>y?x:y;
   return(z);
}
void main()
{  float a,b;
   int c;
   scanf("%f,%f",&a,&b);
   c=max(a,b);
   printf("较大的是%d\n",c);
}
```

运行情况:

```
5.6,9.8↙
较大的是 9
```

程序说明:函数 max 定义为整型,而 return 语句中的 z 为实型,两者不一致。先将 z 的值 9.8 转换为整型,得到 9,这样函数 max 带回一个整数 9 返回主调函数 main 中。

如果函数中没有 return 语句,不代表函数没有返回值,只能说明函数返回值是一个不确定的数。

对于不带返回值的函数,应当用 void 定义函数为无类型(或称空类型)。这样,系统就保证不让函数带回任何值,即禁止在调用函数中使用被调用函数的返回值。此时在函数体中不得出现 return 语句。

7.3 函数的调用

程序中使用已定义好的函数,称为函数调用。如果函数 f1 调用函数 f2,则称函数 f1 为主调函数,函数 f2 为被调函数。除了主函数,其他函数都必须通过函数调用来执行。

7.3.1 函数调用

调用有参函数的一般形式:

```
函数名(实参表列)
```

如果是调用无参函数,则没有实参表列,但圆括号不能省略。形式如下:

```
函数名()
```

如果实参表列包含多个实参,则实参之间以逗号相隔。调用时实参与形参的个数必须相等,类型应匹配。

函数调用有三种方式。

1. 表达式方式

函数调用出现在一个表达式中。这类函数必须有一个明确的返回值以参加表达式运算。例如:

```
c=2 * max(a,b);
```

函数 max 是表达式的一部分,将其值乘以 2 赋给 c。

2. 参数方式

函数调用作为另一个函数调用的实参,同样,这类函数也必须有返回值。例如:

```
d=max(a,max(b,c));
```

其中,函数调用 max(b,c)的值又作为 max 函数调用的一个实参。d 的值是 a、b、c 中的最大者。

3. 语句方式

函数调用作为一个独立的语句。一般用在仅仅要求函数完成一定的操作,不要求函数带回返回值的情况下。如 scanf 函数、printf 函数等库函数的调用,再如例 7.1 中的 printstar 函数。

7.3.2 函数声明

在函数中,若需调用其他函数,调用前要对被调用的函数进行函数声明。函数声明的目的是告诉编译系统有关被调用函数的特性,便于在函数调用时,检查调用是否正确。

函数声明的一般形式如下：

类型标识符 函数名(类型 参数名, 类型 参数名,…);或
类型标识符 函数名(类型, 类型,…);

通过函数声明语句,向编译系统提供的被调函数信息,包括函数返回值类型、函数名、参数个数及各参数类型等,称为函数原型。编译系统根据函数的原型对函数的调用的合法性进行检查,与函数原型不匹配的函数调用会导致编译系统给出错误信息。

【例 7.9】 对被调用的函数进行声明。

```
#include<stdio.h>
void main()
{   float    sub(float x, float y);              /*对被调用函数 sub 的声明*/
    float    a; b; c;
    scanf("%f,%f",&a,&b);
    c=sub(a,b);
    printf("差是%f    \n",c);
}
float sub(float x,float y)                       /*函数首部*/
{   float z;                                     /*函数体*/
    z= x-y;
    return(z);
}
```

运行情况：

```
9.8,5.6↙
差是 4.200000
```

程序说明：函数 sub 的作用是求两个实数之差,程序的第 3 行是对被调用函数 sub 的声明。

为什么在前面所介绍的有关函数调用程序中,主调函数里并没有出现对被调函数的声明语句？因为前面这些程序有一个共同的特点,就是主调函数定义的位置都在被调函数定义的位置之后。如果被调函数定义的位置在主调函数之前,主调函数中可以省略对被调函数的声明。这是因为,编译系统在编译主调函数前,已经了解了有关被调函数的情况,此时可以省略函数声明。

C 语言对库函数的声明采用＃include 文件包含命令方式。C 语言系统定义了许多库函数,并且在 stdio.h、math.h、string.h 等头文件中声明了这些函数。使用时只需通过＃include 命令把头文件包含到程序中,用户就可以在程序中调用这些库函数了。

7.4 函数的嵌套调用和递归调用

7.4.1 函数的嵌套调用

C 语言中函数是不允许嵌套定义的,但允许嵌套调用。嵌套调用就是函数在被调用的过程中又去调用了其他函数。嵌套调用其他函数的个数又称为嵌套的深度或层数。函数嵌套调用示意图如图 7-3 所示。

图 7-3 为两层嵌套的情况，其执行过程：执行 main 函数中调用 a 函数的语句时即转去执行 a 函数，在 a 函数中调用 b 函数时又转去执行 b 函数，b 函数执行完毕返回 a 函数的断点继续执行，a 函数执行完毕返回 main 函数的断点继续执行直到结束。

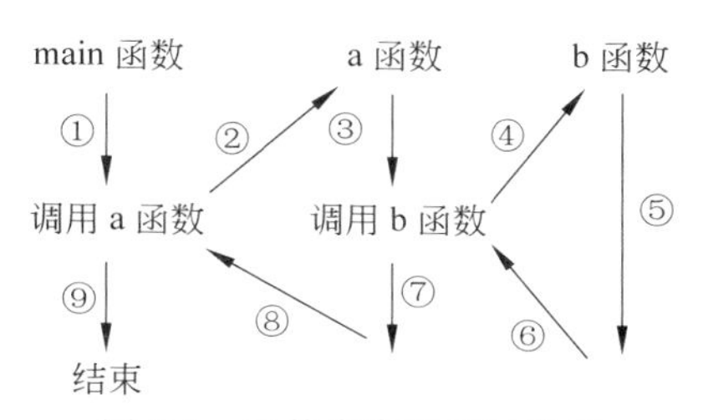

图 7-3 函数嵌套调用示意图

【例 7.10】 计算 $s=1^2!+2^2!+3^2!+4^2!$。

程序设计分析：本题可编写两个函数，一个是用来计算平方值的函数 f1，另一个是用来计算阶乘值的函数 f2。主函数先调用 f1 计算出平方值，再在 f1 中以平方值为实参，调用 f2 计算其阶乘值，然后返回 f1，再返回主函数，在循环程序中计算累加和。

参考程序如下：

```
long f1(int p)
{  int k;
   long r;
   long f2(int);
   k=p * p;
   r=f2(k);
   return r;
}
long f2(int q)
{  long jc=1;
   int i;
   for(i=1;i<=q;i++)
      jc=jc * i;
   return jc;
}
main()
{  int i;
   long s=0;
   for(i=1;i<=4;i++)
      s=s+f1(i);
   printf("\ns=%ld\n",s);
}
```

程序说明：在程序中，函数 f1 和 f2 均为长整型，都在主函数之前定义，故不必再在主函数中对 f1 和 f2 加以说明。在主函数中，执行循环依次把 i 值作为实参调用 f1 函数求 i^2 值。在 f1 函数中又对函数 f2 进行调用，i^2 的值作为实参去调用 f2 函数，在 f2 函数中完成求 i^2! 的计算。f2 函数执行完毕把 i^2! 返回给 f1 函数，再由 f1 返回 main 函数实现累加。至此，由函数的嵌套调用实现了题目的要求。

7.4.2 函数的递归调用

递归是一种特殊的解决问题的方法。其基本思想：将要解决的问题分解成比原问题规模小的类似子问题，而解决这个子问题时，又可以用到原有问题的解决方法，按照这一原则，逐步递推转化下去，最终将原问题转化成较小且有已知解的子问题。这就是递归求解问题的方法。

递归方法适用于求解一类特殊的问题，即分解后的子问题必须与原问题类似，能用原来的方法解决问题，且最终的子问题是已知解或易于求解的。

用递归求解问题的过程分为递推和回归两个阶段。递推阶段是将原问题不断地转化成子问题，逐渐从未知向已知推进，最终到达已知解的问题，递推阶段结束。回归阶段是从已知解的问题出发，按照递推的逆过程，逐一求值回归，最后到达递归的开始处，结束回归阶段，获得问题的解。

例如，求 5!。

递推阶段如下：

```
5!=5×4!
4!=4×3!
3!=3×2!
2!=2×1!
1!=1×0!
0!=1      ←      是已知解问题
```

回归阶段：

```
0!=1
1!=1×0!=1
2!=2×1!=2
3!=3×2!=6
4!=4×3!=24
5!=5×4!=120     →     得到解
```

用递归解决问题的思想体现在程序设计中，可以用函数的递归调用实现。在函数定义时，函数体内出现直接调用函数自身，称为直接递归调用；或通过调用其他函数，由其他函数再调用原函数则称为间接递归调用，该类函数就称为递归函数。

若求解的问题具有可递归性时，即可将求解问题逐步转化成与原问题类似的子问题，且最终子问题有明确的解，则可采用递归函数，实现问题的求解。

由于在递归函数中，存在调用自身的过程，控制将反复进入自身函数体执行；因此，在函数体中必须设置终止条件，当条件成立时，终止调用自身，并使控制逐步返回到主调函数。

【例 7.11】 用递归方法计算 n!。

计算 n 阶乘的数学递归定义式：

$$n! = \begin{cases} 1 & n=0,1 \\ n \times (n-1)! & n>1 \end{cases}$$

参考程序如下：

```
#include<stdio.h>
void main()
{   long jc(int n);                                /* 对 jc 函数的声明 */
    int n;
    printf("请输入 n: \n");
    scanf("%d",&n);
    printf("%d!=%ld\n",n,jc(n));
}
long jc(int n)
{   long t;
    if (n<0)
       printf("n<0,输入数据错!");
    else if (n==0||n==1) return 1;
       else
    return n*jc(n-1);
}
```

运行情况：

```
请输入 n:
4↙
4!=24
```

程序说明：求 n!的问题，可用递归方法求解。在递归函数 jc 中，递归的终止条件设置成 n 等于 1。因为 1!的值是明确的。

【例 7.12】 典型的递归问题——Hanoi(汉诺)塔问题。这是一个古典的数学问题，是一个用递归方法解题的典型例子。问题是这样的：古代有一个梵塔，塔内有 3 个座 A、B、C，开始时 A 座上有 64 个盘子，盘子大小不等，大的在下，小的在上，如图 7-4 所示。有一个老和尚想把这 64 个盘子从 A 座移到 C 座，但每次只允许移动一个盘，且在移动过程中在 3 个座上都始终保持大盘在下，小盘在上。在移动过程中可以利用 B 座，要求编程序打印出移动的步骤。

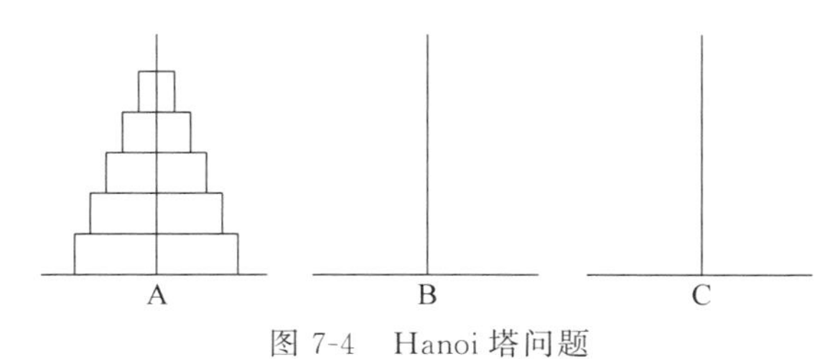

图 7-4　Hanoi 塔问题

程序设计分析：将 n 个盘子从 A 座移到 C 座可以分解为以下 3 个步骤。

(1) 将 A 座上 n－1 个盘借助 C 座先移到 B 座上。

(2) 把 A 座上剩下的一个盘移到 C 座上。

(3) 将 n－1 个盘从 B 座借助于 A 座移到 C 座上。

如果想将 A 座上 3 个盘子移到 C 座上，可以分解为以下 3 步。

(1) 将 A 座上 2 个盘子移到 B 座上(借助 C)。

(2) 将 A 座上 1 个盘子移到 C 座上。

(3) 将 B 座上 2 个盘子移到 C 座上(借助 A)。

其中第(2)步可以直接实现。

第(1)步又可用递归方法分解为

1.1 将 A 上 1 个盘子从 A 移到 C。

1.2 将 A 上 1 个盘子从 A 移到 B。

1.3 将 C 上 1 个盘子从 C 移到 B。

第(3)步可以分解为

3.1 将 B 上 1 个盘子从 B 移到 A 上。

3.2 将 B 上 1 个盘子从 B 移到 C 上。

3.3 将 A 上 1 个盘子从 A 移到 C 上。

将以上综合起来,可得到移动 3 个盘子的步骤为

A－>C,A－>B,C－>B,A－>C,B－>A,B－>C,A－>C。

参考程序如下:

```
#include<stdio.h>
void main()
{
    void hanoi(int n,char one,char two,char three);
                                                        /*对 hanoi 函数的声明*/
    int m;
    printf("请输入盘子数:");
    scanf("%d",&m);
    printf("移动%d个盘子的步骤是:\n",m);
    hanoi(m,'A','B','C');
}
void hanoi(int n,char one,char two,char three)
                    /*定义 hanoi 函数,将 n 个盘从 one 座借助 two 座,移到 three 座*/
{
void move(char x,char y);                               /*对 move 函数的声明*/
    if(n==1) move(one,three);
    else
    {hanoi(n-1,one,three,two);
        move(one,three);
        hanoi(n-1,two,one,three);    }
    }
void move(char x,char y)                                /*定义 move 函数*/
{
    printf("%c->%c\n",x,y);
}
```

运行情况:

请输入盘子数：3↙

移动 3 个盘子的步骤：

```
A->C
A->B
C->B
A->C
B->A
B->C
A->C
```

注意：递归调用时，虽然函数代码一样，变量名相同，但每次函数调用时，系统都为函数的形参和函数体内的变量分配了相应的存储空间，因此，每次调用函数时，使用的都是本次调用所新分配的存储单元及其值。当递归调用结束返回时，释放掉本次调用所分配的形参变量和函数体内的变量，并将本次计算值带回到上次调用点。

7.5 变量的作用域

C 程序由若干个函数组成，在函数体内或函数外都可以定义变量，不同位置定义的变量，其作用范围不同，变量的作用域限定程序能在何时、何处访问该变量。

C 语言中的变量分为全局变量和局部变量。

在函数内部定义的变量称为局部变量。其作用域是所定义的函数，即只能在函数内对该变量赋值或使用该变量值，一旦离开了这个函数就不能引用该变量了。形式参数也是局部变量。

在复合语句内定义的变量亦是局部变量，仅在复合语句内有效。

在函数外面定义的变量是外部变量，也称为全局变量。其作用域从变量定义的位置开始到文件结束，可被本文件的所有函数所共用。例如：

```
int a;                         /*定义全局变量,可在 main 和 fun 函数中引用*/
void main()
{
    int x,y;                   /*x、y 为局部变量,只能在 main 函数中引用*/
…
}
int b;                         /*b 为全局变量,可在 fun 函数中引用*/
fun(int z)                     /*z 为局部变量,可在 fun 函数中引用*/
{
    int c;                     /*c 为局部变量,可在 fun 函数中引用*/
    …
}
```

【例 7.13】 编写一个函数，求两个数的和与差。

参考程序如下：

```
#include<stdio.h>
float add, diff;                                    /* 全局变量 */
void fun(float x,float y)
{
    add=x+y;
    diff=x-y;
}
void main()
{
    float a,b;
    scanf("%f%f ",&a,&b);
    fun(a,b);
    printf("%.2f %.2f\n",add, diff);
}
```

运行情况：

```
7 5↙
12.00 2.00
```

程序说明：由于函数的调用只能带回一个函数返回值，因此该程序定义了两个全局变量 add 和 diff，使 func 函数和 main 函数都可以引用。通过调用 func 函数将计算结果分别赋值给 add 和 diff，在 main 函数中输出全局变量 add 和 diff 的值。

如果在全局变量定义位置之前或其他文件中的函数要引用该全局变量，应该在引用之前用关键字 extern 对该变量做声明，表示该变量是一个已经定义的全局变量。

【例 7.14】 用 extern 声明全局变量。

```
#include<stdio.h>
void main()
{
    extern int a;
    void fun();
    fun();
    printf("%d",a);
}
int a;                                              /* 全局变量 */
void fun()
{   a=1*3*5*7*9; }
```

运行情况：

```
945
```

因全局变量 a 定义在 main 函数后面，main 函数中必须用 extern 对全局变量 a 声明，否则编译时出错，系统不会认为 a 是已经定义的全局变量。

在同一个函数中不能定义具有相同名字的变量，但在同一个文件中全局变量和局部变量可以同名。当全局变量与局部变量同名时，在局部变量的作用范围内全局变量不起作用。

【例 7.15】 局部变量同名。

```
#include<stdio.h>
main()
{
    int i=2,j=3,k;
    k=i+j;
    {
        int k=8;
        printf("%d\n",k);
    }
    printf("%d\n",k);
}
```

运行情况：

```
8
5
```

程序说明：程序第一行定义了一个局部变量 k,其执行的区域从定义的位置开始至程序结束。第七行的复合结构中定义了一个同名的局部变量 k,其执行的区域从定义的位置开始至其复合结构结束。在这个复合结构中的 k 屏蔽了外部的局部变量 k,所以第一个 printf 函数输出的结果是 8,第二个 printf 函数输出的是外部的局部变量 k=i+j 的值 5。

【例 7.16】 全局变量与局部变量同名。

```
#include<stdio.h>
float add=1,diff=1;                          /* 全局变量 */
void fun(float x,float y)
{
    float add, diff;                         /* 局部变量 */
    add=x+y;
    diff=x-y;
}
void main()
{
    float a,b;
    scanf("%f%f",&a,&b);
    fun(a,b);
    printf("%.2f %.2f\n",add, diff);
}
```

运行情况：

```
7 5↙
1.00 1.00
```

程序说明：程序第 2 行定义了全局变量 add 和 diff,并使之初始化。在函数 fun 中定义了局部变量 add 和 diff,并给局部变量 add 和 diff 赋值,全局变量在函数 fun 范围内不起作用，全局变量的值未被改变。在主函数中输出的是全局变量 add 和 diff 的值。

7.6 变量的存储类别

C 程序运行时，供用户使用的内存空间由三部分组成，分别是程序存储区、静态存储区、动态存储区。程序存储区存储程序代码，静态存储区和动态存储区存放程序要处理的数据。全局变量就存放在静态存储区中，在程序开始执行时给全局变量分配存储区，在程序执行过程中它们占据固定的存储单元，程序执行完后才释放。在动态存储区中存放的是函数的形参、自动变量及函数调用时的现场保护和返回地址等，在函数调用时才为其分配动态存储空间，函数结束就释放掉这些存储空间。这种分配和释放存储空间是在程序执行过程中动态进行的。

变量的存储类别有两种：静态存储方式和动态存储方式。静态存储方式是指在程序运行期间由系统分配固定的存储空间的方式，空间分配在静态存储区，当整个程序运行结束时释放空间。动态存储方式则是在程序运行期间根据需要由系统动态分配存储空间的方式，空间分配在动态存储区，函数调用结束或复合语句结束时，释放空间。

静态存储方式和动态存储方式具体包含四种存储类别：auto（自动型）、static（静态型）、register（寄存器型）、extern（外部型）。

变量定义的一般形式为

存储类型标识符 类型标识符 变量名列表；

其中，存储类型标识符用于定义变量的存储类型，即 auto、register、static、extern 四种。

若定义变量时，省略存储类型，则系统默认为 auto。

1. auto

定义自动变量时，前面可加 auto 或不加。一般在函数内部或复合语句内部使用，函数中的形参和在函数中定义的变量（包括在复合语句中定义的变量）都属于这一类。系统在每次进入函数或复合语句时，为定义的自动变量分配存储空间，分配在动态存储区。函数执行结束或复合语句结束时，存储空间自动释放。前面的例子中用得最多的就是这类变量。

2. static

静态型变量可分为静态局部变量和静态全局变量。

1）静态局部变量

定义静态局部变量时，前面加 static 存储类型标识符。静态局部变量属于静态存储类别，在静态存储区内分配存储单元，在程序运行期间都不释放。对静态局部变量是在编译时赋初值的，若没有显式赋初值，则系统自动赋初值 0（对数值型变量）或空字符（对字符变量）。以后每次调用函数时不再重新赋初值，都是保留上一次函数调用结束时的值。

【例 7.17】 考察静态局部变量与自动变量的区别。

```
#include<stdio.h>
int func1()
{
    static int s=5;                              /*静态局部变量*/
```

```
    s+=1;
    return (s);
}
int func2()
{
    int s=5;                              /*局部变量*/
    s+=1;
    return (s);
}
void main()
{
    int i;
    for(i=0;i<3;i++)
        printf("%3d",func1());
    printf("\n");
    for(i=0;i<3;i++)
        printf("%3d",func2());
}
```

运行情况：

```
6  7  8
6  6  6
```

程序说明：func1 函数中的 s 是静态局部变量，在编译时给 s 赋初值 5，首次调用 func1 函数后 s 的值是 6，以后的第二次、第三次调用函数 func1 时，都是在上一次调用结束时的 s 值上加 1。而 func2 函数中的局部变量 s 是自动变量，属于动态存储类别，占动态存储区空间，函数调用结束后即释放。因此在每次调用 func2 函数时重新对 s 分配存储单元和赋初值，所以函数每次调用后返回值都是 6。

2）静态全局变量

如果在程序设计时希望某些全局变量只限于被本文件中的函数引用，而不能被其他文件中的函数引用，就可以在定义全局变量时加上 static 进行声明。例如：

```
file.c
static int x;
void main()
{…}
```

在 file.c 中定义了一个全局变量 x，用 static 声明，x 就是静态全局变量，只能用于本文件，不能被其他文件引用

3. register

寄存器变量是 C 语言所具有的汇编语言特性之一，它存储在 CPU 的寄存器中，而不像普通变量那样存储在内存中。对寄存器变量的访问要比对内存变量访问速度快得多。如果将使用频率较高的数据，存放在所定义的 register 变量中，可以提高运算速度。例如：

```
register int r;                          /*定义 r 为寄存器变量*/
```

现在用 register 声明变量是不必要的，优化的编译系统能够识别并自动地将使用频繁的变量放在寄存器中，不需要编程者指定。

4. extern

前面已经介绍，全局变量的作用域是从变量的定义处到本程序文件的结束。如果在全局变量定义位置之前的函数需要引用该全局变量，应该在引用之前用关键字 extern 对该变量做声明，表示把该变量的作用域扩展到这个位置。具体方法在例 7.14 中已经说明了。

如果程序由多个源程序文件组成，在一个文件中需要引用另一个文件中已经定义的全局变量，同样是用 extern 对需要引用的全局变量进行声明，这样在编译和连接时系统会知道该全局变量已经在别处定义，从而将在另一个文件中定义的全局变量的作用域扩展到本文件。

7.7 编程实践

任务 1：正(余)弦曲线演示器

【问题描述】

根据提示选择在屏幕上用 * 显示 0°～360°的正弦函数 sin(x)、余弦函数 cos(x)的曲线，如图 7-5 所示。

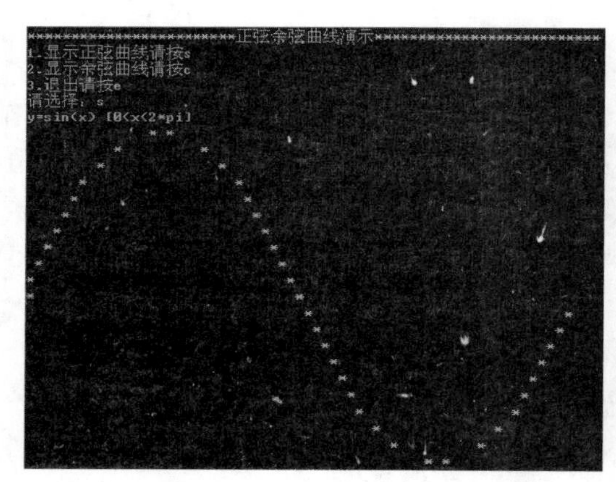

(a) 正弦函数曲线

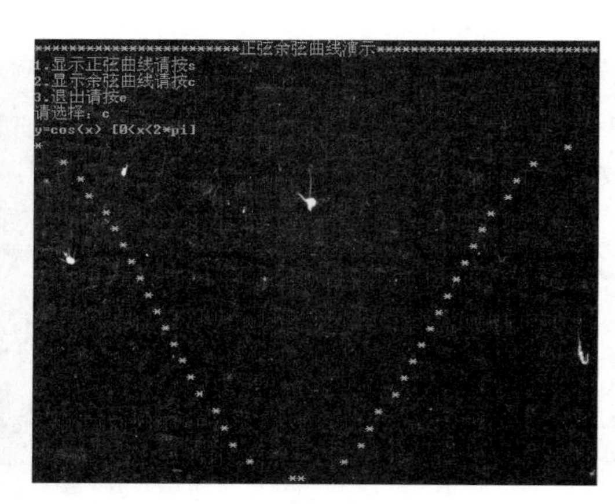

(b) 余弦函数曲线

图 7-5　正弦函数曲线和余弦函数曲线

【问题分析与算法设计】

正(余)弦函数曲线在 0°～360°的区间内，一行中要显示两个点，而对一般的显示器来说，只能按行输出，即输出第一行信息后，只能向下一行输出，不能再返回到上一行。为了获得要求的图形就必须在一行中一次输出两个 * 。

对于正弦函数，在一个周期内其函数曲线是分成上下两部分，以上半部分为例，为了同时得到其图像在一行上的两个点，考虑利用 sin(x)的左右对称性。将屏幕的行方向定义为 x，列方向定义为 y，则 0°～90°的图形与 90°～180°的图形是左右对称的，若定义图形的总宽度为 62 列，上半部分是 31 列，则计算出 sx 行 0°～90°时 sy 点的坐标 sm，那么在同一行与之对称的 90°～180°的 sy 点的坐标就应为 31－sm。程序中利用反正弦函数 asin 计算坐标

(sx,sy)的对应关系。

对于余弦函数,为了同时得到余弦函数 cos(x)图形在一行上的两个点,考虑利用 cos(x)的左右对称性。将屏幕的行方向定义为 x,列方向定义为 y,则 0°～180°的图形与 180°～360°的图形是左右对称的,若定义图形的总宽度为 62 列,计算出 x 行 0°～180°时 y 点的坐标 m,那么在同一行与之对称的 180°～360°的 y 点的坐标就应为 62－m。程序中利用反余弦函数 acos 计算坐标(x,y)的对应关系。使用这种方法编出的程序短小精练,体现了一定的技巧。

【代码实现】

```
#include<stdio.h>
#include<math.h>
main()
{
    char ch;
while(1)
    {
        printf("**************正弦余弦曲线演示*****************\n");
        printf("1.显示正弦曲线请按 s\n");
        printf("2.显示余弦曲线请按 c\n");
        printf("3.退出请按 e\n");
        printf("请选择: ");
        scanf("%c",&ch);
        getchar();
        switch(ch)
        {
        case 's':
        case 'S':
            {   double sy;
                int sx,sm,si;
                printf("y=sin(x) [0<x<2*pi]\n");
                for(sy=1;sy>=-1;sy-=0.1)        /*表示 sy 的取值范围是[-1,1]*/
                {
                    if(sy>=0)
                    {
                        sm=asin(sy)*10;  /*反正弦函数,确定空格的数量,最大值为 15*/
                        for(sx=1;sx<sm;sx++)
                            printf(" ");
                        printf("*");
                        for(;sx<31-sm;sx++)
                            printf(" ");            /*输出第二个点,并换行*/
                        printf("*\n");
                    }
                        else                        /*同理输出 y 小于 0 的点*/
```

```
                    {
                        sm=-1*asin(sy)*10;
                        for(si=0;si<32;si++)
                            printf(" ");
                        for(sx=1;sx<sm;sx++)
                            printf(" ");
                        printf("*");
                        for(;sx<31-sm;sx++)
                            printf(" ");
                        printf("*\n",sm);
                    }
                }
        } break;
    case 'c':
    case 'C':
            {   double y;
                int x,m,n;
                printf("y=cos(x) [0<x<2*pi]\n");
                for(y=1;y>=-1;y-=0.1)        /*y为列方向,值为1~-1,步长为0.1*/
               {
                    m=acos(y)*10;        /*计算出y对应的弧度m,乘以10为图形放大倍数*/
                    for(x=1;x<m;x++) printf(" ");
                        printf("*");
                                                 /*控制打印左侧的**/
                    for(;x<62-m;x++) printf(" ");
                        printf("*\n");
                                                 /*控制打印同一行中对称的右侧**/
               }
               } break;
            default:
                printf("谢谢!\n");return 0;
            }
        }
    }
```

【编程小结】

在本程序中使用到系统函数库中的库函数asin、acos,大大加快编程效率,增强实现效果,但在使用库函数过程中应该将其所属的头文件包含进来。本任务是一个典型的使用库函数的例子。

任务2:杨辉三角形

【问题描述】

在屏幕上打印输出杨辉三角形,如图7-6所示。

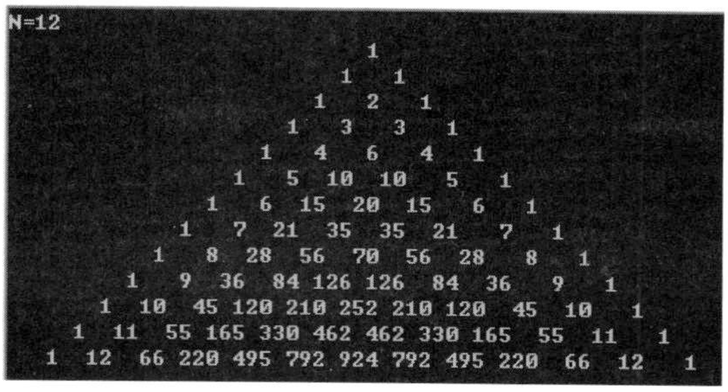

```
N=12
                        1
                      1   1
                    1   2   1
                  1   3   3   1
                1   4   6   4   1
              1   5  10  10   5   1
            1   6  15  20  15   6   1
          1   7  21  35  35  21   7   1
        1   8  28  56  70  56  28   8   1
      1   9  36  84 126 126  84  36   9   1
    1  10  45 120 210 252 210 120  45  10   1
  1  11  55 165 330 462 462 330 165  55  11   1
1  12  66 220 495 792 924 792 495 220  66  12   1
```

图 7-6　13 行杨辉三角形

【问题分析与算法设计】

杨辉三角形中的数，正是(x+y)的 N 次方幂展开式各项的系数。本任务作为程序设计中具有代表性的题目，求解的方法很多，在此列举一种。

从杨辉三角形的特点出发，可以总结出以下规律

(1) 第 N 行有 N+1 个值，设起始行为第 0 行。

(2) 对于第 N 行的第 J 个值(N≥2)。

当 J=1 或 J=N+1 时：其值为 1。

J！ =1 且 J！ =N+1 时：其值为第 N−1 行的第 J−1 个值与第 N−1 行第 J 个值之和。

将这些特点提炼成数学公式可表示为

$$c(x,y)=\begin{cases}1 & \text{如果}(x=1 \mid x=N+1)\\ c(x-1,y-1)+c(x-1,y) & \text{其他}\end{cases}$$

程序是根据以上递归的数学表达式编制的。

【代码实现】

```
#include<stdio.h>
int yangc(int,int);
void main()
{
    int i,j,n=0;
    printf("N=");
        scanf("%d",&n);                    /*控制输入正确的值以保证屏幕显示的图形正确*/
        for(i=0;i<=n;i++)                  /*控制输出 N 行*/
    {
        for(j=0;j<24-2*i;j++) printf(" ");          /*控制输出第 i 行前面的空格*/
        for(j=1;j<i+2;j++) printf("%4d",yangc(i,j));     /*输出第 i 行的第 j 个值*/
        printf("\n");
    }
    printf("\n");
}
int yangc(int x,int y)                                 /*求杨辉三角形中第 x 行第 y 列的值*/
{
    int z;
```

```
    if((y==1)||(y==x+1))  return 1;  /*若为x行的第1或第x+1列,则输出1*/
    z=yangc(x-1,y-1)+yangc(x-1,y); /*否则,其值为前一行中第y-1列与第y列值之和*/
    return z;
}
```

【编程小结】

(1) 算法设计和实现均严格围绕杨辉三角的数字规律,即从起始行算起的第3行开始杨辉三角中除了最外层(不包括杨辉三角底边)的数为1外,其余的数都是它肩上两个数之和。

(2) 在程序中使用了自定义的递归函数 int yangc(int,int)。递归是一项非常重要的编程技巧,很多程序中都或多或少的使用了递归函数。递归的意思就是函数自己调用自己本身,或者在自己函数调用的下级函数中调用自己。

(3) 递归实际上包含递推和回归两个过程,初学者往往只能判断到递推,对回归的去向和步骤往往把握不准。简单地说,递归是一个从未知逐层递推到已知,从已知逐层回归求解未知的过程。

(4) 程序在所有函数之前对自定义函数给予原型声明,方便后面函数的调用。在调用函数 int yangc(int,int)时,将实参 i 和 j 的值分别传递给形参 x 和 y,执行完后又通过参数 z 返回调用函数。

习　　题

1. 选择题

(1) 以下不正确的说法是________。

A. 实参可以是常量、变量或表达式

B. 形参可以是常量、变量或表达式

C. 实参可以为任何类型

D. 形参应与其对应的实参类型一致

(2) 以下正确的函数声明的形式是________。

A. double fun(int x, int y)　　B. double fun(int x; int y)

C. double fun(int x, int y);　　D. double fun(int x, y);

(3) 以下正确的说法是________。

A. 定义函数时,形参的类型说明可以放在函数体内

B. return 后边的值不能为表达式

C. 如果函数值的类型与返回值类型不一致,以函数值类型为准

D. 如果形参与实参类型不一致,以实参类型为准

(4) 凡是函数中未指定存储类别的局部变量,其隐含的存储类别为________。

A. 自动(auto)　　B. 静态(static)

C. 外部(extern)　　D. 寄存器(register)

(5) 若用数组名作为函数的实参,传递给形参的是________。

A. 数组的首地址　　B. 数组第一个元素的值

C. 数组中全部元素的值　　D. 数组元素的个数

(6) 函数调用不可以________。

A. 出现在执行语句中　　B. 出现在一个表达式中

C. 作为一个函数的实参　　D. 作为一个函数的形参

(7) C语言规定,函数返回值的类型是由________。

A. return 语句中的表达式类型所决定

B. 调用该函数时的主调函数类型所决定

C. 调用该函数时系统临时决定

D. 在定义该函数时所指定的函数类型所决定

(8) C语言规定：简单变量作为实参时,它和对应形参之间的数据传递方式是________。

A. 地址传递　　B. 单向值传递

C. 由实参传给形参,再由形参传回给实参　　D. 由用户指定的传递方式

(9) 在一个C源程序文件中若要定义一个只允许本源文件中所有函数使用的全局变量,则该变量需要使用的存储类别是________。

A. register　　B. static　　C. auto　　D. extern

(10) 以下叙述中不正确的是________。

A. 在不同的函数中可以使用相同名字的变量

B. 函数中的形式参数是局部变量

C. 在一个函数内定义的变量只在本函数范围内有效

D. 在一个函数内的复合语句中定义的变量在本函数范围内有效

(11) 在C语言中,函数的数据类型是指________。

A. 函数返回值的数据类型　　B. 函数形参的数据类型

C. 调用该函数时的实参的数据类型　　D. 任意指定的数据类型

(12) 如果一个变量在整个程序运行期间都存在,但是仅在说明它的函数内是可见的,这个变量的存储类型应该被说明为________。

A. 静态变量　　B. 动态变量　　C. 外部变量　　D. 内部变量

(13) 以下正确的描述是________。

A. 函数的定义可以嵌套,但函数的调用不可以嵌套

B. 函数的定义不可以嵌套,但函数的调用可以嵌套

C. 函数的定义和函数的调用均不可以嵌套

D. 函数的定义和函数的调用均可嵌套

(14) 设有如下程序

```
#include<stdio.h>
int digits(int n)
{
    int c=0;
    do{
    c++;
    n/=10;
    }while(n);
```

```
    return c;
}
main()
{
    printf("%d",digits(824));
}
```

程序运行结果是________。

A. 8　　B. 3　　C. 4　　D. 5

2. 填空题

(1) 从函数定义的角度看，函数可分为________和________两种。

(2) 调用带参数的函数时，实参列表中的实参必须与函数定义时的形参________相同、________相符。

(3) C语言程序中，函数不允许嵌套________，但允许嵌套________。

(4) 下面程序的功能是显示具有n个元素的数组s中的最大元素。请为程序填空。

```
#include<stdio.h>
#define N 20
int fmax(int s[],int n);
main()
{  int i,a[N];
   for(i=0;i<N;i++)
   scanf("%d",&a[i]);
   printf("%d\n", ① );
}
fmax(int s[],int n)
{  int k,p;
   for(p=0,k=p;p<n;p++)
   if(s[p]>s[k]) ② ;
   return(s[k]);
}
```

(5) 以下程序是计算学生的年龄。已知第一位最小的学生年龄为10岁，其余学生的年龄一个比一个大2岁，求第5个学生的年龄。请为程序填空。

```
#include<stdio.h>
age( int n )
{  int c;
   if( n==1 ) c=10;
   else c= ① ;
   return(c);
}
main()
{  int n=5;
   printf("age:%d\n", ② );
}
```

(6) 输入 n 值,输出高度为 n 的等边三角形。例如,当 n=4 时的图形如下:

```
   *
  **
 ***
****
```

请填空。

```
#include<stdio.h>
void prt( char c, int n )
{  if( n>0 )
   {  printf( "%c", c );
      ___①___;
   }
}
main()
{  int i, n;
   scanf("%d", &n);
   for( i=1; i<=n; i++)
   {___②___;
      ___③___;
      printf("\n");
   }
}
```

3. 程序分析题

(1) 阅读下列程序,写出程序运行的输出结果。

```
char st[]="hello,friend!";
void func1 (int i)
{
    printf ("%c", st[i]);
    if (i<3) { i+=2; func2 (i); }
}
void func2 (int i)
{
    printf("%c", st[i]);
    if (i<3) { i+=2; func1 (i); }
}
void main()
{
    int i=0; func1(i); printf("\n");
}
```

(2) 阅读下列程序,写出程序运行的输出结果。

```
int f (int n)
{
```

```
    if (n==1) return 1;
    else return f (n-1)+1;
}
void main()
{
    int i, j=0;
    for (i=1; i<3; i++) j+=f(i);
    printf("%d\n", j);
}
```

（3）阅读下列程序，写出程序运行的输出结果。

```
void incre();
int x=3;
void main()
{   int i;
    for (i=1; i<x; i++) incre();
}
void incre()
{   static int x=1;
    x *=x+1;
    printf("%d", x);
}
```

（4）阅读下列程序，写出程序运行的输出结果。

```
#include<stdio.h>
func(int a,int b)
{   int c;
    c=a+b;
    return(c);
}
main()
{   int x=6,y=7,z=8,r;
    r=func((x--,y++,x+y),z--);
    printf("%d\n",r);
}
```

（5）阅读下列程序，写出程序运行的输出结果。

```
#include<stdio.h>
void num()
{   extern int x,y;
    int a=15,b=10;
    x=a-b;
    y=a+b;
}
int x,y;
```

```
main()
{  int a=7,b=5;
   x=a-b;
   y=a+b;
   num();
   printf("%d,%d\n",x,y);
}
```

4. 编程题

(1) 编写一递归函数求斐波纳契数列的前 40 项。

(2) 编写程序,输入长方体的长宽高 l、w、h。求长方体的体积及 l * w、l * h、w * h 三个面的面积。

(3) 编写程序,使给定的一个 5×5 的二维整型数组转置,即行列互换。

(4) 编写程序,输入一个十六进制数,输出相应的十进制数。

(5) 编写程序,使输入的一个字符串按反序存放。

第8章　指　　针

指针是C语言的重要概念，也是体现C语言特色的部分。应用好指针将充分体现C语言简洁、紧凑、高效等重要特色。因此，掌握指针是深入理解C语言特性和掌握C语言编程技巧的重要环节，也是学习使用C语言的难点。可以说，没掌握指针就没掌握C语言的精华。

本章介绍指针和地址的关系、指针的定义和运算、指针在数组和函数中的应用、指向指针的含义与使用等。

8.1　指针和地址

指针是一种十分重要的数据类型。利用指针变量可以直接对内存中各种不同数据结构的数据进行快速处理，正确熟练地使用指针可以设计出简洁明快、性能强、代码紧凑、质量高的程序。

指针与内存有密切的联系，为了正确理解指针的概念，必须弄清楚计算机系统中数据存储读取的方式。首先需要区分三个较为相近的概念：名称、内容(值)和地址。名称是给内存空间取的一个容易记忆的名字；内存中每个字节都有一个编号，就是“地址”；在地址所对应的内存单元中存放的数值即为内容或值。在计算机中，所有的数据都是存放在存储器中的。一般把存储器中的一字节称为一个内存单元，不同的数据类型所占用的内存单元数不等，若在程序中定义了变量，在对程序进行编译时，系统就会为这些变量分配与变量类型相符合的相应长度空间的内存单元。如Turbo C 2.0中对整型变量分配2字节，Visual C++ 6.0中对整型变量分配4字节。为了正确地访问这些内存单元，需要为每个内存单元编上号，这些内存单元的编号称为“地址”。

为了帮助读者理解三者之间的联系与区别，不妨打个比方，有一座教师办公楼，各房间都有一个编号，例如，101、102、…、201、202、…。一旦各房间被分配给相应的职能部门后，各房间就挂起了部门名称，如招生就业办公室、软件工程教研室、教学秘书办公室等，假如教学秘书办公室被分配在101房间，要找到教学秘书(内容)，可以去找教学秘书办公室(按名称找)，也可以去找101房间(按地址找)。类似地，对一个存储空间的访问既可以通过它的名称，也可以通过它的地址。

C语言规定编程时必须首先说明变量名、数组名，这样编译系统就会给变量或数组分配内存单元。系统根据程序中定义的变量类型，分配相应长度的空间。例如，“int i,j,k;”语句定义了i、j、k三个整型变量，C编译系统在编译过程中为这三个变量分配空闲的内存空间，并记录下各自对应的地址，如图8-1所示。

地址	内容
2000 (i)	1
2002	
2004 (j)	8
2006 (k)	9

图8-1　名称、内容和地址关系示意图

从用户角度看，访问变量i和访问地址2000是对同一空间的两种访问形式；而对系统来说，对变量i的访问归根结底还是对地址的访问,因而若在程序中执行赋值语句“i=1,j=8,k=9;”,编译系统会将数值1、8、9依次填充到地址为2000、2004、2006内存空间中。系统对变量访问形式分成两种。

1. 直接访问

用变量名对变量进行访问属于直接访问,源程序经过C编译系统编译后,使得变量名和变量地址之间发生直接对应关系,对变量名的访问实际上就是通过地址对变量的访问。

2. 间接访问

将变量的地址存放在一种特殊变量中,借用这个特殊变量进行访问。如图8-2所示,特殊变量ipx存放的内容是变量x的物理地址,通过访问变量ipx来达到间接访问变量x的方法称为“间接访问”。

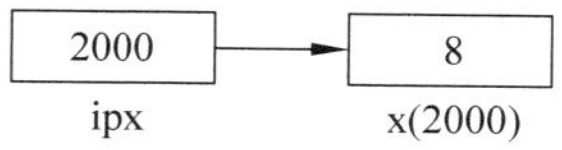

图 8-2 通过特殊变量访问变量

在C语言中,一个变量的地址称为该变量的“指针”。如果变量ipx中的内容是另一个变量x的地址,则称变量ipx指向变量x,或称ipx是指向变量x的**指针变量**,如图8-2所示。显然可以认为变量的指针即为变量的地址,而存放其他变量地址的变量是指针变量。

8.2 指针变量

8.2.1 指针变量的定义

C语言规定所有变量在使用之前必须定义,指定其类型,并按此分配内存单元。指针变量不同于之前介绍的整型变量、字符型变量等,它专门用于存放地址,这个地址既可以是变量的地址,也可以是其他数据结构的地址。所以对指针变量的定义必须包含以下三方面的内容。

(1) 指针类型说明(用 * 表示),即定义变量为一个指针变量。

(2) 指针变量名。

(3) 指针值所指向的变量的数据类型。

其一般形式为

类型说明符 * 变量名;

其中,* 表示这是一个指针变量,变量名即为定义的指针变量名,类型说明符表示本指针变量所指向的变量的数据类型。例如:

```
int *p0;
```

表示p0是一个指针变量,它的值是某个整型变量的地址,或者说p0指向一个整型变量。至于p0究竟指向哪一个整型变量,应由向p0赋予的地址来决定。再如:

```
int *p1;
float *p2;
char *p3;
```

表示定义了三个指针变量p1、p2、p3。p1可以指向一个整型变量,p2可以指向一个实型变量,p3可以指向一个字符型变量,换句话说,p1、p2、p3可以分别存放整型变量的地址、实型变量的地址、字符型变量的地址。

对于前面的指针变量的定义，应该注意 4 点。

(1) C 语言规定所有变量必须先定义后使用，指针变量也不例外，为了表示指针变量是存放地址的特殊变量，定义变量时在变量名前加指向符号 * 。

(2) 指针变量名是 p0、p1、p2 、p3，而不是 * p0、* p1、* p2 、* p3，指针前面的 * 表示该变量的类型为指针型变量。

(3) 一个指针变量只能指向同类型的变量，如指针变量 p2 只能指向字符变量，不能时而指向一个字符变量，时而又指向一个浮点变量，其基类型在定义指针时必须指定。

(4) 定义指针变量时，不仅要定义指针变量名，还必须指出指针变量所指向的变量的类型，即基类型，或者说，一个指针变量只能指向同一数据类型的变量。由于不同类型的数据在内存中所占的字节数不同，如果同一指针变量一会儿指向整型变量，一会儿指向实型变量，就会使该系统无法管理变量的字节数，从而引发错误。

8.2.2 指针变量赋值

指针变量同普通变量一样，使用之前不仅要定义说明，而且必须赋予具体的值。未经赋值的指针变量不能使用，否则将造成系统混乱，甚至死机。指针变量的赋值只能赋予地址，不能赋予任何其他数据，否则将引起错误。在 C 语言中，变量的地址是由编译系统分配的，对用户完全透明，用户不知道变量的具体地址。

设有指向整型变量的指针变量 p，如要把整型变量 a 的地址赋予 p 可以有以下两种方式。

1. 指针变量初始化的方法

```
int a;
int *p=&a;
```

2. 赋值语句的方法

```
int a;
int *p;
p=&a;
```

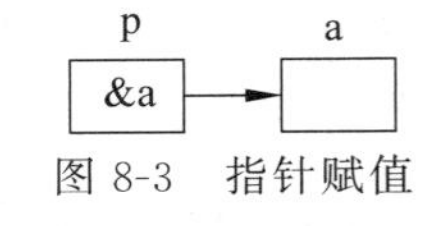

图 8-3 指针赋值

以上两种方式均将变量 a 的地址存放到指针变量 p 中，这时 p 就“指向”了变量 a，如图 8-3 所示。

不允许直接把一个数赋予指针变量，如下面的赋值语句是错误的：

```
int *p;
p=1000;
```

被赋值的指针变量前不能再加 * 说明符，如下写法也是错误的：

```
*p=&a;
```

【例 8.1】 通过指针变量访问整型变量。

```
#include<stdio.h>
```

```
void main()
{
    int x;int * p1;
    x=8;
    p1=&x;
    printf("%d\n",x);
    printf("%d\n", * p1);
}
```

运行情况：

```
8
8
```

程序说明：程序中第4行定义了指针变量 p1，但未指向任何一个整型变量，只是规定它可以指向整型变量。至于指向哪一个整型变量，要在程序语句中指定。第6行将变量 x 的地址赋值给 p1，作用就是使 p1 指向 x。最后一行的 * p1 就是变量 x，取得变量 x 中的数据 8，由于分别采用变量名直接访问和指针变量间接访问两种不同访问方式，所以最后两行输出语句的结果是一样的。

需要注意的是程序中出现了两次 * p1。第4行的 * p1 表示定义一个指针变量 p1，其前面的 * 只是表示该变量是指针变量。而程序最后一行 printf 函数中的 * p 代表指针变量 p 所指向的变量。

【例 8.2】 通过指针变量求两个整数的和与积。

```
void main()
{
    int a=100,b=200,s,t, * pa, * pb;
    pa=&a;
    pb=&b;
    s= * pa+ * pb;
    t= * pa * * pb;
    printf("a=%d\nb=%d\na+ b=%d\na * b=%d\n",a,b,a+ b,a * b);
    printf("s=%d\nt=%d\n",s,t);
}
```

运行情况：

```
a=100
b=200
a+b=300
a * b=20000
s=300
t=20000
```

程序说明：程序中第3行定义了两个整型指针变量 pa、pb；第4、5行分别给指针变量 pa 赋值变量 a 的地址，给指针变量 pb 赋值变量 b 的地址。第6行是求 a+b 之和（* pa 就是 a，* pb 就是 b）。第7行求 a * b 之积。最后两行输出 a+b 和 a * b 的结果。

【例 8.3】 通过指针变量求三个整数中的最大数和最小数。

```
void main()
{
    int a,b,c, * pmax, * pmin;
    printf("input three numbers:\n");
    scanf("%d %d %d",&a,&b,&c);
    if(a>b)
        {   pmax=&a;
            pmin=&b; }
    else
        {   pmax=&b;
            pmin=&a; }
    if(c> * pmax) pmax=&c;
    if(c< * pmin) pmin=&c;
    printf("max=%d\nmin=%d\n", * pmax, * pmin);
}
```

程序说明：程序中第 3 行定义说明了 2 个整型指针变量 pmax、pmin；第 4 行输入提示；第 5 行输入三个数字；接着判断两个数的大小，将 pmax 变量中存放较大数的地址，pmin 变量中存放较小数的地址。然后再将第三个数与以上较大数和较小数进行比较。最后输出，从而得到三个数中的最大数和最小数。

8.2.3 指针运算符与指针表达式

在 C 语言中有两个关于指针的运算符。

1. 取地址运算符(&)

取地址运算符(&)是单目运算符，其结合性为自右至左，其功能是取变量的地址，例如，&a 是变量 a 的地址。在 scanf 函数及前面介绍指针变量赋值中，已经了解并使用了 & 运算符。

2. 取内容运算符(*)

取内容运算符(*)是单目运算符，其结合性为自右至左，用来表示指针变量所指变量的值。在 * 运算符之后跟的变量必须是指针变量，例如，* p 为指针变量 p 所指向的存储单元的内容，即所指向的变量的值。

需要注意的是指针运算符 * 和指针变量说明中的指针说明符 * 不是一回事。在指针变量说明中，* 是类型说明符，表示其后的变量是指针类型。表达式中出现的 * 则是一个运算符，用以表示指针变量所指的变量。

如果在程序中已经执行了以下语句：

```
int a;
int * p1, * p2;
p1=&a;
p2=& * p1;
```

(1) 此时指针变量 p1 “指向”变量 a，那么 & * p1 代表什么含义？ & 和 * 两个运算符的优先级相同，按照自右向左的结合，先进行 * p1 的运算，就是变量 a。这时 & * p1 就等价

于 &a。那么对于语句"p2=& * p1;"来说,它的作用就是将 a 的地址赋给 p2,如果在此之前 p2 指向的是 b,如图 8-4(a),则经过赋值语句"p2=& * p1;"后变成了图 8-4(b)。

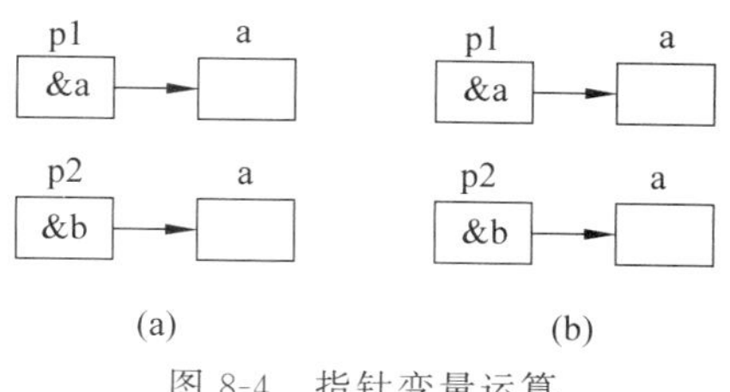

图 8-4　指针变量运算

(2) * &a 的含义又是什么?先进行 &a 的运算,得知 &a 等价于 p1,那么 * &a 可以简化为 * p1,又知 * p1 就是 a,即 * &a 与 a 等价。

(3) (* p1)++ 、* p1++ 与 *(p1++)是否等价?++与 * 的优先级相同,结合方向都是自右向左,因此 * p1++ 与 *(p1++)等价,由于++在 p1 的右侧,是先使用后加 1,因此先对 p1 的原值进行 * 运算,得到 a 的值,然后改变 p1 的值,这样 p1 就不会再指向 a 了。而(* p1)++相当于 a++,就是将变量 a 的值加 1。

【例 8.4】 统计一个字符串中有效字符的个数。

```
#include<stdio.h>
void main()
{
    int fun(char *);
    char str[]={"Jiangxi University of Science and Technology!"};
    printf("%d\n",fun(str));

}
int fun(char *s)
{
    char *pt=s;
    int i=0;
    while(*pt++) i++;
    return i;
}
```

运行情况:

```
45
```

程序说明:在程序的第 4 行首先对被调用函数 fun 进行原型声明,其形参是一个字符型指针变量;然后定义了字符数组 str,在 printf 函数的输出项中调用 fun 函数;程序执行到 fun 函数时,形参 s 获得实参 str 传递的值即"Jiangxi University of Science and Technology!"字符串的首地址;在 fun 中定义了局部字符型指针变量 pt 和整型变量 i,将 s 获得的值赋给 pt,即将字符串的首地址赋值给它,在 while 循环中 pt 顺字符串逐个字符扫描,每扫描一个有效字符,变量 i 加 1,起计数器作用的变量 i 其值最终作为 fun 函数返回值返回到主调函数调用的地方。

* 与 & 运算符的进一步说明如下。

(1) 如果已执行赋值语句"p1=&a;",则 & * p1 的值是 &a。因为 * 与 & 的运算符优先级相同,根据自右向左结合的特性,可以看作 &(* p1),所以先进行 * p1 的运算得到变量 a,再进行 & 运算得到的值为变量 a 的地址。

(2) 如果已执行赋值语句“a=200;”,则 * &a 的值是 a,即 200。因为先进行 &a 运算得到 a 的地址,再进行 * 运算,得到 a 地址的内容,即 a 的值。

(3) 指针加 1,不是纯加 1,而是加一个所指变量的字节数。例如:

```
int *p1;int x=200;
p1=&x;
p1++;
...
```

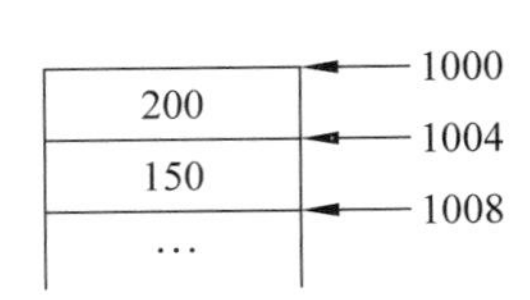

图 8-5 指针运算的地址变化

假如 x 的地址是 1000,占 4 字节,p1++后 p1 的值为 1004,而非 1001,如图 8-5 所示,如果 p1 是指向实型单精度变量的指针变量占 4 字节,其初值为 1004,则 p1++后的值为 1008。

8.2.4 指针变量的引用

在 C 语言中,变量的地址是由编译系统分配的,对用户完全透明,用户不知道变量的具体地址。利用指针变量,是提供对变量的一种间接访问形式。对指针变量的引用形式为

*** 指针变量**

其含义是指针变量所指向的值。下面举例说明指针变量引用方法。

【例 8.5】 用指针变量进行输入、输出。

```
void main()
{
    float *pi,x;
    scanf("%f",&x);
    pi=&x ;                    /*指针 pi 指向变量 x */
    printf("%.0f",*pi);     /* pi 是对指针所指的变量的引用形式,与此 x 意义相同*/
}
```

运行情况:

```
8
8
```

上述程序可修改为

```
void main()
{
    float *pi,x;
    pi=&x;
    scanf("%f",pi);          /* pi 是变量 x 的地址,可以替换 &x */
    printf("%f", x);
}
```

程序功能完全相同。

8.2.5 指针变量作为函数的参数

前面介绍了整型、实型等基本数据类型作为函数的参数,实际上指针也可以作为函数参

数来使用,它的作用是把地址传给被调函数。下面通过一个示例来说明。

【例 8.6】 输入 a 和 b,按从小到大的顺序输出。

```
void swap(int *p1,int *p2)
{   int t;
    t= *p1;
    *p1= *p2;
    *p2=t;
}
void main()
{
    int a,b;
    int *q1, *q2;
    q1=&a;
    q2=&b;
    scanf("%d,%d",q1,q2);
    printf("%d,%d\n",q1,q2);
    if(a>b)swap(q1,q2);
    printf("%d,%d\n",a,b);
    printf("%d,%d\n",q1,q2);
    }
```

运行情况:

```
9,3↙          (输入 9,3 并回车)
__,__         (输出的结果)
3,9           (输出的结果)
__,__         (输出的结果)
```

其中_ _表示 q1、q2 的地址值(随计算机系统的不同而不同),从程序的输出结果可以看出,a、b 的值发生交换,但 q1、q2 的值并未交换。

例 8.6 中,在被调函数 swap 中形参 p1、p2 为指针型变量,该函数的作用是交换两个变量的值。程序运行时,先执行 main 函数,输入两个数 9、3 给变量 a、b。将 a、b 的地址分别赋值指针变量 q1、q2,然后执行 if 语句,由于 a>b,因此执行 swap 函数,在调用过程中,首先将实参 q1、q2 的值传递给形参 p1、p2,经虚实结合后,形参 p1 指向变量 a,形参p2 指向变量 b,如图 8-6(a)所示。接着执行 swap 函数体,将 *p1 与 *p2(即 a 与 b)中的值交换,互换后的情况如图 8-6(b)所示。函数调用结束后,形参 p1、p2 将释放,如图 8-6(c)所示。最后在 main 函数中输出的 a 和 b 的值,即交换后的值(a=3,b=9),由于 q1、q2 在调用 swap 函数前后没有改变,main 函数两次输出的 q1、q2 的值均相等。

以下 3 种情况需特别注意。

(1) swap 函数中的中间变量定义成指针类型变量。

```
void swap(int *p1,int *p2)
{   int *t;
    *t= *p1;
```

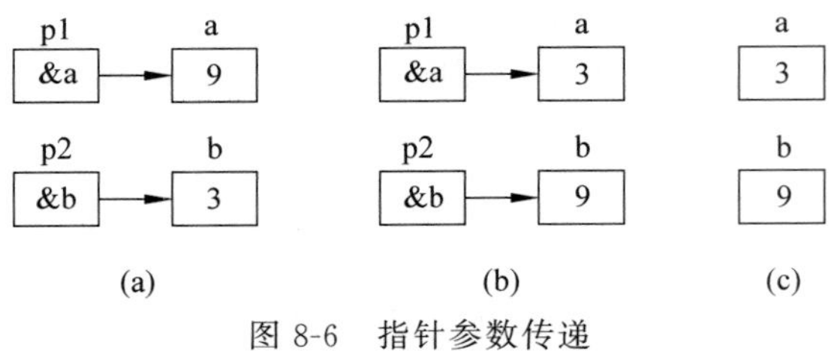

图 8-6　指针参数传递

```
    * p1= * p2;
    * p2= * t;
}
```

函数将出现语法错误，原因是由于变量 t 无指向，所以不能引用变量 * t。

(2) 被调函数中的地址交换。

```
void swap(int * p1,int * p2)
{   int * t;
    t=p1;
    p1=p2;
    p2=t;
}
```

swap 函数调用结束后，变量 a 和 b 中的值没有交换。原因是函数 swap 交换了变量 p1、p2 的值，无法通过值传递形式返回主函数中的 p1、p2，如图 8-7 所示。

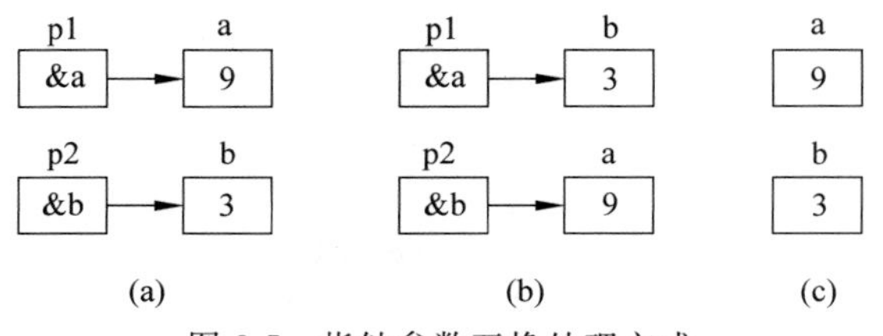

图 8-7　指针参数互换处理方式

将例 8.6 修改如下：

```
void swap(int * p1,int * p2)
{   int * t;
    t=p1;
    p1=p2;
    p2=t;
}
void main()
{
    int a,b;
    int * q1, * q2;
    q1=&a;
    q2=&b;
```

```
    scanf("%d,%d",q1,q2);
    printf("%d,%d\n",q1,q2);
    if(a>b)swap(q1,q2);
    printf("%d,%d\n",a,b);
    printf("%d,%d\n",q1,q2);
}
```

运行情况：

```
9,3↙              (输入 9,3 并回车)
__,__             (输出的结果)
9,3               (输出的结果)
__,__             (输出的结果)
```

(3) 普通变量作为函数参数。

```
void swap(int x,int y)
{   int t;
    t=x;
    x=y;
    y=t;}
    main()
{
    ⋮
    swap(a,b)
    ⋮
}
```

主函数中直接将 a、b 作为实参传递给 swap 函数，形参数据在 swap 函数中交换后并不返回主函数，如图 8-8 所示。

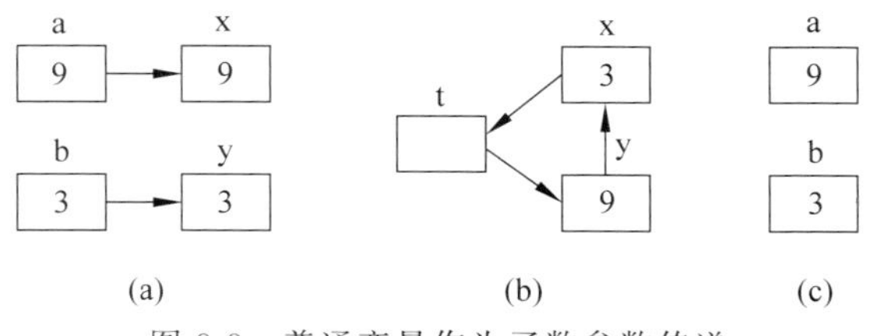

图 8-8　普通变量作为函数参数传递

将例 8.6 修改如下：

```
void swap(int x,int y)
{   int t;
    t=x;
    x=y;
    y=t;
}
void main()
```

```
{
    int a,b;
    int *q1, *q2;
    q1=&a;
    q2=&b;
    scanf("%d,%d",q1,q2);
    if(a>b)swap(a,b);
    printf("%d,%d\n",a,b);
}
```

运行情况：

```
9,3↙                (输入 9,3 并回车)
9,3                 (输出的结果)
```

8.3 指针和数组

数组是由若干相同类型的元素构成的有序序列，这些元素在内存中占据了一组连续的存储空间，每个元素都有一个地址，数组的地址指的是数组的起始地址，这个起始地址也称为数组的指针。

8.3.1 指向数组的指针

如果一个变量中存放了数组的起始地址，那么该变量称为指向数组的指针变量，指向数组的指针变量的定义遵循一般指针变量定义规则。它的赋值与一般指针变量的赋值相同。例如：

```
int m[5], *p;
p=&m[0];
```

注意：如果数组为 int 型，则指针变量必须指向 int 类型。上述语句组的功能是将指针变量 p 指向 m[0]，由于 m[0]是数组的第一个元素，其地址也一定是数组 m 的首地址，所以指针变量 p 指向数组 m，如图 8-9 所示。

	m
p→m[0]	
m[1]	
m[2]	
m[3]	
m[4]	

图 8-9 数组及其指针

C 语言中规定数组名代表数组的首地址，所以下面两个语句是等价的，具有相同功能。

```
p=a;
p=&a[0];
```

允许用一个已经定义过的数组的地址作为定义指针时的初始化值。例如：

```
float score[10];
float *pf=score;
```

注意：上述语句的功能是将数组 score 的首地址赋给指针变量 pf，这里的 * 是定义指针类型变量的说明符。

8.3.2 通过指针引用数组元素

已知指向数组的指针后，数组中各元素的起始地址可以通过起始地址加相对值的方式来获得，从而增加了访问数组元素的渠道。

C语言规定，如果指针变量p指向数组中的一个元素，则p+1指向同一数组中的下一个元素（而不是简单地将p的值加1），如果数组元素类型是整型，每个元素占2字节，则p+1意味着将p的值加2，使它指向下一个元素。因此，p+1所代表的地址实际上是p+1 * d，d是一个数组元素所占的字节数（对整型数组，d=2；对实型数组，d=4；对字符型数组，d=1）。

1. 地址表示法

当p定义为指向a数组的指针变量后，数组元素的地址就可以用多种不同的方法进行表示。例如，数组元素a[3]的地址有三种不同的表示形式：

```
p+3, a+3, &a[3]
```

2. 数组元素的引用法

与地址表示法相对应，数组元素的引用也有多种表示法。例如，数组元素a[5]可通过下列三种形式进行引用和访问：

```
*(p+5), *(a+5), a[5]
```

3. 指针变量加下标

指向数组的指针变量可以带下标，如p[5]与 *(p+5)等价。

4. 指针变量与数组名的引用区别

指针变量可以取代数组名进行操作，数组名表示数组的首地址，属于常量，它不能完成取代指针变量进行操作。例如，设p为指向数组a的指针变量，p++可以，但a++不行。

5. ++与+i不等价

用指针变量对数组逐个访问时，一般有两种方式，*(p++)或 *(p+i)，表面上这两种方式没多大区别，但实际上有很大差异，像p++不必每次都重新计算地址，这种自加操作比较快，能大大提高执行效率。

根据以上叙述，引用一个数组元素，有以下两种方法。

(1) 下标法。通过数组元素序号来访问数组元素，用a[i]形式来表示。

(2) 指针法。通过数组元素的地址访问数组元素，用 *(p+i)或 *(a+i)的形式来表示。

【例8.7】 任意输入10个数，将这十个数按逆序输出。

(1) 用下标法访问数组。

```
void main()
{
    int a[10],i;
    for(i=0;i <10;i++)
    scanf("%d",&a[i]);
    printf("\n");
```

```
    for(i=9;i>=0;i--)
    printf("%d",a[i]);
}
```

(2) 通过数组名访问数组。

```
void main()
{
    int a[10],i;
    for(i=0;i <10;i++)
    scanf("%d",&a[i]);
    printf("\n");
    for(i=9;i>=0;i--)
    printf("%d",* (a+i));
}
```

(3) 通过指针变量访问数组。

方法一：

```
void main()
{
    int a[10],i,* p;
    for(i=0;i <10;i++)
    scanf("%d",&a[i]);
    printf("\n");
    for(i=9;i>=0;p--)
    printf("%d",* (p+i));
}
```

方法二：

```
void main()
{   int a[10],i,* p;
    p=a;
    for(i=0;i <10;i++)
    scanf("%d",p+i);
    printf("\n");
    for(p=a+9;p>=a;p--)
    printf("%d",* p);
}
```

将上述三种算法比较如下。

① 例8.7中(1)、(2)和(3)中的方法一执行效率是相同的，编译系统需要将a[i]转换成 *(a+i)处理，即先计算地址再访问数组元素。

② 方法二执行效率比其他方法快，因为它有规律地改变地址值的方法(p——)能大大提高执行效率。

③ 要注意指针变量的当前值。请看下面程序，分析其能否达到依次输出10个数组元

素的目的，为什么？

```
void main()
{
    int a[10],i, * p;
    p=a;
    for(i=0;i <10;i++)
    scanf("%d",p++);
    printf("\n");
    for(i=0;i <10;i++,p++)
    printf("%d", * p);
}
```

如果指针变量 p 指向数组 a，比较以下表达式的含义。

表达式 * p++，由于++与 * 运算符优先级相同，结合方向为自右向左，故 * p++的作用是先得到 * p 的值，再使 p+1→p。同样表达式 * p-- 的作用是先得到 * p 的值，再使 p-1→p。

表达式 * ++p，先使 p+1→p，再得到 * p 的值。同样表达式 * --p 的作用是先使 p-1→p，再得到 * p 的值。

表达式(* p)++表示 p 所指向的数组元素值(* p)加 1，变量 p 的值不会改变。同样，(* p)-- ，表示 p 所指向的数组元素的值(* p)减 1。

8.3.3 数组名作为函数参数

正如在函数部分所述，数组名也可作为函数的参数。例如：

```
main()                          sort(int x[],int n)
{                               {
int a[9];
:                               :
sort(a,9);
:                               :
                                }
}
```

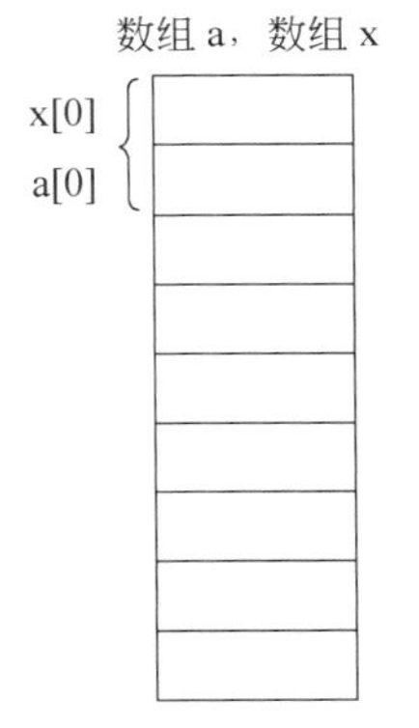

图 8-10 数组名作为函数参数调用

由于数组名代表数组的首地址，故在函数调用时(sort(a,9);)按“虚实结合”的原则，把以数组名 a 为首地址的内存变量区传递给被调函数中的形参数组 x，使得形参数组 x 与主调函数的数组 a 具有相同的地址，故在函数 sort 中这块内存区中的数据发生变化的结果就是主调函数中数据的变化，如图 8-10 所示，这种现象好像是被调函数有多个值返回主函数，实际上还是严格遵照“单向”传递原则的。

有了指针的概念后，对数组名作为函数参数可以有进一步的认识，实际上，能够接受并存放地址值的形参只能是指针变量，C 编译系统都是将形参数组名作为指针变量来处理的。因此函数 sort 的首部也可以写成

```
sort(int *x,int n)
```

在函数调用过程中,x 首先接受实参数组 a 的首地址,也就指向了数组元素 a[0],前面已经讲过,指针变量 x 指向数组后,就可以带下标,即 x[i]与 *(x+i)等价,它们都代表数组中下标为 i 的元素。

由于函数参数有实参、形参之分,所以数组指针作为函数参数分以下 3 种情况。

1. 形参、实参为数组名

在第 7 章中已详细介绍。

2. 形参是指针变量,实参是数组名

【例 8.8】 用选择法对 10 个整数排序。

```
void main()
{
    int *p,i,a[10];
    p=a;
    for( i=0;i <10;i++) scanf("%d",p++);
    p=a;
    sort(p,10);
    for( p=a,i=0;i <10;i++)
        {   printf("%5d",*p);p++;}
}
void sort(int x[],int n)
{
    int i,j,k,t;
    for(i=0;i <n-1;i++)
    {   k=i;
        for(j=i+1;j <n;j++)
        if(x[j]>x[k]) k=j;
        if(k!=i)
        {   t=x[i];
            x[i]=x[k];
            x[k]=t;
        }
    }
}
```

运行情况:

```
0 -2 12 9 - 56 100 3 1 10 2↙
100 12 10 9 3 2 1 0 -2 -56
```

程序分析:形参是数组 x,函数调用时,它接受数组 a 的首地址,即 x 是数组 a 的代名词,在 sort 函数中通过 x 访问数组 a 的每个元素。选择排序的基本思想:每一趟在 n−i+1(i=1,2,…,n−1)个记录中选取关键字最大的记录作为有序序列中第 i 个记录。返回主函数后,可以输出按从大到小排序后的数组。

3. 形参、实参均为指针变量

【例 8.9】 将数组 a 中前 n 个元素按相反顺序存放。

设 n＝6，解此算法要求将 a[0]与 a[5]交换，a[1]与 a[4]交换，将 a[2]与 a[3]交换。通过分析，发现被交换的两个数组元素下标的和为 n－1(5)，今用循环来处理此问题，设定两个"位置指针变量"i 和 j，i 初值为 x，j 的初值为 x＋n－1，将 a[i]与 a[j]交换，然后将 i 增加 1，j 减少 1，再交换 a[i]与 a[j]，直到 i≥j 结束循环，如图 8-11 所示。

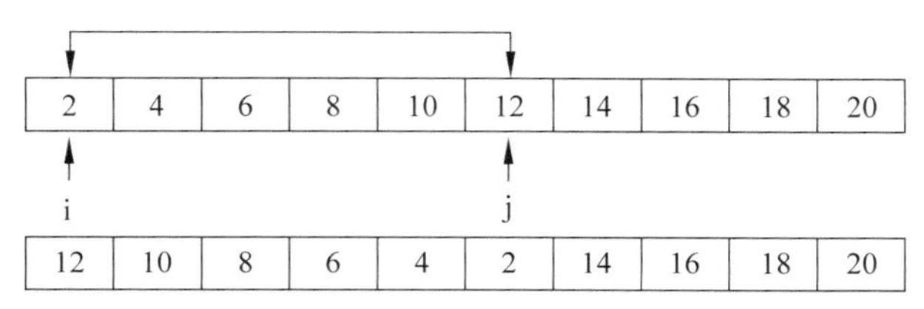

图 8-11 例 8.9 题图

```
#include<stdio.h>
void inv(int *x,int n)                             /*形参 x 为指针变量*/
{
    int *i,*j,temp;
    for(i=x,j=x+n-1;i<j;i++,j--)
        {temp=*i;*i=*j;*j=temp;}
}
void main()
{
    int i,n,a[10]={2,4,6,8,10,12,14,16,18,20};
    int *p;
    printf("the original array:\n");
    for(i=0;i<10;i++)
        printf("%d,",a[i]);
    printf("\n");
    p=a;                                           /*为指针变量 p 赋值*/
    printf("input to n:\n");
    scanf("%d",&n);
    inv(p,n);                                      /*实参 p 为指针变量*/
    printf("the array after invented:\n");
    for(p=a;p<a+10;p++)
        printf("%d,",*p);
    printf("\n");
}
```

运行情况：

```
the original array:
2,4,6,8,10,12,14,16,18,20,
input to n:
6↙                                    (输入 6 并回车)
12,10,8,6,4,2,14,16,18,20 (输出结果)
```

程序分析：若实参为指针变量，在调用函数前必须给指针变量赋值，使它指向某一数组，注意本例中的第一个"p=a;"语句。本程序显示前 6 个整数按逆序排列后的结果。

8.3.4 指向多维数组的指针和指针变量

用指针变量可以指向一维数组，也可以指向多维数组。多维数组的首地址称为多维数组的指针，存放这个指针的变量称为指向多维数组的指针变量。多维数组的指针并不是一维数组指针的简单拓展，它具有自己的独特性质，在概念上和使用上，指向多维数组的指针比指向一维数组的指针更复杂。

多维数组的首地址是这片连续存储空间的起始地址，它既可以用数组名表示，也可以用数组中第一个元素的地址表示。

以二维数组为例，设有一个二维数组 s[3][4]，其定义如下：

```
int s[3][4]={{0,2,4,6},{1,3,5,7},{9,10,11,12}};
```

这是一个 3 行 4 列的二维数组，如图 8-12 所示，s 数组包含 3 行，即由 3 个元素组成：s[0]、s[1]、s[2]。而每一行又是一个一维数组，包含 4 个元素，例如，s[0]包含 s[0][0]、s[0][1]、s[0][2]、s[0][3]。

s[0]	2000 0	2002 2	2004 4	2006 6
s[1]	2008 1	2010 3	2012 5	2014 7
s[2]	2016 9	2018 10	2020 11	2022 12

图 8-12　二维数组

从二维数组的角度看，s 代表二维数组的首地址，也是第 0 行的首地址，s+1 代表第 1 行的首地址，从 s[0]到 s[1]要跨越一个一维数组的空间(包含 4 个整型元素，共 8 字节)。若 s 数组首地址为 2000，则 s+1 为 2008;s+2 代表第 2 个一维数组的首地址，值为 2016。

既然 s[2]、s[0]、s[1]是一维数组名，C 语言又规定数组名代表数组的首地址，因此s[0]表示第 0 行一维数组的首地址，即 &s[0][0]；s[1] 表示第 1 行一维数组的首地址，即 &s[1][0]；s[2] 表示第 2 行一维数组的首地址，即 &s[2][0]。s[0]+1 表示第 0 行一维数组第 1 个元素的地址 &s[0][1]，以此类推，对各元素内容的访问也可以写成 *(s[0]+1)，*(s[1]+2)。

既然 s =s[0]，s[1]=s+1，s[2]=s+2，是否能用 *(s+0+1)对 s[0][1]进行访问呢？显然是不能的。因为 s 是整个二维数组的首地址，而 s+0，s+1，s+2 是每一行数组的首地址，这时进行的是行操作，并不能对每一行中的各元素进行操作，若想利用 s 对指定行中各元素进行操作，首先必须**将行操作方式转换成列操作方式**，转换方式为

```
s[i]=*(s+i) i=0,1,2
```

如果将二维数组 s 视为由 s[0]、s[1]、s[2]组成的一维数组，那么，s[0]=*(s+0)，s[1]=*(s+1)，s[2]=*(s+2)。所以 s[0]+1=*(s+0)+1=&s[0][1]，s[i]+j=*(s+i)+j=&s[i][j]。

总之，虽然 s =s[0]，s[1]=s+1，s[2]=s+2，但只是地址上的相等，操作上是不相等的；而 s[0]= *(s+0)，s[1]= *(s+1)，s[2]= *(s+2)不仅地址上相等，操作上也相等。

请认真分析和体会表 8-1 所示二维数组的指针表示形式及其含义。

表 8-1　二维数组的指针表示形式

表示形式	含　义	地　址
s	二维数组名，数组首地址，0 行首地址	2000
s[0]，*(s+0)，*s	第 0 行第 0 列元素地址	2000
s+1，&s[1]	第 1 行首地址	2008
s[1]，*(s+1)	第 1 行第 0 列元素地址	2008
s[1]+2，*(s+1)+2，&s[1][2]	第 1 行第 2 列元素地址	2012
(s[1]+2)，(*(s+1)+2)，s[1][2]	第 1 行第 2 列元素的值	数值 5

为了帮助理解这个容易混淆的概念，用一个日常生活中的例子来说明。

有一幢三层楼，每层有四个房间，每层楼在入口处均设有一个大门，大楼有一个总大门，设大楼地址为 s，一楼门地址为 s[0]，二楼门地址为 s[1]，三楼门地址为 s[2]、s+0、s+1、s+2 仅能到达一、二、三层，但并没有打开相应层的门，而 *(s+0)、*(s+1)、*(s+2)才打开了该层的门，进入该层，s[0]、s[1]、s[2]是各层的地址，不存在开门的问题了，因而 s[i]与 *(s+i)在地址上和操作上完全等价。

试分析下面程序，以加深对多维数组地址的理解。

```
#define FMT "%d,%d\n"
void main()
{
    int s[3][4]={{0,2,4,6},{1,3,5,7},{9,10,11,12}};
    printf(FMT,s,*s);
    printf(FMT,s[0],*(s+0));
    printf(FMT,&s[0],(s+0));
    printf(FMT,s[1],*(s+1));
    printf(FMT,&s[1][0],*(s+1)+0);
    printf(FMT,s[2],*(s+2));
    printf(FMT,s[1][0],*(*(s+1)+0));
}
```

1. 指向多维数组的指针变量

【例 8.10】 用指向元素的指针变量找出数组元素中的最大值。

```
#include<stdio.h>
void main()
{
    int a[3][4]={{0,2,4,6},{1,3,5,7},{9,10,11,12}};
    int *p,max=a[0][0];
    for(p=a[0];p <a[0]+12;p++)
```

```
        {
        if ((p-a[0])%4==0) printf("\n");
            printf("%4d", * p);
        if(* p>=max) max= * p;
        }
    printf("\n数组元素中最大值为：%d\n",max);
}
```

运行情况：

```
0   2   4   6
1   3   5   7
9  10  11  12
数组元素中最大值为：12
```

程序说明：本程序段中将 p 定义成一个指向整型的指针变量，执行语句 p=a[0]后将第 0 行 0 列地址赋给变量 p，每次 p 值加 1，向下移动一个元素。第 8 行 if 语句的作用是使一行输出 4 个数据，然后换行。程序先假定 a[0][0]元素值最大并用 max 保存，随着 p 指针逐个取出数组元素依次与 max 进行比较找出最大值。本程序功能是顺序输出数组中各元素的值并找出其中最大值，若要输出某个指定的数组元素如 a[1][2]，必须首先计算出该元素在数组中的相对位置(即相对于数组起始位置的相对位移量)。计算 a[i][j]在数组中的相对位移量的公式为 i * m+j(其中 m 为二维数组的列数)。如上述数组中元素 a[1][2]的相对位移量为 1 * 4+2=6，即 p+6 表示数组元素 a[1][2]的地址。

2. 指向由 m 个元素组成的一维数组的指针变量

格式：

数据类型　(* p)[m]

功能：指定变量 p 是一个指针变量，它指向包含 m 个元素的一维数组。

示例：

```
int (* p)[4];
p=s;
```

程序说明：p 指向 s 数组，p++的值为 s+1，它只能对行进行操作，不能对行中的某个元素进行操作，只有将行转列后 *(p++)，才能对数组元素进行操作。

【例 8.11】 输出二维数组任一行任一列元素的值。

```
void main()
{
    int s[3][4]={{0,2,4,6},{1,3,5,7},{9,10,11,12}};
    int (* p)[4] ,i,j;
    p=s;
    scanf("%d,%d",&i,&j);
    printf("s[%d,%d]=%d\n",i,j,* (* (p+i)+j));
}
```

运行情况：

```
1,2↙            (输入 1,2 并回车)
s[1,2]=5        (输出结果)
```

程序分析：指针变量 p 指向包含 4 个整型的一维数组，若将二维数组名 s 赋给 p，p+i 表示第 i 行首地址，*(p+i)表示第 i 行第 0 列元素的地址，此时将行指针转换成列指针，*(p+i)+j 表示第 i 行第 j 行元素的地址，而 *(*(p+i)+j)代表第 i 行第 j 列元素的值。

3. 指向多维数组的指针作为函数参数

和一维数组的地址可以作为函数参数一样，多维数组的地址也可以用作函数参数。下面通过例 8.12 来说明。

【例 8.12】 有一个班级，3 个学生，各学四门课程，计算总平均分数，以及第 n 个学生的成绩。

```
void main()
{
    void ave(float *p,int m);
    void search(float (*p)[4],int n);
    float score[3][4]={{65,66,67,68},{78,79,80,81},
                       {66,67,68,69}};
    int n;
    ave(*score,12);
    printf("enter a number to n:\n");
    scanf("%d",&n);
    search(score,n);
}
void ave(float *p,int m)
{
    float *end=p+m;
    float aver=0;
    for(;p<end;p++)
    aver=aver+*p;
    aver=aver/m;
    printf("Average=%6.2f\n",aver);
}
void search(float (*p)[4],int j)
{
    int i;
    for(i=0;i<4;i++)
    printf("%6.2f,",*(*(p+j)+i));
}
```

运行情况：

```
enter a numer to n:
```

```
2↙                    （输入 2 并回车）
Average=71.17
62.00,67.00,68.00,69.00（输出结果）
```

程序说明：

(1) 在主函数 main 中，调用 ave 函数求数组元素平均值。在函数 ave 中形参 p 为指向实型数据的指针变量。对应的实参为 * score，即 score[0]，它表示第 0 行第 0 个元素的地址，于是 * p 实际上代表的是 score[0][0]的值，p++指向下一个元素，形参 n 表示需求平均值的元素个数，它对应的实参是 12，表示要求二维数组所有元素的平均值。

(2) 当二维数组名作为实参时，对应的形参必须是一个行指针变量。函数 search 的形参 p 不是指向一般实型数据的指针变量，而是指向包含 4 个元素的一维数组的行指针。* (p+n)表示 score[n][0]的地址，* (p+j)+i 表示 score[j][i]的地址，* (* (p+j)+i)表示 score[j][i]的值。若 n 的值为 2，i 的值从 0 到 3，for 循环体依次输出 score[2][0]到 score[2][3]的值。

8.4 指针和字符串

8.4.1 字符串的表示

在本书前面介绍过字符数组，即通过数组名来表示字符串，数组名就是数组的首地址，是字符串的起始地址。实际上 C 语言中可以使用两种方法进行一个字符串的引用。

1. 字符数组

将字符串的各字符（包括结尾标志'\0'）依次存放到字符数组中，利用下标变量或数组名对数组进行操作。

【例 8.13】 字符数组的应用。

```
void main()
{
    char str[]="I am a boy.";
    printf("%s\n",str);
}
```

运行情况：

```
I am a boy.
```

程序说明：

(1) 字符数组 str 长度为空，默认的长度是字符串中字符个数外加结尾标志，str 数组长度应该为 12。

(2) str 是数组名，它表示字符数组首地址，str+3 表示序号为 3 的元素的地址，它指向 m。str [3]，* (string+3)表示数组中序号为 3 的元素的值(m)。

(3) 字符数组允许用%s 格式进行整体输出。

2. 字符指针

对字符串而言，也可以不定义字符数组，直接定义指向字符串的指针变量，利用该指针变量对字符串进行操作。

【例 8.14】 字符指针的应用。

```
void main()
{
    char * str="I am a teacher.";
    printf("%s\n",str);
}
```

运行情况:

```
I am a teacher.
```

程序说明:

在这里没有定义字符数组,在程序中定义了一个字符指针变量 str。C 程序将字符串常量"I am a teacher."按字符数组处理,在内存中开辟一个字符数组用来存放字符串常量,并把字符数组的首地址赋值字符指针变量 str,这里的"char * str="I am a teacher.";"语句仅是一种 C 语言表示形式,其真正的含义为

```
char a[]="I am a teacher.", * string;
str=a;
```

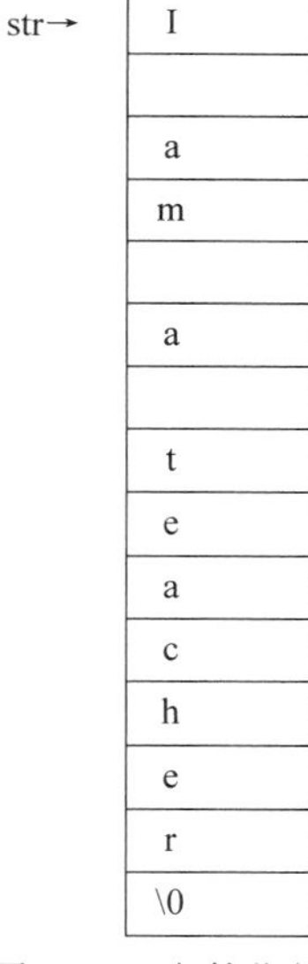

图 8-13 字符指针

但省略了数组 a,数组 a 由 C 环境隐含给出,如图 8-13 所示。在输出时,用"printf("%s\n",str);"语句,%s 表示输出一个字符串,输出项指定为字符指针变量 str,系统先输出它所指向的一个字符,然后自动使 str 加 1,使之指向下一个字符,然后再输出一个字符……,直到遇到字符串结束标志'\0'为止。

【例 8.15】 输入两个字符串,比较它们是否相等,相等输出 YES,不等输出 NO。

```
#include<stdio.h>
#include<string.h>
void main()
{
    int t=0;
    char * s1, * s2;
    gets(s1);
    gets(s2);                                    //(输入两字符串)
    while ( * s1!='\0' && * s2!='\0')
    {
        if( * s1!= * s2){t=1;break;}
        s1++;
        s2++;
    }
    if(t==0)printf("YES");
    else printf("NO");
```

```
}
```

运行情况：

```
good
good
YES
```

8.4.2 字符串指针作为函数参数

将一个字符串从一个函数传递到另一个函数，一方面可以用字符数组名作为参数，另一方面可以用指向字符串的指针变量作为参数，在被调函数中改变字符串的内容，在主调函数中得到改变了的字符串。

【例 8.16】 将输入字符串中的大写字母改成小写字母，然后输出字符串。

```
#include<stdio.h>
#include<string.h>
void inv(char * s)
{
    int i;
    for(i=1;i<strlen(s);i++)
        if (* (s+i)>=65 && * (s+i) <=92)
         * (s+i)+=32;
}
main()
{
    char * string="";
    gets(string);
    inv(string);
    puts(string);
}
```

运行情况：

```
CDefG↙          (输入 CDefG 并回车)
cdefg           (输出结果)
```

程序说明：

主函数中，通过 gets 函数从终端获得一个字符串，并由指针变量 string 指向该字符串的第一个字符，调用函数 inv，将指向字符串的指针 string 作为实参传递给 inv 中的形参 s，函数 inv 的作用是逐个检查字符串的每个字符是否为大写字符，若是将其加 32 转换成相应的小写字符，否则不做处理。

函数 inv 无返回值，由于从主调函数传递来的指针 string 与形参 s 指向同一内存空间，所以字符串在函数 inv 中的处理结果也就是指针 string 所指向空间的数据改变。

用指向字符串的指针对字符串进行操作，比字符数组操作起来更方便灵活。例如，可将上例中 inv 函数改写成下面两种形式。

(1) void inv(char * s)

```
{
    while (* s!='\0')
    {
        if (* s>65 && * s <92)
            * s+=32;
        s++;
    }
}
```

(2) void inv(char * s)

```
{
    for(; * s!='\0';s++)
        if (* s>65 && * s <92)
            * s+=32;
}
```

【例 8.17】 编写函数 length(char * s),函数返回指针 s 所指字符串的长度。

```
int length(char * s)
{
    int n=0;
    while( * (s+n)!='\0') n++;
    return n;
}
main( )
{
    char str[]="this is a book";
    printf("%d=",length(str));
}
```

程序说明:形参 s 指向字符串的首地址,依次统计串中字符个数,直到遇串结束标志'\0'为止。变量 n 有计数和作为字符串访问偏移量的作用。main 函数中将实参指针 str 传递给形参 s,返回串中字符个数并输出。

8.4.3 字符数组与字符串指针的区别

虽然对字符串的操作可以使用字符串指针和字符数组两种方式,但两者是有区别的,主要区别如下。

1. 存储方式不同

字符数组由若干元素组成,每个元素存放一个字符,而字符串指针中存放的是地址(字符串的首地址),绝不是将整个字符串放到字符指针变量中。

2. 赋值方式不同

对字符数组只能对各个元素赋值,下列对字符数组赋值方法是错误的。

```
char str[16];
str="I am a student.";
```

但若将 str 定义成字符串指针，就可以采用下列方法赋值。

```
char * str;
str="I am a student.";
```

3. 定义方式不同

当一个数组被定义后，编译系统将分配给具有确切地址的具体内存单元；在一个指针变量被定义后，编译系统将同样分配给一个具体存储地址单元，存放的只能是地址值。要强调的是，指针变量可以指向一个字符型数据，但在对它赋予一个具体地址值前，它并未指向哪一个字符数据。例如：

```
char str[10];
scanf("%s",str);
```

是可以的。如果用下面的方法：

```
char * str;
scanf("%s",str);
```

其目的也是输入一个字符串，虽然一般也能运行，但这种方法中 str 可能被系统其他地址所占用给程序安全性带来危险，不建议使用。

4. 运算方面不同

指针变量的值允许改变，如果定义了指针变量 s，则 s 可以进行++、--等运算。

【例 8.18】 指针变量的运算。

```
void main()
{
    char * string="I am a student.";
    string=string+7;
    printf("%s\n",string);
}
```

运行情况：

```
student.
```

指针变量 string 的值可以改变，输出字符串时从 string 当前所指向的单元开始输出各个字符，直到遇到'\0'结束。而字符数组名是地址常量，不允许进行++、--等运算。下面代码是错误的。

```
void main()
{
    char string[]="I am a student.";
    string=string+7;
    printf("%s\n",string);
}
```

8.5 指针和函数

8.5.1 函数的指针

函数在编译时被分配一个入口地址(首地址),这个入口地址就是函数的指针,C 语言规定,函数的首地址就是函数名。如果把这个地址送给某个特定的指针变量,这个变量就指向了函数,通过这个指针变量可以实现对函数的调用。整个过程分为如下三个步骤。

(1) 定义指向函数的指针变量。

数据类型 (* 指针变量名)();

(2) 将某函数的入口地址赋值给指针变量。

指针变量名=函数名;

(3) 通过函数入口地址(指向函数的指针变量)调用函数。

(* 指针变量名)(实参表)

下面通过例 8.19 来说明指向函数的指针变量的应用。

【例 8.19】 输入 10 个数,求其中的最大值。

(1) 一般函数调用方法。

```
void main()
{
    int i,m,a[10];
    for(i=0;i <10;i++)
    scanf("%d",&a[i]);
    m=max(a);
    printf("max=%d",m);
}
max(int * p)
{
    int i,t= * p;
    for(i=1;i <10;i++)
    if(* (p+i)>t) t= * (p+i);
    return (t);
}
```

(2) 定义指向函数的指针变量调用函数的方法。

```
int max(int * );
void main()
{
    int i,m,a[3];
        int (* f)(int * );                    /* 声明函数指针变量 f */
    for(i=0;i <3;i++)
```

```
    scanf("%d",&a[i]);
    f=max;                                  /* 将函数 max 的入口地址赋予 f */
    m=(*f)(a);                              /* 利用指针变量 f 调用函数 */
    printf("max=%d",m);
}
max(int *p)
{
    int i,t=*p;
    for(i=1;i<3;i++)
    if(*(p+i)>t) t=*(p+i);
    return (t);
}
```

程序说明：

(1) 定义指向函数的指针变量时，*f 必须用( )括起来。如果写成 *f( )，则意义不同，它表示 f 是一个返回指针值的函数。

(2) 指针变量的数据类型必须与被指向的函数类型一致。

(3) 在给函数指针变量赋值时，只需给出函数名而不必给出参数，如"f=max;"，因为函数名即为函数的入口地址，不能随意添加实参或形参。

(4) 用函数指针变量调用函数时，只需将(*f)代替函数名，在(*f)之后的圆括号中根据需要写上实参。事实上，可以直接使用 f()代替 max()行使职能，即把程序第 9 行 m=(*f)(a)改写成 m=f(a)。

8.5.2 用指向函数的指针作为函数参数

前面已经介绍过，函数的参数可以是变量、指向变量的指针变量、数组名、指向数组的指针变量等。指向函数的指针变量也是可以作为函数参数的，在函数调用时把某几个函数的首地址传递给被调函数，使被传递的函数在被调用的函数中调用，如下所示：

```
主调函数                            被调函数
p1=max;          inv(int (*x1)(int,int ),int (*x2)(int,int ));
p2=min;                              {
    ⋮                                 ⋮
                               y1=(*x1)(a,b);
inv(p1,p2);                    y2=(*x2)(a,b);
    ⋮                                 ⋮
}
```

程序说明：定义一个函数 inv，它有两个参数 x1、x2，x1、x2 被定义为指向函数的指针变量，x1 所指向的函数(*x1)有两个整型参数，x2 所指向的函数(*x2)有两个整型参数。在主调函数中，实参用两个指向函数的指针变量 p1、p2 给形参传递函数地址，此处也可直接用函数名 max、min 作为函数实参。这样在函数 inv 中就可以通过(*x1)和(*x2)调用 max 和 min 两个函数了。

下面通过一个简单的例子说明指向函数的指针的使用。

【**例 8.20**】 编写函数 func,在调用它的时候,每次实现不同的功能。对于给定的两个数 a 和 b,第一次调用 func 时找到 a 和 b 中的较大数;第二次调用 func 时找到 x 和 y 中的较小数;第三次调用 func 时返回 a 和 b 的和。

```
#include<stdio.h>
void main()
{
    int max(int,int);
    int min(int,int);
    int sum(int,int);
    void func(int,int,int ( * fun)(int,int));
    int x,y;
    printf("Enter two number to a and b:");
    scanf("%d,%d",&x,&y);
    printf("max=");
    func (x,y,max);
    printf("min=");
    func (x,y,min);
    printf("sum=");
    func (x,y,sum);
}
    max(int a,int b)
    {   int c;
        c=(a>b)? a:b;
    return(c);
}
min(int a,int b)
{   int c;
    c=(a <b)? a:b;
    return(c);
}
sum(int a,int b)
{   int c;
    c=a+b;
    return(c);
}
/ * 函数定义,参数 fun 是指向函数的指针,该函数有两个整型形式,函数类型是整型 * /
void func(int a,int b,int ( * fun)(int,int))
{
    int result;
    result=( * fun)(a,b);
    printf("%d\n",result);
}
```

运行情况:

```
Enter two number to a and b:6,8↙              (输入 6、8 并回车)
max=8
min=6
sum=14
```

程序说明：max、min 和 sum 是已定义的三个函数，分别实现了最大数、最小数和求和的功能。main 函数第一次调用 func 时，除了将参数 x、y 作为实参传递给 func 中的形参 a、b 外，还将函数名 max 作为实参传递给形参 fun，这时 fun 指向 max，如图 8-14 所示，func 函数中的(*fun)(a,b)相当于 max(a,b)，执行 func 函数后输出 x、y 中的大数。main 函数第二次调用 func 时，将函数名 min 作为实参传递给形参 fun，fun 指向函数 min，如图 8-14 所示，func 函数中的(*fun)(a,b)相当于 min(a,b)，执行 func 函数后输出 x、y 中的小数。同理，main 函数第三次调用 func 后输出 a、b 的和。

图 8-14　函数指针的调用

前面曾经指出，对同一源程序文件中的整型函数可以不加说明就可以调用，但那只限于函数调用的情况，函数调用时在函数名后跟括号与实参，编译时能根据此形式判断它为函数名，而在 func 函数中，max 作为实参，后面没有圆括号和参数，编译系统无法判断它是变量名还是函数，因而必须事先申明 max、min、sum 是函数名，而非变量名，这样编译时将它们按函数名处理，即将函数的入口地址作实参值，才不会导致出错。

8.5.3　返回指针值的函数

一个函数可以返回一个整型值、实型值或字符型值，也可以返回指针型数据。这种返回指针值的函数，一般定义形式为

类型名 *函数名(参数表)

例如，int *maxc(int x,int y)表示 maxc 是函数名，调用以后能得到一个指向整型数据的指针(地址)。函数 maxc 的两个整型形参是 x 和 y。

请注意在 *maxc 两侧没有圆括号，在 maxc 两侧分别有 * 运算符和( )运算符，( )优先级高于 *，因此 maxc 先与( )结合，表明 maxc 是函数名。函数前有一个 *，表示此函数返回值类型是指针，最前面的 int，表示返回的指针指向整型变量。这种形式容易与定义指向函数的指针变量混淆，使用时要注意。

【例 8.21】　以下函数把两个整数形参中较大的那个数的地址作为函数值传回。

```
void main()
{
    int *maxc(int,int);              /*函数说明*/
    int *p,i,j;
    printf("Enter two number to i,j:");
    scanf("%d,%d",&i,&j);
    p=maxc(i,j);                     /*调用函数 maxc,返回最大数的地址赋值指针变量 p*/
```

```
    printf("max=%d", * p);
}
int * maxc(int x,int y)            /* 定义返回值为整型指针的函数 maxc * /
{
    int * z;
    if(x>y) z=&x;
    else z=&y;
    return(z);
}
```

运行情况：

```
Enter two number to i,j:17,48↙        (输入 17,48 并回车)
max=48                                (输出结果)
```

程序说明：调用函数 maxc 时，将变量 i、j 的值 17、48 分别传递给形参 x、y，函数 fun 将 x 和 y 中的大数地址 &y 赋给指针变量 z，函数调用完毕，将返回值 z 赋给变量 p，即 p 指向大数 j。

8.6 指向指针的指针

8.6.1 指向指针的指针简介

若一个变量中存放的是一个指针变量的指针，该变量称为指向指针变量的指针变量，简称为指向指针的指针。若有如下语句：

```
int i=2;
int * p1;
p=&i;
```

其含义非常清楚，它定义了指针变量 p1 指向 i，* p1 的值为 2；C 语言还允许定义变量 p2，在变量 p2 中存放指针变量 p1 的地址，变量 p2 称为指向指针的指针。变量 i、p1、p2 的关系如图 8-15 所示。

p2		p1		i
&p1	→	&i	→	2

图 8-15　指向指针的指针

变量 p2 的定义和赋值形式如下：

```
int * * p2;
p2=&p1;
```

有了上述的定义与赋值后，* p2 的值为 p1，变量 i 存在三种访问形式：i、* p1、* * p2。

掌握了指向指针的指针后，下面介绍指向指针的指针与指针数组的关系，图 8-16 可以看到，name 是一个指针数组，它的每一个元素均为指针型数据，其值为地址。name 代表指针数组第 0 个元素的地址，name+1 代表第 1 个元素的地址，……，可以设置一个指针变量 p，它指向指针数组的元素，p 就是指向指针的指针变量。

【例 8.22】 指向指针的指针变量应用。

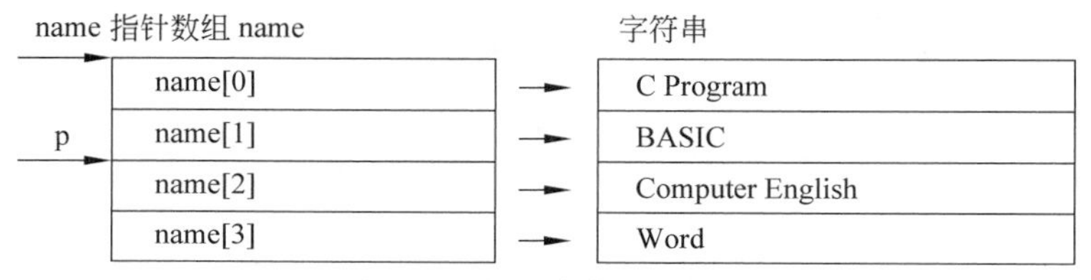

图 8-16 指向字符串的指针

```
void main()
{
    char * name[]={"C Program","BASIC","Computer English","Word"};
    char * * p;
    for(p=name;p <name+4;p++)
    printf("%s\n", * p);
}
```

运行情况：

```
C Program
BASIC
Computer English
Word
```

程序说明：p 是指向指针的指针变量，第一次执行循环体时，它指向 name 数组的第 0 个元素 name[0]，* p 是第 0 个元素的值 name[0]，它是第一个字符串"C Program"的起始地址，printf 函数按格式符%s 输出第 0 个字符串。接着执行 p++，p 指向 name 数组的第1 个元素 name[1]，输出第 1 个字符串。依次输出其余各字符串。

8.6.2 指针数组

一个数组，若其元素均为指针类型数据，称为指针数组。一维指针数组的定义形式为

类型名 * 数组名[数组长度]

例如：

```
int * p[4];
```

由于[]比 * 优先级高，因此 p 先与[ ]结合，表明 p 为数组名，数组 p 中包含 4 个元素。然后再与 * 结合，* 表示此数组元素是指针类型，每个元素都指向一个整型变量，即每个元素相当于一个指针变量。

注意：不能写成 int (* p)[4]，这是一个指向一维数组的行指针变量。

为什么要引用指针数组的概念呢？它比较适合于指向若干长度不等的字符串，使字符串处理更方便更灵活，而且节省内存空间。

例如，一个班级有若干门课，想把课程名存放到一个数组中(见图 8-17(a))，然后对这些数进行排序和查询。按一般的思路，每门课对应一个字符串，一个字符串需要一个字符数组存放，因此要设计一个二维的字符数组才能存放若干门课名，并且必须按最长的课名来定义

二维数组的列数，而实际上课名长度一般不相等，这样就造成了内存空间的浪费，如图 8-16(b)所示。

C Program
BASIC
Visual C++ 6.0
Office

(a)

C		P	r	o	g	r	a	m	\0					
B	A	S	I	C	\0									
V	i	S	u	a	l		C	+	+		6	·	0	\0
O	f	f	i	c	e									

(b)

图 8-17　二维数组存储

换一种思路，字符串除了通过字符数组存放外，还可以通过字符串指针进行存取，定义一个指针数组，将该数组中的每一个元素指向各字符串，如图 8-18 所示。这样处理有两个优点：一是节省内存空间；二是若想对字符串排序，不必改动字符串的位置，只需改动指针数组各元素的指向，移动指针变量的值比移动字符串所花的时间少得多。

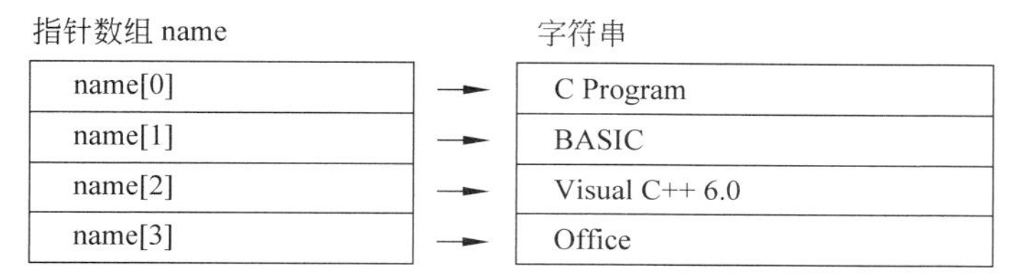

图 8-18　指针数组存储

【例 8.23】 将若干字符串按字母顺序由小到大输出。

```
void sort(char * kcna[],int n)
{
    char * temp;
    int i,j,k;
    for(i=0;i <n-1;i++)
    {
    k=i;
        for(j=i+1;j <n;j++)
        if(strcmp(kcna[k],kcna[j])>0) k=j;
        if(k! =i)
        {   temp=kcna[i];kcna[i]=kcna[k];kcna[k]=temp;}
    }
}
void main()
    {
        char * kcna[ ]={"C Program","BASIC","Visual C++6.0","Office"};
        int i,n=4;
        sort(kcna,n);
        for(i=0;i <n;i++)
        printf("%s\n",kcna[i]);
}
```

运行情况：

```
BASIC
C Program
Office
Visual C++6.0
```

程序说明：main 函数中定义了指针数组 kcna，它有 4 个元素，其初值分别为"C Program"、"BASIC"、"Visual C++ 6.0"、"Office"的首地址，如图 8-18 所示。函数 sort 利用选择排序法对指针数组 name 所指向的字符串按字母顺序进行排序，在排序过程中不交换字符串，只交换指向字符串的指针（kcna[i]与 kcna[k]交换），执行完 sort 函数后指针数组的情况如图 8-19 所示。

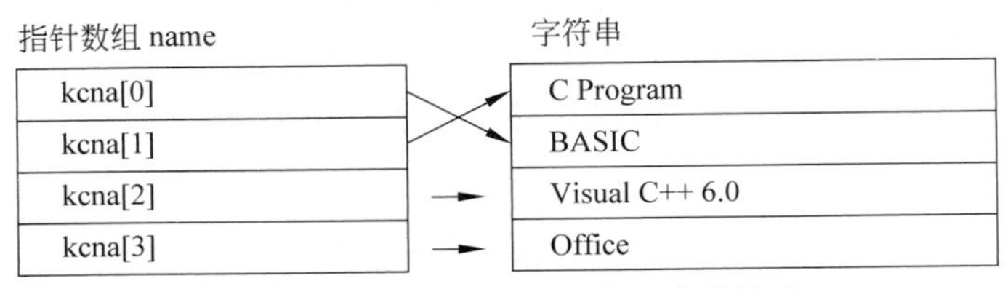

图 8-19　sort 执行后指针数组存储情况

最后依次输出各字符串。通过本例可以很清楚地看到指针数组把非有序化量有序化，这种方法可以用到以后的结构体数据的排序，通过设置指向结构体元素的指针数组，实现对结构体元素的有序化。

注意：两个字符串大小比较时应当使用 strcmp 函数，用于两个指针数组元素交换的中间变量 temp 必须定义成字符指针类型。

8.6.3　指针数组作为 main 函数的参数

在以前各章节中的 C 语言源程序，main 函数后的圆括号内都不带有参数。但实际上，main 函数是可以带参数的，指针数组的一个重要应用就是作为 main 函数的形参。一般习惯用 argc 和 argv 作为 main 的形参名。

argc 是命令行中参数的个数，argv 是一个指向字符串的指针数组，这些字符串既包括正在执行的程序文件名，也包括该程序的操作对象参数，即带参数的 main 函数的函数原型如下：

```
main(int argc,char *argv[ ]);
```

main 函数是由系统调用的，C 源程序文件经过编译、连接后得到的与源程序文件同名的可执行文件，在操作系统命令环境下，输入该文件名，系统就调用 main 函数；若 main 中给出了形参，执行文件时必须指定实参，命令行的一般形式为

文件名　参数 1　参数 2… 参数 n

文件名和各参数之间用空格隔开，各参数都是字符串。

【例 8.24】　编写一命令文件，把输入的字符串倒序打印出来。设文件名为 inverse.c。

```
void main(int argc,char *argv[])
```

```
{
    int i;
    for(i=argc-1;i>0;i--)
    printf("%s ",argv[i]);
}
```

本程序经编译、连接后生成文件名为 inverse.exe 的可执行文件，在 DOS 提示符下输入：

```
inverse I am a student
```

输出结果：

```
student a am I
```

程序说明：执行 main 函数时，文件名 inverse 是第一个参数，因此 argc 的值为 4，argc[0]是字符串"inverse"的首地址，argc[1]是字符串"I"的首地址，argc[2]是字符串"am"的首地址，argc[3]是字符串"a"的首地址，argc[4]是字符串"student"的首地址。

8.7 编程实践

任务 1：黑白棋子交换

【问题描述】

有三个白子和三个黑子如图布置：

游戏的目的是用尽可能少的步数将上图中白子和黑子的位置进行交换：

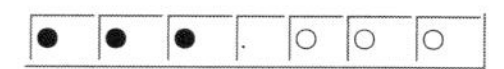

游戏的规则：①一次只能移动一个棋子；②棋子可以向空格中移动，也可以跳过一个对方的棋子进入空格，但不能向后跳，也不能跳过两个子。请用计算机实现上述游戏。

【问题分析与算法设计】

计算机解决此类问题的关键是要找出问题的规律。分析本题，可总结出以下规则。

(1) 黑子向左跳过白子落入空格，转(5)。

(2) 白子向右跳过黑子落入空格，转(5)。

(3) 黑子向左移动一格落入空格(但不应产生棋子阻塞现象)，转(5)。

(4) 白子向右移动一格落入空格(但不应产生棋子阻塞现象)，转(5)。

(5) 判断游戏是否结束，若没有结束，则转(1)继续。

阻塞现象就是指，在移动棋子的过程中，两个尚未到位的同色棋子连接在一起，使棋盘中的其他棋子无法继续移动。例如，按下列方法移动棋子：

或 step1：

○ ○ . ○ ● ● ●

step2：出现白、空、黑、白

○ ○ . ● ○ ● ●

或 step2：出现黑、白、空、黑

○ ○ ● ○ . ● ●

step3：

○ ○ ● . ○ ● ●

step4：两个●连在一起产生阻塞

○ ○ ● ● ○ . ●

或 step4：两个白连在一起产生阻塞

○ . ● ○ ○ ● ●

产生阻塞现象的原因是在第 2 步时，棋子○不能向右移动，只能将●向左移动。

总结产生阻塞的原因，当棋盘出现“黑、白、空、黑”或“白、空、黑、白”状态时，不能向左或向右移动中间的棋子，只移动两边的棋子。

按照上述规则，可以保证在移动棋子的过程中，不会出现棋子无法移动的现象，且可以用最少的步数完成白子和黑子的位置交换。

【代码实现】

```
#include<stdio.h>
int number;
void print(int a[]);
void change(int *n,int *m);
void main()
{
    int t[7]={1,1,1,0,2,2,2};          /*初始化数组 1 表示白子,2 表示黑子,0 表示空格*/
    int i,flag;
    print(t);
        while(t[0]+t[1]+t[2]!=6||t[4]+t[5]+t[6]!=3)
                              /*判断游戏是否结束,若还没有完成棋子的交换则继续进行循环*/
    {
        flag=1;  /*flag 为棋子移动一步的标记,1 表示尚未移动棋子,0 表示已经移动棋子*/
        for(i=0;flag&&i<5;i++)      /*若白子可以向右跳过黑子,则白子向右跳*/
            if(t[i]==1&&t[i+1]==2&&t[i+2]==0)
            {change(&t[i],&t[i+2]);print(t);flag=0;}
        for(i=0;flag&&i<5;i++)      /*若黑子可以向左跳过白子,则黑子向左跳*/
            if(t[i]==0&&t[i+1]==1&&t[i+2]==2)
            {change(&t[i],&t[i+2]); print(t); flag=0;}
        for(i=0;flag&&i<6;i++)      /*若向右移动白子不会产生阻塞,则白子向右移动*/
            if(t[i]==1&&t[i+1]==0&&(i==0||t[i-1]!=t[i+2]))
```

```
            {change(&t[i],&t[i+1]);print(t);flag=0;}
        for(i=0;flag&&i <6;i++)       /* 若向左移动黑子不会产生阻塞,则黑子向左移动 */
            if(t[i]==0&&t[i+1]==2&&(i==5||t[i-1]!=t[i+2]))
            {   change(&t[i],&t[i+1]);print(t);flag=0;}
    }
}
void print(int a[])
{
    int i;
    printf("No. %2d:............................\n",number++);
    printf("    ");
    for(i=0;i <=6;i++)
        printf("|%c",a[i]==1?'*':(a[i]==2?'@':' '));
    printf(" |\n ............................\n\n");
}
void change(int *n,int *m)
{
    int term;
    term=*n; *n=*m; *m=term;
}
```

【编程小结】

(1) 程序中 change(int *,int *)是一个返回值为空、带有两个整型指针变量参数的自定义函数。其功能是交换两个变量的值,所传递的是变量地址,即地址传递,在传递两个实型参数内存首地址的同时也将实参的"实际控制权"交给了形式参数。

(2) 数组 t 用于模拟棋盘,其中元素值为 1 代表白子,2 代表黑子;设定 t[0]+t[1]+t[2]==3, t[4]+t[5]+t[6]==6 为初始状态,即从左至右分别为 3 个白子,1 个空格,3 个黑子;最终状态左至右分别为 3 个黑子,1 个空格,3 个白子即以 t[0]+t[1]+t[2]==6, t[4]+t[5]+t[6]==3 表示;屏幕显示时以 * 表示白子,@表示黑子。

(3) 程序核心代码是主函数 main 中的 while 循环,在其循环体内分成两类状态处理分别为白(黑)子可以跳过黑(白)子,此时交换的是 t[i]和 t[i+2]两个元素值,i<5;当向右移动白子或向左移动黑子不产生阻塞,此时交换的是 t[i]t[i+1]两个元素值,i<6。

(4) 程序中 flag 作为工作变量用于标记是否发生交换。

(5) 程序执行结果如图 8-20 所示。

任务 2:班干部值日安排

【问题描述】

班主任要求班干部轮流值日负责班级卫生和上课考勤。班上有班长、团支书、生活委员、学习委员、体育委员、宣传委员、纪律委员七位班干部,分别用 A、B、C、D、E、F、G 表示,在一周内(星期一至星期日)每人要轮流值日一天。现在已知:

A 比 C 晚一天值日;

D 比 E 晚二天值日;

B 比 G 早三天值日;

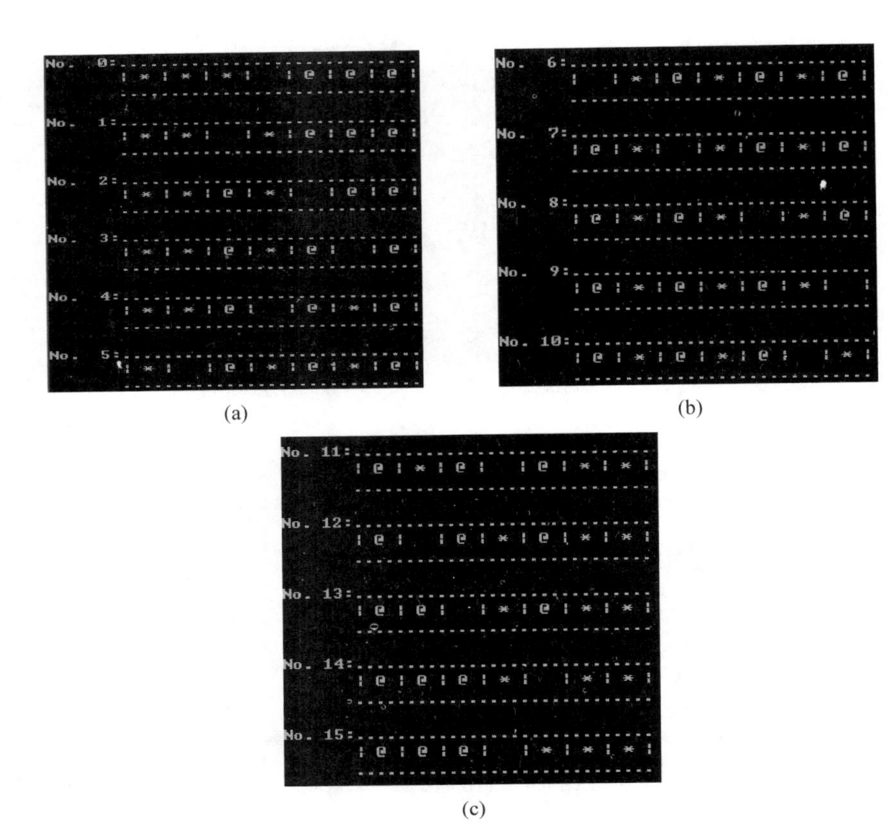

图 8-20　程序运行结果

F 在 B 和 C 之间值日,且是星期四;

请确定每天究竟是哪位同学值日?

【问题分析与算法设计】

由题目可推出如下已知条件。

(1) F 是星期四值日。

(2) B 值日的日期在星期二和星期三,且三天后是 G 值日。

(3) C 值日的日期在星期五和星期六,且一天后是 A 值日。

(4) E 两天后是 D 值日,E 值日的日期只能在星期一至星期三。

在编程时用数组元素的下标 1~7 表示星期一到星期日,用数组元素的值分别表示 A~F 七位同学。

【代码实现】

```
#include<stdio.h>
#include<stdlib.h>
char * leader(char);
int a[8];
char * day[]={"","星期一","星期二","星期三","星期四","星期五","星期六","星期日"};
                                                              /* 建立星期表 */
void main()
```

```
{
    int i,j,t;
    a[4]=6;                                  /* 星期四是 F 值日 */
    for(i=1;i <=3;i++)
    {
        a[i]=2;                              /* 假设 B 值日的日期 */
        if(! a[i+3]) a[i+3]=7;               /* 若三天后无人值日则安排 G 值日 */
        else{   a[i]=0;continue;}            /* 否则 B 值日的日期不对 */
        for(t=1;t <=3;t++)                   /* 假设 E 值日的时间 */
        {
            if(! a[t]) a[t]=5;               /* 若当天无人值日则安排 E 值日 */
            else continue;
            if(! a[t+2]) a[t+2]=4;           /* 若 E 值日两天后无人值日则应为 D */
            else{   a[t]=0;continue;}        /* 否则 E 值日的日期不对 */
            for(j=5;j <7;j++)
            {
                if(! a[j]) a[j]=3;           /* 若当天无人值日,则安排 C 值日 */
                else continue;
                if(! a[j+1]) a[j+1]=1;       /* C 之后一天无人值日则应当是 A 值日 */
                else{   a[j]=0;continue;}    /* 否则 A 值日日期不对 */
                printf("------班级值日表------\n");
                for(i=1;i <=7;i++)           /* 安排完毕,调用 leader 函数,输出结果 */
                    printf("%10.8s:%s 值日.\n",leader('A'+a[i]-1),day[i]);
                exit(0);
            }
        }
    }
}
char * leader(char ch)
{
    switch(ch)
    {
    case 'A': return "班    长";break;
    case 'B': return "团 支 书";break;
    case 'C': return "生活委员";break;
    case 'D': return "学习委员";break;
    case 'E': return "体育委员";break;
    case 'F': return "宣传委员";break;
    case 'G': return "纪律委员";break;
    }
}
```

【编程小结】

(1) 程序在实现值日安排时采用穷举法,数组 a 作为工作数组,所起到的作用是用于保存值日安排,其与数组 day 共同点是数组下标均表示相同的星期。

（2）数组 day 是一个指针数组，除首元素外每个元素均指向初始化时的一个字符串常量的首地址。

（3）数组 a 的元素值为整型数 1～7 分别对应七位同学。

图 8-21　班级值日表输出结果图

（4）为使实际星期表示与数组下标相一致，数组 a 和数组 day 中下标为 0 的数组元素空闲。

（5）自定义函数 leader 的作用是实现通过 A～F 转换成班干部的具体职位输出，该函数返回值为字符指针，即班干部职位字符串的存储首地址。

（6）程序最后的“printf("%10.8s:%s 值日.\n",leader('A'+a[i]－1),day[i]);”函数中的第一个输出格式为%10.8s，其中采用的修饰符作用为给出 10 字节的输出位置，但实际允许输出 8 字节，即四个汉字字符，输出结果如图 8-21 所示。

习　　题

1. 选择题

（1）以下程序的输出结果是________。

A. 52　　B. 51　　C. 53　　D. 97

```
#include<stdio.h>
main()
{   int I,x[3][3]={9,8,7,6,5,4,3,2,1}, *p=&x[1][1];
    for(I=0;I<4;I+=2) printf("%d",p[I]);
}
```

（2）以下程序的输出结果是________。

A. 6　　B. 6789　　C. '6'　　D. 789

```
#include<stdio.h>
main()
{   char a[10]={'1','2','3','4','5','6','7','8','9',0}, *p;
    int i;
    i=8;
    p=a+i;
    printf("%s\n",p-3);
}
```

（3）以下程序的运行结果是________。

A. 运行后报错　　B. 6 6　　C. 6 12　　D. 5 5

```
#include<stdio.h>
main()
{   int a[]={1,2,3,4,5,6,7,8,9,10,11,12,};
    int *p=a+5, *q=NULL;
    *q=*(p+5);
```

```
    printf("%d%d \n", * p, * q);
}
```

(4) 若已定义"int a[9], * p=a;",并在以后的语句中未改变 p 的值,不能表示 a[1] 地址的表达式是________。

A. p+1　　　　B. a+1　　　　C. a++　　　　D. ++p

(5) 若有说明"long * p,a;",则不能通过 scanf 语句正确给输入项读入数据的程序段是________。

A. * p=&a; scanf("%ld",p);

B. p=(long *)malloc(8); scanf("%ld",p);

C. scanf("%ld",p=&a);

D. scanf("%ld",&a);

(6) 若有以下说明和语句,则在执行 for 语句后,* (* (pt+1)+2)表示的数组元素是________。

A. t[2][0]　　　　B. t[2][2]　　　　C. t[1][2]　　　　D. t[2][1]

```
int t[3][3], * pt[3], k;
for (k=0;k<3;k++) pt[k]=&t[k][0];
```

(7) 下面程序把数组元素中的最大值放入 a[0]中,则在 if 语句中的条件表达式应该是________。

A. p>a　　　　B. * p>a[0]　　　　C. * p> * a[0]　　　　D. * p[0]> * a[0]

```
#include<stdio.h>
main( )
{   int a[10]={6,7,2,9,1,10,5,8,4,3}, * p=a,i;
    for(i=0;i <10;i++,p++)
    if( * p>a[0]) * a= * p;
    printf("%d", * a);
}
```

(8) 以下程序的输出结果是________。

A. 1　　　　B. 4　　　　C. 7　　　　D. 5

```
#include<stdlib.h>
#include "stdio.h"
int a[3][3]={1,2,3,4,5,6,7,8,9}, * p;
f(int * s,int p[ ][3])
{   * s=p[1][1];}
main( )
{   p=(int * )malloc(sizeof(int));
    f(p,a);
    printf("%d \n", * p);
}
```

(9) 设已有定义"char * st="how are you";",下列程序段中正确的是________。

A. char a[11], * p;strcpy(p=a+1,&st[4]);

B. char a[11];strcpy(++a,st);

C. char a[11];strcpy(a,st);

D. char a[], * p;strcpy(p=&a[1],st+2);

(10) 有如下程序段：

```
int * p,a=10,b=1;
p=&a;a=* p+b;
```

执行该程序段后，a 的值为________。

A. 12　　B. 11　　C. 10　　D. 编译出错

(11) 对于基类型相同的两个指针变量之间，不能进行的运算是________。

A. <　　B. =　　C. +　　D. -

(12) 有如下程序

```
#include<stdio.h>
main()
{   char s[]="ABCD", * p;
    for(p=s+1;p <s+4;p++)
    printf("%s\n",p);
}
```

该程序的输出结果是________。

A. ABCD	B. A	C. B	D. BCD
BCD	B	C	CD
CD	C	D	D
D	D		

(13) 下列程序的输出结果是________。

A. 非法　　B. a[4]的地址　　C. 5　　D. 3

```
main( )
{   char a[10]={9,8,7,6,5,4,3,2,1,0}, * p=a+5;
    printf("%d", * --p);
}
```

(14) 下列程序段的输出结果是________。

A. 2 1 4 3　　B. 1 2 1 2　　C. 1 2 3 4　　D. 2 1 1 2

```
#include<stdio.h>
void fun(int * x,int * y)
{   printf("%d%d ", * x, * y); * x=3; * y=4;}
main( )
{   int x=1,y=2;
    fun(&y,&x);
    printf("%d%d",x,y);
}
```

(15) 在说明语句“int *f( );”中，标识符 f 代表的是________。

A. 一个用于指向整型数据的指针变量

B. 一个用于指向一维数组的行指针

C. 一个用于指向函数的指针变量

D. 一个返回值为指针型的函数名

2. 填空题

(1) 定义语句“int *f();”和“int (*f)();”的含义分别为________和________。

(2) 在 C 程序中，指针变量能够赋________值或________值。

(3) 若定义“char *p="abcd";”，则“printf("%d", *(p+4));”的结果为________。

(4) 以下函数用来求出两整数之和，并通过形参将结果传回，请填空。

```
void func(int x,int y,_______)
    { *z=x+y;}
```

(5) 若有以下定义和语句

```
int w[10]={23,54,10,33,47,98,72,80,61}, *p;
p=w;
```

则通过指针 p 引用值为 98 的数组元素的表达式是________。

(6) 若有“int a[10];”，则 a[i]的地址可表示为________或________，a[i]可表示为________。

(7) 在 C 语言中，对于二维数组 a[i][j]的地址可表示为________或________。其中，对于 a[i]来说，它代表________，它是一个________。

(8) 一个指针变量 P 和数组变量 a 的说明如下：

```
int a[10], *p;
```

则 p=&a[1]+2 的含义是指针 p 指向数组 a 的第________个元素。

(9) 一个数组，其元素均为指针类型数据，这样的数组叫________。

(10) int *p[4]表示一个________，int(*p)[4]表示________。

3. 程序设计

(1) 编写一个程序计算一个字符串的长度。

(2) 编写一个程序，当键盘输入整数为 1～12 时，解释显示相应的英文月份名，输入其他整数时显示错误信息。

(3) 编一程序，将字符串"software"赋给一个字符数组，然后从第一个字母开始间隔地输出该串。请用指针完成。

(4) 编一程序，将字符串中的第 m 个字符开始的字符子串复制成另一个字符串。要求在主函数中输入字符串及 m 的值并输出复制结果，在被调函数中完成复制。

(5) 设有一数列，包含 10 个数，现要求编一程序首先按升序排好，然后从指定位置开始的 n 个数按逆序重新排列并输出新的完整数列。进行逆序处理时要求使用指针方法。试编程。

(6) 通过指针数组 p 和一维数组 a 构成一个 3×2 的二维数组，并为 a 数组赋初值 2、4、

6、8…。要求先按行的顺序输出此二维数组，然后再按列的顺序输出它。试编程。

（7）编写一个函数，从键盘输入10个数存入数组data[10]中，同时设置一个指针变量p指向数组data，然后通过指针变量p对数组按照从小到大的顺序排序，最后输出其排序结果。

（8）编写一程序，从存储10名同学5门课程成绩的二维数组中找出最好成绩所在的行和列，并将最大值及所在行列值打印出来。要求将查找和打印的功能编一个函数，二维数组中的输入在主函数中进行，并将二维数组通过指针参数传递的方式由主函数传递到子函数中。

第 9 章　结构体和共用体

在前面章节里，介绍了 C 语言的基本类型变量（如整型、实型、字符型变量等）和构造类型数据——数组。但在实际问题中，描述一个对象的信息需要一组数据，而且这组数据往往由不同的数据类型构成。例如，在学生登记表中，一个学生的情况包括姓名、学号、年龄、性别、成绩等内容，姓名应为字符型，学号可为整型或字符型，年龄应为整型，性别应为字符型，成绩可为整型或实型等。显然不能用一个数组来存放这一组数据，但为了整体存放这些类型不同的相关数据，C 语言允许用户使用自定义的数据类型，包括结构体类型、共用体类型和枚举类型，其中结构体和共用体属于构造类型，枚举型属于简单类型。

本章主要介绍结构体和共用体这两种构造类型的概念、定义以及应用，简单叙述了枚举类型的概念，最后介绍如何通过 typedef 为一个系统提供的类型名或用户已定义的类型再命名一个新的类型名。

9.1　结　构　体

C 语言中给出了一种构造数据类型——“结构（struct）”或叫“结构体”。它相当于其他高级语言中的记录。结构体是一种构造类型，它由若干数据项组成，组成结构体的各个数据项称为结构体成员，每一个成员可以是一个基本数据类型或者是一个构造类型。结构体既然是一种“构造”而成的数据类型，那么在说明和使用之前必须先根据实际情况定义结构体类型，然后再定义结构体类型变量，如同在说明和调用函数之前要先定义函数一样。

9.1.1　结构体类型的定义

前面各章节所使用的定义变量都是由系统提供的类型定义变量。例如：

```
int a,b;
float c[10];
char str;
```

上面的语句定义的普通变量 a 和 b 是整型变量；数组 c 是包含 10 个元素的单精度实型数组，每个数组元素都是单精度实型的；最后定义了一个字符型变量 str。其中，int、float、char 是系统定义的类型名，是系统关键字。

然而结构体类型比较复杂，系统无法事先为用户定义一种统一的结构体类型。因此，在定义结构体变量之前，用户要先定义结构体类型，即用自己定义的结构体类型定义结构体变量。

定义结构体类型，应该指出该结构体类型名，包含哪些成员，各成员名及其数据类型等。定义一个结构体类型的一般形式为

```
struct 结构体名
```

```
{成员表列
};
```

“结构体名”用作结构体类型的标志，它又称为“结构体标记”(structure tag)。成员表列由若干个成员组成，每个成员都是该结构体的一个组成部分。对每个成员也必须进行类型说明，其形式为

```
类型说明符    成员名;
```

所以，定义结构体类型可以写成

```
struct 结构体类型名
{
    类型说明符    成员名 1;
    类型说明符    成员名 2;
    类型说明符    成员名 3;
}
```

说明：

(1) struct 是关键字，必须原样写出，表示定义一个结构体类型，它是语句的主体，是该语句所必需的。

(2) 结构体名、成员名的命名规则遵循标识符的定义规则。花括号内是结构体成员表列，各结构体成员的定义方式和一般变量的定义方式相同。

(3) 结构体类型定义是一个语句，应以分号结束，注意，“}”后面的分号一定不能省略，否则编译系统无法通过。

(4) 结构体类型的定义只说明了该类型的构成形式，系统并不为其分配内存空间，编译系统仅给变量分配内存空间

(5) 结构体成员的类型也可以是另外一个结构体类型。例如：

```
struct date
{   int year;
    int month;
    int day;
};
struct student
{   int num;
    char name[20];
    char sex;
    struct date birthday;
    int score[5];
};
```

结构体成员的类型如果是另外一个结构体类型，同样必须遵守先定义后使用的原则。如上例中，先定义 struct date 类型，再定义 struct student 类型。

(6) 不同结构体类型的成员名可以相同，结构体的成员名也可以与基本类型的变量名相同。它们分别代表不同的对象，系统将以不同的形式表示它们。例如：

```
struct student
{   int num;
    char name[20];
    int age;
    int score;
} a,b;
struct teacher
{   int num;
    char name[20];
    int age;
    float salary;
}c,d;
```

(7)“struct 结构体类型名”为结构体的类型说明符,可用于定义或说明变量。结构体类型的定义可置于函数内,这样该类型名的作用域仅为该函数。如果结构体类型的定义位于函数之外,则其定义为全局的,可在整个程序中使用。

由此可见,结构体是一种复杂的数据类型,是数目固定、类型不同的变量在内存中的分配模式,并没有分配实际的内存空间。当定义了结构体类型的变量之后,系统才能在内存中为变量分配存储空间。因此,结构体类型定义是为结构体变量定义服务的。

9.1.2 结构体变量的定义

结构体类型反映的是所处理对象的抽象特征,而要描述具体对象时,就需要定义结构体类型的变量,简称为结构体变量或结构体。定义结构体变量有三种方法,下面分别进行介绍。

1. 定义类型后再定义变量

结构体变量必须先定义结构体类型,再说明结构体变量。其形式如下:

结构体类型　变量 1,变量 2,…,变量 n;

例如:

```
struct stu
{   int num;
    char name[20];
    char sex;
    int age;
    float score;
    char address[30];
};
struct stu zhang,wang;
```

程序说明:定义了两个结构体变量 zhang、wang,其在内存中的存储形式如图 9-1 所示。

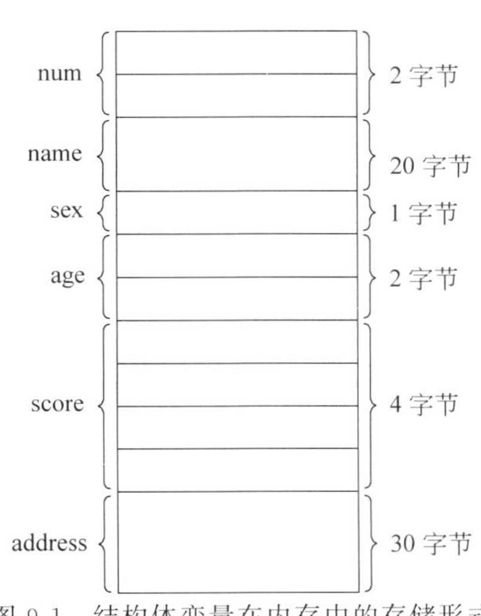

图 9-1　结构体变量在内存中的存储形式

可以使用 sizeof 运算符来求解当前变量存储空间所占的字节数,其使用格式为

```
sizeof(类型或变量)
```

例如：

```
printf("%d",sizeof(zhang));
```

输出结果为 68。

2. 定义结构体类型的同时定义结构体变量

其形式如下：

```
struct 结构体名
{
    成员表列
}变量名表列;
```

例如：

```
struct stu
{
    int num;
    char name[20];
    char sex;
    int age;
    float score;
    char address[30];
}zhang,wang;
```

3. 直接定义结构体变量

其形式如下：

```
struct
{   成员表列
}变量名表列;
```

在此方法中没有具体指出结构体类型名，在程序中仅有一处需要定义某种结构体类型变量时，可用此方法。例如：

```
struct
{   int num;
    char name[20];
    char sex;
    int age;
    float score;
    char address[30];
}zhang,wang;
```

三种基本形式的比较：第三种方法与前两种方法的区别在于，第三种方法中省去了结构体类型名，而直接给出结构体变量。这种情况下不能使用前两种方法对变量进行定义，只能在构造类型的时候定义变量。三种方法中说明的 zhang、wang 变量都具有如图 9-1 所示的内存单元。

9.1.3 结构体变量的引用

在程序中使用结构体变量时，要对每个结构体成员进行引用，即不能把它作为一个整体来使用。除了允许具有相同类型的结构体变量相互赋值以外，一般对结构体变量的使用，包括赋值、输入、输出、运算等都是通过结构体变量的成员来实现的。

（1）结构体变量成员引用的一般形式为

结构体变量名.成员名

其中，“.”称为成员运算符，其优先级最高，结合方向从左向右。

如对上面定义的结构体变量 wang 的访问：

```
wang.num 即 wang 的学号
wang.sex 即 wang 的性别
```

（2）如果成员本身又是一个结构体变量，则必须逐级找到最低级的成员才能使用。只能对最低级的成员进行赋值或存取以及运算。如对上面定义的结构体变量 wang 的访问：

wang.birthday.year 即 wang 出生的年份。

注意：不能用 wang.birthday 来访问变量 wang 中的成员 birthday，因为 birthday 本身是一个结构体变量。

（3）成员可以在程序中单独使用，与普通变量完全相同。其中，“.”运算符的优先级别最高，所以可以把“结构体变量名.成员名”看作一个整体。

如果 zhang、wang 是同一类型变量，对各自的同名成员 num，也可用 zhang.num、wang.num 来区分。

（4）对结构体变量的成员可以像普通变量一样进行各种运算（根据其类型进行相应的运算）。例如：

```
zhang.score=wang.score;
average=(zhang.score+wang.score)/2;
zhang.num++;
```

由于“.”运算符的优先级最高，因此，zhang.num++是对 zhang.num 进行自加运算，而不是先对 num 进行自加运算。

（5）可以引用结构体变量成员的地址，也可以引用结构体变量的地址。例如：

```
scanf("%f",&zhang.score);                /* 输入 zhang.score 的值 */
printf("%o",&zhang.score);               /* 输出 zhang.score 的首地址 */
```

但不能用以下语句整体读入结构体变量。例如：

```
scanf("%d,%s,%c,%d,%d,%d,%d",&a);
```

结构体变量的地址主要用作函数参数，传递结构体变量的地址。

9.1.4 结构体变量的赋值

结构体变量的值已知,在定义结构体变量时可以给它的成员赋初值,这就是结构体的初始化,它包括在定义结构体变量时赋初值和定义结构体后赋初值。

1. 定义结构体变量时初始化

与其他类型的变量一样,对结构体变量可以在定义时进行初始化赋值,对结构体变量赋初值的格式为

```
struct 结构体类型名 变量名={成员 1 的值,成员 2 的值,…,成员 n 的值};
```

初值表用"{}"括起来,表中各个数据以逗号分隔,并且应与结构体类型定义时的成员个数相等,类型一致。如果初值个数少于结构体成员个数,则将无初值对应的成员赋以 0 值。如果初值个数多于结构体成员个数时,则编译出错。

当结构体具有嵌套结构时,内层结构体的初值也需用"{}"括起来。

【例 9.1】 在定义时对结构体变量赋初值。

参考程序如下:

```
#include<stdio.h>
void main()
{
    struct stu
    {
        int num;
        char name[20];
        char sex;
        float score;
    }a={1001,"Zhang",'M',78.5};                    /*定义结构体变量并初始化*/
    struct stu b={1002,"Wang",'F',67.5};
        printf("NO.=%d\tName=%s\tsex=%c\tscore=%5.2f\n",a.num,a.name,a.sex,a.
                score);                                /*输出结构体 a 的值*/
        printf("NO.=%d\tName=%s\tsex=%c\tscore=%5.2f\n",b.num,b.name,b.sex,b.
                score);                                /*输出结构体 b 的值*/
}
```

运行情况:

```
NO.=1001    Name=Zhang    sex=M    score=78.50 (输出的结果)
NO.=1002    Name=Wang     sex=F    score=67.50 (输出的结果)
```

程序说明:程序中首先定义了结构体类型 stu,然后定义了结构体变量 a 和 b,对 a、b 分别进行初始化。最后用 printf 语句输出结构体变量 a 和 b 各成员的值。本例定义了一个局部的结构体类型和结构体变量,它们的作用域只在主函数体内有效。

注意:结构体变量 a 的各成员输出,不能直接输出结构体变量名,如"printf("%d",a);"是错误的,这样只能输出第一个成员的值,即输出 1001。

2. 结构体变量定义后

在结构体变量定义之后对结构体变量赋值时可以采用各成员赋值,用输入语句或赋值

语句来完成。

【例 9.2】 在定义后对结构体变量赋初值。

参考程序如下：

```
#include<stdio.h>
#include<string.h>
struct stu                                  /* 定义结构体类型 */
{
    int num;
    char name[20];
    char sex ;
    float score ;
}a ;                                        /* 定义结构体变量 a */
void main()
{
    struct stu b ;                          /* 定义结构体变量 b */
    a.num=1001;
    printf("输入姓名: ");
    gets(a.name);
    a.sex='M';
    a.score=76.5;
    b=a;                                    /* 将结构体 a 赋值给结构体变量 b */
        printf("No.=%d\tName=%s\tsex=%c\tscore=%5.2f\n",a. num,a.name,a.sex,a.
              score );
        printf("No.=%d\tName=%s\tsex=%c\tscore=%5.2f\n",b. num,b.name,b.sex,b.
              score );
}
```

运行情况：

```
输入姓名: Zhang↙(输入 Zhang 并回车)
No.=1001     Name=Zhang     sex=M     score=76.50 (输出的结果)
No.=1001     Name=Zhang     sex=M     score=76.50 (输出的结果)
```

程序说明：用赋值语句给成员 num、sex 和 score 赋值，而成员 name 是一个字符型数组，数组在定义后不能使用赋值语句进行赋值，所以可采用字符串输出函数或用 scanf 函数动态地进行输入，然后把 a 的所有成员的值整体赋予 b，最后分别输出 a、b 的各个成员值。结构体类型的定义和结构体变量的定义在例 9.1 中处于主函数体内，而在例 9.2 中处于主函数外，前一个是局部的结构体类型及变量，只在主函数内有效，而后一个是全局的结构体类型。a 是全局的结构体变量，b 是局部的结构体变量。

注意：对于结构体变量各个成员不可以一次性全部赋值，但是对于同类型的结构体变量之间可以整体一次赋值。如上例所示“b=a;”是合法的，相当于：

```
b.num=a.num;
strcpy(b.nme,a.nme);
b.sex=a.sex;
b.score=a.score;
```

其中,b.name、a.name一般是用字符串进行处理,所以只有用字符串复制函数才能完成赋值操作。

【例 9.3】 有两条记录,记录包括数量(num)和价格(price),编写一程序完成总价格的计算。

程序设计分析:用结构体变量保存两条记录的数据,求出每一记录的价格后相加即可得到最终结果。

参考程序如下:

```
#include<stdio.h>
struct p
{
    int num;
    float price;
};
void main()
{
    struct p a,b ;
    float sum ;
    printf("输入第一个数量和价格 : \n");
    scanf("%d%f",&a.num,&a.price );
    printf("输入第二个数量和价格: \n");
    scanf("%d%f",&b.num,&b.price );
    sum=a.num*a.price+b.num*b.price ;
    printf ("sum=%5.2f",sum);
}
```

运行情况:

```
输入第一个数量和价格:
10↙            (输入 10 并回车)
2.50↙          (输入 2.50 并回车)
输入第二个数量和价格:
20↙            (输入 20 并回车)
3.50↙          (输入 3.50 并回车)
sum=95.00      (输出的结果)
```

程序说明:本例定义了一个全局的结构体类型p,又定义了两个局部的结构体变量a、b,这两个结构体变量均有两个成员,一个表示商品数量num,另一个表示商品的价格price。程序要输出商品的总价钱,表达式就是a的商品数量×单价与b的商品数量×单价的和。

9.2 结构体数组与结构体指针

9.2.1 结构体数组

在实际应用中,经常用结构体数组来表示具有相同数据结构的一个群体,如一个班的学生档案、一个车间职工的工资表等。结构体数组是数组元素类型为结构体类型的数组。因此，结构体数组的每一个元素都是具有相同结构体类型的下标结构体变量。结构体数组的使用与结构体变量类似，需要先构造类型，再定义变量，只需说明它为数组类型即可。

1. 定义结构体数组

结构体数组的一般形式如下：

结构体类型标识符　数组名[长度];

例如，定义一个结构体类型，数组名为 stu，长度为 2 的结构体数组：

```
struct student
{   int num;
    char name[20];
    char sex;
    int age;
};
struct student stu[2];
```

说明：结构体数组的定义与普通结构体变量的定义相同，也可分成三种形式，具体请参阅结构体变量的定义规则。该结构体数组在内存中的存储情况如图 9-2 所示。

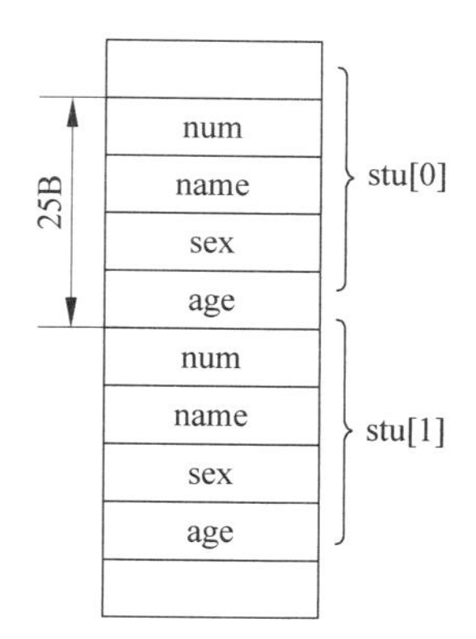

图 9-2　结构体数组在内存中的存储情况

定义了一个结构体数组 stu，共有 2 个元素，stu[0]和 stu[1]，每个数组元素都具有 struct student 的结构形式。

2. 结构体数组的引用

定义好结构体数组后对结构体数组元素进行引用，一般形式为

数组名[下标].成员名

例如，对上述结构体数组的引用：stu[0].num 表示第 0 行数组的第一个成员 num 的值，stu[1].score 表示第 1 行数组的第四个成员 score 的值。

3. 结构体数组的初始化

结构体数组定义好之后就可以对结构体数组进行赋值操作，包括在定义结构体数组时赋值和在定义结构体数组之后赋值。

(1) 在定义结构体数组时进行赋值操作。例如：

```
struct stu
{
    int num;
    char name[20];
    char sex ;
    float score ;
    }student[5]={{1001,"Li",'M',73.5},
                 {1002,"Zhang",'M',67.5},
                 {1003,"Hu",'F',95},
```

```
                {1004,"Cheng",'F',78.5},
                {1005,"Wang",'M',58.5}};
```

当对全部元素进行初始化赋值时,数组长度可以省略。数组元素与数组元素之间用"{ }"括起来,"{}"和"{}"之间用逗号分隔,即写成以下形式:

```
student[]={{…},{…},{…},{…},{…}};
```

编译时,系统会根据给出初值的结构体常量的个数来确定数组元素的个数。一个结构体常量包括结构体中全部成员的值。

(2) 在定义结构体数组之后进行赋值操作。其赋初值操作与一维数组的赋值操作类似,可用一个 for 循环语句,通过格式输入语句进行赋值。

【例 9.4】 输入输出学生相关信息,学生信息包括学号(num)、姓名(name)、语文成绩(chinese)、英语成绩(english)、数学成绩(maths)。

参考程序如下:

```
#include<stdio.h>
struct stu                              /* 定义结构体类型 stu */
{
    int num;
    char name[10];
    int chinese;
    int english;
    int maths;
};
void main()
{
    struct stu student[5];              /* 定义结构体数组 student */
    int i;
    for (i=0;i <5;i++)                  /* 通过键盘输入为结构体数组赋值 */
    {
        printf("输入第%d 个学生的学号、姓名、语文、英语、数学成绩: \n",i );
            scanf ("%d%s%d%d%d", &student[i].num, student[i].name, &student[i].
                chinese,&student[i].english,&student[i].maths );
    }
    printf("学生基本信息为: \n");
    for(i=0;i <5;i++)
        printf("%d\t%s\t%d\t%d\t%d\n",student[i].num,student[i].name,student
        [i].chinese,student[i].english,student[i].maths);
}
```

程序说明:该程序是以格式输入语句进行赋值的,因共有 5 个数组元素:student[0]~student[4],每个数组元素又具有 struct stu 的结构形式,故这里采用 i 来标识数组下标。

注意:对于整型、实型、字符型数组输入时,必须用成员引用的地址,如以下语句:

```
scanf("%d",&student[i].num);
```

而对于字符数组在按%s进行输入时，注意不要加&，因为字符数组名就是变量的地址，如以下语句：

```
scanf("%s",student[i].name);
```

9.2.2 指向结构体的指针

前面已经介绍了基本类型指针，如整型指针、字符指针等，也介绍过构造类型指针，如指向一维数组指针。同样也可以定义一个指针变量用于指向结构体变量。与其他指针类似，一个结构体变量的指针就是该变量所占内存空间的首地址。通过结构体指针变量即可访问到该结构体变量，这与数组指针和函数指针的情况是相同的。

1. 结构体变量的指针

结构体指针变量定义的一般形式为

struct 结构体名 *结构体指针变量名

如定义一个结构体类型student：

```
struct student
{
    int num;
    char name[20];
    char sex;
    float score;
};
```

如要说明一个指向student的指针变量p，可定义为

```
struct student *p
```

定义p是指向struct student结构体变量的指针变量，或者说指针变量p的基类型是struct student类型。

结构体指针变量的定义也可以像结构体变量定义一样，在定义结构体类型的同时定义结构体指针变量。例如：

```
struct date
{int year,month,day;} *q;
```

结构体指针变量也必须要先赋值后才能使用。赋值是把结构体变量的首地址赋予该指针变量，不能把结构体名直接赋予该指针变量。例如：

```
struct student stu;
```

则“p=&stu;”是正确的。结构体名和结构体变量是两个不同的概念，注意不能写成p=&student，这是错误的。结构体名只能表示一个结构体类型，编译系统并不对它分配存储空间。只有当某变量被说明为这种类型的结构体变量时，才对该变量分配存储空间。因此，上面&student写法是错误的，不可能去取一个结构体名的首地址。

有了结构体指针变量，就能更方便地访问结构体变量的各个成员，其访问一般形式为

(＊结构体指针变量).成员名

或者

结构体指针变量->成员名

如有以下程序段：

```
struct code
{
    int n;
    char c;
}a, * p;
p=&a;
```

p 是指向 a 的结构体指针，对于变量 a 中的成员有 3 种引用方式。

(1) a.n、a.c：通过变量名进行分量运算选择成员。

(2) (* p).n、(* p).c：利用指针变量间接存取运算访问目标变量的形式。由于"."的优先级高于 *，因此圆括号是必不可少的。

(3) p－＞n、p－＞c：这是专门用于结构体指针变量引用结构体成员的一种形式，它等价于第二种形式。－＞指向结构体成员运算符，优先级为一级，从左向右结合。例如：

p－＞n＋＋运算等价于(p－＞n)＋＋，是先取成员 n 的值，再使 n 成员自增 1。

＋＋p－＞n 运算等价于＋＋(p－＞n)，是先对成员 n 进行自增 1，然后再取 n 的值。

【例 9.5】 用指向结构体变量的指针变量引用结构体变量。

参考程序如下：

```
#include<stdio.h>
struct stu
{
    int num;
    char name[20];
    int score;
};
void main()
{
    struct stu s={1001,"zhang",78}, * p;
    p=&s;                          /* 使指针 p 指向结构体变量 s */
    printf("num\tname\tscore\n");
    printf("%d\t%s\t%d\n",s.num,s.name,s.score);
    printf("%d\t%s\t%d\n",( * p).num,( * p).name,( * p).score);
    printf("%d\t%s\t%d\n",p->num,p->name,p->score);
}
```

运行情况：

```
num     name     score        (输出的结果)
1001    zhang    78           (输出的结果)
```

```
1001    zhang   78          (输出的结果)
1001    zhang   78          (输出的结果)
```

程序说明:本例程序定义了一个结构体类型 stu,定义了 stu 类型结构体变量 s,并做了初始化赋值,还定义了一个指向 stu 类型结构体的指针变量 p。在 main 函数中,p 被赋予了 s 的地址,因此 p 指向 s,然后在 printf 语句内用三种形式输出 s 的各个成员值。从运行结果可以看出,结构体变量.成员名、(*结构体指针变量).成员名、结构体指针变量->成员名,这三种用于表示结构成员的形式是完全等效的。

2. 结构体数组的指针

结构体指针具有同其他类型指针一样的特征和使用方法。结构体指针变量也可以指向结构体数组。同样结构体指针加减运算也遵照指针计算规则。例如,结构体指针变量加 1 的结果是指向结构体数组的下一个元素。结构体指针变量的地址值的增量取决于所指向的结构体类型变量所占存储空间的字节数。

【例 9.6】 有 4 名学生,每个学生的属性包括学号、姓名、成绩,要求通过指针方法找出成绩最高者的姓名和成绩。

程序设计分析:将学生信息存入数组中,通过指针依次访问每一个学生信息,比较其分数,从而求出获得最高分学生在数组中的位置。

参考程序如下:

```
#include<stdio.h>
int main()
{
    struct student                              /* 定义结构体类型 */
    {
        int num;
        char name[20];
        float score;
    };
    struct student stu[4];
    struct student *p;
    int i,temp=0;
    float max;
    for(p=stu;p<stu+4;p++)                      /* 输入数据 */
        scanf("%d%s%f",&p->num,p->name,&p->score);
    for(max=stu[0].score,i=1;i<4;i++)           /* 查找成绩最高者 */
        if(stu[i].score>max)
        {
            max=stu[i].score;
            temp=i;
        }
    p=stu+temp;
    printf("\n 最高分: \n");                      /* 输出结果 */
        printf("NO.%d\nname: %s\nscore: %4.1f\n",p->num, p->name,p->score);
}
```

程序说明：用变量 temp 记录最高分所在数组元素的下标，通过数组名 stu＋temp 使指向结构体类型的指针 P 指向该数组元素。

在结构体指针运算中应注意的问题如下。

(1) 区别结构体指针自增还是结构体成员自增。

设 p＝stu；

＋＋p－＞num 等价于＋＋(p－＞num)，是成员自增。此运算是先将 stu[0]的 num 成员自增 1，再取成员 num 的值，此表达式的值为 2，而 p 的指向未变。

(＋＋p)－＞num 是指针自增，此运算是先进行 p 自增 1，使其指向 stu[1]，stu[1]的 num 成员值未变，所以表达式的值为 2。

(2) 区别结构体指针的自增、自减运算符是位于前缀还是后缀。

设 p＝stu；

(＋＋p)－＞num 运算是先进行 p 自增，所以是访问 stu[1]元素的 num 成员。

(p＋＋)－＞num 运算是先访问 stu[0]元素的 num 成员，再进行 p 自增。虽然两个表达式运算结束后均使 p 指向 stu[1]，但是表达式本身访问的是不同元素的 num 成员。

9.2.3 结构体作为函数的参数

结构体作为函数的参数包括结构体变量作为函数的参数和指向结构体的指针作为函数的参数两种。它们的使用与普通变量和指针作为函数的参数类似。

将一个结构体变量的值传递给另一个函数，有三种方法。

(1) 用结构体变量的成员作为参数。如用 stu[1].num 或 stu[2].name 作为函数实参，将实参值传给形参。用法和普通变量作为实参是一样的，属于“值传递”方式。应当注意与形参的类型保持一致。

(2) 用结构体变量作为实参。用结构体变量作为实参时，采取的也是“值传递”方式，将结构体变量所占的内存单元的内容全部顺序传递给形参，形参也必须是同类型的结构体变量。在函数调用期间形参也要占用内存单元。这种传递方式在空间和时间上开销较大，当结构体的规模很大时，开销是很可观的。此外，由于采用值传递方式，如果在执行被调用函数期间改变了形参(也是结构体变量)的值，该值不能返回主调函数，这往往造成使用上的不便。因此，一般较少用这种方法。

(3) 用指向结构体变量(或数组)的指针作为实参，将结构体变量(或数组)的地址传给形参。

1. 结构体变量作为函数的参数

可以使用结构体变量名作为函数的参数，也可以使用结构体变量的成员作为函数的参数，这里一般用前者。

【例 9.7】 编写一个函数，输出结构体变量各成员的值。

参考程序如下：

```
#include<stdio.h>
struct s
{
    int chinese;
```

```
    int maths ;
};
void print(struct s y)
{
    printf("chinese=%d\tmaths=%d\n",y.chinese,y.maths );
}
void main ()
{
    struct s x;
    scanf("%d%d",&x.chinese,&x.maths );
    print(x);
}
```

程序说明：结构体类型变量 x 作为函数的实参，所以自定义函数的形参必须是跟 x 同类型的变量。这里把结构体类型 s 设置成全局类型，便于自定义函数中形参的定义及主函数中实参的定义。

2. 结构体数组作为函数的参数

【例 9.8】 一个班有 5 名学生，学生信息包括学号（num）和三门成绩（score[3]），编写一个函数，统计不及格学生的人数并输出不及格学生的学号。

参考程序如下：

```
#include<stdio.h>
struct stu                                  /* 全局的结构体类型 */
{
    int num;
    int score[3];
};
int count(struct stu s[],int n)             /* 形参数组和长度 */
{
    int i,j,c=0,flag ;                      /* flag 变量是标志位 */
    printf("number is: \n");
    for (i=0;i <n;i++)
    {
        flag=0;                             /* 如果 flag==0,假设没有不及格的 */
        for (j=0;j <3;j++)
            if(s[i].score[j] <60)
            {
                flag=1;                     /* 如果 flag==1,找到一个不及格的 */
                break;                      /* 不用再继续查找了,可以退出循环 */
            }
        if(flag==1)                         /* 如果 flag 为 1,说明有不及格的 */
        {
        c++;                                /* 将统计变量 c 加 1 */
        printf("%d\n",s[i].num);            /* 输出有不及格成绩的人的学号 */
        }
```

```
    }
    return(c );                                    /* 将 c 值返回到主函数中 */
}
void main()
{
    int c;
    struct stu a[5]={ {1001,67,56,78},
                      {1002,78,78,90},
                      {1003,67,85,45},
                      {1004,89,67,89},
                      {1005,83,92,99}
                      };
    c=count(a,5);                                  /* 实参是数组名和长度 */
    printf("notpass is: %d",c);
}
```

运行情况：

```
number is:          (输出的结果)
1001                (输出的结果)
1003                (输出的结果)
notpass is: 2       (输出的结果)
```

程序说明：程序中定义了一个全局的结构体类型 stu，结构体类型包括学号和三门成绩，而三门成绩定义成整型数组，说明在结构体数据的成员中又出现了一个数组，而引用成员时，可以使用一个 for 循环语句，对成员引用。

在主函数中定义了一个结构体类型数组，数组中共有 5 个元素，并做了初始化赋值。在自定义函数 count 中用 for 语句逐个判断学生成绩，如有一门成绩小于 60，就将累加器 c 加 1，并同时输出学生的学号。循环结束后将不及格人数返回到主函数中输出。

【例 9.9】 一个班有 5 名学生，学生信息包括学号(num)、语文成绩(chinese)、英语成绩(english)、数学成绩(maths)，编写一个函数，计算各学生的总成绩及平均成绩。

参考程序如下：

```
#include<stdio.h>
struct stu
{
    int num;
    int chinese,english,maths;
    int sum;
    float aver;
};
void sum(struct stu student[],int n)
{
    int i;
    for (i=0;i <n;i++)
        {student[i].sum=student[i].chinese+student[i]. english+student[i].maths;
```

```
    student[i].aver=student[i].sum/3.0;
    }
}
void main ()
{
    int i;
    struct stu a[5]={ {1001,67,56,78},
                      {1002,78,78,90},
                      {1003,67,85,45},
                      {1004,89,67,89},
                      {1005,83,92,99} };
    sum(a,5);
printf("num\tchinese\tenglish\tmaths\tsum\taverage");
printf("\n");
    for(i=0;i <5;i++)
        printf("%d\t%d\t%d\t%d\t%d\t%.2f\n",a[i].num,a[i].chinese,a[i].english,a
        [i].maths,a[i].sum,a[i].aver );
}
```

运行情况：

```
Num     chinese   english   maths   sum    average(输出结果)
1001    67        56        78      201    67.00(输出的结果)
1002    78        78        90      246    82.00(输出的结果)
1003    67        85        45      197    65.67(输出的结果)
1004    89        67        89      245    81.67(输出的结果)
1005    83        92        99      274    91.33(输出的结果)
```

程序说明：结构体数组作为函数的参数与一维数组作为函数的参数类似，如果实参是数组名和长度，则形参就可以是数组名和整型变量。定义结构体类型时，将总成绩和平均值作为结构体类型成员。

3. 指向结构体的指针作为函数参数

通过指向结构体类型的指针参数，将主调函数的结构体变量的指针传递给被调函数的结构体指针形参，通过指针形参的指向域的扩展，操作主调函数中结构体变量及其成员，达到数据传递的目的。另外，也可将函数定义为结构体指针型函数，将被调函数中结构体变量的指针利用 return 语句返回给主调函数的结构体指针变量。

【例 9.10】 将例 9.7 改用指向结构体变量的指针作为形参。

参考程序如下：

```
#include<stdio.h>
struct s
{
    int chinese;
    int maths;
};
void print(struct s *p)
```

```
{   printf("chinese=%d\tmaths=%d",p->chinese,p->maths );
    printf("\n");
}
void main ()
{
    struct s x;
    scanf("%d%d",&x.chinese,&x.maths );
    print(&x);
}
```

程序说明：print 函数中的形参 p 被定义为指向 struct s 类型数据的指针变量。注意在调用 print 函数时，用结构体变量 x 的起始地址 &x 作为实参。在调用函数时将该地址传送给形参 p(p 是指针变量)。这样 p 就指向 x。在 print 函数中输出 p 所指向的结构体变量的各个成员值，它们就是 x 的成员值。

9.2.4 结构体举例

【例 9.11】 一个班有 5 名学生，学生信息包括姓名、年龄、家庭住址等，按照姓名升序进行输出。

参考程序如下：

```
#include<stdio.h>
#include<string.h>
struct user_info
{
    char name[20];
    int age;
    char phone[20];
    char address[80];
};
void main()
{
    int i,j,k;
    struct user_info tmp;
    struct user_info user[5]={{"Li",31,"1258746","Beijing"},
                              {"Zhao",39,"5897412","Shanghai"},
                              {"Qian",28,"3654879","Chongqing"},
                              {"Zhou",30,"5632146","Hangzhou"},
                              {"Sun",34,"8632541","Shenyang"}
                              };
    for(i=1;i <5;i++)                                /* 按姓名从小到大排序 */
    {
        k=5-i;
        for(j=0;j <5-i;j++)
            if(strcmp(user[j].name,user[k].name)>0)
                k=j;
```

```
        if(k!=5-i)
            {
                tmp=user[k];
                user[k]=user[5-i];
                user[5-i]=tmp;
            }
        }
    printf("%20s%5s%15s%20s","name","age","phone","address");
    printf("\n");
    for(i=0;i<5;i++)
        printf("%20s%5d%15s%20s\n",user[i].name,user[i].age, user[i].phone,user
        [i].address);
            }
```

运行情况：

```
Name  age    phon     address      (输出的结果)
Li    31     1258746 Beijing       (输出的结果)
Qian  28     3654879 Chongqing     (输出的结果)
Sun   34     8632541 Shenyang      (输出的结果)
Zhao  39     5897412 Shanghai      (输出的结果)
Zhou  30     5632146 Hangzhou      (输出的结果)
```

程序说明：程序定义了一个结构体类型 user_info，包含 3 个字符数组成员（姓名、电话和地址）和一个 int 型成员（年龄）。在 main 函数中为数组 user 进行了初始化，并应用选择法排序对 user 各元素按照 name 的大小排序，最后输出 user 中每个元素各成员的值。

【例 9.12】 候选人得票统计程序。设有三个候选人，每次输入一个得票的候选人的名字，要求输出各人得票的结果。

参考程序如下：

```
#include <stdio.h>
#include <string.h>
struct person
{
    char name[10];
    int count;
}leader[3]={"li",0,"wang",0,"zhang",0};
void main()
{
    int i,j;
    char leadername[20];
    for(i=1;i<=10;i++)
    {
        gets(leadername);
        for(j=0;j<3;j++)
        if(strcmp(leadername,leader[j].name)==0)
```

```
        leader[j].count++;
    }
    printf("leader\tcount\n");
    for(i=0;i <3;i++)
    printf("%s\t%d\n",leader[i].name,leader[i].count );
}
```

程序说明：该题是典型的统计问题。结构体数组 leader 长度为 3，每行有两个成员，字符型数组表示名字，整型数组表示得票数，票数初值为 0。外循环 i 表示循环次数，共用几张选票；内循环 j 表示查找判断，判断输入的名字与原结构体变量成员名字是否相同，如果相同，将其统计值加 1，直到循环结束，最后输出结构体数组各成员值。

9.3 链　　表

9.3.1 链表概述

在前面介绍的程序中，系统在模块运行之前必须对该模块所定义的变量分配存储空间，这种存储空间的分配方式称为静态分配方式。静态分配方式要求变量的存储空间长度是确定的。例如，曾介绍过数组的长度是预先定义好的，在整个程序中固定不变。C 语言中不允许动态数组类型。例如：

```
int n;
scanf("%d",&n);
int a[n];
```

用变量表示长度，想对数组的大小进行动态说明，这是错误的。但是在实际编程中，往往会发生这种情况，即所需的内存空间取决于实际输入的数据，而无法预先确定。对于这种问题，用数组的办法很难解决，如果数组定义长了，会造成存储空间浪费：如果数组定义短了，会造成空间溢出。

为了解决上述问题，C 语言提供了一些内存管理函数，这些内存管理函数可以按需要动态地分配内存空间，也可把不再使用的空间回收待用，可以有效地利用内存资源。

用动态分配方式定义的变量没有变量名，需要通过变量的地址引用该变量，而变量地址需要存储在另一个已定义的指针变量中。用动态分配方式定义变量的过程如下：

```
int *p;
p=(int *)malloc(sizeof(int));
```

从上述变量定义过程中并没有感到动态存储分配的灵活性。因为在定义动态变量之前必须先定义一个静态的指针变量，然后通过静态变量才能引用动态变量。如果把指向动态变量的指针也用动态方式定义，动态存储分配的灵活性就能充分体现出来。链表是采用动态存储分配的一种重要数据结构，一个链表中存储的是一批同类型的相关联的数据。采用动态分配的方法为一个结构分配内存空间，例如，存储学生信息数据，每一次分配一块空间可用来存放一个学生信息数据，可称为一个结点。有多少个数据就应该申请分配多少块内存空间，也就是说要建立多少个结点。当然用结构体数组也可以完成上述工作，但如果预先不能准确把握学生人数，也就无法确定数组大小，而且当学生留级、退学之后也不能把该元素占用的空间从数组中释放出来。

用动态存储的方法可以很好地解决这些问题。有一个学生就分配一个结点，无须预先确定学生的准确人数；某学生退学，可删去该结点，并释放该结点占用的存储空间，从而节约宝贵的内存资源。另一方面，用数组的方法必须占用一块连续的内存区域；而使用动态分配时，每个结点之间可以是不连续的(结点内是连续的)，结点之间的联系可以用指针实现，即在结点结构中定义一个成员项用来存放下一结点的首地址，这个用于存放地址的成员，常把它称为指针域。

注意：链表和数组具有相同的逻辑结构，它们之间的区别是，数组各元素的存储空间是连续的、固定的，数组元素个数一经定义是不可改变的；而链表中的元素个数是可变化的，元素的存储空间是动态分配的，逻辑上相邻的结点其物理存储空间不一定相邻。

为指示相邻结点关系，可在第一个结点的指针域内存入第二个结点的首地址，在第二个结点的指针域内又存放第三个结点的首地址，如此串联下去直到最后一个结点。最后一个结点因无后续结点连接，其指针域可赋为 0。这样一种连接方式，在数据结构中称为"链表"。图 9-3 为一简单链表的示意图。

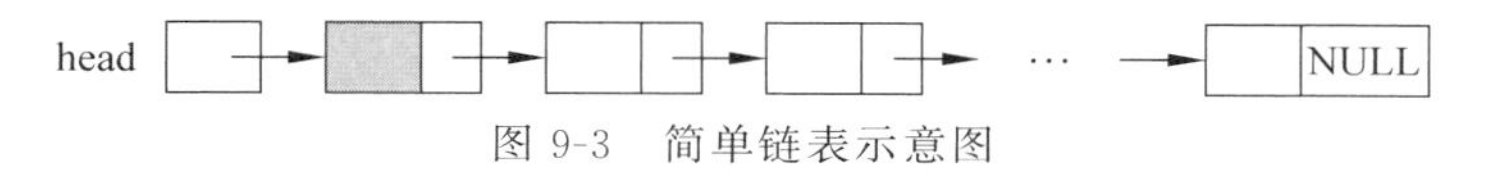

图 9-3　简单链表示意图

在图 9-3 中带有阴影线的结点称为头结点，它存放有第一个结点的首地址，它的数据域存储的是链表辅助信息(如链表结点个数等)不存储链表的实际数值。以下的每个结点都分为两个域：一个是数据域，存放各种实际的数据，如学号 num、姓名 name、性别 sex 和成绩 score 等；另一个是指针域，存放下一结点的首地址，链表中的每一个结点都是同一种结构类型。

例如，一个存放学生学号和成绩的结点应为以下结构：

```
struct stu
{
    int num;
    int score;
    struct stu * next;
};
```

说明：前两个成员项组成数据域，后一个成员项 next 构成指针域，它是一个指向 stu 结构体类型的指针变量。

9.3.2　处理动态链表所需的函数

常用的内存管理函数有三个，在使用时要包含头文件：

```
#include<stdlib.h>
```

1. 分配内存空间函数 malloc

函数原型：

```
void *malloc(unsigned size);
```

函数调用的一般形式:

```
(类型说明符 *)malloc(size)
```

说明:

(1) malloc 函数要求系统在内存中分配一块存储空间,这个存储空间是一块长度为 size 字节的连续区域,函数的返回值为该区域的首地址。

(2) 函数返回的指针是无类型的,用户要根据存储空间的用途把它强制转换成相应的类型。所以,"类型说明符"表示把该区域用于何种数据类型:(类型说明符 *)表示把返回值强制转换为该类型指针。

(3) size 是一个无符号数,单位为字节。如下语句:

```
p=(char *)malloc(100);
```

表示分配 100 字节的内存空间,并强制转换为字符数组类型,函数的返回值为指向该字符数组的指针,把该指针赋予指针变量 p。

【例 9.13】 应用 malloc 动态分配存储空间。

参考程序如下:

```
#include<stdio.h>
#include<stdlib.h>
void main ()
{
    int *p;
    p=(int *)malloc(2);
    *p=20;
    printf("%d", *p);
}
```

运行情况:

```
20  (输出的结果)
```

程序说明:表达式(int *)malloc(2)是指系统分配一块包含 2 字节的存储空间,用于存储一个整数。函数返回存储空间首地址后要强制转换成整型指针,才能把该指针赋给变量 p,程序通过 *p 引用该整型变量。

注意:如果不清楚该为变量分配多少存储空间,可使用 sizeof 运算符来获得。例如:

```
p=(int *)malloc(sizeof(int));
```

2. 分配内存空间函数 calloc

函数原型:

```
void *calloc(unsigned int n,unsigned int size);
```

函数调用的一般形式:

```
(类型说明符 *)calloc(n,size)
```

说明：

（1）函数实现的功能是在内存动态存储区中分配 n 块长度为 size 字节的连续区域，函数的返回值为该区域的首地址。

（2）(类型说明符 *)用于强制类型转换。

（3）calloc 函数与 malloc 函数的区别仅在于一次可以分配 n 块区域。如下语句：

```
ps=(struct stu*)calloc(2,sizeof(struct stu));
```

其中的 sizeof(struct stu)是求 stu 的结构长度。因此，该语句的意思：按 stu 的长度分配 2 块连续区域，强制转换为 stu 类型，并把其首地址赋予指针变量 ps。

3. 释放内存空间函数 free

函数原型：

```
void free(void * p);
```

函数调用的一般形式：

```
free (p);
```

说明：释放 p 所指向的一块内存空间，p 是一个任意类型的指针变量，它指向被释放区域的首地址，被释放区域应该是由 malloc 或 calloc 函数所分配的区域。

【例 19.14】 动态分配存储空间函数应用。

参考程序如下：

```
#include<stdio.h>
#include<stdlib.h>
void main()
{
    struct stu
    {
        int num;
        char * name;
        char sex;
        float score;
    } * ps;
    ps=(struct stu*)malloc(sizeof(struct stu));
    ps->num=1001;
    ps->name="Zhang";
    ps->sex='M';
    ps->score=95.5;
    printf("No.=%d\nName=%s\n",ps->num,ps->name);
    printf("Sex=%c\nScore=%f\n",ps->sex,ps->score);
    free (ps);
}
```

运行情况：

```
No.=1001              (输出的结果)
Name=Zhang            (输出的结果)
Sex=M                 (输出的结果)
Score=95.500000       (输出的结果)
```

程序说明：定义了结构体类型 stu，定义了结构体类型 stu 的指针变量 ps，然后分配一块 stu 大的内存区，并把首地址赋予 ps，使 ps 指向该区域，再以 ps 为指向结构的指针变量对各成员赋值，并用 printf 输出各成员值，最后用 free 函数释放 ps 指向的内存空间。整个程序包含了申请内存空间、使用内存空间、释放内存空间三个步骤，实现了存储空间的动态分配。

9.3.3 链表的基本操作

对链表的主要操作如下。

1. 建立链表

建立链表是指从无到有地建立起一个链表，即一个一个地输入各结点数据，并建立起前后相连的关系。

单链表的建立过程应反复执行下面 3 个步骤。

(1) 调用 malloc 函数向系统申请一个结点的存储空间。

(2) 输入该结点的值，并把该结点的指针成员设置为 0。

(3) 把该结点加入链表中，如果链表为空，则该结点为链表的头结点，否则把该结点加入表尾。

【例 9.15】 建立包含 5 个结点的单链表，5 个结点的值分别为 1001、78，1002、87，1003、54，1004、89，1005、90。

参考程序如下：

```
#include<stdio.h>
#include<stdlib.h>
struct node
{
    int num,score;
    struct node * next;
};
void main()
{
    struct node * creat(struct node * head,int n);
    void print(struct node * head);
    struct node * head=NULL;                    /* 定义表头指针 */
    head=creat(head,5);
    print(head);
}
struct node * creat(struct node * head ,int n)
{
    struct node * p, * q;
```

```
    int i;
    for (i=1;i <=n;i++)
    {                                                   /* 申请结点空间 */
        q=(struct node *)malloc(sizeof(struct node));
        printf("Input%d num,score: \n",i);
        scanf("%d,%d",&q->num,&q->score);
        q->next=NULL;
        if(head==NULL)
            head=q;                                     /* 新结点作为表头结点插入链表 */
        else
            p->next=q;                                  /* 新结点作为表尾结点插入链表 */
        p=q;
        }
    return head;
}
void print(struct node * head)
{
    struct node * p=head;
    printf("num\tscore\n");
    while(p!=NULL)
    {
        printf("%d\t%d\n",p->num,p->score);
        p=p->next;                                      /* p 指向下一个结点 */
    }
}
```

程序说明：自定义两个函数 creat 和 print，creat 用于链表的建立，print 用于输出链表值，其中 creat 是返回头指针的函数。建立链表的过程是用 q 开辟空间，输入数据，如果是第一个结点，将 head 指向结点的首地址（即将 q 的值赋给 head），然后将 q 赋给 p，为下一次 q 开辟空间，保留上一次结点地址；如果不是第一个结点，将 q 赋给 p－＞next，然后将 q 赋给 p，为下一次 q 开辟空间，保留上一次结点地址。

输出链表通过 print 函数，实参是 head 指针，在 print 函数将 head 赋给 p，使 p 指向链表头，然后输出 p 所指空间的内容，使 p 移动到下一结点的首地址，可以把 p－＞next 的值赋给 p，因为 p－＞next 的值就是下一结点的首地址。

注意：NULL 在头文件 stdio.h 中已经定义成 0，所以在使用 NULL 之前要包含头文件 stdio.h。

2. 单链表的查找

查找是最经常使用的操作，查找操作也是更新、删除等操作的基础。在链表中查找满足条件的结点，操作过程和链表的输出过程相似，也要依次扫描链表中的各结点。

【例 9.16】 编写一函数，在链表中查找指定学号的学生成绩，找到则输出成绩，否则输出查找失败。

程序设计分析：循环比较输入的学号与链表中的学号，循环初始值是输入 x 的值：循环条件是当链表到结尾也没有找到该学号，或者找到该学号退出循环，循环结束的标志是

p==NULL,那么循环条件是 p!=NULL && p->num!=x;循环体是 p 向下移动;退出循环后如果找到该学号,就输出相应内容,如果没有找到该学号,p 的值应该是 NULL。

参考程序如下:

```
#include<stdio.h>
#include<stdlib.h>
struct node
{
    int num,score;
    struct node *next;
};
void find(struct node *head)
{   struct node *p;
    int x;
    printf("输入要查找的数: \n");
    scanf("%d",&x);
    p=head;
    while(p!=NULL && p->num!=x)
        p=p->next;
    if(p)
        printf("num=%d\tscore=%d",p->num,p->score);
    else
        printf("%d not be found! \n");
}
```

3. 删除指定的结点

链表中已经不需要的结点应该删除,但删除结点不能破坏链表的结构。在单链表中删除指定位置的结点,并由系统回收该结点所占用的存储空间。具体操作过程如下。

(1) 从表头结点开始,确定要删除结点的地址 p,以及 p 的前一个结点地址 q。

(2) 如果 p 为头结点,删除后应修改表头指针 head,否则修改 q 结点的指针域。

(3) 回收 p 结点的空间。

删除结点的过程如图 9-4 所示。

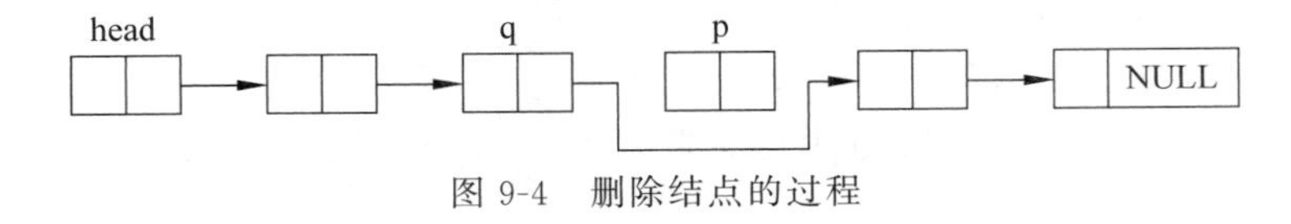

图 9-4 删除结点的过程

【例 9.17】 编写一函数,在链表中删除指定学号的结点,函数返回删除后的表头指针。

参考程序如下:

```
#include<stdio.h>
#include<stdlib.h>
struct node
{
    int num,score;
```

```
    struct node * next;
};
struct node * dele(struct node * head)
{
    int x;
    struct node * p, * q;
    p=head;
    printf("输入学号: \n");
    scanf("%d",&x);
    while(p! =NULL&&p->num! =x)                  /* 查找被删除结点 */
    {
        q=p;
        p=p->next;
    }
    if(p==NULL)
        printf("%d is not found!\n");
    else if(p==head)                             /* 删除表头结点 */
        head=p->next;
    else
        q->next=p->next;                         /* 删除中间结点 */
    free(p);
    return(head);
}
```

4. 在链表中插入结点

根据应用的需要,可以在链表中加入新结点。加入的结点可以放在表头、表尾或链表的任意位置。例如,要在学生成绩表中加入一个学生的考试成绩,为了保持链表中学号的连续性(按从小到大的顺序排列),需要根据加入结点的学号值把该结点插入链表的适当位置。在链表中插入新结点的一般过程如下。

(1) 调用 malloc 函数分配一个结点空间,并输入新结点的值。

(2) 查找合适的插入位置。

(3) 修改相关结点的指针域。

插入结点的过程如图 9-5 所示。

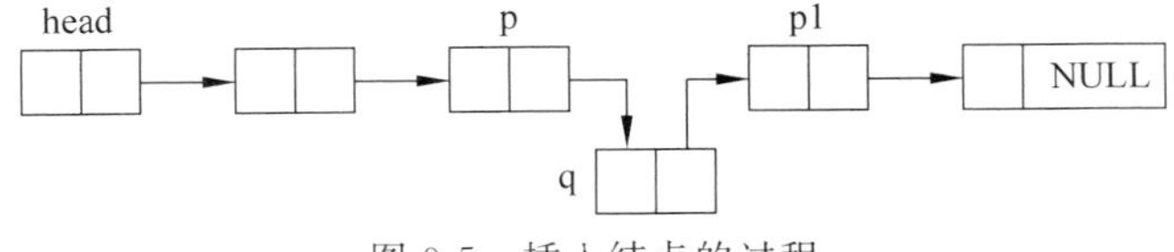

图 9-5 插入结点的过程

【例 9.18】 编写一函数,把某学生的考试成绩添加到学生信息链表中,添加结点后,链表中的各结点还应按学号从小到大顺序排列。

参考程序如下:

```
#include<stdio.h>
```

```
#include<stdlib.h>
struct node
{
    int num,score;
    struct node * next;
};
struct node * insert(struct node * head)
{   struct node * q, * p, * p1;
    q=(struct node * )malloc(sizeof(struct node));
    printf("输入学号、成绩: \n");
    scanf("%d,%d",&q->num,&q->score );
    if(head==NULL)                              /* 在空表中插入 */
    {
        q->next=NULL;
        head=q;
        return(head);
    }
    if(head->num>q->num)                        /* 新结点插入在表头之前 */
    {
        q->next=head;
        head=q;
        return head;
    }
    p=head;
    p1=head->next;
    /* 在链表中查找插入位置 */
    while(p1!=NULL&&p1->num <q->num)
    {
        p=p1;
        p1=p1->next;
    }
    q->next=p1;
    p->next=q;
    return(head);
}
```

程序说明：插入过程中要分别考虑新结点插入在链表头之前、链表中间和链表尾部几种情况，注意在插入链表中间时，要记录插入点之前一个结点的位置。

9.4 共 用 体

有时为了节省内存空间，把不同用途的数据存放在同一个存储区域，这种数据类型称为共用体类型，也称为联合体类型(union)。构成共用体变量的各成员的数据类型既可以是相同的，也可以是不同的。

共用体类型和共用体变量的定义方式与结构体的定义方法类似，也需要先构造共用体类型，后定义共用体变量。共用体成员的引用也和结构体成员的引用方法类似。两者主要的区别在于对成员项的存储方式。

9.4.1　共用体类型的定义

可以先定义共用体类型，然后用已定义的共用体类型定义共用体变量；也可以把共用体类型和共用体变量放在一个语句中一次定义。

定义共用体类型的一般形式为

```
union 共用体名
{成员表列};
```

成员表列由若干个成员组成，对每个成员也必须有类型说明，其形式为

```
类型说明符　成员名;
```

说明：其中 union 是关键字，必须原样写出，表示定义一个共用体类型。共用体名、成员名命名规则同标识的定义规则。

注意：和结构体类型定义一样，在没有定义共用体变量之前，共用体类型定义只是说明了共用体变量使用的内存模式，并没有分配具体的存储空间。例如：

```
union num
{
    short x;
    float y;
};
```

说明：定义了一个共用体类型 num，共用体类型中的成员有两个：一个是整型的 x；另一个是单精度实型的 y。

注意：花括号后的分号是不可少的。这与结构体类型定义类似，凡说明为共用体类型 num 的变量都由上述两个成员组成。

9.4.2　共用体类型变量的定义

与结构体类型变量的定义类似，共用体类型变量的定义也有三种形式。共用体类型构造好了以后，就可以用其定义共用体类型的变量了。例如：

```
union num
{
    short x;
    float y;
}a;
```

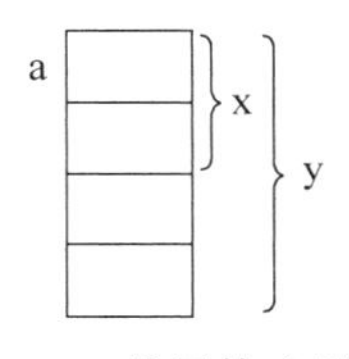

图 9-6　共用体变量在内存中的存储

说明：定义了一个共用体类型的变量 a，其在内存中的存储情况如图 9-6 所示。

共用体类型变量在内存中所占的空间不是该变量所有成员项的

空间长度的总和，而是把长度最大的成员项的存储空间作为共用体变量的存储空间。前面所定义的共用体类型变量 a，其在内存中存储空间的大小为 4 字节，是以单精度实型变量 y 的空间作为整个变量的存储空间的。如用 sizeof 函数来测试当前共用体变量 a 所占存储空间的字节数，即

```
printf("%d",sizeof(a));
```

输出结果为 4。

注意：结构体类型的变量所占空间为各个成员项所占空间的总和，而共用体类型的变量所占空间是以最大长度成员项所占空间的大小为准。

9.4.3 共用体变量的引用

定义好共用体类型变量后就可以对共用体变量进行引用了，其一般形式为

共用体变量名.成员名

例如：

```
union num
{
    short x;
    float y;
}a;
```

引用共用体成员，则 a.x 即是共用体类型变量 a 的成员 x 的值，a.y 即是共用体类型变量 a 的成员 y 的值。

9.4.4 共用体变量的初始化

可以对共用体变量进行初始化，其一般形式为

union 共用体类型名 共用体变量名={初始值};

例如：

```
union num a={45};
```

注意：花括号不能省略，而且花括号只能提供一个值，否则在程序编译过程中易出现错误信息的提示。

另一种形式是在共用体变量定义过后，对其成员进行赋值。例如：

```
a.x=2;a.y=4.5;
```

注意：由于共用体类型变量各成员在一个存储空间，所以第一次赋的值会被第二次赋的值覆盖，所以在使用共用体类型的变量时，要注意值的输入。

【例 9.19】 共用体变量举例。

参考程序如下：

```
#include<stdio.h>
```

```
union num
{
    short x;
    float y;
};
void main()
{
    union num a;
    printf("输入 x: \n");
    scanf("%d",&a.x);
    printf ("a.x=%d\n",a.x);
    printf("输入 y: \n");
    scanf("%f",&a.y);
    printf("a.y=%f\n",a.y);
    printf("a.x=%d\n",a.x);
}
```

运行情况：

```
输入 x:              (输出的结果)
2↙                   (输入 2 并回车)
a.x=2                (输出的结果)
输入 y:              (输出的结果)
4.5↙                 (输入 4.5 并回车)
a.y=4.500000         (输入的结果)
a.x=0                (输入的结果)
```

程序说明：第一次输入成员 x 的值为 2，则输出 a.x 的值为 2，第二次输入成员 y 的值为 4.5，则输出 a.y 的值为 4.5，而其值 4.5 将第一次输入的值 2 覆盖，所以再输出 a.x 的值就为 0。

思考：如果第二次输入的值为 32 767，则输出 a.y 的值为多少？输出 a.x 的值为多少？

【例 9.20】 存储若干个人员信息，其中有学生和教师。学生的数据包括姓名、学号、职业、班级，教师的数据包括姓名、工号、职业、职务。

程序设计分析：从题目可以看出，学生和教师所包含的数据是不同的。现要求把它们放在同一数据表格中，如果 job(职业)项为 s(学生)，则第 4 项为 classes (班级)；如果 job(职业)项为 t(教师)，则第 4 项为 position(职务)。显然可以用共用体对第 4 项进行处理。

要求输入人员的数据，然后再输出。为简化起见，只设两个人(一个学生，一个教师)。

参考程序如下：

```
#include<stdio.h>
union p
{
    int classes;
    char position[10];
};
```

```
struct stu
{
    char name[10];
    int num;
    char job;
    union p category;
}person[2];
void main()
{
    int n,i;
    printf("输入姓名: \n");
    for (i=0;i <2;i++)
    {
        scanf("%s%d%c",person[i].name,&person[i].num,&person[i].job);
        if(person[i].job=='s')                          /*输入学生信息*/
            scanf("%d",&person[i].category.classes);
        else if(person[i].job=='t')                     /*输入教师信息*/
            scanf("%s",person[i].category.position);
        else
            printf("输入错误!");
 }
    printf("\nnum\tname\tjob\tclasses/position\n");
    for (i=0;i <2;i++)
        if (person[i].job=='s')                         /*输出学生信息*/
            printf("%d\t%s\t%c\t%d\n",person[i].num,person[i].name,
                person[i].job,person[i].category .classes );
        else if (person[i].job=='t')                    /*输出教师信息*/
            printf("%d\t%s\t%c\t%s\n",person[i].num,person[i].name,
                person[i].job,person[i].category .position );
 }
```

程序说明:可以看到在主函数之前定义了外部的结构体数组 person,在结构体类型定义中包括了共用体类型,在这个共用体中成员为 classes 和 position,前者为整型的,后者为字符数组。这种共用体变量的用法是很有用的,可以节省内存空间,也可以从不同角度处理有关数据。

9.5 枚举类型和自定义类型

在实际应用中,有些变量的取值在一定的范围内,例如,一天有 12 个小时,一个星期内只有 7 天,一年只有 12 个月等。如果把这些量说明为整型、字符型或其他类型显然是不妥当的。为此,C 语言提供了一种称为枚举的类型。

枚举类型属于基本数据类型,用户一般应先定义一种枚举类型后,再定义属于该类型的变量。

9.5.1 枚举类型的定义

定义枚举类型就是定义该类型的值集合,即枚举变量可能的取值范围。枚举类型也需要先进行类型的定义,然后再进行变量的定义,枚举类型的定义以关键字 enum 开始,其后是枚举类型名,然后是花括号包围的枚举元素列表。所以,枚举类型定义的一般形式为

```
enum 枚举名{枚举值表};
```

例如:

```
enum weekday{sun ,mon,tue,wed ,thu,fri,sat };
```

说明:

(1) 定义了一个枚举类型 weekday,该类型中罗列出所有可用值,这些值也称为枚举元素。枚举元素是标识符,必须符合标识符的定义规则。

(2) 枚举元素本身由系统定义了一个表示序号的数值,默认从 0 开始,顺序定义为 0、1、2…,则在 weekday 这个枚举类型中,sun 的值为 0,mon 的值为 1,……,sat 的值为 6。

(3) 如果枚举元素指定序号,则该枚举元素后的序号为前一枚举元素加 1,当然枚举元素表中任何两个元素的序号不能相同。

(4) 可以对枚举元素表中的枚举元素指定序号,这可以通过在该枚举元素之后加一个等号和一个整数来实现,如以下语句。

```
enum day{mon=1,tue,wed,thu,fri,sat,sun=0};
```

说明:这样 mon 的序号为 1,tue 的序号为 2,以此类推,sat 的值为 6。如果不对 sun 进行重新指定序号的话,sun 的值为 7;如果重新指定为 0,则 sun 的值就为 0。定义枚举类型而不直接使用整数,是因为使用枚举元素更直观、更便于记忆、更便于类型检查,总之可增加程序的可读性。

注意:在枚举类型的定义中列举出所有可能的取值,被说明为该枚举类型的变量取值不能超过定义的范围。应该说明的是,枚举类型是一种基本数据类型,而不是一种构造类型,因为它不能再分解为任何基本类型。

9.5.2 枚举变量的定义和初始化

枚举类型定义好了以后,就可以用其来定义此种类型的枚举变量,其定义格式与结构体变量类似,枚举变量也可用不同的方式说明,即先定义后说明、同时定义说明或直接说明。

1. 枚举变量的定义

(1) 在定义枚举类型时定义枚举变量的一般形式为

```
enum 枚举类型名{枚举值表} 枚举变量表列;
```

例如:

```
enum weekday{sun,mon,tue,wed,thu,fri,sat} a ,b;
```

(2) 在定义枚举类型后定义枚举变量的一般形式为

```
enum 枚举类型名 枚举变量表列;
```

例如：

```
weekday 枚举类型已定义,则定义枚举类型变量 enmu weekday c,d;
```

说明：该枚举类型 weekday，枚举值共有 7 个，即一周中的 7 天。凡被定义成为 weekday 类型变量的取值只能是 7 天中的某一天。枚举值是常量，不是变量，不能在程序中用赋值句再对它赋值。例如，“sun=5;mon=1;”都是错误的。也不在枚举元素值之间进行赋值，例如，“sum=mon;”是错误的。

(3) 枚举数组的定义，其一般形式为

```
enum 枚举类型名 数组名[长度];
```

例如：

```
enum weekday enday[7];
```

说明：定义了一个枚举类型数组，对枚举数组的定义、初始化、引用同整型数组，这里唯一要注意的是整型数组里的数组元素值是整型的，而枚举类型数组里的数组元素值是枚举值。

2. 枚举类型变量的初始化

定义好枚举类型变量后就可以对变量进行初始化了，枚举类型在使用中有以下规定：枚举变量的值只能是该枚举元素的值，不能再赋给其他值。其形式为

```
枚举变量=枚举元素;
```

例如：

```
enum weekday{sum,mon,tue,wed,thu,fri,sat } a;
a=mon;
```

注意：还应该说明的是枚举元素不是字符常量也不是字符串常量，使用时不要加单引号、双引号。

也可以使用强制转换将常量强制转换成枚举类型。例如：

```
a=(weekday)6;
```

9.5.3 枚举数据的运算

在 C 系统中，枚举变量中存放的不是枚举常量，而是枚举常量所代表的整型值。枚举类型数据可以进行一些运算。

1. 用 sizeof 运算符计算枚举变量所占内存空间

由于枚举变量中存放的是整型值，所以每个枚举变量占用 2 字节的内存空间。

2. 赋值运算

可以通过赋值运算给枚举变量赋予该类型的枚举常量。例如：

```
enum weekday{red,yellow,lightblue}c1,c2,c3;
```

```
fg=true;c1=red;c2=yellow;c3=lightblue;
```

这些都是合法的赋值运算。而 c3＝white 是非法的,因为 white 不是该类型的枚举常量。

注意:如果对枚举变量赋以整型值,则 C 语言系统将视其为整型变量处理,不进行枚举类型方面的检查。例如,对于 fg＝5 编译系统并不提示出错。

3. 关系运算

对枚举类型数据进行关系运算时,按其所代表的整型值进行比较。例如:

```
true>false      结果为真
sun>sat         结果为假
```

4. 取址运算

枚举类型变量也和其他类型变量一样可以进行取址运算,例如,&fg、&c1。

9.5.4 枚举数据的输入输出

在 C 语言系统中,不能对枚举数据直接进行输入和输出。但由于枚举变量可以作为整型变量处理,所以可以通过间接方法输入输出枚举变量的值。

1. 枚举变量的输入

枚举变量作为整型变量进行输入。例如:

```
scanf("%d",&fg);
```

这里应输入此类型枚举常量的整型值,但是如果输入了范围之外的整型值,系统也不提示出错。

2. 枚举变量的输出

枚举类型数据输出可以采用多种间接方法,在这里介绍 3 种方法。

(1) 可以直接输出枚举变量中存放的整型值,但其值的含义不直观。例如:

```
fg=true;
printf("%d",fg);
```

(2) 利用多分支选择语句输出枚举常量所对应的字符串。例如:

```
switch(fg)
{
    case false: printf("false");break;
    case true: printf("true");
}
```

(3) 如果枚举类型定义时采用隐式方法指定枚举常量的值,则可以用二维数组存储枚举常量所对应的字符串,或用字符指针数组存储枚举常量所对应的字符串的首地址,然后即可依据枚举值输出对应的字符串。例如:

```
enum flag{first,second} fg;
char * name[]={"first","second"};
⋮
fg=first;
```

```
printf("%s",name[fg]);
```

注意：枚举常量是标识符，不是字符串，所以试图以输出字符串方式输出枚举常量是错误的。例如：

```
fg=first;
printf("%s",fg);
```

9.5.5 枚举变量举例

【例 9.21】 枚举类型和字符串对比示例。

参考程序如下：

```
#include<stdio.h>
#include<string.h>
enum weekday{mon=1,tue,wed,thu,fri,sat,sun=0};
void main()
{
    enum weekday a,b;
    a=thu;
    b=fri;
    printf("enum: ");
    if (a>b)
        printf("thu>fri\n");
    else
        printf("thu <fri\n");
    printf("string: ");
    if (strcmp("thu","fri")>0)
        printf("thu>fri\n");
    else
        printf("thu <fri\n");
}
```

运行情况：

```
enum: thu <fri     (输出的结果)
string: thu>fri    (输出的结果)
```

程序说明：可见枚举变量是以序号作为比较的依据，而字符串是以字符的 ASCII 码值作为比较的依据。

【例 9.22】 输出枚举数组元素值。

参考程序如下：

```
#include<stdio.h>
enum weekday{sun,mon,tue,wed,thu,fri,sat };
void main()
{
```

```
    int i;
    enum weekday endday[]={sun,mon,tue,wed,thu,fri,sat};
    for(i=0;i <7;i++)
        printf("%5d",endday[i]);
}
```

运行情况：

```
0  1  2  3  4  5  6      (输出的结果)
```

程序说明：定义一个枚举数组，而枚举数组里数组元素值均是枚举值，输出从 0 开始，逐一递增。

【例 9.23】 口袋中有红、黄、蓝、白、黑 5 种颜色的球若干个，每次从口袋中取出 3 个球，问得到 3 种不同色的球可能的取法，打印出每种排列的情况。

程序设计分析：球只能是 5 种色之一，而且要判断各球是否同色，应该用枚举类型变量处理。设取出的球为 i、j、k，根据题意，i、j、k 分别是 5 种色球之一，并要求 i、j、k 不能相等。可以使用穷举法将所有可能都试一遍，看哪一组符合条件。

参考程序如下：

```
#include<stdio.h>
void main()
{
    enum color{red,yellow,blue,white,black};
    enum color i,j,k,pri;
    int n=0,loop;
    for(i=red;i <=black;i++)
    for(j=red;j <=black;j++)
    if(i!=j)
    {
        for(k=red;k <=black;k++)
        if((k!=i)&&(k!=j))
        {
            n=n+1;
            printf("%-4d",n);
            for(loop=1;loop <=3;loop++)
            {
                switch(loop)
                {
                    case 1:pri=i;break ;
                    case 2:pri=j;break ;
                    case 3:pri=k;break ;
                    default:break ;
                }
            switch(pri)
            {
                case red:printf("%-10s","red");break ;
```

```
                case yellow:printf("%-10s","yellow");break;
                case blue:printf("%-10s","blue");break ;
                case white:printf("%-10s","white");break;
                case black:printf("%-10s","black");break;
                default:break ;
            }
        }
    }
        printf("\n");
}
    printf("\ntotal:%5d\n",n);
}
```

程序说明：不用枚举变量而用整型常量0代表红，1代表黄，也是可以的，但选用枚举值更形象、直观，便于阅读。

9.5.6 用typedef定义类型

在C语言程序中，程序员除了可以利用C语言提供的标准类型名（如int、float等）和自定义的结构体、共用体类型名外，还可以用typedef为已有的类型名再命名一个新的类型名，即别名。

1. 为类型名定义别名

为类型命名别名的一般形式为

typedef 类型名　新类型名

或

typedef 类型定义　新类型名

其中，typedef是关键字。类型名可以是基本类型、构造类型等或已定义过的类型名。新类型名是程序员自定义的类型名，一般用大写字母表示，以便与关键字相区别。

例如：

```
typedef int COUNTER;                    /*定义COUNTER为整型类型名*/
typedef struct date
{   int year;
    int month;
    int day;
}DATE;
```

在这里分别为int、struct date命名了新的类型名COUNTER、DATE。新类型名与旧类型名的作用相同，并且两者可以同时使用。例如，“int i;”与“COUNTER i;”等价，“struct date birthday;”与“DATE birthday;”等价。

2. 为类型命名的方法

类型命名的方法与变量定义的方法有些相似，即以typedef开头，加上变量定义的形式，并用新类型名代替旧类型名。

归纳起来,声明一个新的类型名的方法如下。

(1) 先按定义变量的方法写出定义体(例如,int i;)。

(2) 将变量名换成新类型名(例如,将 i 换成 COUNTER)。

(3) 在最前面加 typedef(例如,typedef int COUNTER)。

(4) 然后用新类型名去定义变量。

下面通过一些典型的例子说明如何为类型命名以及使用新类型名定义变量。

1) 为基本类型命名

例如:

```
typedef float REAL;
REAL x,y;                    /* 相当于 float x,y; */
```

为 float 命名新类型名 REAL,并用它定义单精度实型变量 x 和 y。

2) 为数组类型命名

例如:

```
typedef char CHARR[80];
CHARR c,d[4];                /* 相当于 char c[80],d[4][80]; */
```

它为一维字符数组类型命名新类型名 CHARR,并用它定义一个一维字符数组 c 和一个二维数组 d。

3) 为指针类型命名

例如:

```
typedef int * IPOINT;
IPOINT ip;                   /* 相当于"int * ip;",不可写成"IPOINT * ip;" */
IPOINT * pp                  /* 相当于 int * * pp; */
```

它为整型指针类型命名新类型名 IPOINT,并用它定义一个整型指针变量 ip 和一个二级整型指针变量 pp。

再如:

```
typedef int ( * FUNpoint)()
FUNpoint funp;
```

4) 为结构体、共用体类型命名

例如:

```
struct node
{   char c;
    struct node * next;
}
typedef struct node CHNODE;
CHNODE * p;            /* 相当于"struct node * p;",不可写成"struct CHNODE * P;" */
```

它为 struct node 结构体类型命名新类型名 CHNODE,并用它定义一个结构体指针变量 p。

说明：

(1) 类型名必须是已经定义的数据类型名或C语言系统的基本类型名，类型名的别名必须是合法的标识符，通常用大写字母命名。

(2) 用typedef可以声明各种类型名，但不能用来定义变量。用typedef可以声明数组类型、字符串类型，使用起来比较方便。

如定义数组，原来使用

```
int a[10],b[10],c[10],d[10];
```

由于都是一维数组，大小也相同，可以先将此数组类型声明为一个名字：

```
typedef int ARR[10];
```

然后用ARR去定义数组变量：

```
ARR a,b,c,d;
```

ARR为数组类型，它包含10个元素。因此，a、b、c、d都被定义为一维数组，含10个元素。

可以看到，用typedef可以将数组类型和数组变量分离开来，利用数组类型可以定义多个数组变量。同样可以定义字符串类型、指针类型等。归纳其特点如下。

① 用typedef只是对已经存在的类型增加一个类型名，而没有创造新的类型。如前面声明的整型类型COUNTER，它无非是对int型另给一个新名字。又如：

```
typedef int NUM[10];
```

无非是把原来用"int n[10];"定义的数组变量的类型用一个新的名字NUM表示出来。无论用哪种方式定义变量，效果都是一样的。

② typedef与＃define有相似之处。例如：

```
typedef int COUNTER;
```

和

```
#define int COUNTER;
```

它们的作用都是用COUNTER代表int。但事实上，它们两者是不同的。＃define是在预编译时处理的，它只能进行简单的字符串替换，而typedef是在编译时处理的。实际上它并不是作简单的字符串替换。例如：

```
typedef int NUM[10];
```

并不是用NUM[10]去代替int，而是采用如同定义变量的方法那样来声明一个类型（就是前面介绍过的将原来的变量名换成类型名）。

③ 当不同源文件中用到同一类型数据（尤其是像数组、指针、结构体、共用体等类型数据）时，常用typedef等声明一些数据类型，把它们单独放在一个文件中，然后在需要用到它们的文件中用＃include命令把它们包含进来。

④ 使用typedef有利于程序的通用与移植。有时程序会依赖于硬件特性，用typedef便

于移植。例如,有的计算机系统 int 型数据用 2 字节,数值范围为 -32 768～32 767,而另外一些机器则以 4 字节存放一个整数。如果把一个 C 程序从一个以 4 字节存放整数的计算机系统移植到以 2 字节存放整数的系统,按一般办法需要将定义变量中的每个 int 改为 long。例如,将"int a,b,c;"改为"long a,b,c;",如果程序中有多处用 int 定义变量,则要改动多处。现可以用一个 INTEGER 来声明 int:

```
typedef int INTEGER;
```

在程序中所有整型变量都用 INTEGER 定义,在移植时只需改动 typedef 定义体即可:

```
typedef long INTEGER;
```

9.6 编程实践

任务 1:三天打鱼两天晒网

有一位渔夫从 2000 年 1 月 1 日起开始"三天打鱼两天晒网",问此人在以后的某一天中是"打鱼"还是"晒网"。

【问题分析与算法设计】

根据题意可以将解题过程分为三步。

(1) 计算从 2000 年 1 月 1 日开始至指定日期共有多少天。

(2) 由于"打鱼"和"晒网"的周期为 5 天,所以将计算出的天数用 5 去除。

(3) 根据余数判断他是在"打鱼"还是在"晒网";若余数为 1、2、3,则他是在"打鱼",否则是在"晒网"。

在这三步中,第(1)步最关键。求从 2000 年 1 月 1 日至指定日期有多少天,要判断经历年份中是否有闰年,二月为 29 天,平年为 28 天。闰年的计算方法:年份能被 4 整除但不能被 100 整除或能被 400 整除,则为闰年。计算相隔天数使用当年前一年的 12 月 31 日距离 2000 年 1 月 1 日的天数加上当年从 1 月 1 日开始的天数。

【代码实现】

```
#include<stdio.h>
int days(struct date day);
struct date{
    int year;
    int month;
    int day;
};

void main()
{
    struct date today,term;
    int yearday,year,day;
    printf("Enter Date:(for example:year/month/day)");
    scanf("%d/%d/%d",&today.year,&today.month,&today.day);     /*输入当年日期*/
```

```c
    term.month=12;                          /* 设置指定年前一年变量的初始值：月 */
    term.day=31;                            /* 设置指定年前一年变量的初始值：日 */
    for(yearday=0,year=2000;year <today.year;year++)
    {
        term.year=year;
        yearday+=days(term);                /* 计算从 2000 年至指定年的前一年共有多少天 */
    }
    yearday+=days(today);                               /* 加上指定年中到指定日期的天数 */
    day=yearday%5;                                      /* 求余数 */
    if(day>0&&day <4) printf("fishing day.\n");         /* 打印结果 */
    else printf("sleeping day.\n");
}

int days(struct date day)
{
    static int day_tab[13]=
        {0,31,0,31,30,31,30,31,31,30,31,30,31};     /* 平均每月的天数 */
    int i,leap;
    leap=day.year%4==0&&day.year%100!=0||day.year%400==0;
                                    /* 判定 year 为闰年还是平年,leap=0 为平年,非 0 为闰年 */
    if(leap==0) day_tab[2]=28;
    else day_tab[2]=29;
    for(i=1;i <day.month;i++)                       /* 计算指定年自当年 1 月 1 日起的天数 */
        day.day+=day_tab[i];
    return day.day;
}
```

【编程小结】

(1) 程序中首先声明结构体类型 date,含有 year、month、day 三个成员,分别用于记录年、月、日。结构体是自定义构造类型,当数据需要多个属性时则需使用该构造类型。

(2) 为配合程序中“printf("Enter Date:(for example:year/month/day)");”函数输入提示,“scanf("%d/%d/%d",&today.year,&today.month,&today.day);”函数采用‘/’作为间隔符,输入当年日期。

(3) 程序中定义了 today、term 两个结构体类型变量分别用于保存指定年日期和其前一年日期,term.month=12,term.day=31 用于设置指定年前一年的最后一天,用于计算从 2000 年 1 月 1 日至指定年前一年的 12 月 31 日相隔的天数。

(4) 函数 days(struct date day)是带一个结构体类型变量参数的自定义函数,其功能为计算相对天数;函数中定义的数组 day_tab 空出下标为 0 的元素使得数组下标值与月份编码相一致,元素 day_tab[2]初值为 0,当闰年时其值为 29,非闰年为 28。

任务 2:航班订票系统

【问题描述】

某航空公司需开发一套航班订票系统,希望该系统具有以下功能。

(1) 录入功能。可以录入航班情况,包括航班号、座位数、终点站名、起飞时间。

(2) 查询功能。包括根据输入字段查询某条航线的情况,如可根据航班号或起飞抵达城市查询飞机航班情况。

(3) 订票功能。根据航班号预订机票。

(4) 退票功能。根据航班号和起飞抵达城市信息核对确定办理退票手续并修改票务信息。

(5) 修改航班信息。根据航班号和起飞抵达城市信息核对确定修改航班信息。

【问题分析与算法设计】

(1) 航班信息包括航班号、座位数、终点站名、起飞时间等多个不同类型的数据信息,所以可以采用结构体类型。定义如下:

```
struct allfly
{   int planenum;                              //航班号
    int seat;                                  //座位数
    char endfly[20];                           //终点站
    char date[30];                             //起飞时间
}
```

(2) 航班之间的关联可以采用单链表形式,链表的每个结点包括航班信息数据域和指针域。定义如下:

```
struct flylink
{
    flynode data;
    struct flylink * next;
}
```

各航班结点链表存储示意图如图 9-7 所示。

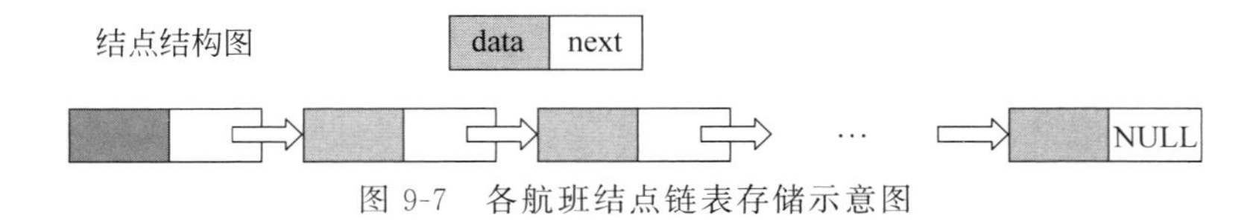

图 9-7　各航班结点链表存储示意图

(3) 根据系统需实现的功能,定义以下函数:

```
void find();                                   //查询指定航班的航班信息及剩余座位数
void dingpiao();                               //订票操作
void tuipiao();                                //退票操作
void change();                                 //修改航班信息
void Addplane();                               //录入航班信息
```

(4) 整个程序应该有个主控菜单,统一控制各功能函数的调用。定义以下函数:

```
void list_menu();                              //主控菜单
void choose();                                 // 选择操作
```

【代码实现】

```
#include<stdio.h>
#include<malloc.h>
#include<stdlib.h>
#include<string.h>

int k=0;                                    //每天的航班数
int n=0;                                    //已售票数
int csh=0;                                  //判断航班是否已进行初始化

typedef struct allfly
{   int planenum;                           //航班号
    int seat;                               //座位数
    char endfly[20];                        //终点站
    char date[30];                          //起飞时间
}flynode;

typedef struct flylink
{
    flynode data;
    struct flylink * next;
}flylinknode;
flylinknode * head, * pl;

void list_menu();                           //菜单
void choose();                              // 选择操作
void find();                                //查询指定航班的航班信息及剩余座位数
void dingpiao();                            //订票操作
void tuipiao();                             //退票操作
void change();                              //修改航班信息
void Addplane();                            //录入航班信息

void Addplane()                             //录入航班信息函数
{
    if(! csh)
    {
        pl=head=(flylinknode * )malloc(sizeof(flylinknode));
        head->next=NULL;
        printf("请输入航班数:");
        scanf("%d",&k);
        for(int j=0;j <k;j++)
        {
            flylinknode * s;
            s=(flylinknode * )malloc(sizeof(flylinknode));
            printf("\n 请输入航班号: ");
```

```
            scanf("%d",&s->data.planenum);
            printf("\n 请输入座位数: ");
            scanf("%d",&s->data.seat);
            getchar();
            printf("\n 请输入终点站: ");
            gets(s->data.endfly);
            printf("\n 请输入起飞时间: ");
            gets(s->data.date);
            s->next=NULL;
            pl->next=s;
            pl=pl->next;
        }
        pl=head->next;
        printf("\n\n-------------已输入航班信息-------------\n");
        printf("航班号\t 座位数\t 终点站\t 起飞时间\n");
        while(pl)
        {
            printf("%-6d\t%-5d\t%s\t%-s\n",pl->data.planenum,
            pl->data.seat,pl->data.endfly,pl->data.date);
            printf("\n");
            pl=pl->next;
        }
    }
    printf("--------------江理航空公司--------------\n\n");
}
void choose()                                   //菜单选择操作函数
{
    int flag;
    printf("请选择操作: ");
    scanf("%d",&flag);

    switch(flag)
    {
        case 1:Addplane();list_menu();choose();break;
        case 2:find();list_menu();choose();break;
        case 3:dingpiao();list_menu();choose();break;
        case 4:tuipiao();list_menu();choose();break;
        case 5:change();list_menu();choose();break;
        case 6:break;
        default: printf("输入错误! \n\n");
    }
}
void list_menu()                                //主菜单函数
{
    printf("--------------------航班订票系统------------------\n");
```

```
    printf("\n");
    printf("                    请选择你要办理的业务                  \n");
    printf("                    1. 录入航班信息                       \n");
    printf("                    2. 查询航班信息                       \n");
    printf("                    3. 订      票                         \n");
    printf("                    4. 退      票                         \n");
    printf("                    5. 修改航班信息                       \n");
    printf("                    6. 退      出                         \n");
    printf("\n");
}
void find()                              //查询航班信息函数
{
    int c;
    char flyend[10];                     //查询终点站
    int num;                             //查询航班号
    pl=head->next;
    printf("\n\n-------------已开通的航班信息-------------\n");
    printf("航班号\t 座位数\t 终点站\t 起飞时间\n");
    while(pl)
    {   printf("%-6d\t%-5d\t%s\t%s\n",pl->data.planenum,
            pl->data.seat,pl->data.endfly,pl->data.date);
        printf("\n");
        pl=pl->next;
    }
    printf("--------------江理航空公司--------------\n\n");
    printf("按航班号查询请输入 1 \n");
    printf("按终点站查询请输入 2 \n");
    printf("请按画面提示选择查询方式: \n");
    scanf("%d",&c);
    getchar();
    pl=head->next;
    if(c==1)
    {
        printf("请输入您要查询的航班号: ");
        scanf("%d",&num);
        pl=head->next;
        while(pl)
        {
            if(pl->data.planenum==num)
            {
                printf("航班号:%-6d\t 终点站:%s\t 余票: %4d\n",
                    pl->data.planenum,pl->data.endfly,pl->data.seat-n);
                break;
            }
        pl=pl->next;}
```

```
        if(!pl) printf("\n暂未开通该航班!\n\n\n");
    }
    else if(c==2)
        {
        printf("请输入要查询的终点站: ");
        gets(flyend);
        pl=head->next;
        while(pl)
        {
            if(strcmp(pl->data.endfly,flyend)==0)
            {
                printf("航班号:%-6d\t终点站:%s\t余票: %4d\n",
                    pl->data.planenum,pl->data.endfly,pl->data.seat-n);
                break;
            }
            pl=pl->next;
        }
        if(!pl) printf("\n暂未开通该航班!\n\n\n");
    }
    else
    {
        printf("输入有误!\n");
    }
}
void dingpiao()                              //订票函数
{
    int pla,left;                            //定义一个变量left来存放剩余票数
    char yd;
    int m;                                   //订票数
    pl=head->next;
    getchar();
    printf("您要订票按y,其他键退出!!");
    scanf("%c",&yd);
    if(yd=='y')
    {
        printf("您要预订的航班号: ");
        scanf("%d",&pla);
        while(pl)
        {
            if(pl->data.planenum==pla)
            {
                left=pl->data.seat-n;            //剩余票数=固定票数-已售出的票数
                printf("剩余票%d张!",left);
                printf("你要订几张票? 请输入票数:");
                scanf("%d",&m);
```

```
                if(left <m)
                    {
                        printf("余票不足！\n\n\n");break;
                    }
                else
                    {
                        n+=m;
                        printf(" 预订成功！正在打印机票,请稍等！\n\n\n");
                    }
                break;
            }
            pl=pl->next;
        }
        if(!pl) printf("\n 暂未开通该航班！\n\n\n");
    }
}
void tuipiao()                                  //退票函数
{
    char flyend[10];
    int backpla;
    int tm;
    pl=head->next;
    getchar();
    printf("请输终点站名：");
    gets(flyend);
    printf("\n 请输入航班号：");
    scanf("%d",&backpla);
    while(pl)
    {
        if((pl->data.planenum==backpla) && (strcmp(pl->data.endfly,flyend)==
0))
        {
            printf("请输入需退票数目：\n");
            scanf("%d",&tm);
            n=n-tm;
            printf("退票成功！\n\n\n");
            break;
        }
        pl=pl->next;
    }
    if(!pl) printf("\n 暂未开通该航班！\n\n\n");
}
void change()                                   //修改航班信息函数
{
    int findpla;
```

```
    char flyend[10];
    pl=head->next;
    printf("\n 请输入航班号: ");
    scanf("%d",&findpla);
    getchar();
    printf("请输终点站名: ");
    gets(flyend);
    while(pl)
    {
        if(pl->data.planenum==findpla && strcmp(pl->data.endfly,flyend)==0)
            {
                printf("----原航班信息----\n 航班号: %-6d 终点站: %s 日期: %-s 余票:
                %4d\n",
                    pl->data.planenum,pl->data.endfly,pl->data.date,pl->data.
                    seat-n);
                printf("请输入您要修改的信息:\n");
                printf("请输入新航班号: \n");
                scanf("%d",&pl->data.planenum);
                getchar();
                printf("请输入新终点站名: \n");
                gets(pl->data.endfly);
                printf("请输入新航班日期: \n");
                gets(pl->data.date);
                printf("请输入新座位数: \n");
                scanf("%d",&pl->data.seat);
                printf("修改成功! \n");
                printf("----修改后的航班信息----\n");
                printf("航班号: %-6d 终点站: %s 日期: %-s 座位数: %4d\n\n\n",
                    pl->data.planenum,pl->data.endfly,pl->data.date,pl->data.seat);
                break;
            }
        pl=pl->next;
    }
            if(!pl) printf("\n 暂未开通该航班! \n\n\n");
}
void main()
{
    list_menu();
    choose();
}
```

【编程小结】

（1）程序中构造两个结构体类型，其中 allfly 定义了航班信息，flylink 定义了各航班链接的逻辑结构；在结构体 flylink 中将 allfly 结构体变量 data 作为其成员。

（2）代表航班信息的结点采用单链表的链式存储结构，构建该链表采用尾插法，其中

PL 指针始终指向新插入链表的结点，S 指针指向新生成的结点，链表链接过程如下。

① 生成新结点并用 s 指针指向，如图 9-8 所示。

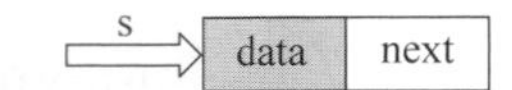

图 9-8　新生航班结点链表存储示意图

② 修改链表尾结点的 next 域，插入链表当中，如图 9-9 所示。

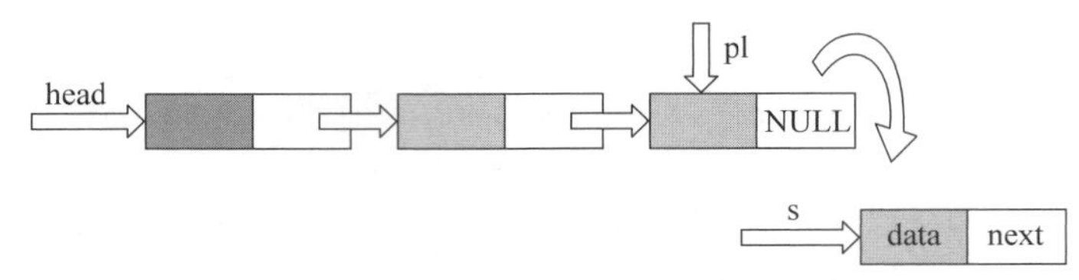

图 9-9　新生航班结点插入链表存储示意图

③ 生成新的链表，如图 9-10 所示。

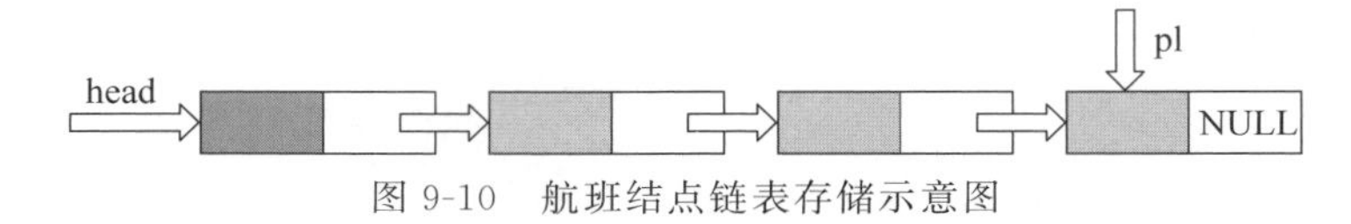

图 9-10　航班结点链表存储示意图

（3）程序中在进行航班查询时注意将指针 pl 回归至链表的第一个结点，实现语句为 pl＝head－＞next，这样能够确保从头开始顺链访问的每个结点。利用表达式 pl－＞data.planenum，pl－＞data.seat，pl－＞data.endfly，pl－＞data.date 依次访问航班的各信息项。

（4）程序中将结构体指针变量 head，pl 定义为全局变量，用于实现单链表能被程序中所有函数共享使用。

（5）程序运行示意图如下。

① 系统主菜单界面截图，如图 9-11 所示。

图 9-11　系统运行菜单界面示意图

② 录入、查询航班信息界面截图，如图 9-12 所示。

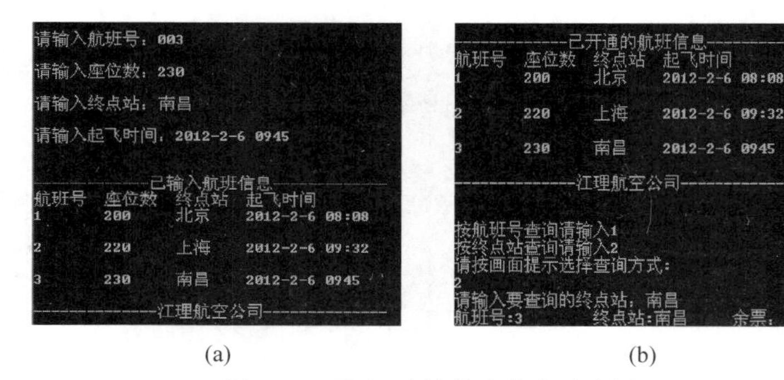

图 9-12　录入、查询航班信息示意图

③ 订票、修改航班信息界面截图如图 9-13 所示。

④ 退票界面如图 9-14 所示。

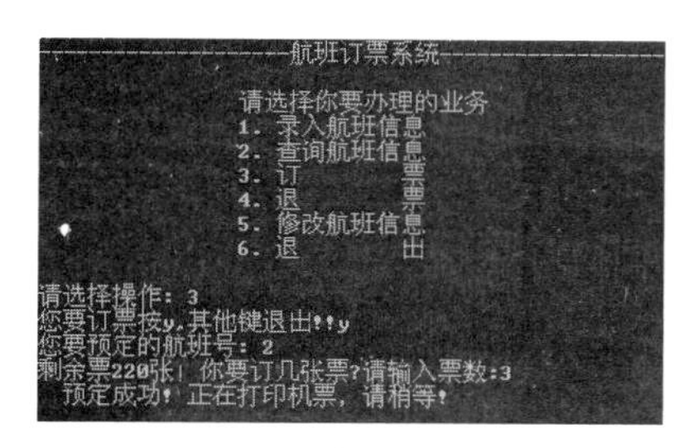

(a)

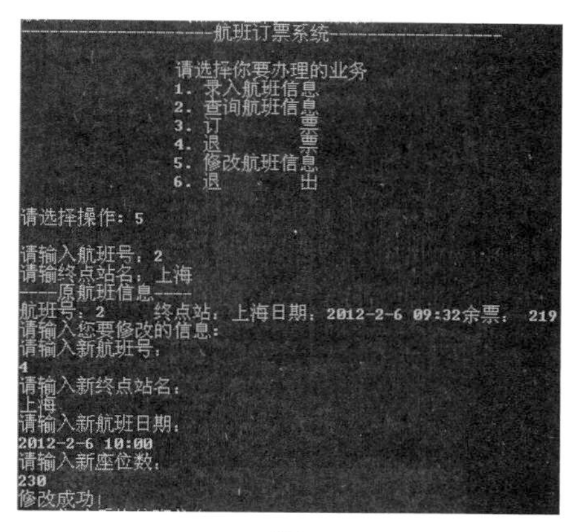

(b)

图 9-13 订票、修改航班操作示意图

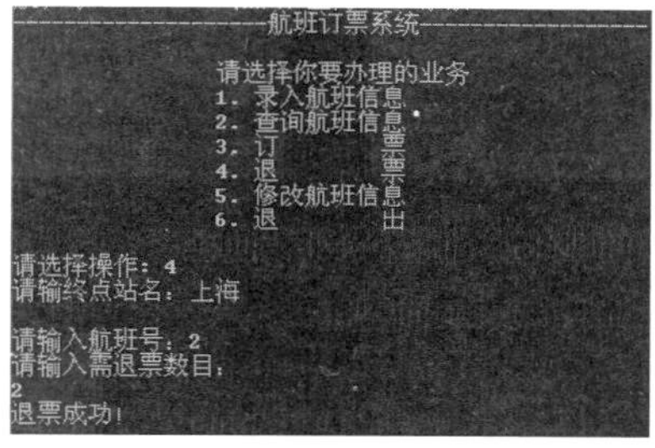

图 9-14 退票操作示意图

习 题

1. 选择题

(1) 有如下定义：

```
struct data
{   int year,month,day;};
    struct person
{   char name[20];
    char sex;
    struct data birthday;}a;
```

对结构体变量 a 的出生年份赋值时，下面正确的赋值语句是________。

A. year=1989; B. birthday.year=1989;

C. a.birthday.year=1989; D. a.year=1989;

(2) 设有如下定义，则对 data 中的 a 成员的正确引用是________。

```
struct sk {int a;float b;}data, * p=&data;
```

A. (* p).data.a B. (* p).a

C. p－＞data.a　　　　D. p.data.a

(3) 以下对枚举类型名的定义中正确的是________。

A. enum a＝{one,twuo,three};　　　　B. enum a{a1,a2,a3};

C. enum a＝{'1','2','3'};　　　　D. enum a{"one","two","three"};

(4) 若有如下定义，则 sizeof(struct no)的值是________。

```
struct no
{   int n1;
    float n2;
    union nu
    {   char u1[6];
        double u2;
        }n3;
    };
```

A. 12　　　　B. 14　　　　C.16　　　　D.10

(5) 设有如下定义，则下列叙述中正确的是________。

```
typedef struct
{   int s1;
    float s2;
    char s3[80];
}STU;
```

A. STU 是结构体变量名　　　　B. typedef struct 是结构体类型名

C. STU 是结构体类型名　　　　D.struct 是结构体类型名

(6) 设有以下程序段，则表达式的值不为 100 的是________。

```
struct st
{   int a;int *b;};
void main()
{   int m1[]={10,100},m2[]={100,200};
    struct st *p,x[]={99,m1,100,m2};
    p=x;
    …
}
```

A. *(++p－＞b)　　B. (++p)－＞a　　C.++p－＞a　　D.(++p)－＞b

(7) 对于下面的声明

```
…
struct xyz {int a;char b}
…
struct xyz s1,s2;
…
```

在编译时，将会发生________情形。

A. 编译时错　　　　B. 编译、连接、执行都通过

C. 编译和连接都通过，但不能执行　　　　D. 编译通过，但连接出错

(8) 当声明一个结构体变量时，系统分配给它的内存是________。

A. 各成员所需内存量的总和　　　　B. 结构体中第一个成员所需内存量

C. 成员中占内存量最大者所需容量　　　　D. 结构体中最后一个成员所需内存量

(9) 以下 scanf 函数调用语句中对结构体变量成员的错误引用是________。

```
struct pupil
{   char name[20];
    int age;
    int sex;
    }pup[5], * p;
p=pup;
```

A. scanf("%s",pup[1].name);　　　　B. scanf("%d",&pup[0].age);

C. scanf("%d",&(p->sex));　　　　D. scanf("%d",p->age);

(10) 设有如下定义，则引用共用体中 h 成员的正确形式为________。

```
union un
{   int h;char c[10];};
struct st
{   int a[2];
    union un h;
} s={{1,2},3}, * p=&s;
```

A. p.un.h　　　　B. (* p).h.h　　　　C. p->st.un.h　　D. s.un.h

2. 填空题

(1) 以下程序用来在关于学生的结构体数组中查找最高分和最低分的同学姓名及成绩，根据程序功能填空。

```
#include<stdio.h>
void main()
{   int max,min,i,j;
    struct
    {   char name[10];int score;
    }stu[5]={ "Wang",90,"Zhao",85,"Li",96,"Zhou",75,"Zhang",92};
max=min=0;
for(i=1;i <5;i++)
    if(stu[i].score>stu[max].score) ___①___
    else if(stu[i].score <stu[min].score) ___②___
printf("最高分: %s,%d\n", ___③___ );
printf("最低分: %s,%d\n", ___④___ );
}
```

(2) 下列程序是将从键盘输入的一组字符作为结点的内容建立一个单向链表。要求输出链表内容时与输入时顺序相反。填空将程序补充完整。

```
#include<stdio.h>
```

```
#include<stdlib.h>
struct node
{   char d;
    struct node * next;
};
void main()
{   struct node head,p;
    char c;
    head=NULL;
    while((c=getchar())!='\n')
    {   p=(struct node *)malloc(sizeof(struct node));
        p->d=c;
        p->next= ①
        head= ② ;
        }
    p=head;
    while(p->next!=NULL)
    {   printf("%c->",p->d);
        p= ③ ;
        }
    printf("%c\n",p->d);
    }
```

3. 程序分析题

（1）阅读程序,写出下面程序的运行结果。

```
#include<stdio.h>
struct stu
{   int x;
    int * y;
} * p;
int dt[4]={10,20,30,40};
struct stu a[4]={40,&dt[0],50,&dt[1],60,&dt[2],70,&dt[3]};
void main()
{   p=a;
    printf("%d,",++p->x);
    printf("%d,",(++p)->x);
    printf("%d\n",++(*p->y));
}
```

（2）写出下面程序的运行结果。

```
#include<stdio.h>
void main()
{
    enum weekday {sum,mon=3,tue,wed,thu};
    enum weekday workday;
```

```
    wordday=wed;
    printf("%d",workday);
}
```

(3) 写出下面程序的运行结果。

```
#include<stdio.h>
void main()
{   union
    {
        int a;
        int b;
    }x,y;
    x.a=3;
    y.b=x.b+2;
    y.a=x.a*2;
    printf("%d",y.b);
    }
```

4. 编程题

(1) 用结构体存放下表中的数据,然后输出每人的姓名和实发数(基本工资+浮动工资-支出)。

姓 名	基本工资	浮动工资	支 出	姓 名	基本工资	浮动工资	支 出
Zhao	240.00	400.00	75.00	Sun	560.00	0.00	80.00
Qian	360.00	120.00	50.00				

(2) 用数据结构定义学生信息,有学名、姓名、5门课程的成绩,编一程序,输入20个学生成绩,求出总分最高的学生姓名并输出结果。要求编写3个函数,它们的功能分别如下。

① 输入函数,用于从键盘读入学号、姓名和5门课的成绩。

② 计算总分函数,以计算每位学生的总分。

③ 输出函数,显示每位学生的学号、总分和分数。

说明:这三个函数的形式参数均为结构体指针和整型变量,函数的类型均为void。

(3) 编写一个程序,运用插入结点的方法,将键盘输入的n个整数(输入0结束)插入链表中,建立一个从小到大的有序链表。

(4) 定义一个结构体变量(包括年、月、日、时、分、秒)。计算输入时刻距离1900年0月0日0时0分0秒流逝的时间。注意闰年问题。

第 10 章 文 件

文件(file)是程序设计中的一个重要概念。前面各章节用到的输入和输出,都是以终端为对象,即从终端键盘输入数据,运行结果输出到显示器终端上。从操作系统的角度看,每一个与主机相连的输入输出设备都看作是个文件,便于数据的记录和处理。另外,在程序运行时,程序本身和数据一般都存放在内存中。当程序运行结束后,存放在内存中的数据被释放。如果需要长期保存程序运行所需的原始数据,或程序运行产生的结果,就必须以文件形式存储到外部存储介质上。

本章介绍文件的概念、文件的基本读写功能。

10.1 文件概述

文件是指存放在外部存储介质上的数据集合。每个数据集合有一个名称,称为文件名。实际上在前面的章节中已经多次使用了文件,例如,源程序文件、目标文件、可执行文件、库文件 (头文件)等。文件通常是存储在外部介质(如磁盘等)上, 在使用时才调入内存中。从不同的角度可对文件进行不同的分类。

10.1.1 文件的分类

从用户的角度看,文件可分为普通文件和设备文件两种。

(1) 普通文件是指驻留在磁盘或其他外部介质上的一个有序数据集,可以是源文件、目标文件、可执行程序文件; 也可以是一组待输入处理的原始数据,或者是一组输出的结果。对于源文件、目标文件、可执行程序文件可以称为程序文件,对输入输出数据文件可称为数据文件。

(2) 设备文件是指与主机相连的各种外部设备,如显示器、键盘等。在操作系统中,把外部设备也看成是一个文件来进行管理,把它们的输入输出等同于对磁盘文件的读和写。通常把显示器定义为标准输出文件,一般情况下在屏幕上显示有关信息就是向标准输出文件输出。如前面经常使用的 printf、putchar 函数就是这类输出。键盘通常被指定为标准的输入文件, 从键盘上输入就意味着从标准输入文件上输入数据。scanf、getchar 函数就属于这类输入。

10.1.2 文件的编码形式

从文件编码的方式来看,文件可分为 ASCII 码文件和二进制文件两种。

(1) ASCII 码文件。ASCII 码文件也称为文本文件,这种文件在磁盘中存放时每个字符对应一字节,用于存放对应的 ASCII 码。

(2) 二进制文件。二进制文件是按二进制的编码方式来存放文件的。例如,十进制数 1234 的存储形式如图 10-1 所示。

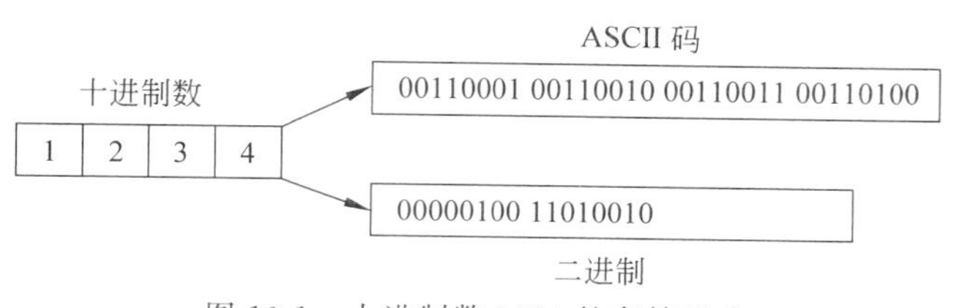

图 10-1　十进制数 1234 的存储形式

十进制数 1234 的 ASCII 码共占用 4 字节，ASCII 码文件可在屏幕上按字符显示，例如，源程序文件就是 ASCII 文件，用 DOS 命令 TYPE 可显示文件的内容，由于是按字符显示，因此能读懂文件内容。十进制数 1234 的二进制存储形式只占 2 字节。二进制文件虽然也可在屏幕上显示，但其内容无法读懂。

10.1.3　文件的读写方式

C 语言系统在处理文件时，并不区分类型，都看成是字符流，按字节进行处理。输入输出字符流的开始和结束只由程序控制而不受物理符号(如回车符)的控制。因此，也把这种文件称为"流式文件"。系统自动地在内存区为每个正在使用的文件开辟一个缓冲区。从内存向磁盘输出数据时，必须首先输出到缓冲区中。待缓冲区装满后，再一起输出到磁盘文件中。从磁盘文件向内存读入数据时，则正好相反。首先将一批数据读入缓冲区中，再从缓冲区中将数据逐个送到程序数据区，这就是**缓冲文件系统**。ANSI C 标准正是采用这种缓冲文件系统，既处理文本文件，又处理二进制文件。

流式文件的各种操作中有个关键的指针，称为文件指针。文件指针在 C 语言中用一个指针变量指向一个文件，通过文件指针就可对它所指的文件进行各种操作。

定义说明文件指针的一般形式为

```
FILE *指针变量标识符;
```

其中，FILE 为大写，它实际上是由系统定义的一个结构，该结构中含有文件名、文件状态和文件当前位置等信息。Turbo C 在 stdio.h 文件中有以下文件类型声明：

```
typedef struct
{   short level;                        /*缓冲区满或空的程度*/
    unsigned flags;                     /*文件状态标志*/
    char fd;                            /*文件描述符*/
    unsigned char hold;                 /*如无缓冲区不读字符*/
    short bsize;                        /*缓冲区的大小*/
    unsigned char *buffer;              /*数据缓冲区的位置*/
    unsigned char *curp;                /*指针当前的指向*/
    unsigned istemp;                    /*临时文件指示器*/
    short token;                        /*用于有效性检查*/
}FILE;
```

在编写源程序时不必关心 FILE 结构的细节。例如，"FILE *fp;"表示 fp 是指向 FILE 结构的指针变量，通过 fp 即可找存放某个文件信息的结构变量，然后按结构变量提供的信息找到该文件，实施对文件的操作。习惯上也笼统地把 fp 称为指向一个文件的指针。如果有多个文件，一般应设定多个指针变量(指向 FILE 类型结构体的指针变量)，使它们分别指向多个文件，以实现对文件的操作。在 C 语言中，文件操作都是由库函数来完成的。下面进一步讨论缓冲文件系统及文件的打开、关闭、读、写、定位等各种操作。

10.2 文件的基本操作

10.2.1 文件的打开与关闭

在文件读写操作之前要先打开文件，使用完后要关闭文件。打开文件实际上是建立文件的各种有关信息，并使文件指针指向该文件，以便进行其他操作。关闭文件则断开指针与文件之间的联系，也就禁止再对该文件进行操作。

1. 文件打开函数——fopen 函数

fopen 函数用来打开一个文件，其调用的一般形式为

```
文件指针名=fopen(文件名,使用文件方式)
```

其中，"文件指针名"必须是被说明为 FILE 类型的指针变量，"文件名"是被打开文件的文件名。"使用文件方式"是指文件的类型和操作要求。"文件名"是字符串常量或字符串数组。

例如：

```
FILE * fp;
fp=fopen("file1","r");
```

其意义是在当前目录下打开文件 file1，只允许进行读操作，并使 fp 指向该文件。

又如：

```
FILE * fp;
fp=fopen("c:\\file2","rb");
```

其意义是打开 C 盘的根目录下的文件 file2，这是一个二进制文件，只允许按二进制方式进行读操作。"\\"中的第一个表示转义字符，第二个表示根目录。使用文件的方式共有 12 种，下面给出了它们的符号和意义，如表 10-1 所示。

表 10-1 文件使用方式对照表

文件使用方式	意 义
rt	只读。打开一个文本文件，只允许读数据
wt	只写。打开或建立一个文本文件，只允许写数据
at	追加。打开一个文本文件，并在文件末尾写数据
rb	只读。打开一个二进制文件，只允许读数据
wb	只写。打开或建立一个二进制文件，只允许写数据
ab	追加。打开一个二进制文件，并在文件末尾写数据
rt+	读写。打开一个文本文件，允许读和写

续表

文件使用方式	意　义
wt+	读写。打开或建立一个文本文件,允许读写
at+	读写。打开一个文本文件,允许读,或在文件末追加数据
rb+	读写。打开一个二进制文件,允许读和写
wb+	读写。打开或建立一个二进制文件,允许读和写
ab+	读写。打开一个二进制文件,允许读,或在文件末追加数据

对于文件使用方式有以下几点说明。

(1) 文件使用方式由 r、w、a、t、b、+ 6 个字符拼成,各字符的含义如下。

r(read):读。

w(write):写。

a(append):追加。

t(text):文本文件,可省略不写。

b(binary):二进制文件。

+:读和写。

(2) 凡用 r 方式打开一个文件时,该文件必须已经存在,且只能对该文件执行读操作。

(3) 用 w 方式打开的文件只能对该文件执行写操作。若打开的文件不存在,则以指定的文件名建立该文件;若打开的文件已经存在,则将该文件删去,重建一个新文件。

(4) 若要向一个已存在的文件追加新的信息,只能用 a 方式打开文件。但此时该文件必须是存在的,否则将会出错。

(5) 用"r+""w+""a+"方式打开的文件既可以用来输入数据,也可以用来输出数据。用"r+"方式时该文件必须已存在,以便能向计算机输入数据;用"w+"方式时需要新建一个文件,先向此文件写数据,然后可以读此文件的数据;用"a+"方式时打开的源文件不被删去,位置指针移到文件末尾,可以添加,也可以读。

(6) 在打开一个文件时,如果出错,fopen 将返回一个空指针值 NULL。在程序中可以用这一信息来判别是否完成打开文件的工作,并进行相应的处理。因此常用以下程序段打开文件:

```
if((fp=fopen("c:\\file2","rb")==NULL)
{   printf("\n cannot open c:\\file2 file! ");
    getch();exit(1);
}
```

程序说明:在打开文件时,如果返回的指针为空,表示不能打开 C 盘根目录下的 file2 文件,则给出提示信息"cannot open c:\file2 file!",下一行 getch 的功能是从键盘输入一个字符,但不在屏幕上显示。在这里,该行的作用是等待,只有当用户从键盘按任一键时,程序才继续执行,因此用户可利用这个等待时间阅读出错提示。按键后执行 exit(1)退出程序。

(7) 在程序开始运行时,系统自动打开三个标准文件,并分别定义了文件指针。

① 标准输入文件——stdin：指向终端输入(一般为键盘)。如果程序中指定要从 stdin 所指的文件输入数据，就是从终端键盘上输入数据。

② 标准输出文件——stdout：指向终端输出(一般为显示器)。

③ 标准错误文件——stderr：指向终端标准错误输出(一般为显示器)。

(8) 把一个文本文件读入内存时，要将 ASCII 码转换成二进制码，而把文件以文本方式写入磁盘时，也要把二进制码转换成 ASCII 码。因此，文本文件的读写要花费较多的转换时间。对二进制文件的读写不存在这种转换。

2. 文件关闭函数——fclose 函数

文件一旦使用完毕，应用关闭文件函数把文件关闭，以避免文件的数据丢失等错误。调用的一般形式如下：

```
fclose(文件指针);
```

例如：

```
fclose(fp);
```

正常完成关闭文件操作时，fclose 函数返回值为 0。如返回非 0 值则表示有错误发生。

10.2.2 文件的读和写

文件打开后，就可以对文件进行读和写，在 C 语言中提供了多种文件读写的函数。

(1) 字符读写函数：fgetc 和 fputc。

(2) 字符串读写函数：fgets 和 fputs。

(3) 数据块读写函数：freed 和 fwrite。

(4) 格式化读写函数：fscanf 和 fprintf。

使用以上函数都要求包含头文件 stdio.h，下面依次介绍这些函数。

1. 读字符函数——fgetc

fgetc 函数的功能是从指定的文件中读一个字符，函数调用的形式为

```
字符变量=fgetc(文件指针);
```

例如：

```
ch=fgetc(fp);
```

其意义是从打开的文件 fp 中读取一个字符并送入变量 ch 中。

对于 fgetc 函数的使用有以下 4 点说明。

(1) 在 fgetc 函数调用时，读取的文件必须是以读或读写方式打开的。

(2) 读取字符的结果也可以不向字符变量赋值，例如，“fgetc(fp);”，但是读出的字符不能保存。

(3) 在文件内部有一个位置指针，用来指向文件的当前读写字节。当文件打开时，该指针总是指向文件的第一字节。使用 fgetc 函数后，该位置指针将向后移动一字节。因此可连续多次使用 fgetc 函数，读取多个字符。应注意文件指针和文件内部的位置指针不是一回事。文件指针是指向整个文件的，须在程序中定义说明，只要不重新赋值，文件指针的值是

不变的。文件内部的位置指针用于指示文件内部的当前读写位置,每读写一次,该指针均向后移动,它不需在程序中定义说明,而是由系统自动设置的。

(4) 如果在执行 getc 函数读字符时遇到文件结束符,函数返回一个文件结束标志 EOF (即−1)。如果想从一个磁盘文件顺序读入字符将其在屏幕上显示,可用如下程序段:

```
while((ch=fgetc(fp))!=EOF)
putchar(ch);
```

EOF 不是可输出字符,因此不能显示在屏幕上。由于字符的 ASCII 码不可能出现−1,因此 EOF 为−1 是合理的。当读入的字符值等于−1 时,表示读入的不是正常的符号而是文件结束符。但对于二进制文件,读入一字节中的二进制数据的值有可能是−1,这样就会出现冲突,可能会将需要读入的有用数据处理为"文件结束"。为了解决这个问题,ANSI C 提供了一个 feof 函数来判断文件是否结束。如 feof(fp)用来测试 fp 所指向的文件当前状态是否为文件结束。如果文件结束,函数返回的值为真(1),否则为假(0)。若想顺序读入一个二进制文件中的数据,可用如下程序段:

```
while(! feof(fp))
{   ch=fgetc(fp)
    putchar(ch);
}
```

2. 写字符函数——fputc

fputc 函数的功能是把一个字符写入指定的文件中,函数调用的形式为

fputc(字符,文件指针);

其中,写入的字符既可以是字符常量又可以是字符变量,例如:

```
fputc('a',fp);
```

其意义是把字符 a 写入 fp 所指向的文件中。

对于 fputc 函数的使用也要说明几点。

(1) 被写入的文件可以用写、读写、追加方式打开,用写或读写方式打开一个已存在的文件时将清除原有的文件内容,写入字符从文件首开始。如需保留原有文件内容,希望写入的字符从文件末开始存放,必须以追加方式打开文件。被写入的文件若不存在,则创建该文件。

(2) 每写入一个字符,文件内部位置指针向后移动一字节。

(3) fputc 函数有一个返回值,如写入成功则返回写入的字符,否则返回一个 EOF。可用此来判断写入是否成功。

3. 读字符串函数——fgets 函数

功能是从指定的文件中读一个字符串到字符数组中,函数调用的形式为

fgets(字符数组名,n,文件指针);

其中,n 是一个正整数,表示从文件中读出的字符串不超过 n−1 个字符。在读入的最后一个字符后加上串结束标志'\0'。例如:

```
fgets(str,n,fp);
```

其意义是从 fp 所指的文件中读出 n－1 个字符送入字符数组 str 中。

对 fgets 函数有两点说明。

(1) 在读出 n－1 个字符之前，如遇到了换行符或 EOF，则读出结束。

(2) fgets 函数也有返回值，其返回值是字符数组的首地址。

4. 写字符串函数——fputs

fputs 函数的功能是向指定的文件中写入一个字符串，其调用形式为

```
fputs(字符串,文件指针);
```

其中字符串既可以是字符串常量，也可以是字符数组名，或指针变量，例如：

```
fputs("1234",fp);
```

其意义是把字符串"1234"写入 fp 所指的文件中。

5. 数据块读写函数——fread 和 fwrite

C 语言还提供了用于整块数据的读写函数。可用来读写一组数据，如一个数组元素，一个结构变量的值等。

读数据块函数调用的一般形式为

```
fread(buffer,size,count,fp);
```

写数据块函数调用的一般形式为

```
fwrite(buffer,size,count,fp);
```

其中，各参数含义如下。

buffer：是一个指针，在 fread 函数中，它表示存放输入数据的首地址。在 fwrite 函数中，它表示存放输出数据的首地址。

size：表示数据块的字节数。

count：表示要读写的数据块块数。

fp：表示文件指针。

例如：

```
fread(fa,4,5,fp);
```

其意义是从 fp 所指的文件中，每次读 4 字节(一个实数)送入实数组 fa 中，连续读5 次，即读 5 个实数到 fa 中。

假设有一个结构体类型：

```
struct student
{   long int num;
    char name[10];
    int age;
}stu[30];
```

结构体数组有 30 个元素，每个元素用来存放一个学生的信息。假设学生的信息已存放在磁

盘文件中,可以用 for 循环和 fread 函数读入 30 个学生的数据:

```
for(i=0;i<30;i++)
{   fread(&stu[i],sizeof(struct student),1,fp);
}
```

同样,可以用 for 循环和 fwrite 函数将学生的数据输出到磁盘文件:

```
for(i=0;i<30;i++)
{   fwrite(&stu[i],sizeof(struct student),1,fp);
}
```

若函数调用成功,则函数返回 count 的值,即输入或是输出数据的完整个数。

6. 格式化读写函数——fscanf 和 fprintf

fscanf 函数、fprintf 函数与前面使用的 scanf 和 printf 函数的功能相似,都是格式化读写函数。两者的区别在于 fscanf 函数和 fprintf 函数的读写对象不是键盘和显示器,而是磁盘文件。

这两个函数的调用格式为

```
fscanf(文件指针,格式字符串,输入表列);
fprintf(文件指针,格式字符串,输出表列);
```

例如:

```
fscanf(fp,"%d%s",&i,&s);        /*从磁盘文件 fp 将数据读入整型变量 i 和实型变量 s 中*/
fprintf(fp,"%d%c",j,ch);    /*将整型变量 j 和字符型变量 ch 的值输出到 fp 所指向的文件中*/
```

使用函数 fscanf 和 fprintf 对磁盘文件进行读写,方便易懂,但是输入时需要将 ASCII 码转换成二进制形式,而在输出时又要将二进制形式转换成 ASCII 字符,时间花费较多。因此,若在磁盘文件和内存频繁交换数据的情况下,最好使用函数 fread 和 fwrite,而不使用函数 fscanf 和 fprintf。

7. 文件定位函数

前面介绍的对文件的读写方式都是顺序读写,即读写文件只能从头开始,顺序读写各个数据。但在实际问题中常要求只读写文件中某一指定的部分,为了解决这个问题可移动文件内部的位置指针到需要读写的位置,再进行读写,这种读写称为随机读写。实现随机读写的关键是要按要求移动位置指针,这称为文件的定位。

1) rewind 函数

前面已经使用过,其调用形式为

```
rewind(文件指针);
```

它的功能是把文件内部的位置指针移到文件首,函数没有返回值。

2) fseek 函数

fseek 函数用来移动文件内部位置指针,其调用形式为

```
fseek(文件指针,位移量,起始点);
```

其中,“文件指针”指向被移动的文件。“位移量”表示移动的字节数,要求位移量是 long 型

数据，以便在文件长度大于 64KB 时不会出错。当用常量表示位移量时，要求加后缀 L。“起始点”表示从何处开始计算位移量，规定的起始点有三种：文件开始、当前位置和文件末尾，起始点表示方式如表 10-2 所示。

表 10-2　起始点表示方式

起始点	表示符号	字表示	起始点	表示符号	数字表示
文件开始	SEEK_SET	0	文件末尾	SEEK_END	2
当前位置	SEEK_CUR	1			

例如：

```
fseek(fp,20L,0);
```

其意义是把位置指针移到离文件首 20 字节处。

```
fseek(fp,20L,1);
```

其意义是把位置指针移到离当前位置 20 字节处。

```
fseek(fp,-20L,2);
```

其意义是把位置指针从文件末尾处向后退 20 字节。

还要说明的是，fseek 函数一般用于二进制文件。在文本文件中由于要进行转换，计算出来的位置容易出错。文件的随机读写在移动位置指针之后，即可用前面介绍的任一种读写函数进行读写。由于一般是读写一个数据块，因此常用 fread 和 fwrite 函数。

3）ftell 函数

由于文件的位置指针可以任意移动，读写也使其位置经常移动，往往容易迷失当前位置，要获取文件当前的位置，常调用 ftell 函数来获取。

其调用形式为

```
ftell(文件指针);
```

返回文件位置指针的当前位置(用相对于文件头的位移量表示)，如果返回值为－1L，则表明调用出错。例如：

```
offset=ftell(fp);
if(offset==-1L)printf("ftell() error\n");
```

8. 文件检测函数

C 语言中常用的文件检测函数有以下 3 个。

1）文件结束检测函数——feof 函数

调用格式：

```
feof(文件指针);
```

功能：判断文件是否处于文件结束位置，如文件结束，则返回值为 1，否则为 0。

2）读写文件出错检测函数——ferror 函数

在调用输入输出库函数时，如果出错，除了函数返回值有所反映外，也可利用 ferror 函数来检测。

调用格式：

```
ferror(文件指针);
```

功能：检查文件在用各种输入输出函数进行读写时是否出错。如果函数返回值为0，表示未出错；如果返回一个非0值，表示出错。对同一文件，每次调用输入输出函数均产生一个新的ferror函数值。因此在调用了输入输出函数后，应立即检测，否则出错信息会丢失。在执行fopen函数时，系统将ferror的值自动置为0。

3）文件出错标志和文件结束标志置0函数——clearerr函数

调用格式：

```
clearerr(文件指针);
```

功能：将文件错误标志（即ferror函数的值）和文件结束标志（即feof函数的值）置为0。

对同一文件，只要出错就一直保留，直至遇到clearerr函数或rewind函数，或其他任何一个输入输出库函数。

10.3 文件操作举例

【例10.1】 读入文件c:\\file_1.txt，在屏幕上输出。

```
#include "stdio.h"
#include "stdlib.h"
void main()
{   FILE * fp;
    char ch;
    if((fp=fopen("c:\\file_1.txt","r"))==NULL)
    {   printf("Cannot open file!");
        getchar();
        exit(1);
    }
    ch=fgetc(fp);
    while (ch!=EOF)
    {   putchar(ch);
        ch=fgetc(fp);
    }
    printf("\n");
    fclose(fp);
}
```

运行情况：先在C盘根目录下建立文件file_1.txt，内容为123456789abcdef。

运行该程序后屏幕上将显示：

```
123456789abcdef
```

程序说明：程序的功能是从文件中逐个读取字符，在屏幕上显示。程序定义了文件指针 fp,以读文本文件方式打开文件 c:\\file_1.txt，并使 fp 指向该文件。如打开文件出错，给出提示并退出程序。程序第 11 行先读出一个字符,然后进入循环，只要读出的字符不是文件结束标志(每个文件末有一结束标志 EOF)就把该字符显示在屏幕上,再读入下一字符。每读一次,文件内部的位置指针向后移动一个字符,文件结束时,该指针指向 EOF。执行本程序将显示整个文件内容。

【例 10.2】 从键盘输入一行字符,写入一个文件，再把该文件内容读出显示在屏幕上。

```
#include "stdio.h"
#include "stdlib.h"
void main()
{   FILE * fp;
    char ch;
    if((fp=fopen("c:\\file_2.txt","w+"))==NULL)
    {   printf("Cannot open file please strike any key exit!");
        getchar();
        exit(1);
    }
    printf("input a string:\n");
    ch=getchar();
    while (ch!='\n')
    {   fputc(ch,fp);
        ch=getchar();
    }                   /* 从键盘输入一个字符后进入循环,当输入字符不为回车符时,则把 */
                        /* 该字符写入文件之中,然后继续从键盘输入下一字符 */
    rewind(fp);         /* fp 所指文件的内部位置指针移到文件头 */
    ch=fgetc(fp);
    while(ch!=EOF)
    {   putchar(ch);
        ch=fgetc(fp);
    }                   /* 读出文件中的内容 */
    printf("\n");
    fclose(fp);
}
```

运行情况：

```
input a string:
Hi,You are welcome ↙        (输入字符串并回车)
Hi,You are welcome          (输出的结果)
```

程序说明：程序以读写文本文件方式打开文件 c:\\file_2.txt。每输入一字符,文件内部位置指针向后移动一字节。写入完毕,该指针已指向文件末。如要把文件从头读出,须把指针移向文件头，程序中 rewind 函数正是完成此操作。

【例 10.3】 把一个磁盘文件中的信息复制到另一个磁盘文件中。

方法一：在 main 函数中完成磁盘文件名称的输入,然后处理。例如：

```
#include "stdio.h"
#include "stdlib.h"
void main()
    {   FILE * fp1, * fp2;
        char ch,chin[20],chout[20];
    printf("please input the in name:\n");
    scanf("%s",chin);
    printf("please input the out name:\n");
        scanf("%s",chout);
        if((fp1=fopen(chin,"r"))==NULL)
    {   printf("Cannot open %s\n",chin);
        getch(); exit(1);
    }
    if((fp2=fopen(chout,"w+"))==NULL)
    {   printf("Cannot open %s\n",chout);
        getchar();exit(1);
    }
    while((ch=fgetc(fp1))!=EOF)
    fputc(ch,fp2);
    fclose(fp1);
    fclose(fp2);
}
```

运行情况：

```
please input the in name:
vc1.txt↙                    (输入原文件名 vc1.txt 并回车)
please input the out name:
vcc1.txt↙                   (输入新文件名 vcc1.txt 并回车)
```

注意：首先要确保 vcl.txt 已存在，并与本程序同目录，运行结束后查看 vccl.txt 内容，应与 vcl.txt 相同。

方法二：带参的 main 函数，把命令行参数中的前一个文件名标识的文件，复制到后一个文件名标识的文件中，如命令行中只有一个文件名则把该文件写到标准输出文件（显示器）中。

```
#include "stdio.h"
#include "stdlib.h"
void main(int argc,char * chr[])
{   FILE * fp1, * fp2;
    char ch;
    if(argc==1)
    {   printf("have not enter file name strike any key exit");
        getchar();exit(0);
    }
    if((fp1=fopen(chr[1],"r"))==NULL)
```

```
    {   printf("Cannot open %s\n",chr[1]);
        getchar();exit(1);
    }
    if(argc==2) fp2=stdout;
    else if((fp2=fopen(chr[2],"w+"))==NULL)
    {   printf("Cannot open %s\n",chr[2]);
        getchar();exit(1);
    }
    while((ch=fgetc(fp1))!=EOF)
        fputc(ch,fp2);
    fclose(fp1);
    fclose(fp2);
}
```

假如本程序的源文件名为 vc3.c,则编译、连接后得到的可执行文件名为 vc3.exe，此方法必须在 DOS 命令工作方式下输入命令行。

如果命令行参数 argc==1,表示没有给出文件名,则给出提示信息。

运行情况:

```
C:\vc3↙          (输入 C:\vc3 并回车,假设 vc3.exe 所在目录为 C:)
have not enter file name strike any key exit (输出提示信息)
```

如果命令行参数 argc==2,表示只给出一个文件名,由文件指针 fp1 指向,则使 fp2 指向标准输出文件(即显示器)。

```
C:\vc3 vc1.txt↙          (输入 C:\vc3 vc1.txt 并回车,假设 vc3.exe,vc1.txt 所在目录为 C:)
(输出的结果: 直接在终端输出 vc1.txt 的内容)
```

如果命令行参数 argc==3,表示给出了两个文件名,程序中定义了两个文件指针 fp1 和 fp2,分别指向命令行参数中给出的文件。

运行情况:

```
C:\vc3 vc1.txt vcc1.txt↙          (输入 C:\vc3 vc1.txt vcc1.txt,假设 vc3.exe,vc1.txt 所在目录为 C:)
```

然后到该目录下查看 vcc1.txt,内容应与 vc1.txt 相同。

注意:此方法中,chr[0]存放内容为 vc3,chr[1]中存放 vc1.txt,chr[2]存放 vcc1.txt,argc 的值为 3,因为此命令行中的参数个数为 3,执行程序后,打开 chr[2]文件,用循环语句逐个读出文件 chr[1]中的字符再送到文件中。

【例 10.4】 从 c:\\file_1.txt 文件中读入一个含 10 个字符的字符串。

```
#include "stdio.h"
#include "stdlib.h"
void main()
{   FILE * fp;
    char stri[11];
```

```
    if((fp=fopen("c:\\file_1.txt","r"))==NULL)
    {   printf("Cannot open file strike any key exit! ");
    getchar();exit(1);
    }
    fgets(stri,11,fp);
    printf("%s",stri);
    fclose(fp);
}
```

程序说明：程序定义了一个字符数组 stri 共 11 字节，在以读文本文件方式打开文件 c:\\file_1.txt 后，从中读出 10 个字符送入 stri 数组，在数组最后一个单元内将加上'\0'，然后在屏幕上显示输出 stri 数组。输出的 10 个字符正是例 10.1 程序的前 10 个字符。

【例 10.5】 在例 10.2 中建立的文件 c:\\file_2.txt 中追加一个字符串。

```
#include "stdio.h"
#include "stdlib.h"
void main()
{   FILE * fp;
    char ch,stri[20];
    if((fp=fopen("c:\\file_2.txt","a+"))==NULL)
    { printf("Cannot open file strike any key exit!");
    getchar();exit(1);
    }
    printf("input a string:\n");
    scanf("%s",stri);
    fputs(stri,fp);
    rewind(fp);
    ch=fgetc(fp);
    while(ch!=EOF)
    {   putchar(ch);
    ch=fgetc(fp);
    }
    printf("\n");
    fclose(fp);
}
```

运行情况：

```
input a string:
hello↙                          (输入追加字符串并回车)
Hi,You are welcomehello         (输出的结果)
```

程序说明：程序要求在 c:\\file_2.txt 文件末加写字符串，因此，在程序中以追加读写文本文件的方式打开文件 c:\\file_2.txt。然后输入字符串，并用 fputs 函数把该串写入文件 c:\\file_2.txt。本程序用 rewind 函数把文件内部位置指针移到文件首，再进入循环逐个显示当前文件中的全部内容。

【例 10.6】 从键盘输入三个学生数据，写入一个文件中，再读出这三个学生的数据显示在屏幕上。

```
#include "stdio.h"
#include "stdlib.h"
#define NUM 3
struct student
{   long int num;
    char name[10];
    int age;
} stua[NUM],stub[NUM], * p, * q;
void main()
{   FILE * fp;
    int i;
    p=stua;
    q=stub;
    if((fp=fopen("c:\\file_3.txt","wb+"))==NULL)
    {   printf("Cannot open file strike any key exit! ");
        getchar();exit(1);
    }
    printf("\ninput data:\n");
    for(i=0;i <NUM;i++,p++)
        scanf("%d%s%d",&p->num,p->name,&p->age);
    p=stua;
    fwrite(p,sizeof(struct student),NUM,fp);
    rewind(fp);
    fread(q,sizeof(struct student),NUM,fp);
    printf("\n\nnumber\tname\tage\n");
    for(i=0;i <NUM;i++,q++)
        printf("%5d\t%s\t%4d\n",q->num,q->name,q->age);
    fclose(fp);
}
```

运行情况：

```
input data:
1991 zhang 18↙                (输入第一个学生数据并回车)
1993 liu 21↙                  (输入第二个学生数据并回车)
1992 peng 19↙                 (输入第三个学生数据并回车)

number    name     age
1991      zhang    18
1993      liu      21
1992      peng     19          (输出的结果)
```

程序说明：程序定义了一个结构 student，说明了两个结构数组 stua 和 stub 以及两个结构指针变量 p 和 q，p 指向 stua，q 指向 stub。以读写方式打开二进制文件 c:\\file_3.txt，从终端键盘输入三个学生的数据，写入该文件中。fwrite 函数的作用是将一个长度为字节的数据块送到 c:\\file_3.txt 文件中(一个 student 类型结构体变量的长度为它的成员长度之和,即 4+10+2=16)。然后把文件内部位置指针移到文件首,使用 fread 函数读出三个学生数据后,在屏幕上显示。

值得注意的是,从键盘输入的三个学生的数据是 ASCII 码,也就是文本文件,送到计算机内存时,回车和换行符转换成一个换行符,再从内存中以 wb+方式(二进制方式)输出到 c:\\file_3.txt 中,此时不发生字符转换,按内存中存储形式原样输出到磁盘文件中。然后把文件内部位置指针移到文件首,又用 fread 函数读出三个学生数据,此时数据按原样(二进制方式)输入,也不发生字符转换,最后用 printf 函数输出到屏幕,因为 printf 是格式输出函数,输出 ASCII 码,在屏幕上显示字符,换行符又转换为回车加换行符。

用 fscanf 和 fprintf 函数也可以完成例 10.6 的问题。修改后的程序如例 10.7 所示。

【例 10.7】 下面的程序是完成从键盘上输入若干行长度不一的字符串,把其存到一个文件名为 ttt.txt 的磁盘文件上去,再从该文件中输出这些数据到屏幕上,将其中的小写字母转换成大写字母。

```
#include "stdio.h"
#include "stdlib.h"
void main()
{
    int i,flag;
    char str[80],c;
    FILE * fp;
    if((fp=fopen("c:\\ttt.txt","w+"))==NULL)
    {
        printf("can't creat file\n");
        exit(0);
    }
    for(flag=1;flag;)
    {
        printf("请输入字符串\n");
        gets(str);
        fprintf(fp,"%s",str);
        printf("是否继续输入?\n");
        if((c=getchar())=='N'||c=='n')
            flag=0;
        getchar();
    }
    fseek(fp,0,0);
    while(fscanf(fp,"%s",str)!=EOF)
    {
        for(i=0;str[i]!='\0';i++)
            if((str[i]>='a'&&str[i]<='z'))
                str[i]-=32;
        printf("%s\n",str); }
}
```

程序说明：程序中定义文件指针变量 fp 并使其与 c:\ttt.txt 文件相关联，从键盘输入的字符串通过 fprintf 函数输入 ttt.txt 文件中，然后通过 fscanf 函数读出到 str 字符数组中，对 str 数组元素小变大处理后在标准输出设备显示器中输出。

【例 10.8】 在学生文件 c:\\file_3.txt 中读出第二个学生的数据（说明文件的随机读写）。

```
#include "stdio.h"
#include "stdlib.h"
#define NUM 3
struct student
{   int num;
    char name[10];
    int age;
} stu, * p;
void main()
{   FILE * fp;
    int i=1;
    p=&stu;
    if((fp=fopen("c:\\file_3.txt","rb"))==NULL)
    {   printf("Cannot open file strike any key exit!");
        getchar();exit(1);
    }
    rewind(fp);
    fseek(fp,i * sizeof(struct student),0);
    fread(p,sizeof(struct student),1,fp);
    printf("\n\nnumber\tname\t age\n");
    printf("%d\t%s\t%d\n",p->num,p->name,p->age);
}
```

程序说明：文件 c:\\file_3.txt 已由例 10.6 的程序建立，本程序用随机读出的方法读出第二个学生的数据。程序中定义 stu 为 student 类型变量，p 为指向 stu 的指针。以读二进制文件方式打开文件，程序第 22 行移动文件位置指针。其中的 i 值为 1，表示从文件头开始，移动一个 student 类型的长度，然后再读出的数据即为第二个学生的数据。若本程序使用的文件 c:\\file_3.txt 是由例 10.7 的程序建立，将会出现乱码，读者可自行检验。

文件这章内容很重要，本章只介绍了一些基本的概念，更多的内容需要读者在实践中加以掌握。

10.4 编程实践

任务：精挑细选

【问题描述】

读取 c:\source.txt 文件的内容，取其中'%'开头行的内容写入 c:\dest.txt 中。

例如，source.txt 文件内容为如下：

```
%Identifying the note in the program
%First define special variable
Int ii1,ii2,addition
%Describe the algorithm in detail
%Realization the algorithm
addition=ii1+ii2
```

则程序会产生一个 dest.txt 文件内容：

```
%Identifying the note in the program
%First define special variable
%Describe the algorithm in detail
%Realization the algorithm
```

【算法分析与设计】

应该设计两个文件指针，分别用于指向源文件(c:\source.txt)和目标文件(c:\dest.txt)；从源文件中读取出的数据先保存在一个数据缓存区中后写入目标文件。

【代码实现】

```
#include<stdio.h>
#include<stdlib.h>
#include<string.h>
int main()
{
    FILE * fp1;
    FILE * fp2;                //声明 2 个文件指针,fp1 用于打开源文件,fp2 用于打开目标文件
    char buf[1024];            //声明一个缓存数组,用于保存文件每一个行的内容
                               //只读方式打开源文件,这里得用两个反斜杠转义字符
    if( (fp1=fopen("c:\\source.txt","r"))==NULL )
    {
        printf("source.txt 打开失败,请检查是否创建成功!\n");
        exit(0);
    }
                               //创建目标文件,这里一般不会发生错误
    if( (fp2=fopen("c:\\dest.txt","w"))==NULL )
    {
        printf("dest.txt 文件创建失败!");
        fclose(fp1);
        exit(0);
    }
    while(! feof(fp1))         //当文件指针 fp1 指向文件末尾时,feof 返回 0,否则返回 1,该句
                                 作用是只要未到末尾则进入循环
    {
        memset(buf,0,1024);                      //buf 字符串清 0
        fgets(buf,1024,fp1);                     //从 fp1 文件当前指针读取一行内容到 buf
        if(buf[0]=='%')                          //判断该行的第一个字符是否为'%'
```

```
        {
            fputs(buf,fp2);                     //是'%',写内容到 fp2 文件
        }
    }
    fclose(fp1);
    fclose(fp2);                                //循环结束,关闭 fp1、fp2 文件,程序结束
    return 0;
}
```

【编程小结】

(1) 程序中设计了 fp1 和 fp2 两个文件指针,分别用于指向源文件和目标文件。

(2) 定义了一个缓存数组 buf,用于保存文件每一个行的内容,为确保 buf 数组在使用前内容为空,选用库函数 memset。其原型为

```
void * memset(void * dest,int c,size_t count);
```

作用:在一段内存块中填充某个给定的值,它是对较大的结构体或数组进行清零操作的一种最快方法。

(3) 程序运行效果如图 10-2 所示。

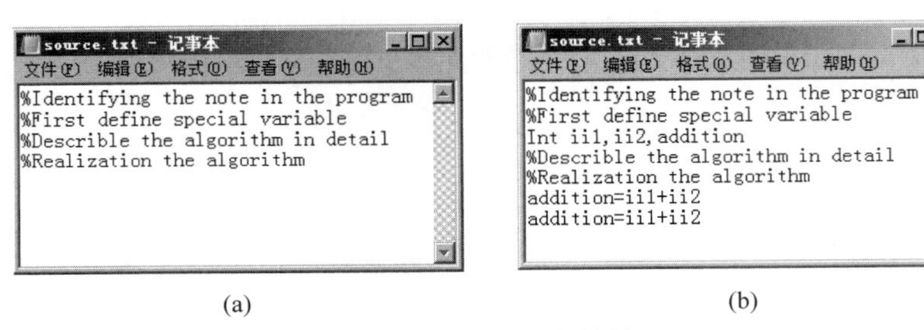

(a)　　　　(b)

图 10-2　程序运行效果

习　　题

1. 填空题

(1) C 系统在处理文件时,并不区分类型,都看成是字符流,按字节进行处理。输入输出字符流的开始和结束只由程序控制而不受物理符号(如回车符)的控制,因此也把这种文件称为________。

(2) C 语言文件系统中的标准终端输入是指________,标准终端输出是指________。

(3) 若要用 fopen 函数打开一个新的二进制文件,该文件要既能读也能写,则文件方式字符串应是________。

(4) 若执行 fopen 函数时发生错误,则函数的返回值是________。

(5) fgetc 函数的作用是从指定文件读入一个字符,该文件的打开方式必须是________。

(6) 函数调用语句“fseek(fp,-30L,2);”的含义是________。

(7) 能把文件的读写位置指针重新指回文件开始的函数是________,能够把文件的读

写位置指针调整到文件中的任意位置的函数是________,能获得文件当前的读写位置指针的函数是________。

(8) 在执行 fopen 函数时,ferror 函数的初值是________。

2. 简答题

(1) 文件型指针是什么?访问文件时是如何使用文件指针的?

(2) 对文件操作时打开和关闭文件的主要目的是什么?可通过哪些函数和方式打开或关闭文件?

3. 编程题

(1) 要求从键盘输入一行字符,以'@'符号结束,并将字符串中的大写字母转换为小写字母,最后将字符串存放于文件 c:\\vc1.txt 中。

(2) 把一个 ASCII 文件(c:\\vc1.txt)连接在另外一个 ASCII 文件(c:\\vc2.txt)之后。

(3) 在磁盘文件 c:\\vc3.txt 中存有 20 位同学的信息(学号、姓名、年龄),要求把第序号为 2、4、6、8、10 的学生的数据在显示器上显示出来。

(4) 从文件 c:\\vc4.txt 中取出学生成绩信息(学号、英语、数学、计算机、平时成绩),按平时成绩排序后,按降序存放 c:\\vc4_1.txt 中。

第 11 章　预处理命令

ANSI C 标准规定可以在 C 源程序中加入一些预处理命令(preprocessor directives)，以改进程序设计环境，提高编程效率。在前面章节的程序中，已多次使用以 # 开头的预处理命令。如文件包含命令 #include，宏定义命令 #define 等。在源程序中这些命令都放在函数之外，而且一般都放在源文件的前面，它们称为预处理部分。

预处理(preprocessor)是指在源代码编译之前对其进行一些特殊文本处理的操作。它的主要任务包括插入、删除、注释被 #include 指令包含文件的内容；定义和替换由 #define 指令定义的符号以及确定代码的部分内容是否应该根据一些条件编译指令进行编译。

预处理是 C 语言的一个重要功能，由预处理程序负责完成。当对一个源文件进行编译时，系统将自动引用预处理程序对源程序中的预处理部分进行处理，处理完毕自动进入对源程序的编译。由于现在使用的许多 C 编译系统都包括了预处理、编译和连接等环节，在进行编译时不需分别完成；因此，不少用户误认为预处理命令是 C 语言的一部分，甚至以为它们是 C 语句，这是不对的。必须正确区别预处理命令和 C 语句，区别预处理和编译，才能正确使用预处理命令。

C 提供了多种预处理功能，如宏定义、文件包含、条件编译等。其基本特征是以 # 开头，占单独书写行，语句尾不加分号。合理使用预处理功能编写的程序便于阅读、修改、移植和调试，也有利于模块化程序设计。

本章介绍 C 语言提供的三种预处理命令与应用。

11.1　宏　定　义

在 C 源程序中允许用一个标识符来表示一个字符串，它被称为“宏”。被定义为“宏”的标识符称为“宏名”。在编译预处理时，对程序中所有出现的“宏名”都用宏定义中的字符串去代换，这称为“宏代换”或“宏展开”。

宏定义是由源程序中的宏定义命令完成的。宏代换是由预处理程序自动完成的。在 C 语言中，“宏”分为有参数和无参数两种形式。

11.1.1　无参宏定义

无参宏的宏名后不带任何参数。其定义的一般形式为

```
#define 标识符  字符串
```

功能：用指定标识符(宏名)代替字符序列(宏体)。

其中，# 表示这是一条预处理命令，define 为宏定义命令，“标识符”为所定义的宏名，“字符串”可以是常数、表达式、格式串等。

前面所讲的符号常量的定义就是一种无参宏定义。例如：

```
#define PI 3.14159
```

其作用就是指定用标识符 PI 来代替 3.14159，在程序被编译时，将程序中所有的 PI 用 3.14159 代替。

另外，也可以对程序中反复使用的表达式进行宏定义，达到简化程序书写的目的。例如：

```
#define EQR (x * x+4 * x+4)
```

此时定义 EQR 来代替表达式(x * x+4 * x+4)，在编写源程序时，所有用到(x * x+4 * x+4)这个表达式的地方都可由 EQR 代替；而对源程序进行编译时，则先由预处理程序进行宏置换，即用(x * x+4 * x+4) 表达式去代换所有的宏名 EQR，然后再进行编译。

【例 11.1】 无参宏举例。

```
#include<stdio.h>
#define EQR (x * x+4 * x+4)
void main( )
{   int x,y;
    printf("请输入一个数: ");
    scanf("%d",&x);
    y=3 * EQR+4 * EQR+5 * EQR;
    printf("y=%d\n",y);
}
```

运行情况：

```
1↙          (输入 1 并回车)
y=108       (输出的结果)
```

程序说明：程序首先进行宏定义"# define EQR (x * x+4 * x+4)"，然后在"y=3 * EQR+4 * EQR+5 * EQR"中进行了宏调用。在预处理时经宏展开该语句变为：y=3 * (x * x+4 * x+4)+ 4(x * x+4 * x+4)+5(x * x+4 * x+4) ，此时还需注意的是，在宏定义中表达式两边的括号不能少，否则会引起错误。

注意：

(1) 宏定义的位置为任意，但一般情况下放在函数的外面。宏名的有效范围是从定义命令开始到本源文件结束。

(2) 宏定义是用宏名来表示一个字符串，只是进行简单的代换，不做任何正确性检查。如有错误，只能在编译已被宏展开之后的源程序时被发现。例如：

```
#define Yes 1
#define No 0
```

若有以下语句：

```
if (x==Yes) printf("correct! \n");
    else if (x==No) printf("error! \n");
```

宏展开为

```
if (x==1) printf("correct! \n");
    else if (x==0) printf("error! \n");
```

在此,从宏展开的语句中可以看到:宏展开只做置换,不做检查。

(3) 宏定义不是说明或语句,在行末不必加分号,如加上分号则连分号也一起置换。例如:

```
#define Yes 1;
if(x=Yes ) printf("correct! \n");
```

则宏展开为

```
if(x=1;) printf("correct! \n");
```

显然会出现语法错误。

(4) #undef 命令可以终止宏名作用域。例如:

```
#define Yes 1
main()            ┐
{                 │
…                 ├ Yes 原作用域
}                 │
#undef Yes        ┘

#define Yes 0
max()             ┐
{                 │
…                 ├ Yes 新作用域
}                 │
#undef Yes        ┘
```

(5) 宏名在源程序中若用引号括起来,则预处理程序不对其进行宏代换。例如:

```
#define PI 3.14159
printf("2 * PI=%f\n",PI * 2);
```

宏展开为

```
printf("2 * PI=%f\n",3.14159 * 2);
```

此时,在引号中的宏名不做替换,将其作为字符串处理。

(6) 宏定义允许嵌套,即在宏定义的字符串中可以使用已经定义过的宏名,在宏展开时由预处理程序层层代换,但不可以递归。例如:

```
#define width 40
#define length width+20
var=length * 2;
```

经宏展开为

```
var=40+20 * 2;
```

这是可以的，但若有

```
#define max max+10
```

这是错误的，因为宏定义是不可以递归的。

(7) 必要时，在宏定义中使用圆括号。例如：

上例的本意是要求一个长方形的周长，但实际上却并没有实现，所以可做如下修改：

```
#define width 40
#define length (width+20)
var=length * 2;
```

经宏展开为

```
var=(40+20) * 2;
```

这样通过圆括号来解决问题。

(8) 习惯上宏名用大写字母表示，以便与变量区别。但并非规定，也允许用小写字母。

(9) 可用宏定义表示数据类型，达到书写方便的目的。例如：

```
#define STU struct stu
```

在程序中可用 STU 做变量说明：

```
STU body[5], * p;
```

或

```
#define INTEGER int
```

在程序中即可用 INTEGER 做整型变量说明，如"INTEGER a,b;"。

注意：用宏定义表示数据类型和用 typedef 定义数据说明符是有区别的。宏定义只是简单的字符串代换，在预处理时完成；用 typedef 定义的数据说明符是在编译时处理的，它不是进行简单的代换，而是对类型说明符重新命名。被命名的标识符具有类型定义说明的功能。

例如：

```
#define STU1 int *
typedef (int * ) STU2;
```

这两者从形式上看相似，在实际使用中却不相同。下面用 STU1 和 STU2 说明变量时来看它们之间的区别。如有

```
STU1 a,b;
STU2 a,b;
```

经宏代换后变成

```
int * a,b;
```

它表示 a 是指向整型的指针变量，b 是整型变量。由于 STU2 是一个类型说明符，所以此时 a 和 b 都是指向整型的指针变量。

(10) 在对“输出格式”进行宏定义时,可以减少书写的工作量。例如:

```
#include<stdio.h>
#define P printf
#define D "%d\n"
#define F "%f\n"void main()
{   int a=3,c=5,e=8;
    float b=2.1,d=3.2,f=123.456;
    P(D F,a,b);
    P(D F,c,d);
    P(D F,e,f);
}
```

11.1.2 带参数的宏定义

C语言允许宏带有参数。在宏定义中的参数称为形式参数,宏调用中的参数称为实际参数。对带参数的宏,在调用时,不是进行简单的字符串替换,还要进行参数替换。

带参宏定义的一般形式为

#define 宏名(形参表)字符串

宏展开时形参用实参替换,其他字符保留不变。字符串中包含有在括号中所指定的参数。例如:

```
#define D(a,b) 2*a+2*b
circumference=D(4,3);
```

其作用是定义长方形的周长,a 和 b 是其两边长。经过宏展开分别用实参 4 和 3 代替宏定义中的形参 a 和 b。

因此,经宏展开为

```
circumference=2*4+2*3;
```

对带参的宏定义是这样展开置换的:在程序中如果有带实参的宏,如 D(4,3),按#define 命令行中指定的字符串从左到右进行置换。如果串中包含宏中的形参(如 a 和 b),则将程序语句中相应的实参(可以是常量、变量或表达式)代替形参,如果宏定义中的字符串中的字符不是参数字符(如 2*a+2*b 中的+号),则保留。

对于带参数的宏定义有以下问题需要说明。

(1) 宏体及各形参外一般应加圆括号 。

【例 11.2】 计算 x*x 的值。

```
#include<stdio.h>
#define POWER(x) ((x)*(x))
void main()
{   int a,b,c;
    a=4;b=6;
    c=POWER(a+b);
```

```
    printf("%d\n",c);
}
```

程序说明：程序第 6 行经宏展开为：c=(a+b)*(a+b)，满足了题意。若将上例中的第一行改为#define POWER(x) x*x，第 6 行经宏展开后为"c=a+b*a+b;"，显然不符合题意。因此，为了保证宏代换的正确性，需给宏定义中表示表达式的字符串加上圆括号。

(2) 带参数宏定义中，宏名和形参表之间不能有空格出现。例如：

```
#define S (r) PI*r*r
```

它相当于定义了不带参数的宏 S 代表字符串"(r) PI*r*r "。

(3) 宏定义可以实现某些函数的功能。

【例 11.3】 求两个数的最大值，分别用宏定义和函数实现。

方法一：用宏定义方式实现。

```
#include <stdio.h>
#define MAX(x,y) (x)>(y)?(x):(y)
void main()
{   int a,b,t;
    printf("请输入两个数: ");
    scanf("%d,%d",&a,&b);
    t=MAX(a,b);
    printf("t=%d",t);
}
```

程序说明：程序中的 t= MAX(a,b)经过宏展开为 t=(a)>(b)? (a):(b)，从而实现了求最大值。

方法二：用函数方式实现。

```
int max(int x,int y)
{return(x>y? x:y);}
#include<stdio.h>
void main()
{   int a,b,t;
    printf("请输入两个数: ") ;
    scanf("%d,%d",&a,&b);
    t=max(a,b);
    printf("t=%d",t);
}
```

程序说明：在函数中，通过调用 max 函数将实参 a 和 b 传递给形参 x 和 y，然后通过 return 语句带回最大值。

(4) 宏定义中的形参是标识符，而宏调用中的实参可以是表达式。

【例 11.4】 实参是表达式的宏调用举例。

```
#include<stdio.h>
#define SQ(y) (y)*(y)
```

```
void main()
{   int a,sq;
    printf("请输入一个数: ");
    scanf("%d",&a);
    sq=SQ(a+1);
    printf("sq=%d\n",sq);
}
```

程序说明：宏定义的形参为 y，宏调用中实参为 a+1，是一个表达式。在宏展开时，用 a+1 代换 y，再用(y) * (y) 代换 SQ，得到语句“ sq=(a+1) * (a+1);”，这与函数的调用是不同的，函数调用时要把实参表达式的值先求出来然后再赋予形参。而宏代换中对实参表达式不进行计算，直接按照原样代换。

（5）带参的宏和函数很相似，但有本质上的不同。主要有 5 点。

① 函数调用时，先求实参表达式的值，然后代入形参，而带参的宏只是进行简单的字符替换。把同一表达式用函数处理与用宏处理两者的结果有可能是不同的。

【例 11.5】 分析以下程序看用函数和宏定义对同一表达式处理的区别。

方法一：函数形式。

```
int SQ(int y)
{   return((y) * (y));}
#include <stdio.h>
void main()
{   int i=1;
    while(i <=5)
    printf("%3d",SQ(i++));
}
```

运行情况：

```
1  4  9  16  25  (输出的结果)
```

方法二：宏处理形式。

```
#include<stdio.h>
#define SQ(y) ((y) * (y))
void main()
{   int i=1;
    while(i <=5)
    printf("%3d",SQ(i++));
}
```

运行情况：

```
1  9  25  (输出的结果)
```

在此可以看到：函数调用为 SQ(i++)，宏的调用也为 SQ(i++)，并且实参也是相同的。但是从输出结果来看，却大不相同。

程序分析：方法一中函数调用是把实参 i 的值传给形参 y 之后自增 1，然后输出函数值。

因而要循环5次。输出1～5的平方值。方法二中宏调用时，只做简单代换。SQ(i++)被代换为((i++)*(i++))。一次宏调用i会发生2次自增。其计算过程：表达式中i的初值为1，满足条件做1*1并输出；然后i自增2次变为3，满足条件做3*3并输出；然后i自增2次变为5，满足条件做5*5并输出；最后i再自增2次变为7，不再满足循环条件，停止循环。从以上分析可以看出函数调用和宏调用两者在形式上相似，在本质上却是完全不同的。

② 宏调用是通过宏展开来完成的，在编译阶段中进行，它不占运行时间，只占编译时间；而函数调用则是在程序运行时进行的，占运行时间（包括分配内存单元、保留现场、值传递和返回）。

③ 带参宏定义中不存在类型问题，宏名无类型，它的参数也无类型，也不需要分配内存空间；而函数却要求形参和实参类型必须一致，调用函数时给形参分配临时的存储空间。

④ 多次使用宏使得宏展开后程序变得更长，而函数调用多次也不会使程序加长。

⑤ 调用函数只能得到一个返回值，而用宏则可以设法得到多个结果。

【例 11.6】 通过宏得到多个结果。

```
#include<stdio.h>
#define PI 3.14
#define CIRCLE(R,L,S) L=2*PI*R;S=PI*R*R
void main()
{   float r,l,s;
    scanf("%f",&r);
    CIRCLE(r,l,s);
    printf("l=%6.2f,s=%6.2f",l,s);
}
```

经过宏展开为

```
#include<stdio.h>
void main()
{   float r,l,s;
    scanf("%f",&r);
    l=2*3.14*r;s=3.14*r*r;
    printf("l=%6.2f,s=%6.2f",l,s);
}
```

运行情况：

```
2.5↙               (输入 2.5 并回车)
l=15.70,s=19.63 (输出的结果)
```

由此，对带参数的宏和函数的区别可归纳为表11-1。

表 11-1　带参数的宏和函数的区别

区　别	带参数的宏	函　数	区　别	带参数的宏	函　数
处理时间	编译时	程序运行时	程序长度	变长	不变
参数类型	无类型问题	定义实参，形参类型	运行速度	不占运行时间	调用和返回占时间
处理过程	不分配内存	分配内存			

11.2 "文件包含"处理

文件包含是C预处理程序的另一个重要功能。文件包含命令行的一般形式为

```
#include "文件名"
```

或

```
#include<文件名>
```

功能：先由预处理器删除这条指令，然后把指定的文件插入该命令行位置，使指定文件和当前的源程序文件连成一个文件。

说明：图11-1(a)为文件file1.c，它有一个#include<file2.c>命令，然后还有其他内容（这里以A表示）。图11-1(b)为另一文件file2.c，文件内容以B表示。在编译预处理时，要对#include命令进行文件包含处理。将file2.c的全部内容复制插入#include<file2.c>命令处，即file2.c被包含到file1.c当中，得到图11-1(c)所示的结果。在编译中，将包含以后的file1.c作为一个源文件单位进行编译。

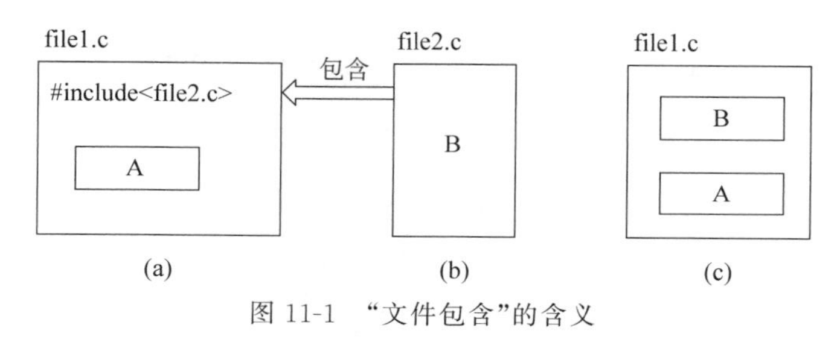

图11-1 "文件包含"的含义

能够用作包含文件的，不仅限于C语言系统所提供的头文件（如stdio.h、math.h等），还可以是用户自己写的命名文件和其他的要求在本文件中引用的源程序文件。

在程序设计中，文件包含是很有用的。一个大的程序可以分为多个模块，由多个程序员分别编写。有些公用的符号常量或宏定义等可单独组成一个文件，在其他文件的开头用包含命令包含该文件即可使用。这样，避免在每个文件开头都去书写那些公用量，从而节省时间，减少出错，容易维护。

对文件包含命令还要说明以下5点。

(1) 一个include命令只能指定一个被包含文件。如果要包含多个文件，则需要使用多个include命令。

(2) 包含命令中的文件名可以用双引号括起来，也可以用尖括号括起来。例如，以下写法都是允许的：

```
#include "string.h"
```

或

```
#include<math.h>
```

但是，这两种形式是有区别的：使用尖括号表示在包含文件目录中去查找（包含目录是

由用户事先在设置环境时设置的)，而不在源文件目录中去查找；使用双引号表示首先在当前的源文件目录中查找,若未找到才去包含目录中查找。用户编程时可根据自己文件所在的目录来选择某一种命令形式。

(3) 文件包含允许嵌套,即在一个被包含的文件中又可以包含另一个文件。

(4) 如果文件 file1.c 要使用文件 file2.c 中的内容,而文件 file2.c 又要用到文件 file3.c 中的内容,则可以在文件 file1.c 中用两个 include 命令分别包含 file2.c 和 file3.c,而且文件 file3.c 应出现在文件 file2.c 之前,即在 file1.c 中用如下定义：

```
#include<file3.c>
#include<file2.c>
```

这样,file1.c 和 file2.c 都可以使用 file3.c 中的内容,而且在 file2.c 中也不必再用 #include<file3.c>。为防止文件内容重复被包含就要合理使用条件编译。

(5) 被包含文件(file2.c)与其所在的文件(即用 #include 命令的源文件 file1.c),在预编译后已成为同一个文件(而不是两个文件)。因此,如果 file2.c 中有全局静态变量,它也在 file1.c 文件中有效,不必用 extern 声明。

11.3 条件编译

在编译一个程序时,如果允许选择某条语句进行翻译或者被忽略,则会显得非常方便。条件编译(conditional compilation)就是用于实现这个目的。使用条件编译,就可以选择代码的某部分进行正常编译还是完全忽略。

条件编译命令主要有下列三种形式。

1. 条件编译命令形式一

```
#if 常数表达式
    程序段 1
#endif
```

或

```
#if 常数表达式
    程序段 1
#else
    程序段 2
#endif
```

其中,表达式由预处理器进行求值。如果它的值为真(非零)时就编译程序段 1,否则编译程序段 2。所以可以根据事先给定的条件来使程序在不同的条件下执行不同的功能。例如,有这样一段代码：

```
#if DEBUG
    printf("x=%d,y=%d\n",x,y);
#endif
```

无论是想编译还是想忽略它都很容易办到。如果想编译它，只需加一条 ＃define DEBUG 1 就可以了。如果想要忽略它，则将其定义为＃define DEBUG 0 就可以了。无论哪种情况，上面的代码段都可以保留在源文件中。

【例 11.7】 条件编译举例。

```
#include<stdio.h>
#define R 1
void main()
{   float c,r,s;
    printf ("请输入一个数: ");
    scanf("%f",&c);
    #if R
        r=3.14159*c*c;
        printf("area of round is: %f\n",r);
    #else
        s=c*c;
        printf("area of square is: %f\n",s);
    #endif
}
```

程序分析：这个程序是根据条件求圆的面积或正方形的面积。由于在程序第一行的宏定义中，已经定义 R 为 1，因此在条件编译时，表达式的值为真，故计算并输出圆面积。如果把第一行的宏定义改为＃define R 0，则在条件编译时，由于表达式的值为假，将会计算并输出正方形的面积。

上面介绍的条件编译也可以用条件语句来实现，但使用条件语句会对整个源程序进行编译，生成的目标代码程序很长。采用条件编译，会根据条件只编译其中的程序段 1 或程序段 2，生成的目标程序较短。因此，如果条件选择的程序段很长，采用条件编译的方法是十分必要的。

2. 条件编译命令形式二

```
#ifdef<宏名>
    程序段 1
#else
    程序段 2
#endif
```

或

```
#ifdef<宏名>
    程序段
#endif
```

它的功能：如果＃ifdef 后的＜宏名＞在此之前已用＃define 语句定义，就编译程序段 1；否则，编译程序段 2。其中＃else 部分可以没有。

【例 11.8】 分析以下程序中宏语句的功能。

```
#include<stdio.h>
void main()
{   float r,s;
    printf("请输入半径: ");
    scanf("%f",&r);
    #ifdef PI
        s=PI * r * r;
    #else
    #define PI 3.14
        s=PI * r * r;
    #endif
    printf("s=%f",s);
}
```

程序分析：本例是用于计算给定半径的圆的面积。宏语句的功能：如果之前已定义过宏 PI,则直接计算面积;如果之前未定义宏 PI,则在定义 PI 之后再计算面积。

3. 条件编译命令形式三

```
#ifndef<宏名>
    程序段 1
#else
    程序段 2
#endif
```

或

```
#ifndef <宏名>
    程序段 1
#endif
```

#ifndef 语句的功能与#ifdef 相反,它的功能是,如果宏名未被#define 命令定义过则对程序段 1 进行编译;否则对程序段 2 进行编译。

本章介绍的预编译功能是 C 语言特有的,有利于程序的可移植性,增加程序的灵活性。

11.4 编程实践

任务：串化运算

【问题描述】

如何将带参的宏中的参数连接到一个字符串常量中,例如：

(1) 在宏定义#define PASTE(n) "abcdef"中如何将参数 n 连接到字符串常量"abcdef"中。

(2) 在宏定义#define NUM(a,b,c) #define STR(a,b,c)中如何将参数 a、b、c 所代表的字符连接起来。

【算法分析与设计】

需要使用字符串化操作符#和连接操作符##。

【代码实现】

```
#include<stdio.h>
#define PASTE(n) "abcdef"#n
#define NUM(a,b,c) a##b##c
#define STR(a,b,c) a##b##c

void main()
{
    printf("%s\n",PASTE(15));
    printf("%d\n",NUM(1,2,3));
    printf("%s\n",STR("aa","bb","cc"));
}
```

【编程小结】

(1) 字符串化操作符＃：将宏名转化为字符串。宏定义中的＃运算符告诉预处理程序,把源代码中任何传递给该宏的参数转换成一个字符串。

(2) 连接操作符＃＃：连接两个宏名。预处理程序把出现在＃＃两侧的参数合并成一个符号,注意所连接的是宏名,而不是其所指代的值。

(3) 在使用中应遵循 ANSI C 中规定,但要记得编译通不过可能是早期编译器不支持 C 标准的问题。

(4) ＃＃操作可应用在变量定义中,若程序开发中遇到要批量定义或修改变量前缀,且这些变量具有相同的前缀时,＃＃显得尤为重要,它可以使代码更加整洁,且减少了出错的概率。

(5) ＃操作符可用于在调试时将变量名输出,可配合＃＃一起使用,如定义：

```
#define CHECK_VAR(x,fmt) printf("#x="##fmt "\n",x)
```

则 CHECK_VAR(var1,%d)相当于

```
printf("var1=%d\n",var1);
```

习　　题

1. 选择题

(1) 以下说法中不正确的是________。

A. 预处理命令行都必须以＃开始

B. 在程序中凡是以＃开始的语句行都是预处理命令行

C. C 程序在执行过程中对预处理命令行进行处理

D. ＃define AB_CD 是正确的宏定义

(2) 以下有关宏替换的叙述不正确的是________

A. 宏替换不占用运行时间　　B. 宏名无类型

C. 宏替换只是字符替换　　D. 宏名必须用大写字母表示

(3) 以下说法正确的是________。

A. 宏定义是 C 语句,所以要在行末加分号

B. 可以使用#undef 命令来终止宏定义的作用域

C. 在进行宏定义时,宏定义不能层层置换

D. 结程序中用双引号括起来的字符串内的字符,与宏名相同的要进行置换

(4) 在"文件包含"预处理语句的使用形式中,当#include 后面的文件名用＜＞括起时,寻找被包含文件的方式是________。

A. 仅仅搜索当前目录

B. 仅仅搜索源程序所在目录

C. 直接按系统设定的标准方式搜索目录

D. 先在源程序所在目录搜索,再按系统设定的标准方式搜索

(5) 以下叙述正确的是________。

A. 用#include 包含的头文件的扩展名不可以是 a

B. 若一些源程序中包含某个头文件;当该头文件有错时,只需对该头文件进行修改,包含此头文件所有源程序不必重新进行编译

C. 宏命令可以看作一行 C 语句

D. C 编译中的预处理是在编译之前进行的

(6) 以下程序的输出结果是________。

```
#include<stdio.h>
#define MIN(x,y) (x) <(y)?(x):(y)
void main()
{   int a,b,t,k;
    a=10;b=15;
    t=MIN(a,b);
    k=10 * t;
    printf("k=%d",k);
}
```

A. 15　　B. 100　　C. 10　　D. 150

(7) 以下程序中的 for 循环执行的次数是________。

```
#include<stdio.h>
#define N 2
#define M N+1
#define NUM (M+1) * M/2
void main()
{   int i;
    for(i=1;i <=NUM;i++)
    printf("%d\n",i);
}
```

A. 5　　B. 6　　C. 8　　D. 9

(8) 以下程序的输出结果是________。

```
#include<stdio.h>
```

```
#define FUDGF(y) 2.84+y
#define PR(a) printf("%d",(int)(a))
#define PRINT1(a) PR(a);putchar('\n')
void main()
{   int x=2;
    PRINT1(FUDGF(5) * x);
}
```

A. 11　　B. 12　　C. 13　　D. 15

(9) 以下程序的输出结果是________。

```
#define ADD(x) x+x
void main()
{   int m=1,n=2,k=3;
    int sum=ADD(m+n) * k;
    printf("sum=%d",sum);
}
```

A. sum=8　　B. sum=10　　C. sum=12　　D. sum=18

(10) 以下程序的输出结果是________。

```
#define MAX(x,y) (x)>(y)?(x):(y)
void main()
{   int a=1,b=2,c=3,d=2,t;
    t=MAX(a+b,c+d) * 100;
    printf("%d\n",t);
}
```

A. 500　　B. 5　　C. 3　　D. 300

2. 填空题

(1) ＃define 命令出现在程序中函数的外面,宏名的有效范围为________。

(2) 可以使用________命令来终止宏定义的作用域。

(3) ________处理是指一个源文件可以将另外一个源文件的全部内容包含进来。

(4) C 语言规定文件包含预处理指令必须以________开头。

(5) 下列程序的输出结果是________。

```
#define N 5
#define s(x) x*x
#define f(x) (x*x)
void main()
{   int i1,i2;
    i1=1000/s(N);
    i2=1000/f(N);
    printf("%d,%d\n",i1,i2);
}
```

(6) 设有如下宏定义:

```
#define MYSWAP(z,x,y) {z=x;x=y;y=z;}
```

以下程序段通过宏调用实现变量 a、b 内容交换，请填空。

```
float a=5,b=16,c;MYSWAP(________,a,b);
```

(7) 下列程序的输出结果是________。

```
#define NX 2+3
#define NY NX * NX
void main()
{   int i=0,m=0;
    for(;i <NY;i++)
        m++;
    printf("%d\n",m);
}
```

(8) 下列程序的输出结果是________。

```
#define MAX(x,y) (x)>(y)?(x):(y)
void main()
{   int a=5,b=2,c=3,d=3,t;
    t=MAX(a+b,c+d) * 10;
    printf("%d\n",t);
}
```

(9) 下列程序的输出结果是________。

```
#define MAX(a,b) a>b
#define EQU(a,b) a==b
#define MIN(a,b) a <b
void main()
{   int a=5,b=6;
    if(MAX(a,b))
        printf("MAX\n");
    if(EQU(a,b))
        printf("EQU\n");
    if(MIN(a,b))
        printf("MIN\n");
}
```

(10) 下列程序的输出结果是________。

```
#define TEST
void main()
{   int x=0,y=1,z;
    z=2 * x+y;
#ifdef TEST
    printf("%d,%d\n",x,y);
#endif
```

```
    printf("%d\n",z);
}
```

3. 程序分析题

(1) 分析以下程序的输出结果。

```
#include<stdio.h>
#define PRINT(a) printf("OK! ")
void main()
{   int i,a=1;
    for(i=0;i <3;i++)
        PRINT(a+i);
    printf("\n");
}
```

(2) 分析以下程序的输出结果。

```
#define DEBUG 1
void main()
{   int a=10;
    #if DEBUG
        printf("%d\n",a);
    #else
        printf("nothing\n");
    #endif
}
```

(3) 分析下面程序的正确输出结果。

```
#define MAX(a,b) (a)>(b)?(a):(b)
void main()
{   int x=1;
    int y=2;
    printf("%d",MAX(x,y));
}
```

4. 编程题

(1) 定义一个带参的宏,求两个整数的余数。编程实现宏调用并输出求得的结果。

(2) 分别用函数和带参的宏,从3个数中找出最大者。

(3) 输入一个整数m,判断它是否正数。要求利用带参的宏实现。

(4) 利用不带参宏定义编写程序求球体的表面积。

(5) 用一个带参数的宏 min(x,y)来求两个数中的最小值,利用它求一维数组a的最小值。

第12章　C++语言的特性

前面11章已经较为完整地讲述了C语言程序设计所需知识，拥有这些知识，完全可以开发功能强大的C语言应用程序。但在开发过程中，有可能存在开发效率不高，程序员感到有些语法太僵硬死板，觉得需要改进和完善。

本章将从C语言扩展的角度，讲解C++语言的特性，帮助具有C语言知识的读者尽快掌握C++语言。

12.1　从C到C++

C语言在实际程序开发中获得了巨大成功，如用它开发的操作系统UNIX，至今仍然长盛不衰。现在手机流行的Android手机操作系统，其底层是linux操作系统，也是用C语言编写的。因为在高级语言中，没有哪门语言比C更接近机器语言，编译后的执行效率更高，运行更快，更流畅。所以嵌入式系统的语言开发，也都喜欢用C语言开发。在未来很长的时间内，C语言程序仍将占有一席之地。

但C语言在开发应用程序时，开发效率比较低。当问题比较复杂、程序的规模比较大时，结构化程序设计方法就显出它的不足。C程序的设计者必须关注程序中的每一个细节，考虑每一时刻发生的事情，例如各个变量的值是如何变化的，什么时候应该进行哪些输入，在屏幕上应该输出什么等。问题复杂时，程序员往往感到力不从心。当初提出结构化程序设计方法的目的是解决软件设计危机，但用C语言要完美实现这个目标比较困难。为了解决软件设计危机，在20世纪80年代提出了面向对象的程序设计(object oriented programming,OOP)思想。所以为了提高开发效率和解决软件设计危机，不得不扩展C语言特性，将面向对象的实现引入C语言中，即成为C++，并发展成为独立的C++语言。

早期并没有C++这个名字，而是叫作“带类的C”。“带类的C”是作为C语言的一个扩展和补充出现的，它增加了很多新的语法，目的是提高开发效率。现在发展起来的Java Web程序中，Servlet和JSP的关系也是这种关系。早期的C++非常粗糙，仅支持简单的面向对象编程，也没有自己的编译器，而是通过一个预处理程序，先将C++代码翻译为C语言代码，再通过C语言编译器合成最终的程序。

1988年AT&T公司发布的第一个C++编译系统就是一个预编译器(前端编译器cfront)，它把C++代码转换成C代码，然后用C编译系统编译，生成目标代码。1989年出现C++ 2.0版本，支持类的多继承功能。1991年的C++ 3.0版本增加了模板，C++ 4.0版本则增加了异常处理、命名空间、运行时类型识别(RTTI)等功能。ANSI C++标准草案是以C++ 4.0版本为基础制定的，1997年ANSI C++标准正式通过并发布。但是目前使用的C++编译系统中，有一些是早期推出的，并未全部实现ANSI C++标准所建议的功能。

随着C++的流行，它的语法也越来越强大，已经能够很完善地支持面向过程编程、面向对象编程(OOP)和泛型编程，几乎成了一门独立的语言，拥有了自己的编译方式。但很难说 C++ 拥有独立的编译器,例如 Windows 下的微软编译器(cl.exe)、Linux 下的 GCC 编译器、Mac 下的 Clang 编译器(已经是 Xcode 默认编译器,想代替 GCC),它们都同时支持 C 语言和 C++,统称为 C/C++ 编译器。对于 C 语言代码,它们按照 C 语言的方式来编译;对于 C++ 代码,就按照 C++ 的方式编译。可见,C、C++ 代码使用同一个编译器来编译,C++ 拥有了自己的编译方式,但不说"C++ 拥有了独立的编译器"。

所以学好 C 语言对理解 C++ 非常有好处,即使自学也变得相对容易,因为 C++ 扩展特性的目标是方便程序员开发应用程序。

12.2 C++ 程序基本结构

C++ 是一门面向对象的编程语言,理解 C++,首先要理解类(class)和对象(object)这两个概念。C++ 中的类(class)可以看作 C 语言中结构体(struct)的升级版。结构体是一种构造类型,可以包含若干成员变量,每个成员变量的类型可以不同;可以通过结构体来定义结构体变量,每个变量拥有相同的性质。例如:

```
#include<stdio.h>
  //定义结构体 Student
struct Student{                      //结构体包含的成员变量
    char * name;
    int age;
    float score;
};
//显示结构体的成员变量
void display(struct Student stu){
    printf("%s 的年龄是 %d,成绩是 %f\n", stu.name, stu.age, stu.score);
}

int main(){
    struct Student stu1;
    //为结构体的成员变量赋值
    stu1.name ="小明";
    stu1.age =15;
    stu1.score =92.5;
    //调用函数
    display(stu1);
      return 0;
}
```

运行情况:

```
小明的年龄是 15,成绩是 92.500000
```

C++ 中的类也是一种构造类型,但是进行了一些扩展,类的成员不但可以是变量,还可以是函数;通过类定义出来的变量也有特定的称呼,叫作"对象"。例如:

```
#include<stdio.h>
```

```
//通过 class 关键字定义类
class Student{
public:
    //类包含的变量
    char * name;
    int age;
    float score;
    //类包含的函数
    void say(){
        printf("%s 的年龄是 %d,成绩是 %f\n", name, age, score);
    }
};

int main(){
    //通过类来定义变量,即创建对象
    class Student stu1;          //也可以省略关键字 class
    //为类的成员变量赋值
    stu1.name ="小明";
    stu1.age =15;
    stu1.score =92.5f;
    //调用类的成员函数
    stu1.say();
    return 0;
}
```

运行结果与上例相同。

class 和 public 都是 C++ 中的关键字。

C 语言中的 struct 只能包含变量,而 C++ 中的 class 除了可以包含变量,还可以包含函数。display() 是用来处理成员变量的函数,在 C 语言中,将它放在了 struct Student 外面,它和成员变量是分离的;而在 C++ 中,将它放在了 class Student 内部,使它和成员变量聚集在一起,看起来更像一个整体。

结构体和类都可以认为是一种由用户自己定义的复杂数据类型,在 C 语言中可以通过结构体名来定义变量,在 C++ 中可以通过类名来定义变量。不同的是,通过结构体定义出来的变量还是叫变量,而通过类定义出来的变量有了新的名称,叫作对象(object)。

在第二段代码中,通过 class 关键字定义了一个类 Student,然后又通过 Student 类创建了一个对象 stu1。变量和函数都是类的成员,创建对象后就可以通过点号"."来使用它们。

可以将类比喻成图纸,对象比喻成零件,图纸说明了零件的参数(成员变量)及其承担的任务(成员函数);一张图纸可以生产出多个具有相同性质的零件,不同图纸可以生产不同类型的零件。

类只是一张图纸,起到说明的作用,不占用内存空间;对象才是具体的零件,要有地方来存放,才会占用内存空间。在 C++ 中,通过类名就可以创建对象,即将图纸生产成零件,这个过程叫作类的实例化,因此也称对象是类的一个实例(instance)。有些教科书也将类的成员变量称为属性(property),将类的成员函数称为方法(method)。

12.3 面向对象编程(OOP)思想

类是一个通用的概念,C++、Java、C#、PHP 等很多编程语言中都支持类,都可以通过类创建对象。可以将类看作结构体的升级版,继承了结构体的思想,并进行了升级,让程序员在开发大中型项目时更加容易。因为 C++、Java、C#、PHP 等语言都支持类和对象,所以使用这些语言编写程序也被**称为面向对象编程**(object oriented programming,OOP),这些语言也被称为面向对象的编程语言。**C 语言因为不支持类和对象的概念,所以被称为面向过程的编程语言**。

在 C 语言中,把重复使用或具有某项功能的代码封装成一个函数,将拥有相关功能的多个函数放在一个源文件,再提供一个对应的头文件,这就是一个模块。使用模块时,引入对应的头文件就可以。

而在 C++ 中,多了一层封装,就是类(class)。类由一组相关联的函数、变量组成,将一个类或多个类放在一个源文件,使用时引入对应的类就可以。图 12-1 和图 12-2 描述了 C 和 C++ 项目不同的组织方式。

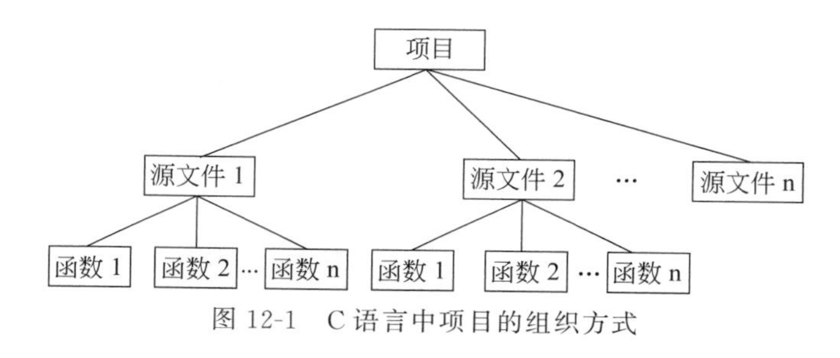

图 12-1 C 语言中项目的组织方式

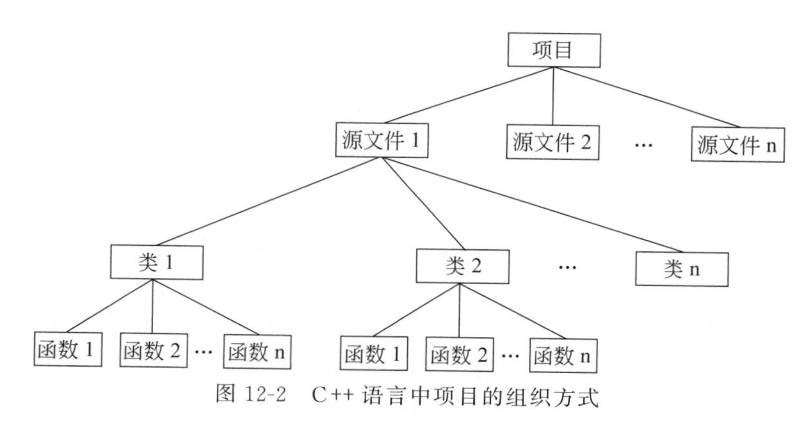

图 12-2 C++ 语言中项目的组织方式

不要小看类这一层封装,它有很多特性方便了中大型程序的开发,从而让 C++ 成为面向对象的语言。

面向对象编程在代码执行效率上绝对没有任何优势,它的主要目的是方便程序员组织和管理代码,快速梳理编程思路,带来编程思想上的革新。

面向对象编程是针对开发中大规模的程序而提出来的,目的是提高软件开发的效率。

不要把面向对象和面向过程对立起来,它们是不矛盾的,而是各有优势、互为补充的。例如,开发一个贪吃蛇游戏,类和对象或许是多余的,几个函数就可以实现;但如果开发一款大型游戏,那绝对离不开面向对象思想。

12.4 C++对C的扩充

C++既可用于面向过程的程序设计,也可用于面向对象的程序设计。在面向过程程序设计的领域,C++继承了C语言提供的绝大部分功能和语法规定,并在此基础上进行了不少扩充,主要有以下几个方面。

12.4.1 C++的输入输出

C++为了方便用户,除了可以利用 printf 和 scanf 函数进行输入和输出外,还增加了标准输入输出流 cin 和 cout。cout 是由 c 和 out 两个单词组成的,代表 C++的输出流;cin 是由 c 和 in 两个单词组成的,代表 C++的输入流。它们是在头文件 iostream 中定义的。键盘和显示器是计算机的标准输入输出设备,所以在键盘和显示器上的输入输出称为标准输入输出,标准流是不需要打开和关闭文件即可直接操作的流式文件。

1. 用 cout 进行输出

cout 必须和输出运算符<<一起使用。

<<在这里不作为位运算的左移运算符,而是起插入的作用,例如,“cout<<"Hello! \n";”的作用是将字符串"Hello! \n"插入输出流 cout 中,也就是输出在标准输出设备上。

也可以不用\n 控制换行,在头文件 iostream 中定义了控制符 endl 代表回车换行操作,作用与\n 相同。endl 的含义是 endofline,表示结束一行。

可以在一个输出语句中使用多个<<运算符将多个输出项插入输出流 cout 中,<<运算符的结合方向为自左向右,因此各输出项按自左向右顺序插入输出流中。例如:

```
for(i=1;i<=3;++)
    tout<<"count="<<i<<endl;
```

输出结果为

```
count=1
count=2
count=3
```

注意:每输出一项要用一个<<,不能写成“cout<<a,b,c,"A";”形式。

用 cout 和<<可以输出任何类型的数据。例如:

```
float a=3.65;
int b=10
    char c='A';
cout<<"a="<<a<<","<<"b="<<b<<","<<"c="<<c <<endl;
```

输出结果为

```
a=3.65,b=10,c=A
```

如将上面的输出语句改为

```
cout<<"a="<<setw(6)<<a<<endl<<"b="<<setw(6)<<b<<endl<<"c="<<setw(6)<<c<<
endl;
```

输出结果为

```
a=3.65
b=10
c=A
```

其中 setw()为设置输出宽度函数。在 C++ 中将数据送到输出流称为“插入”(inserting)或“放到”(putting)。<<常称为“插入运算符”。

2. 用 cin 进行输入

输入流是指从输入设备向内存流动的数据流。标准输入流 cin 是从键盘向内存流动的数据流。用>>运算符从输入设备键盘取得数据送到输入流 cin 中,然后送到内存。在 C++ 中,这种输入操作称为“提取”(extracting)或“得到”(getting)。>>常称为“提取运算符”。

【例 12.1】 cin 与 cout 一起使用。

```
#include<iostream>
using namespace std;
int main( )
{cout<<"please enter your name and age:"<<endl;
char name[10];
int age;
cin>>name;
cin>>age;
cout<<"your name is "<<name<<endl;
cout<<"your age is "<<age<<endl;
return 0;
}
```

运行情况:

```
  please enter your name and age:
Wang-Yi
20
your name is Wang-Yi
your age is 20
```

程序说明:程序中对变量的定义放在执行语句之后。在 C 语言这样做是不允许的,它要求声明部分必须在执行语句之前。而 C++ 允许将变量的声明放在程序的任何位置(但必须放在使用该变量之前)。这是 C++ 对 C 限制的放宽。

C++ 为流输入输出提供了格式控制,如 dec(用十进制形式)、hex(用十六进制形式)、oct

(用八进制形式),还可以控制实数的输出精度等。由上可知,C++ 的输入输出比 C 的输入输出简单易用。使用 C++ 的程序员都喜欢用 cin 和 cout 语句进行输入输出。

12.4.2 用 const 定义常变量

在 C 语言中常用#define 命令来定义符号常量,例如:

```
#define PI 3.14159
```

实际上,只是在预编译时进行字符置换,把程序中出现的字符串 PI 全部置换为 3.14159。在预编译之后,程序中不再有 PI 这个标识符。PI 不是变量,没有类型,不占用存储单元,而且容易出错。例如:

```
int a=1;b=2;
#define PI 3.14159
#define R a+b
cout<<PI * R * R<<endl;
```

输出的并不是 3.14159 * (a+b) * (a+b),而是 3.14159 * a+b * a+b。程序因此而出错。

C++ 提供了用 const 定义常变量的方法。例如:

```
CONST float PI=3.14159;
```

定义了常变量 PI,它具有变量的属性,有数据类型,占用存储单元,有地址,可以用指针指向它,只是在程序运行期间此变量的值是固定的,不能改变。它方便易用,避免了用#define 定义符号常量时出现的缺点。因此,const 问世后,已取代了用#define 定义符号常量的作用。一般把程序中不允许改变值的变量定义为常变量。const 可以与指针结合使用,有指向常变量的指针、常指针、指向常变量的常指针等。

12.4.3 函数原型声明

在 C 语言程序中,如果函数调用的位置在函数定义之前,则应在函数调用之前对所调用的函数进行声明;如果所调用的函数是整型的,也可以不进行函数声明。对于函数声明的形式,C 语言建议采用函数原型声明,但这并不是强制的,在编译时是不严格的,也可以采用简化的形式,如下面几种声明的形式都是合法的,都能通过编译。

```
int max(int x,int y);          /* max 函数原型声明 */
int max();                     /* 不列出 max 函数的参数表 */
max();                         /* max 是整型函数,可以省略函数类型 */
```

在 C++ 中,如果函数调用的位置在函数定义之前,则要求在函数调用之前必须对所调用的函数进行函数原型声明,这不是建议性的,而是强制性的。这样做的目的是使编译系统对函数调用的合法性进行严格的检查,尽量保证程序的正确性。

函数声明的一般形式为

函数类型 函数名(参数表);

参数表中一般包括参数类型和参数名,也可以只包括参数类型而不包括参数名,如下面两种写法等价：

```
int max(int x,int y);                //参数表中包括参数类型和参数名
int max(int,int);                    //参数表中只包括参数类型,不包括参数名
```

在编译时只检查参数类型,不检查参数名。

12.4.4 函数的重载

在前面的程序中用到了插入运算符<<和提取运算符>>。这两个运算符本来是 C 和 C++ 位运算中的左移运算符和右移运算符,现在 C++ 又把它作为输入输出运算符,即允许一个运算符用于不同场合,有不同的含义,这就叫运算符的重载(over loading),即重新赋予它新的含义,其实就是"一物多用"。

在 C++ 中,函数也可以重载。用 C 语言编程时,有时会发现几个不同名的函数实现的是同一类的操作。例如要求从 3 个数中找出其中最大者,而这 3 个数的类型事先不确定,可以是整型、实型或长整数型。在写 C 语言程序时,需要分别设计出 3 个函数,其原型为

```
int max1(int a,int b,int c); (求 3 个整数中的最大者)
float max2(float a,float b,float c); (求 3 个实数中的最大者)
long max3(long a,long b,long c); (求 3 个长整数中的最大者)
```

C 语言规定在同一作用域(例如同一文件模块中)中不能有同名的函数,因此 3 个函数的名字不相同。

C++ 允许在同一作用域中用同一函数名定义多个函数,这些函数的参数个数和参数类型不相同,这些同名的函数用来实现不同的功能。这就是函数的重载,即一个函数名多用。

对上面的问题可以编写如下的 C++ 程序。

【例 12.2】 求 3 个数中最大的数(分别考虑整数、实数、长整数的情况)。

```
#include<iostream>
using namespace std;
int max(int a,int b,int c)             //求 3 个整数中的最大者
{  if (b>a) a=b;
   if (c>a) a=c;
   return a;
  }
float max(float a,float b, float c)    //求 3 个实数中的最大者
{  if (b>a) a=b;
   if (c>a) a=c;
      return a;
  }
long max(long a,long b,long c)         //求 3 个长整数中的最大者
{  if (b>a) a=b;
   if (c>a) a=c;
   return a;
  }
int main( )
```

```
{  int a,b,c; float d,e,f; long g,h,i;
   cin>>a>>b>>c;
   cin>>d>>e>>f;
   cin>>g>>h>>i;
   int m;
   m=max(a,b,c);                       //函数值为整型
   cout <<"max_i="<<m<<endl;
   float n;
   n=max(d,e,f);                       //函数值为实型
   cout<<"max_f="<<n<<endl;
   long int p;
   p=max(g,h,i);                       //函数值为长整型
   cout<<"max_l="<<p<<endl;
   return 0;
   }
```

运行情况：

```
  8 5 6 (输入 3 个整数给变量 a,b,c)
56.9 90.765 43.1/ (输入 3 个实数给变量 d,e,f)
67543 -567 78123/ (输入 3 个长整数给变量 g,h,i)
max_i=8 (输出 3 个整数的最大值)
max_f=90.765 (输出 3 个实数的最大值)
max_l=78123 (输出 3 个长整数的最大值)
```

程序说明：main 函数 3 次调用 max 函数，每次实参的类型不同。系统会根据实参的类型找到与之匹配的函数，然后调用该函数。

例 12.2 中 3 个 max 函数的参数个数相同而类型不同。参数个数也可以不同。

【例 12.3】 用一个函数求 2 个整数或 3 个整数中的最大者。

```
#include<iostream>
using namespace std;
int max(int a,int b,int c)             //求 3 个整数中的最大者
{  if (b>a) a=b;
   if (c>a) a=c;
   return a;
  }
int max(int a, int b)                  //求两个整数中的最大者
{  if (a>b) return a;
   else return b;
}
int main( )
{  int a=7,b=-4,c=9;
   cout<<max(a,b,c)<<endl;             //输出 3 个整数中的最大者
   cout<<max(a,b)<<endl;               //输出两个整数中的最大者
   return 0;
}
```

运行情况：

```
9（3个整数中的最大者）
7（前两个整数中的最大者）
```

程序说明：max 函数的参数个数不同，但类型相同。调用时将根据参数个数和类型进行匹配，选择最匹配的函数进行处理，如 main 函数的第 3 行和第 4 行代码。

12.4.5 函数模板

函数的重载可以实现一个函数名多用，将实现相同的或类似功能的函数用同一个函数名来定义。这样可以使程序员在调用同类函数时感到含义清楚，方法简单。但是在程序中仍然要分别定义每一个函数，如例 12.2 中三个 max 函数的函数体是完全相同的，只是形参的类型不同，也要分别定义，觉得应该需要进一步简化。

为了解决这个问题，C++ 提供了函数模板(function template)。所谓函数模板，实际上是建立一个通用函数，其函数类型和形参类型不具体指定，用一个虚拟的类型来代表。这个通用函数就称为函数模板。凡是函数体相同的函数都可以用这个模板来代替，不必定义多个函数，只须在模板中定义一次即可。在调用函数时系统会根据实参的类型来取代模板中的虚拟类型，从而实现了不同函数的功能。

【例 12.4】 将例 12.2 中的程序改为通过函数模板来实现。

```
#include<iostream>
using namespace std;
template<typename T>                    //模板声明,其中 T 为类型参数
T max(T a,T b,T c)                      //定义一个通用函数,用 T 作为虚拟的类型名
{   if(b>a) a=b;
    if(c>a) a=c;
    return a;
}
int main()
{   int i1=8,i2=5,i3=6,i;
    double d1=56.9,d2=90.765,d3=43.1,d;
    long g1=67843,g2=-456,g3=78123,g;
    i=max(i1,i2,i3);                    //调用模板函数,此时 T 被 int 取代
    d=max(d1,d2,d3);                    //调用模板函数,此时 T 被 double 取代
    g=max(g1,g2,g3);                    //调用模板函数,此时 T 被 long 取代
    cout <<"i_max="<<i <<endl;
    cout<<"f_max="<<d <<endl;
    cout<<"g_max="<<g <<endl;
    return; }
```

程序说明：程序第 3～8 行是定义模板。调用模板函数时，将使用具体的变量类型替换模板中的类型，如函数 max 的参数分别由 int、double、long 等类型取代。其运行结果与例 12.2 相同。为了节省篇幅，数据没有用 cin 语句输入，而在变量定义时初始化。

定义函数模板的一般形式为

template<typename T>或 template<class T>

模板定义中，class 和 typename 的作用相同，都是表示类型名，二者可以互换。以前的 C++ 程序员都用 class。typename 是不久前才被加到标准 C++ 中的，因为用 class 容易与 C++ 中的类混淆。而用 typename 其含义就很清楚，肯定是类型名（而不是类名）。

可能对模板中通用函数的表示方法不习惯，其实在建立函数模板时，只要将例 12.2 程序中定义的第一个函数首部的 int 改为 T 即可，即用虚拟的类型名 T 代替具体的数据类型。在对程序进行编译时，遇到第 13 行调用函数 max(i1,i2,i3)，编译系统会将函数名 max 与模板 max 相匹配，将实参的类型取代函数模板中的虚拟类型 T。此时相当于已定义了一个函数：

```
int max(int a,int b,int c)
{  if(b>a) a=b;
     if(c>a) a=c;
       return a;
}
```

然后调用它。后面两行（第 14 行和第 15 行）的情况类似。类型参数可以不止一个，可根据需要确定个数。例如：

```
template<class T1,typename T2>
```

可以看到，用函数模板比函数重载更方便，程序更简洁。但应注意它只适用于函数的参数个数相同而类型不同，且函数体相同的情况，如果参数的个数不同，则不能用函数模板。

12.4.6 变量的定义

C++ 对变量的定义可以出现在程序中的任何行（但必须在引用该变量之前）。C 语言虽然编程风格非常自由，但并没有真正做到像 C++ 和 Java 等语言那样“只要在使用前定义就可以了”，C 语言必须在函数的顶部对变量进行定义。

12.4.7 有默认参数的函数

一般情况下，在函数调用时形参从实参那里获得值，因此实参的个数应该与形参相同。但是有时多次调用同一函数时用的是同样的实参值，C++ 提供简单的处理办法，给形参一个默认值，这样形参就不必一定要从实参取值了。如有一函数声明“float area(float r=5);”，则调用时 area() 相当于 area(5)，实参为 5；area(2)，实参为 2。

注意：

（1）函数的实参与形参的结合是从左至右的顺序进行的，因此指定默认值的参数必须放在形参列表的最右端，否则调用时会出现歧义而出错。例如：

```
void f1(float a , int b=1 , int c ,char d='a');      //错误
void f2(float a , int c , int b=1 ,char d='a');      //正确
```

（2）如果函数的定义在函数调用之后，则要在函数调用之前进行函数声明，此时必须在函数声明中给出默认值，在函数定义时可以不给出默认值。

（3）一个函数不能既作为函数重载，又作为有默认值的函数。例如：

```
int max(int a ,int b ,int c=100); int max(int a ,int b);
```

如果有一函数调用 max(10,20)时，就会产生歧义，于是产生编译错误。

12.4.8 内置函数

调用函数时需要消耗保护现场的时间，如果有函数需要频繁地调用，则累计所用时间会很多，降低程序的执行效率。为了提高效率，C 中使用带参宏定义，如 # define power(x) x * x。而 C++ 中提供一种更安全的方法，即在编译时将所要调用的函数的代码嵌入主函数中。这种嵌入主函数中的函数称为内置函数或内联函数(inline function)。指定内置函数的方法很简单，只需在函数的左端加上一个关键字 inline。如 inline int power(int x){return x * x ; }，使用内置函数可以达到用 # define 宏置换的目的，又不会出现带参宏定义的副作用。自从有了内置函数后，一般不再使用 # define 带参宏定义了。

12.4.9 作用域运算符

【例 12.5】 理解变量作用域示例。

```
#include<iostream>
using namespace std;
float a=10;
int main()
{
    int a=5;
    cout<<a<<endl;
    return 0;
}
```

程序说明：程序中有两个 a 变量：一个全局变量，一个 main 函数中的局部变量。根据规定，在 main 函数中的局部变量将屏蔽全局变量。因此，cout 输出的将是局部变量 a 的值 5。

如果想输出全局变量的值，C ++ 提供了作用域运算符"::"，它能指定所需要的作用域。"cout<<::a<<endl;"输出全局变量 a 的值 10。::a 表示全局作用域中的变量 a。

12.4.10 变量的引用

引用(reference)是 C++ 对 C 的一个重要扩充。

C++ 中，变量的引用就是变量的别名。如"int a;int &b=a;"声明 b 是一个整型变量的引用变量，被初始化为 a。经过这样的声明后，使 a 或 b 的作用相同，都代表同一变量。

注意：

(1) & 是"引用声明符"，此时不代表地址，不要理解为"把 a 的地址赋给 b"。那怎么区别 &b 是声明引用变量还是取地址的操作呢？

当 &b 的前面有类型符时(如 int &b)，它必然是对引用的声明；如果前面没用类型符(如 p=&b)，它就是取地址运算符。

(2) 对变量声明一个引用，并不另开辟内存单元，b 和 a 都代表同一变量。

(3) 在声明一个引用时，必须同时使之初始化，即声明它代表哪一个变量。

(4) 引用初始化后不能再被声明为另外一个变量的别名。例如：

```
int a=3,b=1;int &c=a;int &c=b;        //企图重新声明 c 为 b 的别名,编译器将认为是错误的
```

C++ 之所以增加"引用",主要是利用它作为函数参数,以扩充函数传递数据的功能。传递变量的别名可以实现与传递变量的指针一样的效果,而且操作简单。

对此进一步说明如下。

(1) 不能建立 void 类型的引用。因为任何实际存在的变量都是非 void 类型的。

```
void &a=9;                                         //这是错误的
```

(2)不能建立引用数组。因为数组名只代表数组首元素的地址,本身不是一个占有存储空间的变量。

```
char c[6]="hello";
char &rc[6]=c;                        //错误
```

(3) 可以将变量的引用的地址赋给一个指针,此时指针也就指向了原来的变量。

```
int a=1;int &b=a;
int * p=&b;                           //将引用 b 的地址赋值给指针变量 p,相当于指向了 a
```

(4) 可以建立指针变量的引用。"int a=1;int * p=&a;"定义指针变量 p,指向 a。

```
int* &pt=p;                           //定义整型指针类型的变量 pt,它是 p 的引用
```

(5) 可以用 const 对引用加以限定,不允许改变该引用的值。

```
int a=1;const int &b=a;b=2;      //企图改变引用的值,错误
```

但是它不能阻止改变引用所代表的变量的值,例如:

```
a=2;                                  //合法
```

这一特性在使用引用作为函数形参是很有用的,因为有时会要保护形参的值不被改变。

(6) 可以用常量或表达式对引用进行初始化,但必须使用 const 进行声明。

```
int a=1;const int &b=a+1;
```

此时编译系统是这样处理的:生成一个临时变量,用来存储该表达式的值,引用该临时变量的别名。系统将其转换为

```
int temp=a+1;const int &b=temp;
```

12.4.11 运算符 new 和 delete

在 C 语言中,利用库函数 malloc 和 free 分配和撤销内存空间。malloc 函数的参数是要开辟空间的大小,经常要使用 sizeof 运算符。它不关心数据的类型,因此无法使其返回的指针指向具体的数据类型。其返回值一律为 void * 类型,必须在程序中进行强制类型转换,才能使其返回值指向具体的数据类型。

C++ 提供了简便而功能强大的运算符 new 和 delete 取代 malloc 和 free 函数。例如:

```
new int; new int(100);   new char[5]; int * p=new int(56);   int * p2=new int[3];
delete p; delete[] p2;            //对数组空间的操作
```

12.4.12 命名空间 namespace

主要用来解决命名冲突的问题，如多个人开发的不同模块中使用了相同的变量名和函数名。

```
namespace QXH{
    int a;
    void test();
    struct QXHTEST{
        int b;
    };
    class QXHNUM{};
}
```

使用命名空间的注意事项如下。

(1) 必须在全局作用域下声明。

(2) 命名空间下可以放函数、变量、结构体和类。

(3) 命名空间可以嵌套命名空间。

(4) 命名空间是开放的，可以随时加入新成员(添加时只需要再次声明 namespace，然后添加新成员即可)。

(5) 无名或匿名命名空间，相当于 static 变量。

(6) 可以对命名空间起别名(一般不用)

12.4.13 using 声明和 using 编译指令

```
using QXH::a;                  //声明
using namespace QXH;           //编译指令
```

对于声明来说，如果局部范围内还有 a，会出现二义性，程序不知道使用哪一个，因此应避免出现这种情况。

```
void test01(){
    int a =10;
    using QXH::a;              //这里在声明的时候不能进行赋值，可以在下一行，a =20;
    std::cout <<a <<std::endl;
}
```

这里程序会出现错误，error C2874：using 声明导致“QXH::a”的多次声明。

对于编译指令，如果局部范围还有 a，会使用局部变量。如果还有另外的命名空间也声明了 a，且同时打开了其他空间，则也会出现二义性。

```
void test02(){
    int a =10;
    using namespace QXH;       //这里只是打开空间，并没有指定使用
```

```
    std::cout <<a <<std::endl;
}
void test03(){
    using namespace QXH;      //只是打开空间就可以访问到 a,打开多个空间就会产生二义性
    std::cout <<a <<std::endl;
}
```

12.4.14 C++ 增强的特性

1. bool 类型增强

C 语言中没有 bool 类型,C++ 中有 bool 类型,其中 sizeof(bool)=1。

2. 三目运算符增强

```
a >b?a : b;
```

三目运算符式子在 C 语言中返回的是值,C++ 中返回的是变量。C 语言中下面代码会报错:error C2106,表示=左操作数必须为左值,表明代码中为 20=100,所以会报错。

```
void test01(){
    int a =10;
    int b =20;
    printf("%d\n", a >b? a:b);
    a >b ? a : b =100;
}
```

如果想改变三目运算符后的结果,可以按照如下代码进行修改:

```
* (a >b? &a:&b) =100;
```

C++ 则不会,因为 C++ 三目运算后为变量,所以可以进行赋值操作,其中

```
a =10, b =100;
void test01(){
    int a =10;
    int b =20;
    a >b ? a : b =100;
    cout <<a <<" " <<b <<endl;
}
```

另外,下面三种情况下的 a 和 b 的值是不同的:

```
//a=100, b=20
(a <b ? a : b) =100;

//a=10, b=100
(a >b ? a : b) =100;

//a=10, b=20
a <b ? a : b =100;
```

最后一种情况，不会执行 b=100，其中带圆括号的是按照要求去执行代码，不带圆括号，优先级不同导致结果和预想的不同。

3. C++ 中类型转换

C++ 类型转换符一共有四种：

```
static_cast<new_type>(expression);
const_cast<new_type>(expression);
dynamic_cast<new_type>(expression);
reinterpret_cast<new_type>(expression);
```

static_cast<>：最常用的类型转换操作符，它主要执行非多态的转换，用于代替 C 语言中通常的转换操作。

const_cast<>：在进行类型转换时用来修改类型的 const 或 volatile 属性，除了 const 或 volatile 修饰之外，原来的数据值和数据类型都是不变的。

dynamic_cast<>：该操作符用于运行时检查类型转换是否安全，但只在多态类型时合法，即该类型至少具有一个虚拟方法。

reinterpret_cast<>：通常为操作数的位模式提供较低层的重新解释。

4. C++ 中的字符串——string

C 语言中使用字符数组处理字符串，而 C++ 中除了字符数组，还提供一种更方便的方法——用字符串类型(string 类型)定义字符串变量。实际上，string 不是 C++ 语言的基本类型，它是 C++ 标准库中声明的一个字符串类，用这个类可以定义字符串对象。

1）用 string 来定义字符串

```
string s1; s1="hello C++";
string s2="hello C++";
string s3("hello C++");
string s4(6,'a');
```

2）用[]来访问字符串中的字符

可以用 s[i]的形式来访问操作字符串中的字符。

3）直接用“+”运算符将两个 string 字符串连接

```
cout<<s1+s2<<endl;
```

4）可以直接比较两个 string 字符串是否相等

```
if(s1==s2) …
```

5）length 和 size 函数

这两个函数都用来获取字符串的长度，功能相同，类似于 C 语言中的 strlen 函数

```
s.length();
s.size();
```

6）swap 函数

用来交换两个字符串的值，其函数声明如下：

```
void swap(string &s);
```

12.5 面向对象编程特性

12.5.1 封装性

C++ 中还提供称为类的机制，将所需使用的方法与所有的变量一同放在同一结构中，这就是 C++ 中的**封装性**。

C++ 中定义类的一般格式为

```
class <类名>
{
    private:
        [<私有型数据和函数>]
    public:
        [<公有型数据和函数>]
    protected:
        [<保护型数据和函数>]
};
<各个成员函数的实现>
```

当类的成员函数的函数体在类的外部定义时，必须由作用域运算符“::”来通知编译系统该函数所属的类。例如：

```
class CMeter
{
public:
    double m_nPercent;              // 声明一个公有数据成员
    void StepIt();                  // 声明一个公有成员函数
    void SetPos(int nPos);          // 声明一个公有成员函数
    int  GetPos()
    {
        return m_nPos;
    }                               // 声明一个公有成员函数并定义
private:
    int m_nPos;                     // 声明一个私有数据成员
};                                  // 注意分号不能省略
void CMeter::StepIt()
{
    m_nPos++;
}
void CMeter::SetPos(int nPos)
{
    m_nPos =nPos;
}
```

与结构类型一样，类的定义也有三种定义方式：声明后定义、声明时定义和一次性定义。但由于类比任何数据类型都要复杂得多，为了提高程序的可读性，真正将类当成一个密闭、封装的盒子（接口），在程序中应尽量使用"声明后定义"方式，并按下列格式进行：

<类名><对象名表>

一个对象的成员就是该对象的类所定义的数据成员（成员变量）和成员函数。访问对象的成员变量和成员函数与访问变量和函数的方法是一样的，只不过要在成员前面加上对象名和成员运算符"."，其表示方式如下：

<对象名>.<成员变量>
<对象名>.<成员函数>(<参数表>)

例如：

```
myMeter.m_nPercent,  myMeter.SetPos(2),  Meters[0].StepIt();
```

若对象是一个指针，则对象的成员访问形式如下：

```
<对象指针名>-><成员变量>
<对象指针名>-><成员函数>(<参数表>)
```

->是一个表示成员的运算符，它与"."运算符的区别：->用来表示指向对象的指针的成员，而"."用来表示一般对象的成员。

为了方便程序员编程需要，需要考虑类作用域和成员访问权限。

1. 类名的作用域

如果在类声明之前就需要使用该类名定义对象，则必须用下列格式在使用前进行提前声明（注意，类的这种形式的声明可以在相同作用域中出现多次）：

```
class <类名>;
```

例如：

```
class COne;                     // 将类 COne 提前声明
class COne;                     // 可以声明多次
class CTwo
{
private:
    COne a;                     // 数据成员 a 是已定义的 COne 类对象
};
class COne
{
};
```

2. 类中成员的可见性

(1) 在类中使用成员时，成员声明的前后不会影响该成员在类中的使用，这是类作用域的特殊性。例如：

```
class A
```

```
{
    void f1()
    {
        f2();                          // 调用类中的成员函数 f2
        cout<<a<<endl;                 // 使用类中的成员变量 a
    }
    void f2(){}
    int a;
};
```

(2) 由于类的成员函数可以在类体外定义,因而此时由"类名::"指定开始一直到函数体最后一个花括号为止的范围也是该类作用域的范围。例如:

```
class A
{
    void f1();
    //…
};
void A::f1()
{    //…
}
```

则从 A::开始一直到 f1 函数体最后一个花括号为止的范围都是属于类 A 的作用域。

(3) 在同一个类的作用域中,不管成员具有怎样的访问权限,都可在类作用域中使用,而在类作用域外却不可使用。例如:

```
class A
{
public:
    int a;
    //…
};
a =10;                                // 错误,不能在 A 作用域外直接使用类中的成员
```

3. 类外对象成员的可见性

对于访问权限 public、private 和 protected 来说,只有在子类中或用对象来访问成员时,它们才会起作用。在用类外对象来访问成员时,只能访问 public 成员,而对 private 和 protected 均不能访问。

4. 构造函数和析构函数

1) 构造函数

C++ 规定,一个类的构造函数必须与相应的类同名,它既可以带参数,也可以不带参数,与一般的成员函数定义相同,既可以重载,也可以有默认的形参值。例如:

```
class CMeter
{
public:
```

```
    CMeter(int nPos )                    // 带参数的构造函数
    {
        m_nPos =nPos;
    }
    //…
}
```

这样若有

```
CMeter oMeter(10), oTick(20);
```

构造函数的约定是使系统在生成类的对象时自动调用。同时，指定对象圆括号里的参数就是构造函数的实参，例如，oMeter(10)就是 oMeter. CMeter(10)。故当构造函数重载及设定构造函数默认形参值时，要避免出现歧义，如下面的例子。

```
CPerson(char * str, float h =170, float w =130)   // A
{
    strcpy(name, str);
    height =h;
    weight =w;
}
CPerson(char * str)                     // B
{
    strcpy(name, str);
}
```

定义的构造函数不能指定其返回值的类型，也不能指定为 void 类型。事实上，由于构造函数主要用于对象数据成员的初始化，因而无须返回函数值，也就无须有返回类型。

若要用类定义对象，则构造函数必须是公有型成员函数，否则类无法实例化(即无法定义对象)。若类仅用于派生其他类，则构造函数可定义为保护型成员函数。

2) 默认构造函数

实际上，在类定义时，如果没有定义任何构造函数，则编译自动为类隐式生成一个不带任何参数的默认构造函数，由于函数体是空块，因此默认构造函数不进行任何操作，仅仅为了满足对象创建时的语法需要。其形式如下：

```
<类名>()
{ }
```

例如，对于 CMeter 类来说，默认构造函数的形式如下：

```
CMeter( )                               // 默认构造函数的形式
{ }
```

默认构造函数的目的是使下列对象定义形式合法：

```
CMeter one;                             // one.CMeter() 会自动调用默认构造函数
```

3) 析构函数

与构造函数相对应的是析构函数。析构函数是另一个特殊的 C++ 成员函数，它只是在类名称前面加上一个"～"(逻辑非),以示与构造函数功能相反。每一个类只有一个析构函数,没有任何参数,也不返回任何值。例如:

```
class CMeter
{
public:
    //…
    ～CMeter( )                       // 析构函数
    {
    }
    //…
}
```

析构函数只有在下列两种情况下才会被自动调用。

(1) 当对象定义在一个函数体中,该函数调用结束后,析构函数被自动调用。

(2) 用 new 为对象分配动态内存,当使用 delete 释放对象时,析构函数被自动调用。

12.5.2 继承和派生

1. 单继承

从一个基类定义一个派生类可按下列格式:

```
class <派生类名>:[<继承方式>] <基类名>
{
    [<派生类的成员>]
};
```

1) 公有继承(public)

公有继承的特点是基类的公有成员和保护成员作为派生类的成员时,它们都保持原有的状态,而基类的私有成员仍然是私有的。例如:

```
class CStick : public CMeter
{
    int m_nStickNum;                  // 声明一个私有数据成员
public:
    void DispStick();                 // 声明一个公有成员函数
};                                    // 注意分号不能省略
void CStick:: DispStick()
{
    m_nStickNum =GetPos();            // 调用基类 CMeter 的成员函数
    cout<<m_nStickNum<<' ';
}
```

2) 私有继承(private)

私有继承的特点是基类的公有成员和保护成员都作为派生类的私有成员,并且不能被这个派生类的子类访问。

3) 保护继承(protected)

保护继承的特点是基类的所有公有成员和保护成员都成为派生类的保护成员,并且只能被它的派生类成员函数或友元访问,基类的私有成员仍然是私有的。表 12-1 列出了三种不同的继承方式的基类成员和其在派生类中的特性。

表 12-1　三种不同的继承方式的基类成员和其在派生类中的特性

继承方式	基类成员	基类的成员在派生类中的特性
公有继承(public)	public	public
	protected	protected
	private	不可访问
私有继承(private)	public	private
	protected	private
	private	不可访问
保护继承(protected)	public	protected
	protected	protected
	private	不可访问

4）派生类的构造函数和析构函数

由于基类的构造函数和析构函数不能被派生类继承,因此,若有

```
CMeter  oA(3);
```

是可以的,因为 CMeter 类有与之相对应的构造函数。而

```
CStick  oB(3);
```

是错误的,因为 CStick 类没有对应的构造函数。但

```
CStick  oC;
```

是可以的,因为 CStick 类有一个隐含的不带参数的默认构造函数。

【例 12.6】 派生类的构造函数和析构函数的示例。

```
#include<iostream.h>
#include<string.h>
class CAnimal
{
public:
    CAnimal(char * pName ="noname");
    ~CAnimal();
    void setName(char * pName)
    {
        strncpy(name, pName, sizeof(name));
    }
    char * getName(void) { return name; }
private:
    char name[20];
```

```
};
CAnimal::CAnimal(char * pName)
{
    setName(pName);
    cout<<"调用 CAnimal 的构造函数!"<<endl;
}
CAnimal::~CAnimal()
{
    cout<<"调用 CAnimal 的析构函数!"<<endl;
}
class CCat : public CAnimal
{
public:
    CCat()
    {
        cout<<"调用 CCat 的构造函数!"<<endl;
    }
    ~CCat()
    {
        cout<<"调用 CCat 的析构函数!"<<endl;
    }
    void DispName()
    {
        cout<<"猫的名字是: "<<getName()<<endl;
    }
};
int main()
{
    CCat cat;
    cat.DispName();
    cat.setName("Snoopy");
    cat.DispName();
    return 0;
}
```

运行情况:

```
调用 CAnimal 的构造函数!
调用 CCat 的构造函数!
猫的名字是: noname
猫的名字是: Snoopy
调用 CCat 的析构函数!
调用 CAnimal 的析构函数!
```

程序说明:用类定义对象时,将调用构造函数创建对象,在程序结束时,销毁对象时将调用析构函数。

2. 多继承

多继承下派生类的定义按下面的格式：

```
class <派生类名>:[<继承方式 1>] <基类名 1>,[<继承方式 2>] <基类名 2>,…
{
    [<派生类的成员>]
};
```

其中的继承方式还是前面提到的 3 种：public、private 和 protected。例如：

```
class A
{
    //…
};
class B
{
    //…
};
class C : public A,private B
{
    //…
};
```

3. 虚基类

【例 12.7】 基类成员调用的二义性。

```
#include<iostream.h>
class A
{
public:
    int x;
    A(int a =0) { x =a; }
};
class B1 : public A
{
public:
    int y1;
    B1( int a =0, int b =0)
        : A(b)
    {    y1 =a;    }
};
class B2 : public A
{
public:
    int y2;
    B2( int a =0, int b =0)
        : A(b)
```

```
    {    y2 =a;    }
};
class C : public B1, public B2
{
public:
    int z;
    C(int a, int b, int d, int e, int m)
        : B1(a,b), B2(d,e)
    {    z =m;    }
    void print()
    {
        cout<<"x ="<<x<<endl;      // 编译出错的地方
        cout<<"y1 ="<<y1<<", y2 ="<<y2<<endl;
        cout<<"z ="<<z<<endl;
    }
};
int main()
{
    C c1(100,200,300,400,500);
    c1.print();
    return 0;
}
```

程序中,派生类 B1 和 B2 都从基类 A 继承,这时在派生类中就有两个基类 A 的副本。当编译器编译到"cout<<"x = "<<x<<endl;"语句时,因无法确定成员 x 是从类 B1 继承来的,还是从类 B2 继承来的,产生了二义性,从而出现编译错误。

解决这个问题的方法是使用域作用运算符" ::"来消除二义性,例如若将 print 函数实现代码变为

```
void print()
{
    cout<<"B1::x ="<<B1::x<<endl;
    cout<<"B2::x ="<<B2::x<<endl;
    cout<<"y1 ="<<y1<<", y2 ="<<y2<<endl;
    cout<<"z ="<<z<<endl;
}
```

重新运行,结果为

```
B1::x =200
B2::x =400
y1 =100, y2 =300
z =500
```

【例 12.8】 基类成员调用的二义性。

```
#include<iostream.h>
```

```
class A
{
public:
    int x;
    A(int a =0) { x =a; }
};
class B1 : virtual public A            // 声明虚继承
{
public:
    int y1;
    B1( int a =0, int b =0)
        : A(b)
    {     y1 =a;     }
    void print(void)
    {
        cout<<"B1: x ="<<x<<", y1 ="<<y1<<endl;
    }
};
class B2 : virtual public A            // 声明虚继承
{
public:
    int y2;
    B2( int a =0, int b =0)
        : A(b)
    {     y2 =a;     }
    void print(void)
    {
        cout<<"B2: x ="<<x<<", y2 ="<<y2<<endl;
    }
};
class C : public B1, public B2
{
public:
    int z;
    C(int a, int b, int d, int e, int m)
        : B1(a,b), B2(d,e)
    {     z =m;     }
    void print()
    {
        B1::print();    B2::print();
        cout<<"z ="<<z<<endl;
    }
};
int main()
{
```

```
    C c1(100,200,300,400,500);
    c1.print();
    c1.x =400;
    c1.print();
    return 0;
}
```

运行情况：

```
B1: x =0, y1 =100
B2: x =0, y2 =300
z =500
B1: x =400, y1 =100
B2: x =400, y2 =300
z =500
```

程序说明：

(1) 声明一个虚基类的格式如下：

virtual <继承方式><基类名>

其中，virtual 是声明虚基类的关键字。声明虚基类与声明派生类一道进行，写在派生类名的后面。

(2) 在派生类 B1 和 B2 中只有基类 A 的一个副本，当改变成员 x 的值时，由基类 B1 和 B2 中的成员函数输出的成员 x 的值是相同的。

(3) 虚基类的构造函数的调用方法与一般基类的构造函数的调用方法是不同的。

12.5.3 多态和虚函数

1. 多态概述

多态可分为两种：编译时的多态和运行时的多态。编译时的多态是通过函数或运算符的重载来实现的。运行时的多态是通过虚函数来实现的，它指在程序执行之前，根据函数和参数还无法确定应该调用哪一个函数，必须在程序的执行过程中，根据具体的执行情况动态地确定。

与这两种多态方式相对应的是两种编译方式：静态联编和动态联编。

2. 虚函数

虚函数是一种在基类定义为 virtual 的函数，并在一个或多个派生类中再定义的函数。虚函数的特点：只要定义一个基类的指针，就可以指向派生类的对象。

【例 12.9】 虚函数的使用。

```
#include<iostream.h>
class CShape
{
public:
    virtual float area()              // 将 area 定义成虚函数
    {     return 0.0;     }
```

```
};
class CTriangle : public CShape
{
public:
    CTriangle(float h, float w)
    {    H =h;    W =w;    }
    float area()
    {    return (float)(H * W * 0.5);    }
private:
    float H, W;
};
class CCircle : public CShape
{
public:
    CCircle(float r)
    {    R=r;
    }
    float area()
    {    return (float)(3.14159265 * R * R);
    }
private:
    float R;
};
int main()
{
    CShape * s[2];
    s[0] =new CTriangle(3,4);
    cout<<s[0]->area()<<endl;
    s[1] =new CCircle(5);
    cout<<s[1]->area()<<endl;
    return 0;
}
```

运行情况：

```
6
78.5398
```

程序说明：在派生类 CTriangle 和 CCircle 中，基类定义为虚函数的 area 都有自己的代码实现，然后调用时就使用自己的 area 函数求得结果。

3. 纯虚函数和抽象类

声明纯虚函数的一般格式为

virtual <函数类型><函数名>(<形参表>) =0;

显然，它与一般虚函数不同：在纯虚函数的形参表后面多了个"= 0"。把函数名赋为0，本质上是将指向函数的指针的初值赋为 0。需要说明的是，纯虚函数不能有具体的实现代码。

抽象类是指至少包含一个纯虚函数的特殊的类。它本身不能被实例化，也就是说不能声明一个抽象类的对象。必须通过继承得到派生类后，在派生类中定义了纯虚函数的具体实现代码，才能获得一个派生类的对象。

【例 12.10】 纯虚函数和抽象类的使用。

```
#include<iostream.h>
class CShape
{
public:
    virtual float area() =0;          // 将 area 定义成纯虚函数
};
class CTriangle:public CShape
{
public:
    CTriangle(float h, float w)
    {    H =h;    W =w;
    }
    float area()                       // 在派生类中定义纯虚函数的具体实现代码
    {    return (float)(H * W * 0.5);
    }
private:
    float H, W;
};
class CCircle:public CShape
{
public:
    CCircle(float r)
    {    R =r;
    }
    float area()                       // 在派生类中定义纯虚函数的具体实现代码
    {    return (float)(3.14159265 * R * R);
    }
private:
    float R;
};
int main()
{
    CShape * pShape;
    CTriangle tri(3, 4);
    cout<<tri.area()<<endl;
    pShape =&tri;
    cout<<pShape->area()<<endl;
    CCircle cir(5);
    cout<<cir.area()<<endl;
```

```
    pShape =&cir;
    cout<<pShape->area()<<endl;
    return 0;
}
```

运行情况：

```
6
6
78.5398
78.5398
```

程序说明：在派生类 CTriangle 和 CCircle 中，基类定义为纯虚函数的 area 都有具体代码实现，然后才可以应用派生类创建对象。

12.6 编程实践

任务：学生成绩管理程序

【问题描述】

开发一个“学生成绩管理”应用程序，要求：

(1) 用文件和类的方式管理学生成绩数据。

(2) 能进行数据记录的增加和删除。

(3) 能进行数据记录的显示、查找和排序。

(4) 应用程序的文本界面设计，美观简洁。

【算法分析与设计】

利用类实现数据的管理和处理。

(1) 定义 CStudentRec 类处理学生成绩的基本记录，并对其“赋值运算符重载”。

(2) 定义 CStudentFile 类处理文件的数据和操作。

创建文件 student.h，将(1)和(2)功能实现包含其中，具体如下：

```
#include<iostream.h>                                  // 仍用老的头文件包含格式
#include<iomanip.h>
#include<fstream.h>
#include<string.h>
// using namespace std;
class CStudentRec
{
public:
        CStudentRec(char * name, char * id, float score[]);
        CStudentRec(){chFlag ='N';};                  // 默认构造函数
        ~CStudentRec(){};                             // 默认析构函数
        CStudentRec& operator =(CStudentRec &stu)     // 赋值运算符重载
        {
            strncpy(strName, stu.strName, 20);
```

```
        strncpy(strID, stu.strID, 10);
        for (int i=0; i<3; i++)
            fScore[i] =stu.fScore[i];
        fAve =stu.fAve;
        chFlag =stu.chFlag;
        return * this;
    }

    void    Input(void);                          // 键盘输入,返回记录
    float   Validate(void);                       // 成绩数据的输入验证,返回正确值
    void    Print(bool isTitle =false);           // 记录显示
    friend  ostream& operator<<( ostream& os, CStudentRec& stu );
    friend  istream& operator>>( istream& is, CStudentRec& stu );
    char    chFlag;                               // 标志,'A'表示正常,'N'表示空
    char    strName[20];                          // 姓名
    char    strID[10];                            // 学号
    float   fScore[3];                            // 三门成绩
    float   fAve;                                 // 总平均分
};
// CStudent 类的实现
CStudentRec::CStudentRec(char * name, char * id, float score[])
{
    strncpy(strName, name, 20);
    strncpy(strID, id, 10);
    fAve =0;
    for (int i=0; i<3; i++) {
        fScore[i] =score[i];    fAve +=fScore[i];
    }
    fAve =float(fAve / 3.0);
    chFlag ='A';
}
void CStudentRec::Input(void)
{
    cout<<"姓名: "; cin>>strName;
    cout<<"学号: "; cin>>strID;
    float fSum =0;
    for (int i=0; i<3; i++) {
        cout<<"成绩"<<i+1<<": ";
        fScore[i] =Validate();    fSum +=fScore[i];
    }
    fAve =(float)(fSum / 3.0);
    chFlag ='A';
}
float CStudentRec::Validate(void)
{
```

```
        int s;
        char buf[80];
        float res;
        for (;;) {
            cin>>res;
            s =cin.rdstate();
            while (s){
                cin.clear();
                cin.getline(buf, 80);
                cout<<"非法输入,重新输入: ";
                cin>>res;
                s =cin.rdstate();
            }
            if ((res<=100.0) && (res>=0.0)) break;
            else
                cout<<"输入的成绩超过范围!请重新输入: ";
        }
        return res;
}
void CStudentRec::Print(bool isTitle)
{
        cout.setf( ios::left );
        if (isTitle)
            cout<<setw(20)<<"姓名"<<setw(10)<<"学号"
                <<"\t 成绩 1"<<"\t 成绩 2"<<"\t 成绩 3"<<"\t 平均分"<<endl;
        cout<<setw(20)<<strName<<setw(10)<<strID;
        for (int i=0; i<3; i++) cout<<"\t"<<fScore[i];
        cout<<"\t"<<fAve<<endl;
}
ostream& operator<<( ostream& os, CStudentRec& stu )
{
        os.write(&stu.chFlag, sizeof(char));
        os.write(stu.strName, sizeof(stu.strName));
        os.write(stu.strID, sizeof(stu.strID));
        os.write((char *)stu.fScore, sizeof(float) * 3);
        os.write((char *)&stu.fAve, sizeof(float));
        return os;
}
istream& operator>>( istream& is, CStudentRec& stu )
{
        char name[20],id[10];
        is.read(&stu.chFlag, sizeof(char));
        is.read(name, sizeof(name));
        is.read(id, sizeof(id));
        is.read((char*)stu.fScore, sizeof(float) * 3);
```

```
        is.read((char*)&stu.fAve, sizeof(float));
        strncpy(stu.strName, name, sizeof(name));
        strncpy(stu.strID, id, sizeof(id));
        return is;
}

/* 以下是 CStudentFile 类
*/
// CStudentFile 类的声明
class CStudentFile
{
public:
    CStudentFile(char* filename);
    ~CStudentFile();
    void        Add(CStudentRec stu);                   // 添加记录
    void        Delete(char* id);                       // 删除学号为 id 的记录
    void        Update(int nRec, CStudentRec stu);
                                          // 更新记录号为 nRec 的内容,nRec 从 0 开始
    int         Seek(char* id, CStudentRec &stu);
                                          // 按学号查找, 返回记录号,-1 表示没有找到
    int         List(int nNum =-1);
    int         GetRecCount(void);                      // 获取文件中的记录数
    int         GetStuRec( CStudentRec* data );         // 获取所有记录,返回记录数
private:
    char*    strFileName;                               // 文件名
};

// CStudentFile 类的实现
CStudentFile::CStudentFile(char* filename)
{
        strFileName =new char[strlen(filename)+1];
        strcpy(strFileName, filename);
}
CStudentFile::~CStudentFile()
{
        if (strFileName) delete []strFileName;
}
void CStudentFile::Add(CStudentRec stu)
{
        // 打开文件用于添加
        fstream file(strFileName, ios::out|ios::app|ios::binary );
        file<<stu;
        file.close();
}
int CStudentFile::Seek(char* id, CStudentRec& stu) // 按学号查找
```

```
{
        int nRec =-1;
        fstream file(strFileName, ios::in|ios::nocreate);     // 打开文件用于只读
        if (!file) {
            cout<<"文件 "<<strFileName<<" 不能打开!\n";
            return nRec;
        }
        int i=0;
        while (!file.eof()) {
            file>>stu;
            if ((strcmp(id, stu.strID) ==0) && (stu.chFlag !='N')){
                nRec =i;    break;
            }
            i++;
        }
        file.close();
        return nRec;
}
// 列表显示 nNum 个记录,为-1 时全部显示,并返回文件中的记录数
int CStudentFile::List(int nNum)
{
        fstream file(strFileName, ios::in|ios::nocreate);     // 打开文件用于只读
        if (!file) {
            cout<<"文件 "<<strFileName<<" 不能打开!\n";
            return 0;
        }
        int nRec =0;
        if (( nNum ==-1 ) || (nNum>0)) {
            cout.setf( ios::left );
            cout<<setw(6)<<"记录"<<setw(20)<<"姓名"<<setw(10)<<"学号"
                <<"\t 成绩 1\t 成绩 2\t 成绩 3\t 平均分"<<endl;
        }
        while (!file.eof()) {                                  // 读出所有记录
            CStudentRec data;
            file>>data;
            if (data.chFlag =='A') {
                nRec++;
                if (( nNum ==-1 ) || (nRec <=nNum)) {
                    cout.setf( ios::left );
                    cout<<setw(6)<<nRec;
                    data.Print();
                }
            }
        }
        file.close();
```

```
        return nRec;
}

void CStudentFile::Delete(char * id)
{
    CStudentRec temp;
    int nDel =Seek(id, temp);
    if (nDel<0) return;
    // 设置记录中的 chFlag 为'N'
    temp.chFlag ='N';
    Update( nDel, temp );
}
void CStudentFile::Update(int nRec, CStudentRec stu)
{
    fstream file(strFileName, ios::in|ios::out|ios::binary); // 二进制读写方式
    if (!file) {
        cout<<"the "<<strFileName<<" can't open file!\n";
        return ;
    }
    int nSize =sizeof(CStudentRec) -1;
    file.seekg( nRec * nSize);
    file<<stu;
    file.close();
}
int CStudentFile::GetRecCount(void)
{
    fstream file(strFileName, ios::in|ios::nocreate);         // 打开文件用于只读
    if (!file) {
        cout<<"the "<<strFileName<<" can't open file!\n";
        return 0;
    }
    int nRec =0;
    while (!file.eof()){                                        // 读出所有记录
        CStudentRec data;
        file>>data;
        if (data.chFlag =='A')     nRec++;
    }
    file.close();
    return nRec;
}
int CStudentFile::GetStuRec( CStudentRec* data)
{
    fstream file(strFileName, ios::in|ios::nocreate);         // 打开文件用于只读
    if (!file) {
        cout<<"the "<<strFileName<<" can't open file!\n";
```

```
        return 0;
    }
    int nRec =0;
    while (!file.eof()){                                    // 读出所有记录
        CStudentRec stu;
        file>>stu;
        if (stu.chFlag =='A') {
            data[nRec] =stu;
            nRec++;
        }
    }
    file.close();
    return nRec;
}
```

按照前面任务的要求,采用了最简单的文本菜单界面,在现有所学知识的前提下就可以很好地实现。数据记录操作通常有增加、删除、排序等,这里只给出了基本的程序框架,具体的功能感兴趣的同学可以补充和完善。

```
#include "stdafx.h"
#include "student.h"
#include "stdlib.h"

CStudentFile theFile("student.dat");
// 定义命令函数
void DoAddRec(void);
void DoDelRec(void);
void DoListAllRec(void);
void DoFindRec(void);

// 定义界面操作函数
void ToMainUI( void );
void ToWaiting( void );
void ToClear( void );
int     GetSelectNum( int nMaxNum );

int main(int argc, char* argv[])
{
    for (;;)
    {
        ToMainUI();
        int nIndex =GetSelectNum( 9 );
        switch( nIndex )    {
            case 1:                 // 增加学生成绩记录
                                    DoAddRec();        break;
            case 2:                 // 删除学生成绩记录
```

```
                                DoDelRec();         break;
            case 3:             // 列出所有学生成绩记录
                                DoListAllRec();     break;
            case 4:             // 查找学生成绩记录
                                DoFindRec();        break;
            case 9:             // 退出
                                break;
        }
        if ( nIndex ==9 ) break;
        else    ToWaiting();
    }
    return 0;
}

// 这是界面相关的几个函数实现
void ToMainUI( void )
{
    ToClear();
    cout<<"        主菜单"<<endl;
    cout<<"----------------------------------------"<<endl;
    cout<<" 1  添加学生成绩记录"<<endl;
    cout<<" 2  删除学生成绩记录"<<endl;
    cout<<" 3  列出所有学生成绩记录"<<endl;
    cout<<" 4  查找学生成绩记录"<<endl;
    cout<<" 9  退出"<<endl;
    cout<<"----------------------------------------"<<endl;
    cout<<" 请输入菜单前面的数字并按回车…";
}

void ToWaiting( void )
{
    system("pause");
}

void ToClear( void )
{
    system("cls");
}

int    GetSelectNum( int nMaxSelNum )                // 获取选择项的序号
{
    if ( nMaxSelNum <1 ) return 0;
    int i;
    cin>>i;
    if ( cin.rdstate() ){
```

```
            char buf[80];
            cin.clear();
            cin.getline( buf, 80 );
        } else {
            if (( i <=nMaxSelNum ) && ( i >=1 ) )
                return i;
        }
        return 0;
    }

    // 这是命令函数的实现
    void DoAddRec(void)
    {
        CStudentRec rec;
        rec.Input();
        theFile.Add( rec );
        DoListAllRec();
    }
    void DoDelRec(void)
    {
        char strID[80];
        cout<<"请输入要删除的学生的学号: ";
        cin>>strID;
        if ( strID ) {
            CStudentRec rec;
            int nIndex =theFile.Seek( strID, rec );
            if ( nIndex >=0 ) {
                theFile.Delete( strID );
                DoListAllRec();
            } else
                cout<<"要删除的学生 "<<strID<<" 不存在!"<<endl;
        }
    }
    void DoListAllRec(void)
    {
        int nCount =theFile.GetRecCount();
        CStudentRec * stu;
        stu =new CStudentRec[nCount];
        theFile.GetStuRec( stu );
        for ( int i=0; i<nCount; i++)
        {
            stu[i].Print( i ==0 );
        }
        delete [nCount]stu;
    }
```

```
void DoFindRec(void)
{
    char strID[80];
    cout<<"请输入要查找的学生的学号：";
    cin>>strID;
    if (strID) {
        CStudentRec rec;
        int nIndex =theFile.Seek( strID, rec );
        if ( nIndex>=0 )
            rec.Print( true );
        else
            cout<<"没有找到学生 "<<strID<<" !"<<endl;
    }
}
```

程序运行结果如图 12-3 所示。需要说明的是，该程序范例还缺少排序、修改记录等功能，感兴趣的同学可以补充和完善。

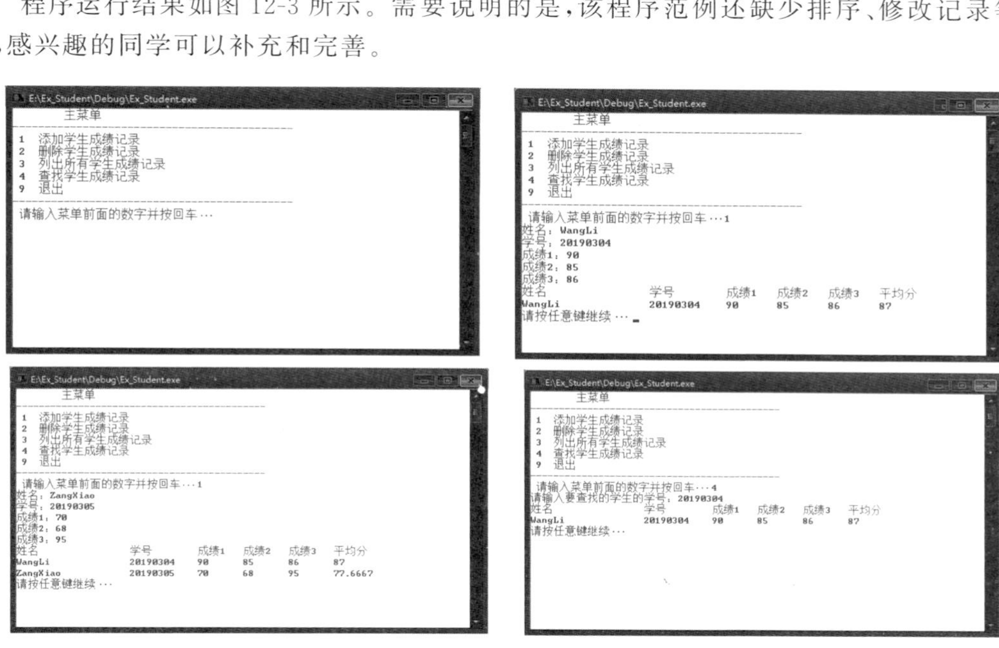

图 12-3　程序运行结果示意图

习　　题

1. 单项选择题

(1) ________不是属于面向对象程序设计的特性

A. 抽象性　　B. 数据相关性　　C. 多态性　　D. 继承性

(2) 将对某一类数据的处理算法应用到另一类数据的处理中，要用到 C++ 的________。

A. 类　　B. 虚函数　　C. 运算符重载　　D. 模板

(3) C++ 与 C 语言最根本的不同之处在于________。

A. 使用了类　　B. 能够实现变量自动初始化

C. 支持软件重用　　D. 支持接口重用

(4) 动态内存分配的主要目的是________。

A. 使程序按动态联编方式运行　　B. 正确合理地使用内存

C. 提高程序的运行速度　　D. 提高程序的可维护性

(5) 在 C++ 函数的形参前加 const 关键字,是为了提高函数的________。

A. 数据封装性　　B. 可理解性　　C. 可维护性　　D. 可重用性

(6) 函数重载的目的是________。

A. 实现共享　　B. 使用方便,提高可读性

C. 提高速度　　D. 减少空间

(7) 从程序片段"char name[] = "C++"; course(name);"可判断函数 course 的调用采用的是________。

A. 传值调用　　B. 带默认参数值的函数调用

C. 引用调用　　D. 传址调用

(8) 用来说明类中公有成员的关键字是________。

A. public　　B. private　　C. protected　　D. friend

(9) 如果一个类的成员函数 print 不修改类的数据成员值,则应将其声明为________。

A. void print() const;　　B. const void print();

C. void const print();　　D. void print(const);

(10) 下列关于构造函数的论述中,不正确的是________。

A. 构造函数的函数名与类名相同

B. 构造函数可以设置默认参数

C. 构造函数的返回类型默认为 int 型

D. 构造函数可以重载

(11) 在程序代码"A::A(int a, int *b) { this->x = a; this->y = b; }"中,this 的类型是________。

A. int　　B. int *　　C. A　　D. A *

(12) 内存泄露是指________。

A. 内存中的数据出现丢失

B. 试图释放一个已经释放了的动态分配的堆内存

C. 函数中局部变量所占的栈内存没有及时回收

D. 动态分配的堆内存在程序退出后始终被占用

(13) 从程序片段"student zhangsan("张三","M",22); zhangsan.id("2005131000");"可判断 id 是一个________。

A. 私有成员数据　　B. 私有成员函数

C. 公有成员数据　　D. 公有成员函数

(14) 作用域运算符的功能是________。

A. 标识作用域的级别　　B. 指出作用域的范围

C. 给定作用域的大小　　D. 标识某个成员属于哪个类

(15) 若一个类的成员函数前用 static 关键字修饰,则该成员函数________。

A. 可以被声明为 const　　B. 没有 this 指针

C. 可以访问该类的所有成员　　D. 只能用对象名来调用

(16) C++ 是用________实现接口重用的。

A. 内联函数　　B. 虚函数　　C. 重载函数　　D. 模板函数

(17) 公有继承的派生类对象可以访问其基类的________。

A. 公有成员　　B. 公有成员及受保护成员

C. 受保护成员　　D. 私有成员

(18) 设置虚基类的目的是________。

A. 简化程序　　B. 使程序按动态联编方式运行

C. 提高程序运行效率　　D. 消除二义性

(19) 下列关于纯虚函数和抽象类的描述中,不正确的是________。

A. 纯虚函数是一个没有具体实现的虚函数

B. 抽象类是包括纯虚函数的类

C. 抽象类只能作为基类,其纯虚函数的实现在派生类中给出

D. 可以定义一个抽象类的对象

(20) 关于运算符重载的不正确的描述是________。

A. 运算符重载函数是友元函数　　B. 体现了程序设计的多态性

C. 增加新的运算符　　D. 使运算符能对对象操作

2. 填空题

(1) 面向对象的程序设计有三大特征,它们是封装、________、________。

(2) 类是用户定义的类型,具有类类型的变量称为______________。

(3) 在面向对象的程序设计中,通过________实现数据隐藏,通过________实现代码的复用。

(4) 根据如下所示程序,写出其结果:

```
class CJournal
{public:
    CJournal() { cout <<"Journal default constructor" <<endl; }
    virtual void subscribe() =0;
    void read() { cout <<"Read paper" <<endl; }
    ~CJournal() { cout <<"Journal default destructor" <<endl; }
};
class CComputerDesign : public Cjournal
{public:
CComputerDesign () {cout <<"《Computer Design》default constructor" <<endl; }
virtual void subscribe() { cout <<"Subscribing《Computer Design》" <<endl; }
void read() {cout <<"Reading《Computer Design》" <<endl; }
~CComputerDesign() { cout <<"《Computer Design》default destructor" <<endl; } };
void main()
{CComputerDesign journal1;
CJournal *p_journal;
```

```
journal1.subscribe();
journal1.read();
// ①
p_journal =&journal1;
p_journal->subscribe();
p_journal->read();
}
```

当程序运行到①处时,程序运行的输出结果为________。

当程序结束时,程序还会增加________输出结果。

3. 编程题

(1) 定义一个商品类 CGoods,其中包含商品号(long no)、商品名(char * p_name)、商品价格(double price)三个数据成员,以及相应的构造函数、复制构造函数、析构函数、打印数据成员的成员函数。

(2) 为 CGoods 类增加一个商品总数(int count)数据成员,并增加一个成员函数 getCount 获取 count 的值,编写一个友元函数 getName 获取商品名称 p_name。做如上修改后,重新实现 CGoods 类(与第(1)问相同的不用再重复)。

(3) 为 CGoods 类定义小于运算符(<)和不小于运算符(>=)两个运算符重载函数。CGoods 类对象大小的比较是根据其商品价格(price)的值的大小来实现的(与第(2)问相同的不用再重复)。

(4) 以 CGoods 类为基类,派生出服装类 CClothes 和食品类 CFood 两个派生类,并在这两个类中分别增加一个表示品牌的指针数据成员(char * p_brand)和表示用途的成员函数(void usedFor()——可分别输出一条表示服装和食品用途的信息)。写出 CClothes 类和 CFood 类的完整定义(包括构造、析构和 usedFor 成员函数的实现)。

(5) 在第(4)题的基础上,在 CGoods 类增加总商品数(long total_goods)和商品总价格(double total_price)两个数据成员,以及相应的获取这两个数据成员值的成员函数 getTotalGoods 和 getTotalPrice(注意说明数据成员和成员函数的存储类型,以便能够用类名来调用 getTotalGoods 和 getTotalPrice 这两个函数)。为了能够采用动态联编的方式调用派生类的 usedFor 成员函数,应该在 CGoods 类及其派生类 CClothes 和 CFood 类中作何改动?

(6) 编写一个实现两个数交换的函数模板 swap,然后使用该函数模板再编写一个对具有 n 个数组元素(通用类型)的数组采用冒泡排序算法进行排序的函数模板。

第 13 章　综合案例实训

前面各章节的举例，侧重于基础语法知识的学习，专注于体现某一个知识点简单的应用程序。容易给人一种误解，认为 C/C++ 语言不能实现具有较完整功能的系统。实际上，拥有前面所讲 C/C++ 语言知识，即掌握本书所讲内容，已经可以开发功能完备的应用程序，只是在人机交互界面上还存在一些缺陷，不是那么友好。如果要实现友好的人机交互界面，还需要补充一些知识。

本章通过五子棋游戏和 ATM 取款机两个功能完整的实际应用范例来展示 C/C++ 语言开发程序的魅力，进一步体会 C/C++ 程序设计思想。其中，五子棋游戏案例采用智能算法实现人机对战，有助于对人工智能技术的理解。两个案例都采用了最简单的人机交互界面，在 Visual C++ 6.0 下控制台(console)项目类型开发完成。

13.1　五子棋游戏项目实训

【案例描述】

本程序实现了五子棋游戏，能进行基本的五子棋操作，包括如下功能。

(1) 初始化功能：初始化棋盘状态，默认玩家先行。

(2) 实现下棋操作：实现下棋操作，在下棋过程中能随时退出。

(3) 智能判断：能对下棋结果进行判定，分出胜负，并显示结果。

(4) 显示棋盘：显示当前棋盘状态和帮助信息。

【设计与分析】

简单图形化显示五子棋操作界面，实现下棋操作和人机对战功能。

13.1.1　功能模块设计

系统功能模块如图 13-1 所示。

1. 系统模块图

本程序包括四个子模块，分别是初始化模块、功能控制模块、下棋操作模块和帮助模块。各模块功能如下。

(1) 初始化模块：主要用于初始化屏幕信息和操作方法，初始化棋盘。

(2) 功能控制模块：由各个功能函数组成，被其他模块调用。

(3) 下棋操作模块：执行下棋操作，处理相关信息。

(4) 帮助模块：显示帮助信息。

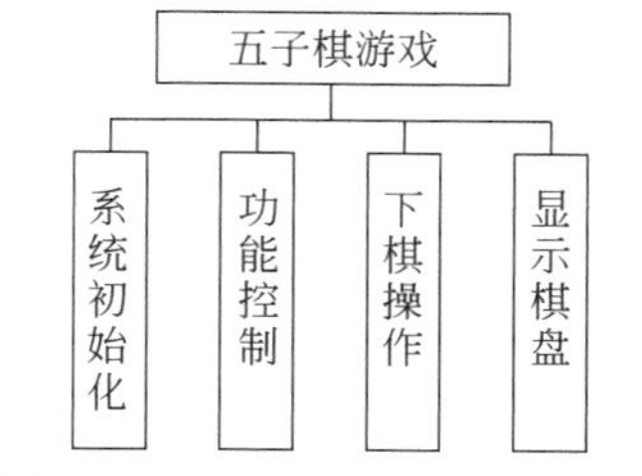

图 13-1　五子棋游戏功能模块图

2. 任务执行流程

游戏初始化是游戏玩家先行，进行人机对战。当玩家先行棋后，程序初始化搜索状态，寻找最好走棋位置，设置棋盘位置，等待玩家下一步位置。循环往复，直至游戏结束，或者玩家输入数据错误结束。

13.1.2 数据结构设计

1. 定义数组

定义了数组 m_RenjuBoard [GRID_NUM][GRID_NUM]，该数组存储字符类型的值，主要存储棋盘状态值，GRID_NUM 在五子棋中常取为 15。状态值是 0、1 和 255。255 表示给定坐标映射的位置没有棋子，1 表示给定位置坐标映射的位置是白棋，0 表示给定位置坐标映射的位置是黑棋。

2. 定义全局变量

"int TypeRecord[GRID_NUM][GRID_NUM][4];"存放全部分析结果的数组，有三个维度，用于存放水平、垂直、左斜、右斜 4 个方向上所有棋型分析结果。

"int m_HistoryTable[GRID_NUM][GRID_NUM];"记录历史得分表。

"unsigned char CurPosition[GRID_NUM][GRID_NUM];"记录搜索时用于当前结点棋盘状态的数组。

"STONEMOVE m_cmBestMove;"记录最佳走法的变量。

"STONEMOVE m_MoveList[10][225];"用于记录走法的数组。

13.1.3 函数功能描述

(1) 根据当前黑白棋 bIsWhiteTurn 走棋状态，评估棋局状态。

```
int Eveluate(unsigned char position[][GRID_NUM],bool bIsWhiteTurn)
```

(2) 分析棋盘上某点(i,j)在水平方向上的棋型。

```
int AnalysisHorizon(unsigned char position[][GRID_NUM],int i,int j)
```

(3) 分析棋盘上某点(i,j)在垂直方向上的棋型。

```
int AnalysisVertical(unsigned char position[][GRID_NUM],int i,int j)
```

(4) 分析棋盘上某点在左斜方向上的棋型。

```
int AnalysisLeft(unsigned char position[][GRID_NUM],int i,int j)
```

(5) 分析棋盘上某点在右斜方向上的棋型。

```
int AnalysisRight(unsigned char position[][GRID_NUM],int i,int j)
```

(6) 分析直线棋型状况。

```
int AnalysisLine(unsigned char * position,int GridNum,int StonePos)
```

(7) 将历史记录表中所有项目全置为初值。

```
void ResetHistoryTable()
```

(8) 从历史得分表中取给定走法的历史得分。

```
int GetHistoryScore(STONEMOVE * move)
```

（9）将一最佳走法汇入历史记录。

```
void EnterHistoryScore(STONEMOVE * move,int depth)
```

（10）融合走法，对走法队列从小到大排序。

```
STONEMOVE * source 原始队列,STONEMOVE * target 目标队列,合并 source[l…m]和 source[m +
1…r]至 target[l…r]
void Merge(STONEMOVE * source,STONEMOVE * target,int l,int m,int r)
//另一算法
void Merge_A(STONEMOVE * source,STONEMOVE * target,int l,int m,int r)
```

（11）合并大小为 S 的相邻子数组。
direction 是标志，指明是从大到小还是从小到大排序。

```
void MergePass(STONEMOVE * source, STONEMOVE * target, const int s, const int n,
const bool direction)
```

（12）走法排序。

```
void MergeSort(STONEMOVE * source,int n,bool direction)
```

（13）计算可能的走法。

```
int CreatePossibleMove(unsigned char position[][GRID_NUM], int nPly, int nSide)
```

（14）在 m_MoveList 中插入一个走法。
nToX 是目标位置横坐标，nToY 是目标位置纵坐标，nPly 是此走法所在的层次。

```
int AddMove(int nToX, int nToY, int nPly)
```

（15）重置历史数据。

```
void CNegaScout_TT_HH()
```

（16）寻找最好的走法。

```
void SearchAGoodMove(unsigned char position[][GRID_NUM],int Type)
```

在函数中，主要采用极大极小搜索智能算法进行搜索。

在五子棋中，双方每一次落子，都会创造出一种新的局面。程序设计好计算局势得分的函数（人机对战时，假设计算机一方为 A），来计算每一个局面对于 A 的得分，轮到 A 拓展结点（选择落子位置，即创造新局面）时，A 会选择得分最大的，而另一方 B 会选择得分最小的（A 越糟糕 B 越开心）进行决策。A、B 双方交替决策，形成决策树。

在决策树中，轮到 A 方决策层时，总希望做出得分最高的决策（得分以 A 方标准来算）；而在 B 方决策层时，假定 B 方总能够做出得分最小的决策（A 方得分最小便是相应 B 方得分最高）。所以在博弈树中，每一层所要追求的结果，在极大分数和极小分数中不断交替，故称为极大极小搜索。

但在极大极小搜索过程中，随着思考层数的上升，时间复杂度成指数级增长。当思考层数高时很难得到最优的结果，为了解决这个问题，要采用 α、β 剪枝算法。在极小化过程若出

现大于 α 的得分结点，则剪去该条分枝。在极大化过程中，若出现小于 β 的得分结点，则剪去该条分枝。这样就可以加快搜索过程。

(17) 判断是否游戏结束。

```
int IsGameOver(unsigned char position[][GRID_NUM],int nDepth)
```

(18) 评估搜索结果，进行删减。

```
int NegaScout(int depth,int alpha,int beta)
```

(19) 设置当前走一步。

```
unsigned char MakeMove(STONEMOVE * move,int type)
```

(20) 取消当前走的棋。

```
void UnMakeMove(STONEMOVE * move)
```

(21) 建立哈希表。

```
void CTranspositionTable()
```

(22) 释放哈希表。

```
void _CTranspositionTable()
```

(23) 计算初始的哈希表。

```
void CalculateInitHashKey(unsigned char CurPosition[][GRID_NUM])
```

(24) 转换为走法。

```
void Hash_MakeMove(STONEMOVE *move,unsigned char CurPosition[][GRID_NUM])
```

(25) 取消某一走法。

```
void Hash_UnMakeMove(STONEMOVE *move,unsigned char CurPosition[][GRID_NUM])
```

(26) 查找哈希表。

```
int LookUpHashTable(int alpha, int beta, int depth, int TableNo)
```

(27) 存入哈希表。

```
void EnterHashTable(ENTRY_TYPE entry_type, short eval, short depth, int TableNo)
```

(28) 初始化哈希表。

```
void InitializeHashKey()
```

(29) 显示简单的人机交互棋盘。

```
void display()
```

13.1.4 系统数据流程图

系统流程由主函数作为入口进入系统，首先对桌面进行清理，显示欢迎界面；然后对图形界面进行初始化，画出棋盘；进入下棋阶段，根据规则判断下棋状态，显示下棋信息；最后关闭系统。函数数据流程如图 13-2 所示。

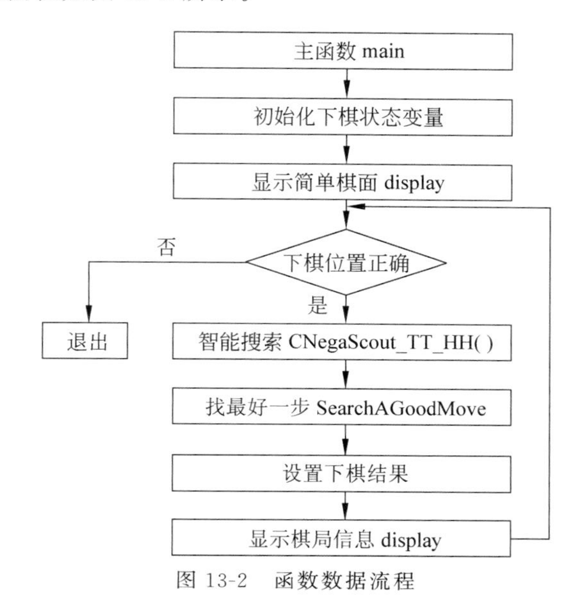

图 13-2　函数数据流程

13.1.5　程序实现

```
/* 所有代码可放入一个文件内，进行编译、连接 */
#include<stdio.h>
#include<iostream.h>
#include<stdlib.h>
#include<string.h>
#include<time.h>
    /* 宏定义一些基本状态 */
#define GRID_NUM     15          //每一行(列)的棋盘交点数
#define GRID_COUNT  225          //棋盘上交点总数
#define BLACK        0           //黑棋用 0 表示
#define WHITE        1           //白棋用 1 表示
#define NOSTONE 0xFF             //没有棋子
    //这组宏定义了用于代表几种棋型的数字
#define STWO         1           //眠二
#define STHREE       2           //眠三
#define SFOUR        3           //冲四
#define TWO          4           //活二
#define THREE        5           //活三
#define FOUR         6           //活四
#define FIVE         7           //五连
#define NOTYPE       11          //未定义
#define ANALSISED   255          //已分析过的
#define TOBEANALSIS 0            //已分析过的
    //这个宏用于检查某一坐标是否是棋盘上的有效落子点
```

```
#define IsValidPos(x,y) ((x>=0 && x<GRID_NUM) && (y>=0 && y<GRID_NUM)
    //定义了枚举型的数据类型,精确、下边界、上边界
enum ENTRY_TYPE{exact,lower_bound,upper_bound};
//哈希表中元素的结构定义
typedef struct HASHITEM
{
    __int64 checksum;           //64位校验码
    ENTRY_TYPE entry_type;      //数据类型
    short depth;                //取得此值时的层次
    short eval;                 //结点的值
}HashItem;
typedef struct Node
{   int x;
    int y;
}POINT;
//用于表示棋子位置的结构
typedef struct _stoneposition
{   unsigned char x;
    unsigned char y;
}STONEPOS;
typedef struct _movestone
{   unsigned char nRenjuID;
    POINT ptMovePoint;
}MOVESTONE;
//这个结构用于表示走法
typedef struct _stonemove
{   STONEPOS StonePos;          //棋子位置
    int Score;                  //走法的分数
}STONEMOVE;
//=======声明函数类型=======================================//
int AnalysisLine(unsigned char* position,int GridNum,int StonePos);   //分析成线型棋
int AnalysisRight(unsigned char position[][GRID_NUM],int i,int j); //分析右上型棋
int AnalysisLeft(unsigned char position[][GRID_NUM],int i,int j);   //分析左上型棋
int AnalysisVertical(unsigned char position[][GRID_NUM],int i,int j);
                                                                    //分析垂直线型棋
int AnalysisHorizon(unsigned char position[][GRID_NUM],int i,int j);
int Eveluate(unsigned int position[][GRID_NUM],bool bIsWhiteTurn);
int AddMove(int nToX, int nToY, int nPly);
int CreatePossibleMove(unsigned char position[][GRID_NUM], int nPly, int nSide);
void MergeSort(STONEMOVE* source,int n,bool direction);
void MergePass(STONEMOVE* source, STONEMOVE* target, const int s, const int n,
const bool direction);
void Merge_A(STONEMOVE* source,STONEMOVE* target,int l,int m,int r);
void Merge(STONEMOVE* source,STONEMOVE* target,int l,int m,int r);
void EnterHistoryScore(STONEMOVE* move,int depth);
int GetHistoryScore(STONEMOVE* move);
void ResetHistoryTable();
int NegaScout(int depth,int alpha,int beta);
```

```
void SearchAGoodMove(unsigned char position[][GRID_NUM],int Type);
int IsGameOver(unsigned char position[][GRID_NUM],int nDepth);
void UnMakeMove(STONEMOVE * move);
unsigned char MakeMove(STONEMOVE * move,int type);
void _CSearchEngine();
void InitializeHashKey();
void EnterHashTable(ENTRY_TYPE entry_type, short eval, short depth, int TableNo);
int LookUpHashTable(int alpha, int beta, int depth, int TableNo);
void Hash_UnMakeMove(STONEMOVE * move,unsigned char CurPosition[][GRID_NUM]);
void Hash_MakeMove(STONEMOVE * move,unsigned char CurPosition[][GRID_NUM]);
void CalculateInitHashKey(unsigned char CurPosition[][GRID_NUM]);
__int64 rand64();
long rand32();
void CTranspositionTable();
void _CTranspositionTable();
bool OnInitDialog();
//=======声明使用的数组==========================================//
int m_HistoryTable[GRID_NUM][GRID_NUM];      //历史得分表
STONEMOVE m_TargetBuff[225];                 //排序用的缓冲队列
unsigned int m_nHashKey32[15][10][9];        //32 位随机数组,用于生成 32 位哈希值
unsigned __int64 m_ulHashKey64[15][10][9];   //64 位随机数组,用于生成 64 位哈希值
HashItem * m_pTT[10];                        //置换表头指针
unsigned int m_HashKey32;                    //32 位哈希值
__int64 m_HashKey64;                         //64 位哈希值
STONEMOVE m_MoveList[10][225];               //用于记录走法的数组
unsigned char m_LineRecord[30];              //存放 AnalysisLine 分析结果的数组
int TypeRecord[GRID_NUM ][GRID_NUM][4];      //存放全部分析结果的数组,有三个维度,用
                                             //于存放水平、垂直、左斜、右斜 4 个方向上所
                                             //有棋型分析结果
int TypeCount[2][20];                        //存放统记过的分析结果的数组
int m_nMoveCount;                            //此变量用于记录走法的总数
unsigned char CurPosition[GRID_NUM][GRID_NUM];  //搜索时用于当前节点棋盘状态的数组
STONEMOVE m_cmBestMove;                      //记录最佳走法的变量
//CMoveGenerator * m_pMG;                    //走法产生器指针
//CEveluation * m_pEval;                     //估值核心指针
int m_nSearchDepth;                          //最大搜索深度
int m_nMaxDepth;                             //当前搜索的最大搜索深度
unsigned char m_RenjuBoard[GRID_NUM][GRID_NUM];  //棋盘数组,用于显示棋盘
int m_nUserStoneColor;                       //用户棋子的颜色
//CSearchEngine * m_pSE;                     //搜索引擎指针
int X,Y;
//位置重要性价值表,此表从中间向外,越往外价值越低
int PosValue[GRID_NUM][GRID_NUM]=
{   {0,0,0,0,0,0,0,0,0,0,0,0,0,0,0},
    {0,1,1,1,1,1,1,1,1,1,1,1,1,1,0},
    {0,1,2,2,2,2,2,2,2,2,2,2,2,1,0},
    {0,1,2,3,3,3,3,3,3,3,3,3,2,1,0},
    {0,1,2,3,4,4,4,4,4,4,4,3,2,1,0},
```

```
    {0,1,2,3,4,5,5,5,5,5,4,3,2,1,0},
    {0,1,2,3,4,5,6,6,6,5,4,3,2,1,0},
    {0,1,2,3,4,5,6,7,6,5,4,3,2,1,0},
    {0,1,2,3,4,5,6,6,6,5,4,3,2,1,0},
    {0,1,2,3,4,5,5,5,5,5,4,3,2,1,0},
    {0,1,2,3,4,4,4,4,4,4,4,3,2,1,0},
    {0,1,2,3,3,3,3,3,3,3,3,3,2,1,0},
    {0,1,2,2,2,2,2,2,2,2,2,2,2,1,0},
    {0,1,1,1,1,1,1,1,1,1,1,1,1,1,0},
    {0,0,0,0,0,0,0,0,0,0,0,0,0,0,0}
};
//全局变量,用于统计估值函数的执行遍数
int count=0;
//评估棋局状态
int Eveluate(unsigned char position[][GRID_NUM],bool bIsWhiteTurn)
{   int i,j,k;
    unsigned char nStoneType;
    count++;                                    //计数器累加
    //清空棋型分析结果
    memset(TypeRecord,TOBEANALSIS,GRID_COUNT * 4 * 4);
    memset(TypeCount,0,40 * 4);
    for(i=0;i<GRID_NUM;i++)
        for(j=0;j<GRID_NUM;j++)
            {   if(position[i][j]!=NOSTONE)
                {   //如果水平方向上没有分析过
                    if(TypeRecord[i][j][0]==TOBEANALSIS)
                        AnalysisHorizon(position,i,j);
                    //如果垂直方向上没有分析过
                    if(TypeRecord[i][j][1]==TOBEANALSIS)
                        AnalysisVertical(position,i,j);
                    //如果左斜方向上没有分析过
                    if(TypeRecord[i][j][2]==TOBEANALSIS)
                        AnalysisLeft(position,i,j);
                    //如果右斜方向上没有分析过
                    if(TypeRecord[i][j][3]==TOBEANALSIS)
                        AnalysisRight(position,i,j);
                }
            }
   //对分析结果进行统计,得到每种棋型的数量
   for(i=0;i<GRID_NUM;i++)
       for(j=0;j<GRID_NUM;j++)
           for(k =0;k<4;k++)
           {   nStoneType=position[i][j];
               if(nStoneType!=NOSTONE)
               {   switch(TypeRecord[i][j][k])
                   {
                   case FIVE:                //五连
                       TypeCount[nStoneType][FIVE]++;
```

```
                        break;
                    case FOUR:                  //活四
                        TypeCount[nStoneType][FOUR]++;
                        break;
                    case SFOUR:                 //冲四
                        TypeCount[nStoneType][SFOUR]++;
                        break;
                    case THREE:                 //活三
                        TypeCount[nStoneType][THREE]++;
                        break;
                    case STHREE:                //眠三
                        TypeCount[nStoneType][STHREE]++;
                        break;
                    case TWO:                   //活二
                        TypeCount[nStoneType][TWO]++;
                        break;
                    case STWO:                  //眠二
                        TypeCount[nStoneType][STWO]++;
                        break;
                    default:
                        break;
                    }
                }
        }
    //如果已五连,返回极值
    if(bIsWhiteTurn)
    {    if(TypeCount[BLACK][FIVE])
             return -9999;
         if(TypeCount[WHITE][FIVE])
           return 9999;
    }
    else
    {    if(TypeCount[BLACK][FIVE])
             return 9999;
         if(TypeCount[WHITE][FIVE])
             return -9999;
    }
    //两个冲四等于一个活四
    if(TypeCount[WHITE][SFOUR]>1)
        TypeCount[WHITE][FOUR]++;
    if(TypeCount[BLACK][SFOUR]>1)
        TypeCount[BLACK][FOUR]++;
    int WValue=0,BValue=0;
    if(bIsWhiteTurn)                            //轮到白棋走
    {    if(TypeCount[WHITE][FOUR])
             return 9990;                       //活四,白胜返回极值
         if(TypeCount[WHITE][SFOUR])
             return 9980;                       //冲四,白胜返回极值
```

```
        if(TypeCount[BLACK][FOUR])
            return -9970;                     //白无冲四和活四,而黑有活四,黑胜返回极值
        if(TypeCount[BLACK][SFOUR] && TypeCount[BLACK][THREE])
            return -9960;                     //黑有冲四和活三,黑胜返回极值
        if(TypeCount[WHITE][THREE] && TypeCount[BLACK][SFOUR]==0)
            return 9950;                      //白有活三而黑没有活四,白胜返回极值
        if(TypeCount[BLACK][THREE]>1 && TypeCount[WHITE][SFOUR]==0 && TypeCount
        [WHITE][THREE]==0 && TypeCount[WHITE][STHREE]==0)
            return -9940;           //黑的活三多于一个,而白无活四和活三,黑胜返回极值
        if(TypeCount[WHITE][THREE]>1)
            WValue+=2000;                     //白活三多于一个,白棋价值加 2000
        else
            //否则白棋价值加 200
            if(TypeCount[WHITE][THREE])    WValue+=200;
        if(TypeCount[BLACK][THREE]>1)
                BValue+=500;                  //黑的活三多于一个,黑棋价值加 500
        else
            //否则黑棋价值加 100
            if(TypeCount[BLACK][THREE])
                BValue+=100;
        //每个眠三加 10
        if(TypeCount[WHITE][STHREE])
            WValue+=TypeCount[WHITE][STHREE] * 10;
        //每个眠三加 10
        if(TypeCount[BLACK][STHREE])
            BValue+=TypeCount[BLACK][STHREE] * 10;
        //每个活二加 4
        if(TypeCount[WHITE][TWO])
            WValue+=TypeCount[WHITE][TWO] * 4;
        //每个活二加 4
        if(TypeCount[BLACK][STWO])
            BValue+=TypeCount[BLACK][TWO] * 4;
        //每个眠二加 1
        if(TypeCount[WHITE][STWO])
            WValue+=TypeCount[WHITE][STWO];
        //每个眠二加 1
        if(TypeCount[BLACK][STWO])
            BValue+=TypeCount[BLACK][STWO];
    }
    else                                      //轮到黑棋走
    {   if(TypeCount[BLACK][FOUR])
            return 9990;                      //活四,黑胜返回极值
        if(TypeCount[BLACK][SFOUR])
            return 9980;                      //冲四,黑胜返回极值
        if(TypeCount[WHITE][FOUR])
            return -9970;                     //活四,白胜返回极值
        if(TypeCount[WHITE][SFOUR] && TypeCount[WHITE][THREE])
            return -9960;                     //冲四并活三,白胜返回极值
```

```
        if(TypeCount[BLACK][THREE] && TypeCount[WHITE][SFOUR]==0)
            return 9950;                        //黑活三,白无活四,黑胜返回极值
        if(TypeCount[WHITE][THREE]>1 && TypeCount[BLACK][SFOUR]==0 && TypeCount
        [BLACK][THREE]==0 && TypeCount[BLACK][STHREE]==0)
            return -9940;             //白的活三多于一个,而黑无活四和活三,白胜返回极值
        //黑的活三多于一个,黑棋价值加 2000
        if(TypeCount[BLACK][THREE]>1)
            BValue+=2000;
        else
            //否则黑棋价值加 200
            if(TypeCount[BLACK][THREE])
                BValue+=200;
        //白的活三多于一个,白棋价值加 500
        if(TypeCount[WHITE][THREE]>1)
            WValue+=500;
        else
            //否则白棋价值加 100
            if(TypeCount[WHITE][THREE])
                WValue+=100;
        //每个眠三加 10
        if(TypeCount[WHITE][STHREE])
            WValue+=TypeCount[WHITE][STHREE] * 10;
        //每个眠三加 10
        if(TypeCount[BLACK][STHREE])
            BValue+=TypeCount[BLACK][STHREE] * 10;
        //每个活二加 4
        if(TypeCount[WHITE][TWO])
            WValue+=TypeCount[WHITE][TWO] * 4;
        //每个活二加 4
        if(TypeCount[BLACK][STWO])
            BValue+=TypeCount[BLACK][TWO] * 4;
        //每个眠二加 1
        if(TypeCount[WHITE][STWO])
            WValue+=TypeCount[WHITE][STWO];
        //每个眠二加 1
        if(TypeCount[BLACK][STWO])
            BValue+=TypeCount[BLACK][STWO];
}
//加上所有棋子的位置价值
for(i=0;i<GRID_NUM;i++)
    for(j=0;j<GRID_NUM;j++)
    {
        nStoneType=position[i][j];
        if(nStoneType!=NOSTONE)
            if(nStoneType==BLACK)
                BValue+=PosValue[i][j];
            else
                WValue+=PosValue[i][j];
```

```
        }
    //返回估值
    if(!bIsWhiteTurn)
        return BValue-WValue;
    else
        return WValue-BValue;
}

//分析棋盘上某点在水平方向上的棋型
int AnalysisHorizon(unsigned char position[][GRID_NUM],int i,int j)
{
    //调用成线分析函数分析
    AnalysisLine(position[i],15,j);
    //拾取分析结果
    for(int s=0;s<15;s++)
        if(m_LineRecord[s]!=TOBEANALSIS)
            TypeRecord[i][s][0]=m_LineRecord[s];
    return TypeRecord[i][j][0];
}
//分析棋盘上某点在垂直方向上的棋型
int AnalysisVertical(unsigned char position[][GRID_NUM],int i,int j)
{
    unsigned char tempArray[GRID_NUM];
    //将垂直方向上的棋子转入一维数组
    for(int k=0;k<GRID_NUM;k++)
        tempArray[k]=position[k][j];
    //调用成线分析函数分析
    AnalysisLine(tempArray,GRID_NUM,i);
    //拾取分析结果
    for(int s=0;s<GRID_NUM;s++)
        if(m_LineRecord[s]!=TOBEANALSIS)
            TypeRecord[s][j][1]=m_LineRecord[s];
    return TypeRecord[i][j][1];
}
//分析棋盘上某点在左斜方向上的棋型
int AnalysisLeft(unsigned char position[][GRID_NUM],int i,int j)
{     unsigned char tempArray[GRID_NUM];
      int x,y;
      if(i<j)
      {     y=0;
            x=j-i;
         }
         else
         {     x=0;
               y=i-j;
         }
         //将斜方向上的棋子转入一维数组
         for(int k=0;k<GRID_NUM;k++)
```

```
{     if(x+k>14 || y+k>14)
          break;
      tempArray[k]=position[y+k][x+k];
  }
  //调用成线分析函数分析
  AnalysisLine(tempArray,k,j-x);
  //拾取分析结果
  for(int s=0;s<k;s++)
      if(m_LineRecord[s]!=TOBEANALSIS)
          TypeRecord[y+s][x+s][2]=m_LineRecord[s];
  return TypeRecord[i][j][2];
}
//分析棋盘上某点在右斜方向上的棋型
int AnalysisRight(unsigned char position[][GRID_NUM],int i,int j)
{    unsigned char tempArray[GRID_NUM];
     int x,y,realnum;
     if(14-i<j)
     {    y=14;
          x=j-14+i;
          realnum=14-i;
        }
        else
        {    x=0;
             y=i+j;
             realnum=j;
        }
        //将斜方向上的棋子转入一维数组
        for(int k=0;k<GRID_NUM;k++)
        {    if(x+k>14 || y-k<0)
                 break;
             tempArray[k]=position[y-k][x+k];
        }
        //调用直线分析函数分析
        AnalysisLine(tempArray,k,j-x);
        //拾取分析结果
        for(int s=0;s<k;s++)
            if(m_LineRecord[s]!=TOBEANALSIS)
                TypeRecord[y-s][x+s][3]=m_LineRecord[s];
        return TypeRecord[i][j][3];
     }
     //分析成线棋型状况
     int AnalysisLine(unsigned char* position,int GridNum,int StonePos)
     {    unsigned char StoneType;
     unsigned char AnalyLine[30];
     int nAnalyPos;
     int LeftEdge,RightEdge;
     int LeftRange,RightRange;
     if(GridNum<5)
```

```
{     //数组长度小于 5 没有意义
      memset(m_LineRecord,ANALSISED,GridNum);
      return 0;
}
nAnalyPos=StonePos;
memset(m_LineRecord,TOBEANALSIS,30);
memset(AnalyLine,0x0F,30);
//将传入数组装入 AnalyLine
memcpy(&AnalyLine,position,GridNum);
GridNum--;
StoneType=AnalyLine[nAnalyPos];
LeftEdge=nAnalyPos;
RightEdge=nAnalyPos;
//计算连续棋子左边界
while(LeftEdge>0)
{     if(AnalyLine[LeftEdge-1]!=StoneType)
          break;
      LeftEdge--;
}
//计算连续棋子右边界
while(RightEdge<GridNum)
{     if(AnalyLine[RightEdge+1]!=StoneType)
          break;
      RightEdge++;
}
LeftRange=LeftEdge;
RightRange=RightEdge;
//下面两个循环算出棋子可下的范围
while(LeftRange>0)
{     if(AnalyLine[LeftRange -1]==!StoneType)
          break;
      LeftRange--;
}
while(RightRange<GridNum)
{     if(AnalyLine[RightRange+1]==!StoneType)
          break;
      RightRange++;
}
//如果此范围小于 4 则分析没有意义
if(RightRange-LeftRange<4)
{     for(int k=LeftRange;k<=RightRange;k++)
          m_LineRecord[k]=ANALSISED;
      return false;
}
//将连续区域设为分析过的,防止重复分析此一区域
for(int k=LeftEdge;k<=RightEdge;k++)
    m_LineRecord[k]=ANALSISED;
if(RightEdge-LeftEdge>3)
```

```
{      //如待分析棋子棋型为五连
       m_LineRecord[nAnalyPos]=FIVE;
       return FIVE;
}
if(RightEdge-LeftEdge==3)
{      //如待分析棋子棋型为四连
       bool Leftfour=false;
       if(LeftEdge>0)
           if(AnalyLine[LeftEdge-1]==NOSTONE)
               Leftfour=true;                        //左边有气
       if(RightEdge<GridNum)
           //右边未到边界
           if(AnalyLine[RightEdge+1]==NOSTONE)
               //右边有气
               if(Leftfour==true)                    //如左边有气
                   m_LineRecord[nAnalyPos]=FOUR;     //活四
               else
                   m_LineRecord[nAnalyPos]=SFOUR;    //冲四
           else
               if(Leftfour==true)                    //如左边有气
                   m_LineRecord[nAnalyPos]=SFOUR;    //冲四
       else
           if(Leftfour==true)                        //如左边有气
               m_LineRecord[nAnalyPos]=SFOUR;        //冲四
       return m_LineRecord[nAnalyPos];
}
if(RightEdge-LeftEdge==2)
{      //如待分析棋子棋型为三连
       bool LeftThree=false;
       if(LeftEdge>1)
           if(AnalyLine[LeftEdge-1]==NOSTONE)
               //左边有气
               if (LeftEdge > 1 && AnalyLine[LeftEdge - 2] == AnalyLine
               [LeftEdge])
               {
                   //左边隔一空白有己方棋子
                   m_LineRecord[LeftEdge]=SFOUR;        //冲四
                   m_LineRecord[LeftEdge-2]=ANALSISED;
               }
               else
                   LeftThree=true;
       if(RightEdge<GridNum)
           if(AnalyLine[RightEdge+1]==NOSTONE)
               //右边有气
               if(RightEdge< GridNum-1 && AnalyLine[RightEdge+2]==
              AnalyLine[RightEdge])
               {    //右边隔一个己方棋子
                    m_LineRecord[RightEdge]=SFOUR;     //冲四
```

```
                    m_LineRecord[RightEdge+2]=ANALSISED;
                }
                else
                    if(LeftThree==true)                    //如左边有气
                        m_LineRecord[RightEdge]=THREE;  //活三
                    else
                        m_LineRecord[RightEdge]=STHREE; //冲三
            else
            {
                if(m_LineRecord[LeftEdge]==SFOUR)        //如左冲四
                    return m_LineRecord[LeftEdge];       //返回
                if(LeftThree==true)                      //如左边有气
                    m_LineRecord[nAnalyPos]=STHREE;      //眠三
            }
        else
        {   if(m_LineRecord[LeftEdge]==SFOUR)            //如左冲四
            return m_LineRecord[LeftEdge];               //返回
                if(LeftThree==true)                      //如左边有气
                    m_LineRecord[nAnalyPos]=STHREE;      //眠三
        }
        return m_LineRecord[nAnalyPos];
    }
    if(RightEdge-LeftEdge==1)
    {   //如待分析棋子棋型为二连
        bool Lefttwo=false;
        bool Leftthree=false;
        if(LeftEdge>2)
            if(AnalyLine[LeftEdge-1]==NOSTONE)
                //左边有气
                if(LeftEdge-1>1 && AnalyLine[LeftEdge-2]==AnalyLine
                [LeftEdge])
                    if(AnalyLine[LeftEdge-3]==AnalyLine[LeftEdge])
                    {
                        //左边隔 2 个己方棋子
                        m_LineRecord[LeftEdge-3]=ANALSISED;
                        m_LineRecord[LeftEdge-2]=ANALSISED;
                        m_LineRecord[LeftEdge]=SFOUR;          //冲四
                    }
                    else
                        if(AnalyLine[LeftEdge-3]==NOSTONE)
                        {
                            //左边隔 1 个己方棋子
                            m_LineRecord[LeftEdge-2]=ANALSISED;
                            m_LineRecord[LeftEdge]=STHREE;     //眠三
                        }
                else
                    Lefttwo=true;
        if(RightEdge<GridNum-2)
```

```
            if(AnalyLine[RightEdge+1]==NOSTONE)
                //右边有气
                if(RightEdge+1<GridNum-1 && AnalyLine[RightEdge+2] ==
                AnalyLine[RightEdge])
                    if(AnalyLine[RightEdge+3]==AnalyLine[RightEdge])
                    {     //右边隔两个己方棋子
                         m_LineRecord[RightEdge+3]=ANALSISED;
                         m_LineRecord[RightEdge+2]=ANALSISED;
                             m_LineRecord[RightEdge]=SFOUR;   //冲四
                    }
                    else
                        if(AnalyLine[RightEdge+3]==NOSTONE)
                        {   //右边隔一个己方棋子
                            m_LineRecord[RightEdge+2]=ANALSISED;
                            m_LineRecord[RightEdge]=STHREE;   //眠三
                        }
                        else
                        {     if(m_LineRecord[LeftEdge]==SFOUR) //左边冲四
                              return m_LineRecord[LeftEdge];   //返回
                              if(m_LineRecord[LeftEdge]==STHREE)//左边眠三
                                  return m_LineRecord[LeftEdge];
                                  if(Lefttwo==true)
                                  m_LineRecord[nAnalyPos]=TWO; //返回活二
                                  else
                                      m_LineRecord[nAnalyPos]=STWO; //眠二
        }
    else
  {     if(m_LineRecord[LeftEdge]==SFOUR)                          //冲四返回
            return m_LineRecord[LeftEdge];
        if(Lefttwo==true)                                          //眠二
            m_LineRecord[nAnalyPos]=STWO;
  }
  return m_LineRecord[nAnalyPos];
    }
    return 0;
}
//将历史记录表中所有项目全置为初值
void ResetHistoryTable()
{     memset(m_HistoryTable,10,GRID_COUNT*sizeof(int));
}
//从历史得分表中取给定走法的历史得分
int GetHistoryScore(STONEMOVE* move)
{     return m_HistoryTable[move->StonePos.x][move->StonePos.y];
}
//将一最佳走法汇入历史记录
void EnterHistoryScore(STONEMOVE* move,int depth)
{     m_HistoryTable[move->StonePos.x][move->StonePos.y]+=2<<depth;
}
```

```
//对走法队列从小到大排序
//STONEMOVE * source 原始队列
//STONEMOVE * target 目标队列
//合并 source[l…m]和 source[m +1…r]至 target[l…r]
void Merge(STONEMOVE * source,STONEMOVE * target,int l,int m,int r)
{   //从小到大排序
    int i=l;
    int j=m+1;
    int k=l;
    while(i<=m && j<=r)
        if(source[i].Score<=source[j].Score)
            target[k++]=source[i++];
        else
            target[k++]=source[j++];
    if(i>m)
        for(int q=j;q<=r;q++)
            target[k++]=source[q];
    else
        for(int q=i;q<=m;q++)
            target[k++]=source[q];
}
//另一算法
void Merge_A(STONEMOVE * source,STONEMOVE * target,int l,int m,int r)
{   //从大到小排序
    int i=l;
    int j=m+1;
    int k=l;
    while(i<=m &&j<=r)
        if(source[i].Score>=source[j].Score)
            target[k++]=source[i++];
        else
            target[k++]=source[j++];
    if(i>m)
        for(int q=j;q<=r;q++)
            target[k++]=source[q];
    else
        for(int q=i;q<=m;q++)
            target[k++]=source[q];
}
//合并大小为 s 的相邻子数组
//direction 是标志,指明是从大到小还是从小到大排序
void MergePass(STONEMOVE * source,STONEMOVE * target,const int s,const
    int n,const bool direction)
{   int i=0;
    while(i<=n-2 * s)
    {  //合并大小为 s 的相邻两段子数组
       if(direction)
           Merge(source,target,i,i+s-1,i+2 * s-1);
```

```
            else
            Merge_A(source,target,i,i+s-1,i+2*s-1);
          i=i+2*s;
         }
         if(i+s<n)                                  //剩余的元素个数小于 2s
         {  if(direction)
            Merge(source,target,i,i+s-1,n-1);
            else
            Merge_A(source,target,i,i+s-1,n-1);
    }
    else
        for(int j=i;j<=n-1;j++)
            target[j]=source[j];
}
//排序
void MergeSort(STONEMOVE* source,int n,bool direction)
{    int s=1;
     while(s<n)
     {    MergePass(source,m_TargetBuff,s,n,direction);
          s+=s;
          MergePass(m_TargetBuff,source,s,n,direction);
          s+=s;
     }
}
//计算可能的走法
int CreatePossibleMove(unsigned char position[][GRID_NUM], int nPly,
     int nSide)
{    int i,j;
     m_nMoveCount=0;
     for(i=0;i<GRID_NUM;i++)
         for(j=0;j<GRID_NUM;j++)
         {
             if(position[i][j]==(unsigned char)NOSTONE)
                 AddMove(j,i,nPly);
         }
     //使用历史启发类中的静态归并排序函数对走法队列进行排序
     //这是为了提高剪枝效率
     //    CHistoryHeuristic history;
         MergeSort(m_MoveList[nPly],m_nMoveCount,0);
         return m_nMoveCount;
}

//在 m_MoveList 中插入一个走法
//nToX 是目标位置横坐标
//nToY 是目标位置纵坐标
//nPly 是此走法所在的层次
int AddMove(int nToX, int nToY, int nPly)
{    m_MoveList[nPly][m_nMoveCount].StonePos.x=nToX;
```

```
        m_MoveList[nPly][m_nMoveCount].StonePos.y=nToY;
        m_nMoveCount++;
        m_MoveList[nPly][m_nMoveCount].Score=PosValue[nToY][nToX];
                                              //使用位置价值表评估当前走法的价值
        return m_nMoveCount;
}
//重置历史数据
void CNegaScout_TT_HH()
{       ResetHistoryTable();
//      m_pThinkProgress=NULL;
}
//寻找最好的走法
void SearchAGoodMove(unsigned char position[][GRID_NUM],int Type)
{       int Score;
        memcpy(CurPosition,position,GRID_COUNT);
        m_nMaxDepth=m_nSearchDepth;
        CalculateInitHashKey(CurPosition);
        ResetHistoryTable();
        Score=NegaScout(m_nMaxDepth,-20000,20000);
        X=m_cmBestMove.StonePos.y;
        Y=m_cmBestMove.StonePos.x;
        MakeMove(&m_cmBestMove,Type);
        memcpy(position,CurPosition,GRID_COUNT);
}
//判断是否游戏结束
int IsGameOver(unsigned char position[][GRID_NUM],int nDepth)
{       int score,i;                                   //计算要下的棋子颜色
        i=(m_nMaxDepth-nDepth)%2;
        score=Eveluate(position,i);                    //调用估值函数
        if(abs(score)>8000)                            //如果估值函数返回极值,
                                                       //给定局面游戏结束
            return score;                              //返回极值
        return 0;                                      //返回未结束
}
//评估搜索结果,进行删减
int NegaScout(int depth,int alpha,int beta)
{       int Count,i;
        unsigned char type;
        int a,b,t;
        int side;
        int score;
        /*   if(depth>0)
            {     i=IsGameOver(CurPosition,depth);
                  if(i!=0)
                      return i;                        //已分胜负,返回极值
            }
*/
      side=(m_nMaxDepth-depth)%2;          //计算当前结点的类型,极大 0/极小 1
```

```
score=LookUpHashTable(alpha,beta,depth,side);
if(score!=66666)
    return score;
if(depth<=0)                                    //叶子结点取估值
{    score=Eveluate(CurPosition,side);
     EnterHashTable(exact,score,depth,side); //将估值存入置换表
     return score;
}
Count=CreatePossibleMove(CurPosition,depth,side);
for(i=0;i<Count;i++)
    m_MoveList[depth][i].Score=GetHistoryScore(&m_MoveList[depth]
 [i]);
MergeSort(m_MoveList[depth],Count,0);
int bestmove=-1;
a=alpha;
b=beta;
int eval_is_exact=0;
for(i=0;i<Count;i++)
{    type=MakeMove(&m_MoveList[depth][i],side);
     Hash_MakeMove(&m_MoveList[depth][i],CurPosition);
     t=-NegaScout(depth-1,-b,-a);               //递归搜索子结点,对第
                                                //一个结点是全窗口,其
                                                //后是空窗探测
     if(t>a && t<beta && i>0)
     {    //对于第一个后的结点,如果上面的搜索 failhigh
          a=-NegaScout(depth-1,-beta,-t);
          eval_is_exact=1;                      //设数据类型为精确值
          if(depth==m_nMaxDepth)
              m_cmBestMove=m_MoveList[depth][i];
          bestmove=i;
     }
     Hash_UnMakeMove(&m_MoveList[depth][i],CurPosition);
     UnMakeMove(&m_MoveList[depth][i]);
     if(a<t)
     {    eval_is_exact=1;
          a=t;
          if(depth==m_nMaxDepth)
              m_cmBestMove=m_MoveList[depth][i];
     }
     if(a>=beta)
     {    EnterHashTable(lower_bound,a,depth,side);
          EnterHistoryScore(&m_MoveList[depth][i],depth);
          return a;
     }
     b=a+1;
}
if(bestmove!=-1)
    EnterHistoryScore(&m_MoveList[depth][bestmove], depth);
```

```
    if(eval_is_exact)
        EnterHashTable(exact,a,depth,side);
    else
        EnterHashTable(upper_bound,a,depth,side);
    return a;
}
//设置当前走一步
unsigned char MakeMove(STONEMOVE * move,int type)
{    CurPosition[move->StonePos.y][move->StonePos.x]=type;
     return 0;
}
//取消当前走的棋
void UnMakeMove(STONEMOVE * move)
{    CurPosition[move->StonePos.y][move->StonePos.x]=NOSTONE;
}
//生成 64 位随机数
__int64 rand64(void)
{    return rand()^((__int64)rand()<<15)^((__int64)rand()<<30)^
     ((__int64)rand()<<45)^((__int64)rand()<<60);
}
//生成 32 位随机数
long rand32(void)
{    return rand()^((long)rand()<<15)^((long)rand()<<30);
}
//建立哈希表
void CTranspositionTable()
{    InitializeHashKey();                        //建立哈希表,创建随机数组
}
//释放哈希表
void _CTranspositionTable()
{    //释放哈希表所用空间
     delete m_pTT[0];
     delete m_pTT[1];
}
//计算初始的哈希表
void CalculateInitHashKey(unsigned char CurPosition[][GRID_NUM])
{    int j,k,nStoneType;
     m_HashKey32=0;
     m_HashKey32=0;
     //将所有棋子对应的哈希数加总
     for(j=0;j<GRID_NUM;j++)
         for(k=0;k<GRID_NUM;k++)
         {    nStoneType=CurPosition[j][k];
              if(nStoneType!=0xFF)
              {    m_HashKey32=m_HashKey32^m_nHashKey32[nStoneType][j]
                   [k];
                   m_HashKey64=m_HashKey64^m_ulHashKey64[nStoneType]
                   [j][k];
```

```
                }
        }
}
//转换为走法
void Hash_MakeMove(STONEMOVE * move,unsigned char CurPosition[][GRID_
    NUM])
{   int type;
    type=CurPosition[move->StonePos.y][move->StonePos.x];
                                        //将棋子在目标位置的随机数添入
    m_HashKey32=m_HashKey32^m_nHashKey32[type][move->StonePos.y]
    [move->StonePos.x];
    m_HashKey64=m_HashKey64^m_ulHashKey64[type][move->StonePos.y]
    [move->StonePos.x];
}
//取消某一走法
void Hash_UnMakeMove(STONEMOVE * move,unsigned char CurPosition[][GRID
    _NUM])
{   int type;
    type=CurPosition[move->StonePos.y][move->StonePos.x];
                                //将棋子现在位置上的随机数从哈希值当中去除
    m_HashKey32=m_HashKey32^m_nHashKey32[type][move->StonePos.y]
    [move->StonePos.x];
    m_HashKey64=m_HashKey64^m_ulHashKey64[type][move->StonePos.y]
    [move->StonePos.x];
}
//查找哈希表
int LookUpHashTable(int alpha, int beta, int depth, int TableNo)
{   int x;
    HashItem* pht;
    //计算 20 位哈希地址,如果设定的哈希表大小不是 1M*2 的,
    //而是 TableSize*2,TableSize 为设定的大小
    //则需要修改这一句为 m_HashKey32%TableSize
    //下一个函数中这一句也一样
    x=m_HashKey32 & 0xFFFFF;
    pht=&m_pTT[TableNo][x];                         //取到具体的表项指针
    if(pht->depth>=depth && pht->checksum==m_HashKey64)
    {   switch(pht->entry_type)                     //判断数据类型
        {   case exact:                             //确切值
                return pht->eval;
            case lower_bound:                       //下边界
                if(pht->eval>=beta)
            return pht->eval;
                else
            break;
            case upper_bound:                       //上边界
                if (pht->eval<=alpha)
            return pht->eval;
                else
```

```
                break;
                }
        }
        return 66666;
}
//存入哈希表
void EnterHashTable(ENTRY_TYPE entry_type, short eval, short depth, int
        TableNo)
{       int x;
        HashItem * pht;
        x=m_HashKey32 & 0xFFFFF;                        //计算 20 位哈希地址
        pht=&m_pTT[TableNo][x];                         //取到具体的表项指针
        //将数据写入哈希表
        pht->checksum=m_HashKey64;                      //64 位校验码
        pht->entry_type=entry_type;                     //表项类型
        pht->eval=eval;                                 //要保存的值
        pht->depth=depth;                               //层次
}
//初始化哈希表
void InitializeHashKey()
{       int i,j,k;
        srand((unsigned)time(NULL));
        //填充随机数组
        for(i=0;i<15;i++)
            for(j=0;j<10;j++)
                for(k=0;k<9;k++)
                {       m_nHashKey32[i][j][k]=rand32();
                        m_ulHashKey64[i][j][k]=rand64();
                }
                //申请置换表所用空间。
                m_pTT[0]=new HashItem[1024 * 1024];
                                                    //用于存放取极大值的结点数据
                m_pTT[1]=new HashItem[1024 * 1024];
                                                    //用于存放取极小值的结点数据
    }
//显示简单的人机交互棋盘
void display()
{       //输出简单的帮助信息
        printf("---欢迎五子棋人机对战---\n");
        printf("[START]表示开始指令\n");
        printf("0 表示执黑,1 表示执白\n");
        printf("[PUT]表示下子位置指令\n");
        for(int i=0;i<=GRID_NUM;i++)
        {       for(int j=0;j<=GRID_NUM;j++)
                {       if(i<GRID_NUM && j<GRID_NUM)
                        { if(m_RenjuBoard[i][j]==NOSTONE) printf("-+-");
                        else
                        {       if(m_RenjuBoard[i][j]==0) printf("-O-");
```

```
                    else printf("- * - ");
                }
                }
else
{    if(i==GRID_NUM && j<GRID_NUM)
         printf("%2d ",j);
     if(j==GRID_NUM && i<GRID_NUM)
     printf("%3d",i);
    }
}
printf("\n");
}
}
//主函数
int main()
{    int colour;
     char command[10];                              //用于保存命令的字符串
     for (int i =0; i <GRID_NUM; i++)
         for (int j =0; j <GRID_NUM; j++)
             m_RenjuBoard[i][j] =NOSTONE;           //棋盘初始化
     cin >>command;
     if(strcmp(command, "[START]") !=0)             //读入第一条命令
     {
         return 0;                              //如果不是[START]则停止程序
     }
     cin >>colour;                                  //读入己方颜色
     colour=colour-1;
     m_nUserStoneColor=1-colour;
     while (true)
     {     int rival_x, rival_y;                    //用于保存对手上一步落子点
               cin >>command;                       //读入命令
               if (strcmp(command, "[PUT]") !=0)
                   break;                           //如果不是[PUT]则停止程序
               cin >>rival_x >>rival_y;             //读入对手上一步落子点
               if(colour ==0 && rival_x ==-1 && rival_y ==-1)
                         //如果己方执黑且是第一步,则占据棋盘中心位置
               {
           m_RenjuBoard[GRID_NUM / 2][GRID_NUM / 2] =colour;
                                                    //更新棋盘信息
           cout <<GRID_NUM / 2 <<' ' <<GRID_NUM / 2 <<endl;   //输出
           cout <<flush;                            //刷新缓冲区
           }
           else
           {    m_RenjuBoard[rival_x][rival_y] =1 -colour;
                //更新棋盘信息
```

```
                    m_nSearchDepth=3;
                    //最大搜索深度
                    do
                    {     CNegaScout_TT_HH();
                                          //创建 NegaScout_TT_HH 搜索引擎
                          CTranspositionTable();
                          SearchAGoodMove(m_RenjuBoard,colour);
                          m_RenjuBoard[X][Y]=colour;
                          cout <<X <<' ' <<Y <<endl;    //输出
                          cout <<flush;                 //刷新缓冲区
                          _CTranspositionTable();
                          display();
                          break;                        //结束循环
                    }
                while (true);
                //循环直至随机得到一个空位置
                }
}

    return 0;
}
```

13.1.6 程序运行

五子棋程序运行结果如图 13-3 所示。

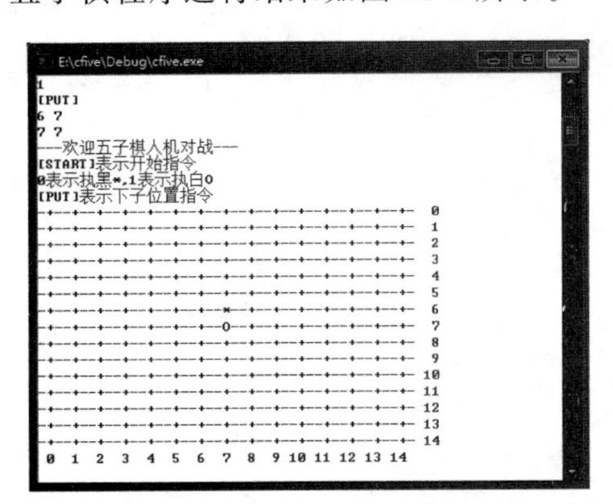

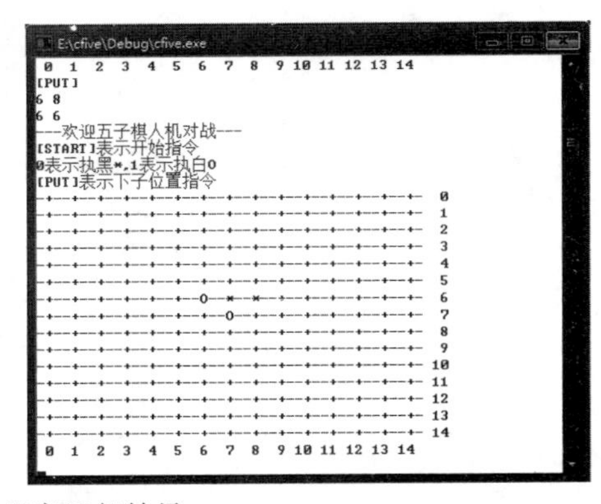

图 13-3　五子棋程序运行结果

13.2　ATM(自动取款机)案例实训

【案例描述】

模拟实现自动取款机系统功能。

【设计与分析】

模拟自动取款机,实现新建账户、取款、查询、存款、转账等功能。

13.2.1 功能模块

ATM 自动取款机模拟系统功能模块如图 13-4 所示。

(1) 管理员功能模块：管理员可以为储户开户，也可以查询所有储户的账户信息并进行账户的注销。

(2) 储户功能模块：储户可以查询个人的账户信息，修改密码，存钱，取钱和转账等操作。

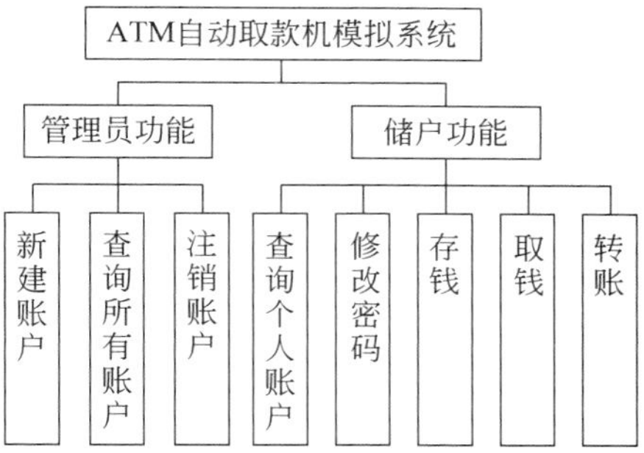

图 13-4 ATM 自动取款机模拟系统功能模块

13.2.2 数据结构分析

(1) 账户信息使用一个结构体来进行描述，包括：账户 id、用户名 name、密码 password、余额 balance，并存储于文件 bank.txt。

(2) 银行信息包括储户的当前数量 num，可能支持的最大储户数 max_num、储户文件的地址 * account。

(3) 系统的菜单保存在头文件中。

13.2.3 函数功能描述

1. main_menu()

ATM 机系统菜单栏定义：以选数字的方式来代表所选择的对应功能。

2. admin_menu()

管理员系统菜单栏制定。

3. user_menu()

用户系统菜单栏制定。

4. last_menu()

系统退出菜单栏。

5. begin_menu()

系统开始菜单栏。

6. create_account()

实现创建用户功能的函数。

7. void destroy_account(account * a)

实现删除用户功能的函数。

8. withdraw_account(account * a,double amt)

实现用户取款功能的函数。

9. double deposit_account(account * a,double amt)

实现用户存款功能的函数。

其他函数请看源文件注释。

13.2.4 系统数据流程图

系统流程由主函数作为入口进入系统。首先进入功能选择界面，选择用户类型进行登录：如果是管理员，具有添加账户、删除账户、查看账户信息、退出等功能；如果选择是储户，则有存钱、取钱、转账、查询、退出等功能。退出系统前保存文件，最后关闭系统，ATM 系统数据流程如图 13-5 所示。

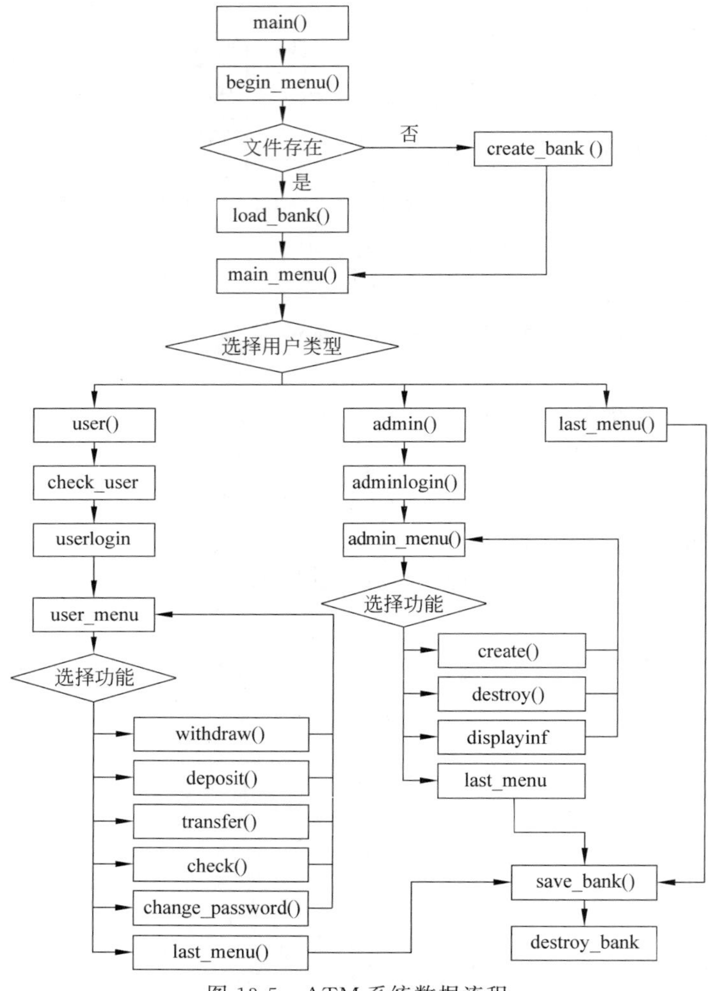

图 13-5　ATM 系统数据流程

13.2.5 代码实现

1. 头文件类

头文件包括 menu.h、bank.h、account.h、user.h、admin.h。

1）文件 1：menu.h

```
/* 菜单定义 */
```

```
#ifndef __MENU_H__
#define __MUNU_H__
extern void main_menu();                        //ATM机系统菜单栏
extern void admin_menu();                       //管理员系统菜单栏
extern void user_menu();                        //用户系统菜单栏
extern void last_menu();                        //系统退出菜单栏
extern void begin_menu();                       //系统开始菜单栏
#endif
```

2）文件 2：bank.h

```
/*本函数所涉及主要知识点：第 9 章*/

/*银行管理操作定义*/
#ifndef _BANK_H_
#define _BANK_H_
#include"account.h"
typedef struct bank{
    account *acs;
    int nu;
    int max_nu;
}bank;
extern bank* create_bank(int max);
extern void destory_bank(bank *pb);
extern int add_account(bank *pb,account *a);
extern int remove_account(bank *pb,int id);
extern account* get_account(bank *pb,int id);
extern int transfer_account(bank *pb,int sid,int did,double amt);
extern account* check_user(bank *pb,int id,char *password);
extern bank* load_bank(char *file);
extern void save_bank(bank *pb,char *file);
//extern int check_admin(name);
#endif
```

3）文件 3：account.h

```
/*本函数所涉及主要知识点：第 8 章和第 9 章*/
/*账户操作定义*/
#ifndef __ACCOUNT_H__
#define __ACCOUNT_H__
typedef struct account
{
    int id;                                     //账号
    char name[20];                              //用户名
    char password[20];                          //用户密码
    double balance;                             //用户余额
} account;
```

```
//实现创建用户功能的函数
extern account * create_account(int id, char * name, char * password, double balance);
//实现删除用户功能的函数
extern void destroy_account(account * a);
//实现用户取款功能的函数
extern double withdraw_account(account * a,double amt);
//实现用户存款功能的函数
extern double deposit_account(account * a,double amt);
#endif
/* 本函数所涉及主要知识点：第 8 章和第 9 章 */
```

4）文件 4：user.h

```
/* 用户操作定义 */
#ifndef __USER_H__
#define __USER_H__
//用户系统实现函数
extern int user(bank * pb,account * a);
//用户系统菜单栏实现函数
extern int userlogin(bank * pb,account * a);
//用户系统的取款项
extern int withdraw(bank * pb,account * a);
//用户系统的存款项
extern void deposit(bank * pb,account * a);
//用户系统的转账项
extern int transfer(bank * pb,account * a);
//用户系统的查询项
extern void check(bank * pb,account * a);
//用户系统的修改密码项
extern int change_password(bank * pb,account * a);
#endif
```

5）文件 5：admin.h

```
/* 管理员操作定义 */
#ifndef __ADMIN_H__
#define __ADMIN_H__
extern void admin(bank * pb);                //实现管理员系统函数
extern int adminlogin(bank * pb);            //管理员系统菜单栏
extern void create(bank * pb);               //创建用户
extern int destroy(bank * pb);               //删除用户
extern void displayinfo(bank * pb);          //显示所有用户信息
#endif
```

2. 源文件类

源文件包括 menu.cpp、bank.cpp、account.cpp、userlogin.cpp、adminlogin.cpp、atm_test.

cpp 等。

1）文件 1：menu.cpp

```
/*本函数所涉及主要知识点：第 3 章*/

/*菜单实现*/
#include "menu.h"
#include <stdio.h>
void begin_menu()
{
    printf("\n\n\n\n\n\n\n\n\n");
    printf("\t                    *                                \n");
    printf("\t*   *    * * * *    *    * ** * *   * * *   * * *    \n");
    printf("\t * * *   *  * *     *    *     *    *   *   *   * * * \n");
    printf("\t **  **    * * *  ***   * **   * *   *    *    * * * *\n");
}
void main_menu(){
    printf("\n\n\n\n\n\n\n\n\n\n\n\n\n\n\n\n\n\n\n\n\n\n\n\n\n\n\n\n");
    printf("\t\t\t ******************************\n");
    printf("\t\t\t *      Main menu             *\n");
    printf("\t\t\t ******************************\n");
    printf("\t\t\t |                            |\n");
    printf("\t\t\t |      1 User login          |\n");//用户登录
    printf("\t\t\t |      2 Admin login         |\n");//管理员录
    printf("\t\t\t |      0 Quit                |\n");//退出
    printf("\t\t\t |                            |\n");
    printf("\t\t\t ==============================\n\n");
    printf("\t\t\t Input your choice:");
}
void user_menu(){
    printf("\n\n\n\n\n\n\n\n\n\n\n\n\n\n\n\n\n\n\n\n\n\n\n\n\n\n\n\n");
    printf("\t\t\t ******************************\n");
    printf("\t\t\t *      User menu             *\n");
    printf("\t\t\t ******************************\n");
    printf("\t\t\t |                            |\n");
    printf("\t\t\t |      1 Withdraw            |\n");//存款
    printf("\t\t\t |      2 Deposit             |\n");//取款
    printf("\t\t\t |      3 Transfer            |\n");//查询
    printf("\t\t\t |      4 Check               |\n");//转账
    printf("\t\t\t |      5 Change password     |\n");//改密码
    printf("\t\t\t |      0 Quit                |\n");//退出
    printf("\t\t\t |                            |\n");
    printf("\t\t\t ==============================\n\n");
    printf("\t\t\t Input your choice:");
```

```
}

void admin_menu(){
    printf("\n\n\n\n\n\n\n\n\n\n\n\n\n\n\n\n\n\n\n\n\n\n\n\n\n\n\n\n\n\n");
    printf("\t\t\t  *****************************\n");
    printf("\t\t\t  *      Admin menu           *\n");
    printf("\t\t\t  *****************************\n");
    printf("\t\t\t  |                           |\n");
    printf("\t\t\t  |      1 Add account        |\n");//新建账户
    printf("\t\t\t  |      2 Delete account     |\n");//删除账户
    printf("\t\t\t  |      3 Show accounts      |\n");//显示所有账户信息
    printf("\t\t\t  |      0 Quit               |\n");//退出
    printf("\t\t\t  |                           |\n");
    printf("\t\t\t  ==============================\n\n");
    printf("\t\t\t  Input your choice:");
}
void last_menu()
{
    printf("\n\n\n\n\n\n\n\n\n\n\n\n\n\n\n\n\n\n\n\n\n\n");
    printf("\t\t    ********    **   **    *****   \n");
    printf("\t\t     *          ***   **   **   ** \n");
    printf("\t\t    ******      **** **    **   ** \n");
    printf("\t\t    *****       ** ****    **   ** \n");
    printf("\t\t     *          **   ***   **   ** \n");
    printf("\t\t    *********   **   **    *****   \n");
}
```

2）文件 2：bank.cpp

```
#include "bank.h"
#include<malloc.h>
#include<memory.h>
#include<stdio.h>
/*本函数所涉及主要知识点：第 10 章*/
void save_bank(bank *pb,char *file)
{
    FILE *fp=fopen(file,"wb");
    fwrite(&pb->nu,sizeof(int),1,fp);
    fwrite(pb->acs,sizeof(account),pb->nu,fp);
    fflush(fp);
}
/*本函数所涉及主要知识点：第 8 章和第 9 章*/
bank* create_bank(int max){
    if(max <=0) return 0;
    bank *pb=(bank*)malloc(sizeof(bank));
```

```
    pb->acs=(account *)malloc(sizeof(account) * max);
    pb->nu=0;
    pb->max_nu=max;
    return pb;
}

/* 本函数所涉及主要知识点：第 4 章和第 8 章 */
void destory_bank(bank * pb){
    if(pb==0)return;
    free(pb->acs);
    free(pb);
}

/* 本函数所涉及主要知识点：第 4 章和第 8 章 */
int add_account(bank * pb,account * a){
    if(pb==0)return 0;
    if(pb->nu>=pb->max_nu){
    account * newacc=(account *)malloc(sizeof(account) * (pb->max_nu+10));
        memcpy(newacc,pb->acs,sizeof(account) * pb->nu);
        free(pb->acs);
        pb->acs=newacc;
        pb->max_nu+=10;
    }
    pb->acs[pb->nu]= * a;
    pb->nu++;
    return 1;
}
/* 本函数所涉及主要知识点：第 4 章、第 5 章和第 8 章 */
int remove_account(bank * pb,int id){
    if(pb==0) return 0;
    int i,j;
    account * index=get_account(pb,id);
    if(index!=0){
        account * p=pb->acs;
        for(i=0;i <pb->nu-1;i++){
            if(&p[i]==index)
            {
                for(j=i;j <pb->nu;j++)
                    p[j]=p[j+1];
            }
        }
        p[pb->nu-1].id=0;
        p[pb->nu-1].name[20]=0;
```

```
        p[pb->nu-1].password[20]=0;
        p[pb->nu-1].balance=0;
        pb->nu--;
        return 1;
    }
    return 0;
}
/*本函数所涉及主要知识点：第 4 章、第 5 章和第 8 章*/
account* get_account(bank *pb,int id){
    if(pb==0)return 0;
    account *p=pb->acs;
    int i=0;
    for(;i<=pb->nu-1;i++){
        if(p[i].id==id)
            return &p[i];
    }
    return 0;
}
/*本函数所涉及主要知识点：第 4 章、第 7 章和第 8 章*/
int transfer_account(bank *pb,int sid,int did,double amt){
    if(pb==0) return 0;
    account *s=get_account(pb,sid);
    account *d=get_account(pb,did);
    if(d==0) {printf("\t\t\t The id %d is not exist!!",did);getchar();getchar();
    return 0;}
    else
    if(amt>0 && s->balance>=amt)
    {
        withdraw_account(s,amt);
        deposit_account(d,amt);
        printf("\t\t\t  Successed! \n");

    }
        else printf("\t\t\t Balance is Not enough!!\n");
        printf("\t\t\t Balance: %f\n",s->balance);getchar();getchar();
        return 0;
    return 0;
}
```

3）文件 3：account.cpp

```
#include "account.h"
#include <malloc.h>
#include <string.h>
//功能 ：创建管理系统的用户
```

```
/* 本函数所涉及主要知识点：第 4 章、第 8 章和第 9 章 */

account* create_account(int id,char *name,char *password,double balance)
{
    account *a=(account*)malloc(sizeof(account));
    if(a==0) return 0;
    a->id =id;
    strcpy(a->name,name);
    strcpy(a->password,password);
    a->balance =balance;
    return a;

}
//功能：删除管理员系统的用户
void destroy_account(account *a)
{   if( a! =0)
    free(a);
}
/* 本函数所涉及主要知识点：第 4 章 */

//功能：用户取款
double withdraw_account(account *a,double amt)
{
    if(amt <=0||amt>a->balance) return 0.0;
    a->balance -=amt;
    return a->balance;

}
//功能：用户存款
double deposit_account(account *a,double amt)
{
    if(amt <0) return 0.0;
    a->balance +=amt;
    return a->balance;
}
```

4）文件 4：userlogin.cpp

```
#include "bank.h"
#include "account.h"
#include "user.h"
#include "menu.h"
#include<string.h>
#include<stdio.h>
//用户登录系统
```

```
int user(bank *pb,account *a)
{
    int id;
    char password[20];
    printf("\t\t ------------------User login----------------\n");
    printf("\t\t\t Please input your id:");
    scanf("%d",&id);
    printf("\n\t\t\t Please input your password:");
    scanf("%s",password);
    a=check_user(pb,id,password);
    if(a==0) {printf("\n\t\t\t  Id or password error!!");getchar();getchar();
    return 0;}
    else printf("\t\t\t  Login successed!\n");getchar();getchar();
    userlogin(pb,a);
    return 0;
}
/*本函数所涉及主要知识点：第4章和第5章*/
//用户登录系统菜单栏
int userlogin(bank *pb,account *a)
{
    if(a==0)return 0;
    int choice;
    while(1)
    {   user_menu();
        scanf("%d",&choice);
        switch(choice)
        {
            case 1:
                withdraw(pb,a);                     //取款
                break;
            case 2:
                deposit(pb,a);                      //存款
                break;
            case 3:
                transfer(pb,a);                     //转账
                break;
            case 4:
                check(pb,a);                        //查询
                break;
            case 5:
                change_password(pb,a);              //密码修改
                break;
            case 0:
```

```
                return 0;                           //返回
                break;
            default:
                break;

        }
    }
    return 1;
}
/*本函数所涉及主要知识点：第4章、第5章和第8章*/
//查询用户
account* check_user(bank *pb,int id,char *password){
    if(pb==0)return 0;
    account *p=pb->acs;
    int i=0;
    for(;i<=pb->nu-1;i++){
        if(p[i].id==id)
            if(!strcmp(p[i].password,password))
            return &p[i];
        else
            return 0;
    }
    return 0;
}
/*取款*/
int withdraw(bank *pb,account *a)
{
    double amt;
    unsigned char yn;
    printf("\t\t\t please input the amt: ");
    scanf("%lf",&amt);
    printf("\t\t\t the amt is %f      (y/n)",amt);
    getchar();
    scanf("%c",&yn);
    if('y'==yn)
    {
        double c=withdraw_account(a,amt);
        if(c==0.0) printf("\t\t\t  Balance is not enough!! \n");
        printf("\t\t\t  Balance: %f\n",a->balance);getchar();getchar();
        return 0;
    }
    return 0;
}
/*本函数所涉及主要知识点：第7章*/
```

```
/*存款*/
void deposit(bank *pb,account *a)
{
    double amt;
    unsigned char yn;
    printf("\t\t\t  please input the amt: ");
    scanf("%lf",&amt);
    printf("\t\t\t  the amt is %f        (y/n)",amt);
    getchar();
    scanf("%c",&yn);
    if('y'==yn)
    {
        deposit_account(a,amt);
        printf("\t\t\t Balance: %f\n",a->balance);getchar();getchar();
    }
}
/*本函数所涉及主要知识点:第7章*/
/*转账*/
int transfer(bank *pb,account *a)
{
    double amt;
    int sid;
    int did1,did2;
    sid=a->id;
    printf("\t\t\t  Input id:");
    scanf("%d",&did1);
    printf("\t\t\t please input id again:");
    scanf("%d",&did2);
    if(did1!=did2){printf("\t\t\t  The twice id you input is different!!");
    getchar();getchar();return 0;}
    else
    printf("\t\t\t  Please input the amt:");
    scanf("%lf",&amt);
    transfer_account(pb,sid,did1,amt);
    return 0;
}
void check(bank *pb,account *a)
{
    printf("\n");
    printf("\t\t\t  Id: %d \n",a->id);
    printf("\t\t\t  Name: %s \n",a->name);
    printf("\t\t\t  Balance: %f \n",a->balance);
    printf("\t\t\t  Please input enter continue…\n");
    getchar();getchar();
```

```
}
/*本函数所涉及主要知识点：第 7 章*/
//修改密码
int change_password(bank *pb,account *a)
{   int id=a->id;
    char password[20];
    char p1[20],p2[20];
    unsigned char yn;
    printf("\t\t\t  Please input user password:");
    scanf("%s",password);
    if (check_user(pb, id, password)==0) {printf("\n\t\t\t Password error!!");
    getchar();getchar();return 0;}
    printf("\t\t\t  Please input new password:");
    scanf("%s",p1);
    printf("\t\t\t  Please input new password again:");
    scanf("%s",p2);
    if(strcmp(p1,p2)==0)
    {
        printf("\t\t\t  Change the password      (y/n)");
        getchar();
        scanf("%c",&yn);
            if('y'==yn)
            {
                strcpy(a->password,p1);
                 printf("\t\t\t  Change successed!\n");getchar();getchar();
return 0;
            }
    }
    printf("\t\t\t  The twice new password you input is different!!");getchar();
    getchar();return 0;
}
```

5）文件 5：adminlogin.cpp

```
#include "bank.h"
#include "account.h"
#include "admin.h"
#include "menu.h"
#include<stdio.h>
#include<string.h>
static int start_id=10223300;
/*本函数所涉及主要知识点：第 6 章和第 7 章*/

//管理员系统的登录
void admin(bank *pb)
```

```
{
    char name1[20],password1[20];
    printf("\t\t -----------------Admin login----------------\n");
    printf("\t\t\t  Please input admin name:");
    scanf("%s",name1);
    printf("\n\t\t\t  Please input password:");
    scanf("%s",password1);
    if(! strcmp(password1,"admin")&&! strcmp(name1,"admin"))
    {
        printf("\t\t\t  Login successed! \n");getchar();
        printf("\t\t\t  please input enter to continue…\n");
        getchar();
        adminlogin(pb);
    }
    else printf("\t\t\t  Name or Password error!! ");getchar();getchar();
}
```

/* 本函数所涉及主要知识点：第 4 章 */

```
//管理员系统菜单栏
int adminlogin(bank * pb)
{

    while(1)
    {   int choice;
        admin_menu();
        scanf("%d",&choice);
        switch(choice)
        {
            case 1:
                create(pb);                         //创建用户
                break;
            case 2:
                destroy(pb);                        //删除用户
                break;
            case 3:
                displayinfo(pb);                    //显示用户所有信息
                getchar();
                getchar();
                break;
            case 0:
                return 0;
                break;
            default:
```

```
                break;

            }
        }

        return 0;
}
/*本函数所涉及主要知识点:第8章和第10章*/
//载入银行账户数据
ank *load_bank(char *file)
{
    FILE *fp=fopen(file,"rb");
    if(fp==0)return 0;
    int counter;
    fread(&counter,sizeof(int),1,fp);
    bank *pb=create_bank(counter);
    fread(pb->acs,sizeof(account),counter,fp);
    pb->nu=counter;
    pb->max_nu=counter;
    start_id=pb->acs[pb->nu-1].id;
    return pb;
}
/*本函数所涉及主要知识点:第6章和第7章*/

//创建银行账户
void create(bank *pb)
{
    start_id++;
    int id=start_id;
    char name[20];
    char password[20];
    char p[20];
    double balance;
    unsigned char yn;
    printf("\t\t\t  Please input user name:");
    scanf("%s",name);
    printf("\t\t\t  Please input user password:");
    scanf("%s",password);
    printf("\t\t\t  Please input user password again:");
    scanf("%s",p);
    if(strcmp(p,password)==0)
    {
    printf("\t\t\t  Please input user balance:");
    getchar();
```

```
    scanf("%lf",&balance);
    printf("\t\t\t  Name:%s\n",name);
    printf("\t\t\t  Balance:%lf\n",balance);
    printf("\t\t\t  Add the user         (y/n)");
    getchar();
    scanf("%c",&yn);
    if('y'==yn)
    {
        account * a=create_account(id,name,password,balance);
        add_account(pb,a);
        printf("\t\t\t  Add successed! \n");getchar();getchar();
    }
    }
    else
    {
        printf("\t\t\t  password is different! \n");
        getchar();
        printf("\t\t\t  please input enter continue…");
        getchar();
    }
}
/* 本函数所涉及主要知识点：第 7 章 */

//删除账户
int destroy(bank * pb)
{   int id;
    unsigned char yn;
    printf("\t\t\t  please input user id:");
    scanf("%d",&id);
    if(get_account(pb,id)==0) { printf("\t\t\t  The id %d is not exist!! ",id);
    getchar();getchar();return 0;}
    printf("\t\t\t  Remove the user:%d       (y/n)",id);
    getchar();
    scanf("%c",&yn);
    if('y'==yn)
    {
        remove_account(pb,id);
        printf("\t\t\t  Remove successed! ");
        getchar();
        getchar();
    }
    return 0;
}
/* 本函数所涉及主要知识点：第 4 章和第 7 章 */
```

```
//显示账户信息
void displayinfo(bank * pb)
{
    unsigned char yn;
    printf("\t\t\t  Display user info: (y/n)");
    getchar();
    scanf("%c",&yn);
    if('y'==yn)
    {
        printf("\t\t  ----------------user info----------------\n");
        int i;
        account * p=pb->acs;
            printf("\t\t\t  Id\t\tName\tBalance\n");
        for(i=0;i <=pb->nu-1;i++)
        {
            printf("\t\t\t  %d\t%s\t%f\n",p[i].id,p[i].name,p[i].balance);
        }
    }
}
```

6）文件 6：atm_test.cpp

```
#include<stdio.h>
#include<string.h>
#include "account.h"
#include "bank.h"
#include "user.h"
#include "admin.h"
#include "menu.h"
char * file="./bank.txt";
/ * 本函数所涉及主要知识点：第 4 章、第 7 章和第 8 章 * /
//系统主函数
int main()
{
    begin_menu();getchar();
    bank * pb=0;
    if (load_bank(file)!=0)
    {
    pb=load_bank(file);
    }
    else
    {
    pb=create_bank(10);
    }
```

```
    account * a=0;
    int choice;
    while(1)
    {   main_menu();
        scanf("%d",&choice);
        switch(choice)
        {
            case 1:
                user(pb,a);                     //用户登录系统
                break;
            case 2:
                admin(pb);                      //管理员登录系统
                break;
            case 0:
                last_menu();                    //退出系统
                save_bank(pb,file);
                destory_bank(pb);
                return 0;
                break;
            default:
                getchar();
                break;
        }
    }
}
```

13.2.6 运行结果

程序运行主界面如图 13-6 所示。注意：系统的相关信息保存在 bank.txt 文件中，管理员用户名和密码均为 admin。

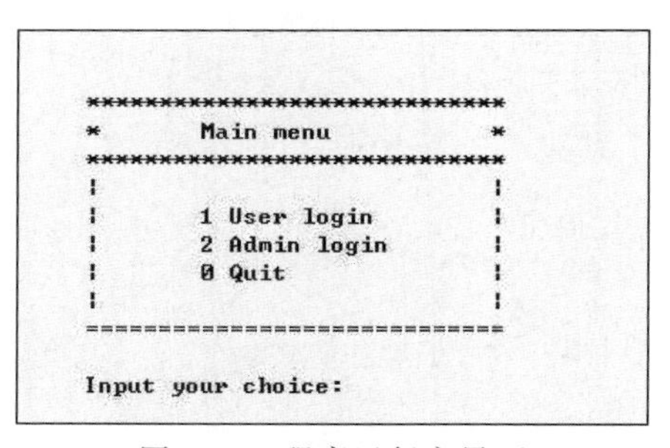

图 13-6 程序运行主界面

附录 A　常用字符与 ASCII 对照表

常用字符与 ASCII 对照表如表 A-1 所示。

表 A-1　常用字符与 ASCII 对照表

ASCII 值	字符	控制字符	ASCII 值	字符	ASCII 值	字符	ASCII 值	字符	ASCII 值	字符	ASCII 值	字符	ASCII 值	字符	ASCII 值	字符
000	(null)	NUL	032	(space)	064	@	096	`	128	Ç	160	á	192	└	224	α
001	☺	SOH	033	!	065	A	097	a	129	ü	161	í	193	┴	225	β
002	●	STX	034	"	066	B	098	b	130	é	162	ó	194	┬	226	Γ
003	♥	ETX	035	#	067	C	099	c	131	â	163	ú	195	├	227	π
004	♦	EOT	036	$	068	D	100	d	132	ä	164	ñ	196	─	228	Σ
005	♣	END	037	%	069	E	101	e	133	à	165	Ñ	197	┼	229	σ
006	♠	ACK	038	&	070	F	102	f	134	å	166	a	198	╞	230	μ
007	(beep)	BEL	039	'	071	G	103	g	135	ç	167	o	199	╟	231	τ
008	◘	BS	040	(	072	H	104	h	136	ê	168	¿	200	╚	232	Φ
009	(tab)	HT	041	)	073	I	105	i	137	ë	169	⌐	201	╔	233	Θ
010	(line feed)	LF	042	*	074	J	106	j	138	è	170	¬	202	╩	234	Ω
011	♂	VT	043	+	075	K	107	k	139	ï	171	½	203	╦	235	δ
012	♀	FF	044	,	076	L	108	l	140	î	172	¼	204	╠	236	∞
013	回车	CR	045	-	077	M	109	m	141	ì	173	¡	205	═	237	φ
014	♬	SO	046	.	078	N	110	n	142	Ä	174	«	206	╬	238	ε
015	☼	SI	047	/	079	O	111	o	143	Å	175	»	207	╧	239	∩
016	▶	DLE	048	0	080	P	112	p	144	É	176	░	208	╨	240	≡
017	◀	DC1	049	1	081	Q	113	q	145	æ	177	▒	209	╤	241	±
018	↕	DC2	050	2	082	R	114	r	146	Æ	178	▓	210	╥	242	≥
019	!!	DC3	051	3	083	S	115	s	147	ô	179	│	211	╙	243	≤
020	¶	DC4	052	4	084	T	116	t	148	ö	180	┤	212	╘	244	⌠
021	§	NAK	053	5	085	U	117	u	149	ò	181	╡	213	╒	245	⌡
022	■	SYN	054	6	086	V	118	v	150	û	182	╢	214	╓	246	÷
023	↨	ETB	055	7	087	W	119	w	151	ù	183	╖	215	╫	247	≈
024	↑	CAN	056	8	088	X	120	x	152	ÿ	184	╕	216	╪	248	°
025	↓	EM	057	9	089	Y	121	y	153	Ö	185	╣	217	┘	249	●
026	→	SUB	058	:	090	Z	122	z	154	Ü	186	║	218	┌	250	·
027	←	ESC	059	;	091	[	123	{	155	¢	187	╗	219	█	251	√
028	∟	FS	060	<	092		124	|	156	£	188	╝	220	▄	252	Ⅱ
029	↔	GS	061	=	093	]	125	}	157	¥	189	╜	221	▌	253	Z
030	▲	RS	062	>	094	^	126	~	158	Pt	190	╛	222	▐	254	▪
031	▼	US	063	?	095	_	127	DEL	159	ƒ	191	┐	223	▀	255	(blank)

附录B　C语言常用语法提要

B.1　标识符

可由字母、数字和下画线组成,标识符必须以字母或下画线开头。大、小写的字母分别认为是两个不同的字符,不同的系统对标识的字符数有不同的规定,一般允许7个字符。

B.2　常量

可以使用整型常量、字符常量、实型常量(浮点型常量)和字符串常量。

1. 整型常量

十进制常数。

八进制常数(以0开头的数字序列)。

十六进制常数(以0x开头的数字序列)。

长整型常数(在数字后加字符L或l)。

2. 字符常量

用单撇号括起来的一个字符,可以使用转义字符。

3. 实型常量(浮点型常量)

小数形式。

指数形式。

4. 字符串常量

用双撇括起来的字符序列。

B.3　表达式

1. 算术表达式

整型表达式:参加运算的运算量是整型量,结果也是整型数。

实型表达式:参加运算的运算量是实型量,运算过程中先转换成double型,结果为double型。

2. 逻辑表达式

用逻辑运算符连接的整型量,结果为一个整数(0或1)。逻辑表达式可以认为是整型表达式的一种特殊形式。

3. 字位表达式

用位运算符连接的整型量,结果为整数。字位表达式也可以认为是整型表达式的一种特殊形式。

4. 强制类型转换表达式

用"(类型)"运算符使表达式的类型进行强制转换,如(float)a。

5. 逗号表达式(顺序表达式)

形式为

```
表达式 1,表达式 2,…,表达式 n
```

顺序求出表达式 1,表达式 2,…,表达式 n 的值。结果为表达式 n 的值。

6. 赋值表达式

将赋值号"="右侧表达式的值赋给赋值号左边的变量。运行后赋值表达式的值为左侧变量的值。

7. 条件表达式

形式为

```
逻辑表达式? 表达式 1: 表达式 2
```

逻辑表达式的值若为非 0,则条件表达式的值等于表达式 1 的值;若逻辑表达式的值为 0,则条件表达式的值等于表达式 2 的值。

8. 指针表达式

对指针类型的数据进行运算,例如,p－2,－p1－p2 等(其中 p、p1、p2 均已定义为指向数组的指针变量,p1 与 p2 指向同一数组中的元素),结果为指针类型。

以上各种表达式可以包含有关的运算符,也可以是不包含任何运算符的初等量(例如,常数算术表达式的最简单的形式)。

B.4 数据定义

对程序中用到的所有变量都需要进行定义,对数据要定义其数据类型,需要时要指定其存储类别。

(1) 类型标识符可用 int、short、long、unsigned、char、float、double、struct(结构体名)、union(共用体名)、enum(枚举类型名),用 typedef 定义的类型名。

结构体与共用体的定义形式为

```
struct  结构体名  {成员表列};
union  共用体名  {成员表列};
```

用 typedef 定义新类型名的形式为

```
typedef  已有类型  新定义类型;
```

例如:

```
typedef int COUNT;
```

(2) 存储类别可用 auto、static、register、extern (如不指定存储类别,由 auto 处理)。

变量的定义形式为

```
存储类别  数据类型  变量表列;
```

例如:

```
static float a,b,c;
```

注意外部数据定义只能用 extern 或 static,而不能用 auto 或 register。

B.5 函数定义

形式为

存储类别　数据类型　函数名(形参表列)
函数体

函数的存储类别只能用 extern 或 static。函数体是用花括弧括起来的,可包括数据定义和语句,函数的定义举例如下:

```
static int max(int x,int y)
{
    int z;
    z=x>y ?x : y;
    return(z);
}
```

B.6 变量的初始化

可以在定义时对变量或数组指定初始值。

静态变量或外部变量如未初始化,系统自动使其初始值为 0(对数值型变量)或空(对字符型数据)。对自动变量或寄存器变量,若未初始化,则其初值为一不可预测的数据。

B.7 语句

语句包括 5 种。

(1) 表达式语句。

(2) 函数调用语句。

(3) 控制语句。

(4) 复合语句。

(5) 空语句。

其中控制语句包括 9 种。

① if(表达式) 语句
或 if(表达式) 语句 1
　else 语句 2;

② while(表达式) 语句;

③ do 语句
　while(表达式);

④ for(表达式 1;表达式 2;表达式 3)
　语句;

⑤ switch(表达式)
　{　case 常量表达式 1: 语句 1;
　　case 常量表达式 2: 语句 2;

```
    ⋮
    case 常量表达式 n：语句 n；
    default;语句 n+1；
}
```

前缀 case 和 default 本身并不改变控制流程，它们只起标号作用，在执行上一个 case 所标识的语句后，继续顺序执行下一个 case 前缀所标识的语句，除非上一个语句中最后用 break 语句使控制转出 switch 结构。

⑥ break 语句；

⑦ continue 语句；

⑧ return 语句；

⑨ goto 语句。

B.8 预处理命令

```
#define  宏名  字符串
#define  宏名(参数 1,参数 2,…,参数 n) 字符串
#undef  宏名
#include "文件名"(或者 <文件名>)
#if  常量表达式
#ifdef  宏名
#ifndef  宏名
#else
#endif
```

附录 C　C 语言的常用库函数

C.1　输入输出函数

使用输入输出函数时，在源文件中应写入以下编译预处理命令：

```
#include<stdio.h>
```

或

```
#include "stdio.h"
```

输入输出函数如表 C-1 所示。

表 C-1　输入输出函数

函数名	函数原型	功　　能	说　明
clearerr	void clearerr(FILE * fp);	清除文件指针的错误标志	
close	int close(int fp);	关闭文件	非 ANSI 标准函数
creat	int creat (char * filename, int mode);	以 mode 所指定的方式建立文件	非 ANSI 标准函数
eof	int eof(int * fd);	检测文件是否结束	
fclose	int fclose(FILE * fp);	关闭 fp 所指的文件，释放文件缓冲区	
feof	int feof(FILE * fp);	检查文件是否结束	
fgetc	int fgetc(FILE * fp);	从 fp 所指的文件中读取下一字符	
fgets	char * fgets(char * buf,int n, FILE * fp);	从 fp 所指的文件中读取长度为 n－1 的字符串，存入起始地址为 buf 的空间中	
fopen	FILE * fopen(char * filename, char * mode);	以 mode 方式打开文件	
fprintf	int fprintf(FILE * fp,char * format[,argument,…]);	传送格式化输出到一个流中	
fputc	int fputc(int ch,FILE * fp);	将 ch 的字符写入 fp 所指文件	
fputs	int fputs(char * string, FILE * fp);	送一个字符到一个流中	
fread	int fread(char * ptr,unsigned size,unsigned n,FILE * fp);	从 fp 所指的文件中读取长度为 size 的 n 个数据，存入 fp 所指向的内存区	
fscanf	int fscanf(FILE * fp,char * format,args,…);	从 fp 所指的文件按 format 指定的格式读入数据，存入 args 所指向的内存区	
fseek	int fseek (FILE * fp, long offset,int origin);	将 fp 所指的文件的位置指针移动到以 base 所给出的位置为基准，以 offset 为位移量的位置	
ftell	long ftell(FILE * fp);	返回当前文件指针	

续表

函数名	函数原型	功　能	说　明
fwrite	int fwrite(char * ptr, unsigned size, unsigned n, FILE * fp);	将 ptr 所指的 n×size 字节写入到 fp 所指的文件中	
getc	int getc(FILE * fp);	从 fp 所指的文件中取字符	
getchar	int getchar(void);	从标准输入设备中读取字符	
getw	int getw(FILE * fp);	从 fp 所指的文件中读取一整数	非 ANSI 标准函数
open	int open(char * filename, int mode);	以 mode 方式打开一个已存的文件用于读或写	非 ANSI 标准函数
printf	int printf(char *format, args,…);	产生格式化输出的函数	format 可以是一个字符串，或字符数组的起始地址
putc	int putc(int ch, FILE * fp);	输出一字符到指定文件中	
putchar	int putchar(int ch);	将字符 ch 输出到标准设备上	
puts	int puts(char * string);	将字符串输出到标准设备上	
putw	int putw(int w, FILE * fp);	将一个整数写入指定的文件中	非 ANSI 标准函数
read	int read(int fd, char * buf, unsigned count);	从 fp 指定的文件中读 count 字节到 buf 指定的缓冲区	非 ANSI 标准函数
rename	int rename(char * oldname, char * newname);	重命名文件	
rewind	int rewind(FILE * fp);	将文件指针重新指向一个文件的开头	
scanf	int scanf(char * format, args,…);	执行格式化输入	args 为指针
write	int write(int fd, char * buf, unsigned count);	从 buf 指定的缓冲区中输出 count 字符到 fd 所指定的文件中	非 ANSI 标准函数

C.2　数学函数

使用数学函数时，在源文件中应写入以下编译预处理命令行：

```
#include<math.h>
```

或

```
#include "math.h"
```

数学函数如表 C-2 所示。

表 C-2　数学函数

函数名	函数原型	功　能	说　明
abs	int abs(int x);	求整数 x 的绝对值	
acos	double acos(double x);	反余弦函数	x 应在 −1～1
asin	double asin(double x);	反正弦函数	x 应在 −1～1

续表

函数名	函数原型	功能	说明
atan	double atan(double x);	反正切函数	
atan2	double atan2(double y, double x);	计算 y/x 的反正切值	
cos	double cos(double x);	余弦函数	x 的单位为弧度
cosh	double cosh(double x);	双曲余弦函数	
exp	double exp(double x);	指数函数	
fabs	double fabs(double x);	计算浮点数的绝对值	
floor	double floor(double x);	取最大整数	
fmod	double fmod(double x, double y);	计算 x/y 的余数	
log	double log(double x);	对数函数 ln(x)	
log10	double log10(double x);	对数函数 log	
modf	double modf(double value, double * iptr);	将双精度数分为整数部分和小数部分	整数部分存储在指针变量 iptr 中,返回小数部分
pow	double pow(double x, double y);	指数函数,即 x^y	
rand	int rand(void);	随机数发生器	
sin	double sin(double x);	正弦函数	
sinh	double sinh(double x);	双曲正弦函数	
sqrt	double sqrt(double x);	平方根函数	
tan	double tan(double x);	正切函数	
tanh	double tanh(double x);	双曲正切函数	

C.3 字符函数和字符串函数

使用字符函数和字符串函数时,在源文件中应写入以下编译预处理命令行:

```
#include<ctype.h >
```

或

```
#include<string.h >
```

字符函数和字符串函数如表 C-3 所示。

表 C-3 字符函数和字符串函数

函数名	函数原型	功能	说明
isalnum	int isalnum(int ch);	判断 ch 是否为英文字母或数字	ctype.h
isalpha	int isalpha(int ch);	判断 ch 是否为字母	ctype.h
iscntrl	int iscntrl(int ch);	检查 ch 是否为控制字符	ctype.h

续表

函数名	函数原型	功　　能	说　明
isdigit	int isdigit(int ch);	判断 ch 是否为数字(0～9)	ctype.h
isgraph	int isgraph(int ch);	检查 ch 是否为可打印字符(不含空格)	ctype.h
islower	int islower(int ch);	检查 ch 是否小写字母(a～z)	ctype.h
isprint	int isprint(int ch);	检查 ch 是否为可打印字符(含空格)	ctype.h
ispunct	int ispunct(int ch);	检查 ch 是否为标点字符	ctype.h
isspace	int isspace(int ch);	检查 ch 是否为空格符	ctype.h
isupper	int isupper(int ch);	检查 ch 是否为大写英文字母	ctype.h
isxdigit	int isxdigit(int ch);	检查 ch 是否为十六进制数字	ctype.h
strcat	char * strcat(char * dest,const char * src);	将字符串 src 添加到 dest 末尾	string.h
strchr	char * strchr(const char * s,int c);	检索并返回字符 c 在字符串 s 中第一次出现的位置	string.h
strcmp	int strcmp(const char * s1,const char * s2);	比较字符串 s1 与 s2 的大小	string.h
strcpy	char * strcpy(char * dest,const char * src);	将字符串 src 复制到 dest	string.h
strlen	unsigned int strlen(char * str);	字符串 str 的长度	string.h
strstr	char * strstr(char * str1,char * str2);	找出 str2 字符串在 str1 字符串中第一次出现的位置	string.h
tolower	int tolower(int ch);	将 ch 的大写英文字母返转换成小写英文字母	ctype.h
toupper	int toupper(int ch);	将 ch 的小写英文字母转换成大写英文字母	ctype.h

C.4　动态存储分配函数

使用字符函数时,在源文件中应写入以下编译预处理命令行:

```
#include<stdlib.h>
```

动态存储分配函数如表 C-4 所示。

表 C-4　动态存储分配函数

函数名	函数原型	功　　能	说　明
calloc	void * calloc(unsigned n,unsign size);	分配主存储器	
free	void free(void * p);	释放 p 所指的内存区	
malloc	void * malloc(unsigned size);	内存分配函数	或#include <malloc.h>
realloc	void * realloc(void * ptr, unsigned newsize);	重新分配内存空间	

参考文献

[1] 谭浩强. C程序设计指导试题汇编[M]. 北京：清华大学出版社，1997.

[2] 谭浩强. C程序设计试题汇编[M]. 北京：清华大学出版社，1998.

[3] 谭浩强. C程序设计[M].3版. 北京：清华大学出版社，2005.

[4] 谭浩强，张基温. C语言程序设计教程[M]. 北京：高等教育出版社，2006.

[5] 潭浩强. C程序设计教程[M]. 北京：清华大学出版社，2007.

[6] 潭浩强. C程序设计[M]. 北京：清华大学出版社，2008.

[7] 徐新华. C语言程序设计教程[M]. 北京：中国水利水电出版社，2001.

[8] 严蔚敏. 数据结构[M]. 北京：清华大学出版社，2002.

[9] 李凤霞. C语言程序设计教程[M]. 北京：北京理工大学出版社，2002.

[10] 王树义，钱达源. C语言程序设计[M]. 大连：大连理工大学出版社，2003.

[11] 田淑清，等. 全国计算机等级考试二级教程——C语言程序设计(修订版)[M]. 北京：高等教育出版社，2003.

[12] 罗朝盛，余文芳. C程序设计实用教程[M]. 北京：人民邮电出版社，2005.

[13] 李玲编. C语言程序设计教程[M]. 北京：人民邮电出版社，2005.

[14] 湛为芳. C语言程序设计技术[M]. 北京：清华大学出版社，2006.

[15] 武马群. C语言程序设计[M]. 北京：北京工业大学出版社，2006.

[16] 杨路明. C语言程序设计[M]. 北京：北京邮电大学出版社，2006.

[17] 王敬华，等. C语言程序设计教程[M]. 北京：清华大学出版社，2006.

[18] 陈良银. C语言程序设计(C99版)[M]. 北京：清华大学出版社，2007.

[19] 邹修明. C语言程序设计[M]. 北京：中国计划出版社，2007.

[20] 罗坚，王声决，等. C程序设计教程[M]. 北京：中国铁道出版社，2007.

[21] 姜学锋，等. C语言程序设计习题集[M]. 西安：西北工业大学出版社，2007.

[22] 熊化武. 全国计算机等级考试考点分析、题解与模拟[M]. 北京：电子工业出版社，2007.

[23] 何钦铭，颜晖. C语言程序设计[M]. 北京：高等教育出版社，2008.

[24] 哈比逊，斯蒂尔. C语言参考手册[M].邱仲潘，等译. 5版. 北京：机械工业出版社，2003.

[25] 克尼汉，里奇. C程序设计语言[M].徐宝文，李志，译.2版. 北京：机械工业出版社，2004.

[26] 罗伯茨. C语言的科学与艺术[M]. 翁惠玉，等译. 北京：机械工业出版社，2005.

[27] 霍顿. C语言入门经典[M].杨浩，译. 4版. 北京：清华大学出版社，2008

[28] 普拉塔. C Primer Plus(第5版)中文版[M]. 云巅工作室，译. 北京：人民邮电出版社，2010.

[29] Kenneth A. Reek. C和指针 Pointers on C[M].徐波，译. 2版. 北京：人民邮电出版社，2008.

[30] Peter Van Der Linden. C和C++经典著作·C专家编程 Expert C Programming Deep C Secrets[M]. 2版. 北京：人民邮电出版社，2008.

[31] 孙立. C语言程序设计[M]. 北京：中国农业出版社，2010.

[32] 郭翠英. C语言课程设计案例精编[M]. 北京：中国水利水电出版社，2004.

[33] 陈朔鹰，陈英. C语言趣味程序百例精解[M]. 北京：北京理工大学出版社，1994.

图书资源支持

感谢您一直以来对清华版图书的支持和爱护。为了配合本书的使用，本书提供配套的资源，有需求的读者请扫描下方的“书圈”微信公众号二维码，在图书专区下载，也可以拨打电话或发送电子邮件咨询。

如果您在使用本书的过程中遇到了什么问题，或者有相关图书出版计划，也请您发邮件告诉我们，以便我们更好地为您服务。

我们的联系方式：

地　　址：北京市海淀区双清路学研大厦 A 座 701

邮　　编：100084

电　　话：010-83470236　010-83470237

资源下载：http://www.tup.com.cn

客服邮箱：2301891038@qq.com

QQ：2301891038（请写明您的单位和姓名）

书圈

扫一扫，获取最新目录

课 程 直 播

用微信扫一扫右边的二维码，即可关注清华大学出版社公众号“书圈”。